U0166512

西方近现代建筑史

吴焕加 著

机 械 工 业 出 版 社

本书透过中国建筑史学家的视角，对19世纪及20世纪西方建筑的演变历程作了系统的描述与阐释，并对百年来西方出现的各种建筑思潮与流派、世界建筑大师、众多名家的建筑理念与建筑创作进行了全面介绍与评析。全书分为世纪之交，变革年代，时代大潮，质疑、探索、嬗变4篇，共38章，图文并茂，条理清晰，便于读者系统学习并轻松掌握西方近现代建筑史的相关知识。本书可供建筑院校师生、建筑史和艺术史研究人员及广大建筑师阅读，对建筑史和建筑美学有兴趣的非专业读者亦可从中获益匪浅。

图书在版编目（CIP）数据

西方近现代建筑史 / 吴焕加著. —北京：机械工业出版社，2020. 7
ISBN 978-7-111-65853-5

Ⅰ. ①西… Ⅱ. ①吴… Ⅲ. ①建筑史—西方国家—近现代
Ⅳ. ①TU-091

中国版本图书馆CIP数据核字（2020）第 102878 号

机械工业出版社（北京市百万庄大街22号 邮政编码100037）
策划编辑：赵 荣 责任编辑：赵 荣 张维欣
责任校对：赵 燕 封面设计：鞠 杨
责任印制：孙 炜
北京联兴盛业印刷股份有限公司印刷
2020年10月第1版第1次印刷
169mm × 239mm · 26印张 · 2插页 · 504千字
标准书号：ISBN 978-7-111-65853-5
定价：118.00元

电话服务
客服电话：010-88361066
010-88379833
010-68326294

网络服务
机 工 官 网：www.cmpbook.com
机 工 官 博：weibo.com/cmp1952
金 书 网：www.golden-book.com
机工教育服务网：www.cmpedu.com

序

西方近现代建筑史，是一个颇为复杂的话题，在一段时期内，在我们的建筑历史学界，也是一个十分敏感的话题。因为，在20世纪中叶一个特殊的历史时间段内，世界被简单地划分为东方与西方两个阵营。我们与外部世界也处在一个相对比较隔绝的状态。获得外部世界建筑发展的即时资料不仅十分困难，而且，在那样一种非红即白的历史语境下，一切来自西方的东西，似乎都可以被打上某种腐朽、没落，甚至反动的标签。当时的大学建筑系，对西方建筑史，特别是西方近现代建筑史的研究与教学，在一定程度上，也就变成了一个举步维艰的禁区，任何一位研究者或关注者，稍不留意就会有踩雷触爆的危险。

但是，对学术发展的关注与坚持，本身就是一种动力。读书人的坚韧不拔与锲而不舍，更是中华民族传承已久的历史基因。即使是在那样一种充满疑惑与猜忌的历史氛围中，在20世纪中叶中国的那一代建筑史学学者群中，还是有一些埋头于图书馆和外文资料堆中的学者，心无旁骛地悉心阅读、搜集、整理与分析那些看起来与当时主流话语了无关系的外部世界建筑发展的最新动态。这其实就是对西方现代建筑史的一个自觉与自主的研究性过程。重要的是，这一过程，是透过独立思考和对当时能够搜集到的有限但散乱驳杂的西方现代建筑资料的审慎观察与分析，并以一种科学的思维逻辑，独立得出的研究成果。不像今日大学课堂上的西方现代建筑史，多是西方同行学者既有研究的重述与阐发，鲜见多少自我思考的痕迹。

我的老师吴焕加先生就是这样一位独立思考、持之以恒、默默耕耘的建筑史学者。从20世纪50年代起，他一直在关注西方现代建筑的发展，阅读并整理了大量一手外文现代建筑资料，是当时国内建筑史学领域，能够谙熟西方现代建筑史，且有自己独立学术见解的，不多的几位学者之一。

在改革开放之初的1978年，吴先生和清华大学建筑系的另外两位先生合作主讲的研究生课程“西方现代建筑引论”，甫一开讲，就在学生们中间引起了轰动。课堂过道上也常常挤满了人，门外走廊上的旁听者更是人头攒动。先生幽默的演讲本已十分吸引人，而他不时在黑板上信手勾勒出来的那些在课堂上讲到的20世纪西方著名建筑作品的平、立面与外观透视轮廓，其线条之简练、形式之准确，也常常令学生们赞叹不已。

先生《西方近现代建筑史》的出版，是一件令人兴奋的事情。为自己老师的学术大著作序，却是一件令人十分忐忑之事。虽然这些年也读了一些国内外专家撰写的西方现代建筑史著述，但为了更深入了解这部分知识的结构与特点，认真阅读先生的这部专著，从中仍然能够感觉得到那种颇具辩证唯物思维特征的中国学者的独特视角与娴熟洗练的概括能力与简约文风。

先生的文笔，本就简洁、幽默，富于阅读感，一部庞杂繁复、头绪纷乱的西方近现代建筑史，在其前言中，先生只用了32个字加以提炼：“波澜壮阔，突飞猛进；曲折演变，奇峰迭现；千姿百态，多元共生；百家争鸣，综合流行。”短短数言，却恰如其分。而他归纳总结出来的20世纪西方建筑发展之“世纪之交，变革年代，时代大潮，质疑、探索、嬗变”四个阶段，不仅与西方近现代建筑史主流的发展线索恰相吻合，而且还显得线索明晰、内容扼要。通过进一步阅读，可以感觉得到，先生的著作中，既有改革开放之前数十年观察、阅读与思考的深厚积累，也有20世纪80年代以来进一步实地考察、访问交流的全新成果及先生那与时俱进、特立独行的学术辨析。

回忆起来，先生在最初开讲“西方现代建筑引论”课程的时候，重点讲的其实就是这四个部分中的前三个部分。那是先生对20世纪80年代以前西方建筑持续进行追踪观察的理论性成果。第四个部分，则是对20世纪最后20年西方建筑发展的一个具有独立思考的新探索。“质疑、探索、嬗变”，可以说是对20世纪80年代以来西方建筑发展的一个十分中肯的判断。

西方世界对于20世纪建筑的历史叙述，几乎是与西方近现代建筑的发展历史同步展开的。例如，立足于德国艺术史系列的佩夫斯纳（Nikolaus Pevsner）、考夫曼（Emil Kaufmann）和杰迪昂（Sigfried Giedion），从现代建筑谱系的范畴，对现代建筑的正统性加以了论述。

意大利建筑理论家泽维（BrunoZevi）则从建筑语言学的角度，对建筑的现代性加以了分析。同是意大利人的贝内沃洛（LeonardoBenevolo）从历史建构的角度，对西方现代建筑加以了阐述。美国建筑史家希区柯克（Henry-Russell Hitchcock）则从其自认为的客观性角度，将建筑历史纳入到了各种风格的大排序中，并在其作为新风格的现代建筑中，嵌入了民族的特征，同时与建筑师菲利普·约翰逊（PhilipJohnson）一道，提出了“国际式风格”的概念。

正如一位希腊建筑史学者，在讨论20世纪现代建筑的历史编纂时所指出的：“所有这些历史文本的一般性基础，是由现代建筑运动中的建筑事件所组成的，因为——以这样或那样一种方式——它们都恰好是在讨论相同的客观对象。然而，通过谱系整理、解释和描述，它们给予这些对象以广泛的不同，基于在社会、历史和建筑方面的不同信仰而作出了不同的话语解释。因此，我们必须既要了解同时存在的许多种叙述，每一种叙述都是以不同的方式在谈及那些相同的事件，同时也要接受一个事实，即存在有不止一个现代建筑运动，每一种都拥有一个与其他现代建筑运动多少有些不同的立场。”

吴先生的这部《西方近现代建筑史》，同样也体现了他特立独行的学术积淀与立论立场。正如他在前言中所说的：“我以辩证唯物论为自己工作的向导，又承认现代解释学的许多理论。我所写出的东西无非是自己的解释，因此，本书的内容和观点都具有相对性、历史性和开放性。”

尽管吴先生阅读了大量西方现代建筑史论著作，对那些西方现代建筑史学家们的观点谙熟在心，但他并没有步这些西方史学家理论阐释的后尘去表述、去解释。从书中可以看出，吴先生更多地是运用了自己数十年的阅读与思考中渐渐积累起来的辩证唯物论的方法论，以自己独立的视角来观察与剖析万花筒般纷纭复杂的西方近现代建筑史这一课题。例如，他十分明确地指出：“20世纪的建筑所以出现此等情景，其先决条件是工业革命引起的社会生产力的大发展和社会关系的大变动。从建筑创作的角度来说，则是由于几千年相沿的传统引导的建筑发展模式被打破，转上自觉创新的轨道的缘故。”这一论断，是很具辩证唯物论话语语境基础与价值判断基础的。其中既没有人云亦云，亦没有随波逐流，正是作者独立于当下流行的某些去中心化、去逻辑化、去历史化的学术思潮之外，坚持自主观察与自我思考的理论见解。

。

重要的是，吴先生的这些表述本身，就具有辩证唯物论的思维逻辑，既申明了自己研究与著述的原创性，又为读者与后辈学者的进一步学习与研究，提供了一个具有开放性与包容性的思考空间。因此，阅读这样一部《西方近现代建筑史》书，不仅可以透过一位中国建筑史学家的视角，对西方近现代建筑的发展做一个综览性的了解，也可以从中学习到老一辈中国学者的学术立场与思维逻辑。这对于许多深陷于当下纷繁复杂的信息与知识万花筒中的年轻学者和莘莘学子们，都将是大有裨益的。

王贵祥

2020年8月5日

前　言

近现代建筑的进步与发展，速度之快，场面之大，景象之奇，远远超过先前的任何时候。

英语中有三个词与本书有特别的关系，即architecture、building和construction。三者既有联系，又有明显的区别。英语之外，在德、法、俄等语种中，也分别有相应的三个词。但在目前的汉语中，我们常常只用“建筑”一个词兼管那三个意思。大学里的department of architecture，我们叫建筑系；historical building，我们叫文物建筑；construction company，我们叫建筑公司。用一个“建筑”，对应英语中以“a”“b”“c”开头的这三个词，虽是简便，但失之含混。究竟如何为好，兹事体大，有待研讨和约定俗成。本书仍混用“建筑”这个词。但要说明，本书主要讨论的是architecture，是一本关于西方近现代architecture的历史书。笔者窃以为，architecture有浓厚的“建筑艺术”含义，在许多场合，本书中的“建筑”一词相当于“建筑艺术”之意。据说汉语中“建筑”一词是外来语，并非我国古已有之，究竟怎样译才好，是可以商榷的。

近现代建筑尤其20世纪建筑，在整个建筑历史上值得大书特书。在这一百年中，建筑有“五大”，即技术大飞跃、功能大提高、观念大转变、设计大进步、艺术大创新。

20世纪以前的建筑发展很缓慢，其形式很稳定。20世纪的一百年则是另一种局面，可以用32个字来形容：

波澜壮阔，突飞猛进；
曲折演变，奇峰迭现；
千姿百态，多元共生；
百家争鸣，综合流行。

20世纪的建筑所以出现此等情景，其先决条件是工业革命引起的社会生产力的大发展和社会关系的大变动。从建筑创作的角度来说，则是由于几千年相沿的传统引导的建筑发展模式被打破，转上自觉创新的轨道的缘故。

西方国家的建筑发展在20世纪起着龙头或引导的作用，这是历史条件决定的。进入21世纪以后，除了西欧和北美以外，世界上有更多的地区在建筑发展上起到引导的作用。20世纪后期的日本现代建筑值得注意，这方面也有不少专著出版，本书则没有包括日本现代建筑。

前面说到建筑一词的问题，其实本书中还有一些模糊的用语。现代建筑、现代派建筑、现代主义建筑、后现代主义建筑，后现代建筑等，都不很精确。用语的不精确源于概念的不精确。笔者深感建筑学中有许多这样的不清晰概念，许多事有区别无界线。我很想弄清楚却又做不到，深以为苦，这是要告罪于读者的。

此外，我还要说，写出来的建筑史与已出现的建筑史实并不完全是一码事。建筑史实是客观存在，不以人的意识为转移；建筑史则不然，它是人写的，是人对历史的重构，因此，不可避免地会因人的意识而转移。我在学堂里讲建筑史多年，别人看来可以年年一样，照本宣科，而实际上，材料、提法和观点，年年有所不同，因为获得的资料、个人的认识和评价都会随时间而出现变化。

我以辩证唯物论为自己工作的向导，又承认现代解释学的许多理论。我所写出的东西无非是自己的解释，因此，本书的内容和观点都具有相对性、历史性和开放性。

家有敝帚，并不享之千金，我欢迎对此书的批评、指教，有机会当加以改正。

吴焕加

于北京清华园

目　录

第1篇 世纪之交

第1章
19世纪西欧和美国建筑发展的社会历史场景

人类的建筑活动历史久远。世界各地保存有丰富的古代建筑遗物或建筑遗迹。埃及的金字塔，伊朗帕赛里斯的古代宫殿，古代印度的谟享约-达罗城，希腊的雅典卫城，古罗马的斗兽场，欧洲各地中世纪建造的教堂，以及文艺复兴时代的建筑，至今使人们惊叹不已。在中国，一千四百多年前砖造的河南登封嵩岳寺塔现仍巍然屹立，山西五台山佛光寺的唐代木构大殿，至今保留相当完好。更使人惊异的是公元1056年建造的山西应县木塔，高67米，经历九百二十多年的风雨侵袭和多次严重地震的折磨，现在仍基本完好。这些著名的文物建筑是世界古代建筑成就的历史见证。

然而从另一个角度来看，无论是中国还是外国，在漫长的奴隶社会和封建社会时期，建筑技术的进步是相当缓慢的，常常在几百年中没有什么重要的进展。欧洲在进入资本主义时期以后，建筑发展的步伐开始加快。不过在19世纪之前，房屋建筑技术仍没有出现显著的变革。建造房屋所用的主要材料仍不外乎几千年前就有的土、木、砖、瓦、灰、沙、石等。由于材料性能和科学技术水平的限制，房屋的层数不很多，跨度有限。同所消耗的材料和人力相比，一般房屋的使用面积和有效空

图1-1　金字塔的建造（此场景为18世纪学者的猜测）

间并不很大。以北京故宫来说，它的全部有效使用面积尚不及现在人民大会堂一座建筑物大。以前房屋建筑的施工速度也很慢，欧洲中世纪的教堂常常要用几十年以至上百年的时间，经过几代人的努力才能完工。19世纪以前的房屋建筑，除了少数宫殿府邸，一般几乎没有什么建筑设备。以今天的标准来看，房屋的实际使用质量是很差的。

但是进入19世纪以后，情况开始改变。房屋建筑领域中出现了许多新事物，建筑发展速度显著加快，许多方面发生了根本性的转变。建筑领域的变化同社会的发展息息相关，有的就是社会转变的直接产物。在讨论19世纪建筑方面的变革之前，让我们先看一看19世纪发展最快的几个西方国家的社会历史状况，主要是与建筑有关的几个方面。

1.1 西欧和美国完成资产阶级革命

资本主义生产方式是在封建社会母体内孕育起来的，资产阶级为推翻封建统治而进行资产阶级革命，经过长期曲折斗争，才把政治权力夺到自己手中，建立了稳

图1-2 欧洲16世纪的施工机械

图1-3 巴黎卢浮宫建造工地，1677年

定的资产阶级专政。在西方国家中，英国最先完成这个历史过程，其他国家都是在19世纪才稳定了资产阶级专政。如法国于1789年爆发资产阶级革命，经历长期的复辟和反复辟、帝制和争取共和的斗争，到19世纪70年代，法国才确立资产阶级专政的共和国政体。德国和意大利在19世纪70年代才结束国内的分裂状态，建立了统一的资产阶级国家。美国经过1775—1781年的独立战争取得独立的地位，又经过1861—1865年的南北战争，资产阶级才取得独占的统治权。

1.2 工业革命和资本主义工业化

资产阶级革命为资本主义生产力的发展扫除了政治障碍，资本主义生产关系的确立进一步促进资本主义生产力的发展，最重要的标志便是工业革命和工业化。西方各国工业革命开始的时间和速度各不相同。18世纪后期，英国首先发生工业革命，到19世纪30年代末，基本工业部门中机器生产已占优势。继英国之后，美国于19世纪初，法国于19世纪20年代，德国于19世纪40年代，也先后开始工业革命。到19世纪后半期，这些国家的工业化从轻工业扩展到重工业部门。19世纪最末30年，这些国家的工业化达到高潮，重工业部门发展尤其突出。主要西方国家由此从传统的以农业和手工业为主的社会步入工业化社会。

1.3 科学技术长足进步

科学技术随着生产的发展而飞速进步。19世纪在数学、物理、化学、生物、医学等方面有大量发现和突破。在同建筑有直接关联的工程技术方面，19世纪也取得了有历史意义的丰硕成果。1807年美国出现蒸汽推动的内河轮船，1819年汽轮第一次渡过大西洋。19世纪初，陆上运输方面出现铁路用的蒸汽机车。1825年，第一条客运铁路线在英国建成，长度为25千米。接着在欧洲和美国便出现了铁路建设的热潮。1830年，全世界铁路长度共195千米，1850年增为3.8万千米，1870年达到20万千米，1900年又猛增到127万千米。汽轮和铁路的出现是交通运输手段的重大革命，它立即引起人口和生产力的重新分布，影响极大。19世纪中期，机器制造技术进步迅速，开始用机器制造机器，机械和机器渐次用于各种生活领域。1867年诺贝尔发明黄色炸药。19世纪70年代到80年代，人类发明发电机和电动机，电力渐渐排挤蒸汽力，如蒸汽牵引的升降机改用电力，成为“电梯”。1875年出现改良的电话，1880年柏林有了电车，电灯也逐渐推广。19世纪90年代发明了无线电报。内燃机也开始推广，有了使用汽油的汽车。这一时期远距离送电也获得了成功。

19世纪科学技术发明的成果使人类的生活大为改观，并为20世纪的更大进步奠定了基础。

1.4 生产力大跃进

先进资本主义国家的生产力在19世纪出现史无前例的巨大发展。1848年马克思和恩格斯在《共产党宣言》中曾这样描绘当时西方主要国家的生产力发展："资产阶级在它的不到一百年的阶级统治中所创造的生产力，比过去一切世代创造的全部生产力还要多，还要大。自然力的征服，机器的采用，化学在工业和农业中的应用，轮船的行驶，铁路的通行，电报的使用，整个大陆的开垦，河川的通航，仿佛用法术从地下呼唤出来的大量人口，——过去哪一个世纪料想到在社会劳动里蕴藏有这样的生产力呢？"

生产力发展带来了社会财富的增多。英国的国民收入在18世纪末为1.2亿英镑，1870年增为9.29亿英镑，1900年为17.5亿英镑。工业产值的增长更为突出。全世界的工业产值在1870年到1900年的30年中增加了两倍，即从100%增为300%。各国工业生产的发展速度是不平衡的，常有后来居上的情形。英国最早实现工业化，在19世纪前期，其工业产值居世界之首。到19世纪后期，美国和德国迅速赶上。美国在1840年工业产值占世界第五位，到1894年工业产值比英国多两倍以上，跃居世界第一位。19世纪末，德国的工业产值也超过英国，名列第二。

1.5 城市化和城市新模式

19世纪以前，欧美各国的人口和世界其他地区一样，绝大多数是农业人口，他们稀疏地分布在广大农业地区，城市数目既少，规模又小。18世纪末，英国超过5万人的城市只有5个，其中除伦敦外，都不足10万人。工业革命以后，出现了人口集中

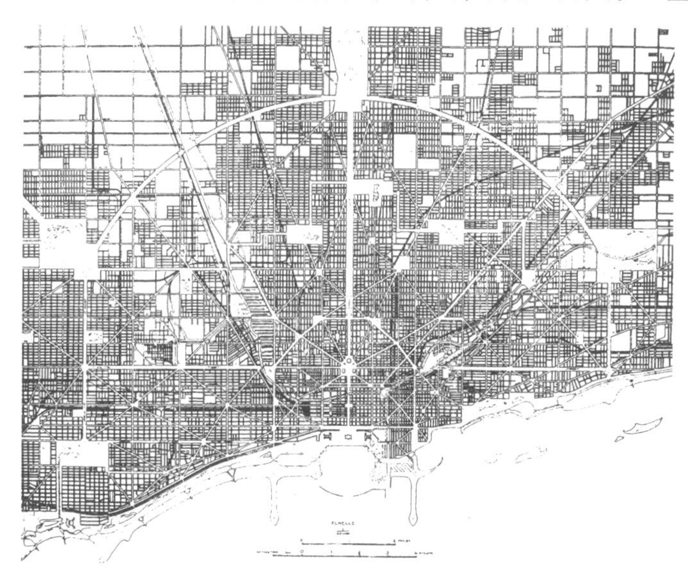

图1-4 芝加哥市规划图，1909年

到城市的所谓“城市化过程”。“大工业企业需要许多工人在一个建筑物里面共同劳动；这些工人必须住在近处，甚至在不大的工厂近旁，他们也会形成一个完整的村镇。他们都有一定的需要，为了满足这些需要，还须有其他的人，于是手工业者、裁缝、鞋匠、面包师、泥瓦匠、木匠都搬到这里来了……于是村镇就变成小城市，而小城市又变成大城市。”城市和城市人口就这样增加起来。城乡人口的比例在发达资本主义国家渐渐改变。在1801年到1901年的100年中，英国城市人口占总人口的百分比从32%增至78%，法国从20.5%增至40.1%，美国从4%增至40%。

在资本主义各国城市人口的普遍增长中，少数成为工商业中心城市的人口增长特别迅速。一些这样的工商业中心城市在19世纪急速发展，成为人口以百万计的特大城市（见表1-1）。

表1-1　19世纪到20世纪初西方最大城市人口增长情况（单位：万人）

	1800年	1850年	1900年	1920年
伦敦	86.5	236.3	453.6	448.3
巴黎	54.7	105.3	271.4	280.6
柏林	17.2	41.9	188.9	402.4
纽约	7.9	69.6	343.7	562.0
芝加哥	—	3.0	169.9	270.2

城市的结构、设施和面貌发生很大变化。城市用地面积不断扩展，历史上原有的城区，往往变成城市的一个局部地区。中世纪建造的城墙大多被拆除。工厂、仓库、铁路等在城市用地中占有很大的比重。房屋密度日益加大，层数也愈来愈多。城市中最显赫最华丽的房屋不再是皇宫和教堂，代替它们的是商业和文化建筑。城市道路的交通量不断增长。但在19世纪，马车还是主要的市内交通工具。1829年伦敦街道上出现公共马车，1860—1863年伦敦建造了世界第一条地下铁道，1878年纽约建造了高架铁道，1880年柏林出现城市电车。19世纪初的一些大城市装有煤气街灯，到19世纪末，这些煤气灯已为白炽电灯所取代。伦敦和巴黎在19世纪中期开始铺设自来水和下水管道。城市促进了工业化，工业化也推动了城市的建设。

但是在19世纪，城市的发展大多是在自发的情况下进行的。城市土地归私人所有，在最初的城市扩展浪潮中，第一批企业主把他们的工厂和铁路紧挨着原有城区建造起来，在这些工厂和铁道旁边立即形成密集的工人住房和混乱的街巷，后来的工厂和铁道又把它们包围起来。城市像滚雪球一般一层层扩大，旧有的工厂、铁路、仓库、码头不断落入市区之中，造成交通拥塞、空气和水体污染。19世纪中期，巴黎大规模改建之前，有“臭气城市”之称。当时塞纳河是接纳城市污水的“总阴沟”。1851年巴黎400千米街道中仅130千米有地下沟道，大多数街道污水横流。街头堆积着待运的垃圾，全城3.7万匹马的粪便难以及时清除。同一时期伦敦舆论呼吁改善城市交通状况。1846年10月31日的《伦敦图画新闻》（London Illustrated News）载文：“由于伦敦的发展，带来了极大的不便。而我们却缺少克服困难所需的决心；我们所有的主要干道对于每个小时涌过的巨大交通量来说是太狭小了。我们需要新的长而宽的道路，使各个终点之间有便利的交通线……我们重复地说，伦敦现在不是一个城市，它已生长出一个大首都的人口和规模，它本身就是一个国度。”

图1-5　20世纪初的柏林高架电车

图1-6　19世纪末纽约贫民区一角

城市化和工业化带来城市中的“贫民窟”地区，工人阶级和下层人民在那些地方的生活条件比中世纪还不如。

19世纪城市问题的严重性逐渐引起社会各方面的关注，引出多种多样的关于城市改建和改良的主张和理论，也有许多改造实践。总之，城市历史在19世纪揭开了新的篇章。

第2章
19世纪房屋建筑业的变化

2.1　建筑业经营方式的转变

19世纪资本主义各国工业、交通、商业大发展，城市人口膨胀，大城市增多，处处都有大量建造房屋的需求，在“工厂热”“铁路热”的同时，出现了“建筑热”。在资本主义发展相对落后的俄国，1884年保了火险的建筑物的价值总额为59.68亿卢布，到1893年，这个数额增为78.54亿卢布，9年时间增长31.6%。在先进资本主义国家，19世纪建造量的增长自然更高得多。资料表明，1882年德国建筑业从业人数为53.3万人，到1895年增为104.5万人，13年中增加了96%，而同一时期德国纺织业人数只增长了9.1%。说明在工业化的某些阶段，建筑业的发展速度往往超过其他工业部门。

在19世纪，生产的大发展和社会生活的全面变化，带来复杂多样的建筑需求，建筑类型大大增多。多种工业厂房、铁路建筑物、银行、保险公司、百货商场、大型旅馆、商业办公大楼、科学实验室、博物馆、体育建筑等，有的是完全新型的，有的过去虽然已有，然而功能、形制发生了显著变化。在19世纪发展最快的是生产性和实用性的建筑物，如厂房、仓库、车站、商业办公楼、商店、旅馆，以及大量建造的专供出售和出租的住房等。

图2-1　19世纪40年代英国某棉纺织厂

图2-2　19世纪60年代伦敦第一家安装客用升降机的旅馆Grosvenor Hotel

这一类房屋，从经济学的角度来考察，它们不是房产主自己使用的必要生活资料，从而也不是他们直接享用的奢侈消费资料，而是房产拥有者或经营者的一种生产资料，也即一种固定资本。这一点，马克思在《资本论》中作了详尽深入的阐述。

这样的经济学属性使19世纪以及20世纪的大量建筑物同历史上那许多著名的建筑物之间有了重要的差别。埃及金字塔、希腊的神庙、罗马的宫殿、中世纪的哥特式教堂、文艺复兴时代的府邸、印度的泰姬陵、中国北京的明清紫禁城等，都不是生产资料，更不是资本。它们的经济学属性是怎样的呢？马克思在《剩余价值理论》（《资本论》第4卷）中的一段话有助于我们理解这个问题：

“……古代人连想也没有想到把剩余产品变为资本。即使这样做过，至少规模也极有限。（古代人盛行本来意义上的财宝贮藏，这说明他们有许多剩余产品闲置不用。）他们把很大一部分剩余产品用于非生产性支出——用于艺术品，用于宗教的和公共的建筑。他们的生产更难说是建立在解放和发展物质生产力（即分工、机器、将自然力和科学应用于私人生产）的基础上。总的说来，他们实际上没有超出手工业劳动。因此，他们为私人消费而创造的财富相对来说是少的，只是因为集中在少数人手中，而且这少数人不知道拿它做什么用，才显得多了。如果说因此在古代人那里没有发生生产过剩，那么，那时有富人的消费过度，这种消费过度，到罗马和希腊的末期就成为疯狂的浪费。”

实际上，中外古代建筑史上的著名建筑几乎都是非生产性消费品，其中一些还是奢侈消费资料。当初建造那些建筑物，例如北京紫禁城宫殿建筑群的时候，完全不是为了利润，而是为了经济以外的效用和利益。到19世纪，作为非生产性消费品和奢侈消费品的建筑仍然继续建造着，不过作为生产资料的建筑物愈来愈多，在总建造量中所占比例愈来愈大，而且其重要性也大为提升。近现代建筑师的一些设计杰作如火车站、博物馆、科学实验室、大旅馆等，具有同历史上著名宫殿、坛庙同等的历史和艺术价值。

既然这些房屋建筑具有生产资料和固定资本的性质，它们的拥有者对这类建筑物就有了同奴隶主、封建主对宫陵府邸很不相同的建筑需求。在一切其他准则的后面，立着一个严峻且冰冷的经济算盘：以最少的投资获取尽可能多的利润。这个经济算盘或隐或显、或大或小贯彻在作为生产资料而生产和使用的建筑物的各个方面，包括建筑设计和有关的建筑观念和理论。

房屋建筑的生产和经营方式也出现了变化，它们从工匠或工匠行会的事业发展成资本主义的企业。列宁在《俄国资本主义的发展》一书中对19世纪后期俄国建筑业的这种变化有如下描述：

“建筑业最初也同样归入农民家庭劳动范围以内（直到现在仍是这样，因为半自然的农民经济还存在）。进一步的发展使建筑工人变为按照消费者订货而工作的专业手艺人。在乡村及小城市中，建筑业的这种组织在现在也是相当发达的；手艺人通常保持着同土地的联系，为范围极其狭小的小消费者工作。随着资本主义的发展，保存这种工业结构就不可能了。商业、工厂、城市、铁路的发展，提出了对完全另外一种建筑的需求，这种建筑无论在建筑样式或规模上都与宗法制时代的旧式建筑是不一样的。新式建筑需要各种各样的贵重材料，需要大批各种各样专业工人的协作，需要很长的施工时间，这些新建筑的分布与传统的居民的分布完全不一致：它们建设在大城市里或城市近郊，建设在没有人烟的地方以及正在修筑的铁路沿线等等。当地的手艺人变为企业主-承包人所雇用的外出零工，而这些企业主-承包人逐渐挤进消费者与生产者之间，并且变成真正的资本家。资本主义经济的跳跃式的发展，长久萧条的年代被‘建筑热’（正如现在1898年所经历的）的时期所代替，大大地推动了建筑业中资本主义关系的扩大与加深。”

列宁在这里描述的19世纪后期俄国建筑行业的转变具有普遍性。在进行资本主义工业化的地方都必然出现这种变化。18世纪后期这样的转变首先出现在英国。过去，“建筑师”本人往往是这一行业的匠师。有人盖房子，“建筑师”做设计，然后雇请工匠施工，工匠有权为自己定工钱。工业革命之后，建筑中科学技术问题日益增多，要有受过专门训练的人员才能胜任，首先就出现了民用工程师，即土木工程师（civil engineer）。这种专门的工程人员在罗马帝国时期就有，但属于军事组织，从事军事工程，现在民间任务多了，所以称“民用”工程师。

资本主义发达以后，盖房子更要注意经济，要精打细算，引出了专业的建筑估价人员（quantity-surveyor）。在投标制度流行以后，建筑同行之间竞争激烈。严密组织、加强管理、协调工种、掌握进度等变得十分必要，这样，在19世纪初的英国建筑行业中，出现了总承包人（general contractor），这种人渐渐成了建筑施工任务的负责人和指挥者。建筑工匠起先极力反对他们，认为这种人是业主和工匠之

图2-3　19世纪英国大规模建造的住宅

间不必要的第三者。英国的建筑工匠当时曾频频举行罢工，发生骚乱。然而资本主义需要竞争性的建筑投发标制度。事情不可逆转，昔日的建筑工匠——“工匠建筑师”终于成了工资劳动者——建筑工人。1865年英国出现承包商的联合会（General Builder’s Association），这个组织于1878年改名为全国营造业雇主联合会（National Federation of Building Trades Employers）。

在房屋建筑业资本主义化以前，一幢房屋是按照订货人即房屋主人的特定要求，并用业主的资金进行建造的。大型建筑物则由地方政府，有实力的社会集团如宗教团体、行业团体或是国家出资建造。这两种方式现今仍有。在资本主义经济发展以后，出现了商品化的建筑经营方式，即称作房地产商的建筑业资本家集中较多的资本，买下地皮，预先建造出大批的住宅或大规模的办公楼，作为商品在房屋市场上出售，也可能是向需要房屋或办公场所的人出租。在早期，这种建筑活动被认为是投机活动，专供出售和出租的房屋被称为“投机建筑”。马克思在《资本论》第2卷中曾记述了1857年伦敦一位大建筑业资本家凯甫斯的证词，给我们留下一份具体生动的材料：

“资本主义生产怎样使伦敦的房屋建筑业发生变革，可以用1857年一个建筑业主在银行法委员会所提出的证词来说明。他说，在他青年时代，房屋大都是定造的，建筑费用在建筑的某些阶段完工时分期付给建筑业主。为投机而建筑的现象很少发生；建筑业主这样做，主要只是为了使他们的工人经常有活干，而不至于散伙。近四十年来，这一切都改变了。现在，定造房屋的现象是极少有的。需要新房屋的人，可以在为投机而建成或正在建筑的房屋中，挑选一栋。建筑业主不再是为顾客，而是为市场从事建筑；和任何其他产业家完全一样，他必须在市场上有完成的商品。以前，一个建筑业主为了投机，也许同时建筑三四栋房屋；现在，他却必须购买大块地皮，在上面建筑一二百栋房屋，因此他经营的企业，竟超出他本人的财产二十倍到五十倍。这笔基金用抵押的办法借来；钱会按照每栋房屋建筑的进度，付给建筑业主……现在，任何一个建筑业主不从事投机建筑，而且不大规模地从事这种建筑，就得不到发展……几乎整个贝尔格雷维埃和泰伯尼厄以及伦敦郊区成千上万的别墅，都是用估计有人需要房屋这种投机办法建筑起来的。（《银行法特别委员会的报告》第1部分摘要，1857年证词第5413—5418、5435—5436号）”

事实上，在建筑和地产的投机浪潮中，连英国王室也参加进去了。1818年伦敦中心区开始改建。当时的英国摄政王也成了一个大开发商（自然是以一种冠冕堂皇的方式进行的）。王室借开辟一条从卡尔顿宫通向北郊的大马路的机会，指定供职于宫廷的建筑师纳什（John Nash，1752—1835）为大道两旁设计许多高级公寓楼、华丽的别墅和商业建筑。形成后来著名的摄政街、皮卡迪利广场、弧形街等。从建筑和城市设计的角度看，这是成功的例子；而从王室的经济效益看，也非常成功，王室借着这条黄金地段的建造，大大扩充了自己的不动产资财。

随着建筑业的兴盛，建筑工人队伍膨胀。19世纪30年代，英国建筑业有40万工人，是农业工人以外最大的劳动部门。建筑工匠在过去有明确的等级，在英国分为行会工匠（society craftsmen）、下级工匠（cheap craftsmen）、学徒（apprentices）和壮工（labourers）。新制度下这些差别被抹杀，过去受尊敬的手艺、经验不再值钱，建筑工人落入社会底层，怨气很大，他们组成富有斗争精神的工会，同承包商斗争。资产阶级政权则对建筑工人实行种种苛刻的限制与束缚。19世纪中期德国科伦市有一种从事城市建筑工作的工人“必须签字”的“工人手册”，该手册中有这样一些规定：

第一条　每一个工人都必须无条件服从所有身兼警官的市监工的指示和命令。凡不服管教或拒不从命者，应立即开除。

第五条　凡迟到工地十分钟以上者，于半日内不予分配任何工作；迟到三次即可开除。

第七条　工人被解雇，应载入工人手册。如工人系被开除，得视情况禁止其再在原建筑工地或一切城市建筑工地就业。

第八条　开除工人及开除的原因，每次都应报知警察当局。

第十条　工作时间定为早六时半至十二时，午后一时至傍晚天黑。

手册的后面注明的发布者是“具有绝对支配权的建筑工程总监工”。

以上文件转引自马克思写于1849年1月4日的文章《资产阶级的文件》。在规定工人每天要劳动到“傍晚天黑”的字句后面，马克思加了批语：“真是妙笔！”从文件规定来看，德国建筑工人当时处境艰辛。

19世纪，在资本主义经济发展的地方，建筑行业都无例外地繁荣起来。但建筑营造即施工过程的机械化水平却一直不高，比起制造业来说更是如此。房屋建造业虽然十分需要，但它是资本主义经济的外围，与采矿、码头装卸、制砖、修铁路等同属一类，是劳动密集型而非资本密集型行业，营造商（承包商）愿意多用劳动力，而尽量减少固定资本投资。制造业因提高生产率而裁减下来的工人，往往转入建筑营造业，因而它成了调节劳动力的“蓄水池”。建筑工人的劳动条件差，劳动时间长，而工资很低，一旦出现全面的经济萧条，建筑业又首当其冲。

自19世纪以来，各国的建筑业都程度不同地发展起来，在许多国家已成为一个强大的产业部门。到20世纪中期，美国建筑业同钢铁、汽车等生产部门并列为美国的支柱产业。1971年美国有建筑企业37万多个（包括道路、军事设施等项在内），从业人员为341万人，是当时美国工人人数最多的工业部门，对整个国民经济有举足轻重的影响。

2.2 现代专业建筑师的出现

我们时常广泛地把历史上各个时期的建筑物的设计者都称为“建筑师”，但是，今天意义上的建筑师出现得相当晚，大致是在19世纪前中期，才有了我们今天所理解的职业建筑师。

建筑师的前身，无论在西方国家还是在中国，都是建筑工匠中的技艺超群者，他能主持建造房屋过程中的各种工作和事务，能事先筹划将要建造的房屋的形制模样，但他本人仍是工匠队伍中的一员。后来，随着建造复杂高级的建筑物的需要，主要从事建筑设计的人员产生了，意大利文艺复兴时期的著名建筑师就是这样的人。他们的社会地位渐渐提高，不过在许多方面仍然同房屋的建造过程保持密切的联系，本人仍然掌握一定的建造技艺。17世纪后期，法国君王设立多种学院，从上层阶级的子弟中培养为统治阶级服务的专业人才，其中就包括专为宫廷服务的建筑师。从此出现了与体力劳动脱钩的学院派建筑师，他们是专业知识分子，在社会阶梯上属于绅士阶层。从工匠中涌现出的建筑设计者称为工匠建筑师（craftsman architect），学院培养出来的则称为专业建筑师或绅士建筑师（gentleman architect）。

工匠建筑师的技能来自劳动实践，来自师徒承传和耳濡目染。由于缺少知识和理论的引导，又缺少外界的信息，工匠建筑师掌管下的建筑业发展缓慢，有不少局限性。但是它与材料、技术、施工工艺以及生活需要之间形成有机的联系，发展演变过程自然渐进，具有连续性。这样的建筑带有民间工艺美术那样的纯真质朴的品格。工匠建筑师承担一般的次要的建筑任务，数量很大，实际上占一国、一地区房屋建筑总量中的主要部分。工匠建筑师是为普通人服务的。现在人们所称的“没有建筑师的建筑”中的很大一部分其实是他们的业绩。

专业建筑师受过教育，有文化知识，眼界宽广，20世纪以前的专业建筑师对历史上的建筑形式有专门的学习，熟悉历史上各种建筑风格样式，擅长绘图打样，有的人还到过各地参观有名的建筑物和古代遗迹。他们的任务是设计宫殿，府邸，政府建筑，重要的公共建筑如博物馆、图书馆，以及花园中的亭榭楼台，广场上的喷泉、水池、铺地、小品等。专业建筑师是为统治阶级上层人物服务的，不只是为他们的物质需要提供有实用价值的房舍，而且，往往还是更重要的，是通过这些建筑物的内外形象、艺术样式表达当时社会的、特别是统治阶级的愿望、意志、理想和情趣。专业建筑师通过自己在建筑方面的活动，与其他门类的艺术家（包括作家、画家、雕塑家和音乐家等）一道铸造出种种文化符号——艺术语言。在西方世界，这个文化符号——艺术语言的体系可上溯至古希腊罗马，经过千百年的加工锤炼已经十分精致，在西方各国（如英、法、德、俄）的上层社会里都得到理解，成为各国上层社会的通用语言。这种情形，在19世纪末叶以前的西方建筑中表现得非常清楚。在西方各国官方的或重要的建筑中存在着国际性的建筑语言，而各国民间的或普通的建筑中则各自另用一种语言。当然两者之间也有互相渗透、互相影响的情况。

在西欧各国资产阶级革命以前，专业建筑师主要的服务对象是君主和贵族们。进入19世纪，建筑师的服务对象渐渐转变为资产阶级及其国家。1850年，英国人口总数在2000万人左右，其中资产阶级即所谓的中产阶级约150万人。这一部分人口占有大量的财富，掌握政治权力，他们取代昔日的君主、贵族和地主，成为主要的房产主和建筑订货人。这个时候，建筑师同其他艺术家们一样，摆脱了对宫廷、贵族、教会的依附关系，成为“自由职业者”。他们现在可以自由地为出得起钱的人服务，主要是为掌握财富的阶层服务。

19世纪出现的专业建筑师工作的另一变化是他们的工作范围缩小了。建筑承包商把施工的任务全部包走了，结构工程师、设备工程师等分担了各项专门的技术设计任务。19世纪的建筑师同工程实践、经济问题渐渐脱节，他要负责解决建筑的功能实用问题，要协调各种矛盾，但许多时候，要求建筑师解决的最首要的问题常常是建筑的形式和风格。对于有重大影响的政府建筑和有纪念性和象征性的公共建筑如议会场所、大剧院、大博物馆等，它们的建筑形象备受关注。19世纪西方资产阶级社会主导的建筑美学观念认为历史上的建筑样式已经尽善尽美，后人难以出其右，而且已有的东西丰富多彩，所以建筑师的重要任务是尽量继承建筑遗产，了解各种风格的文化含义，会比较、能鉴别、善借用。19世纪建筑学院培养的正是以这种能力见长的专业建筑师。

图2-4　建筑师与他的业主（1875年波士顿书刊插图）

1834年英国成立“英国建筑师协会”，后来改名为“英国皇家建筑师协会”（Royal Institute of British Architects，RIBA）。

以上西欧的情况，与大西洋彼岸的美国情形也差不多。在19世纪30年代以前，即使在费城、纽约、波士顿这样的先进城市中，大量房屋也是由营造商（营造厂）（builder）一手承建的。专业建筑师还是个新事物，人数寥寥。营造厂制度下，工匠师徒相传，简单的房屋不用绘图，遇到复杂的任务时，则找打样师即绘图员（draftsman）画几张图。有一位美国建筑师（James Gallier）在1864年出版的自传中曾这样描写当时的情况：

我于1832年4月14日到纽约，我原想在大城市中容易按我的专业找到工作，但是我发现大多数人都弄不懂什么是专业建筑师（professional architect）。营造商们——他们本人是木匠或泥瓦匠——全把自己称为建筑师（architects）。在那个时候，有的业主要看建筑设计图，营造商就雇个可怜的绘图员画几张图，付给他一点点钱。当时的纽约大约只有半打绘图员。这样搞出的图纸其实没多大用处。要盖房子的人一般是先看中一个合乎自己需要的盖成的房屋，然后与营造商讨价还价，让他们给自己照样建造一幢，也许按业主指出的做若干改动。但是这种做法不久就改变了。改成业主先去雇个建筑师，然后才去找营造商。按照这个新办法，公私建筑的风格很快有了改进。

严格地说，当时纽约只有一个建筑师设计事务所，是由陶恩和戴维斯合伙经营的（Town and Davis）。陶恩原是木匠，不是绘图员，他获得过一项木构桥梁的专利，赚了一些钱，他去过伦敦一两次，买回来一大堆各种文字出版的建筑艺术书籍，在设计事务所中布置了一个颇为可观的图书室。……戴维斯不是机械师，倒真是一个好的绘图员，具有很高的艺术家的修养。

这位传记作者本人是在英国受建筑教育后回到美国的，所以刚到纽约时有点失望。文中提到的陶恩于 1826年成立自己的建筑师事务所，在当时属凤毛麟角。由营造商一手承包建筑任务和由专业建筑师先做设计这两种做法曾经并存过一段时期。起先是重要的公共建筑和高贵的邸宅落入专业建筑师之手，后来，专业建筑师的制度渐渐盛行起来。在营造商承办一切的制度下，由于一切都有固定的规格，能够保证一定的建筑施工质量，然而建筑形式大同

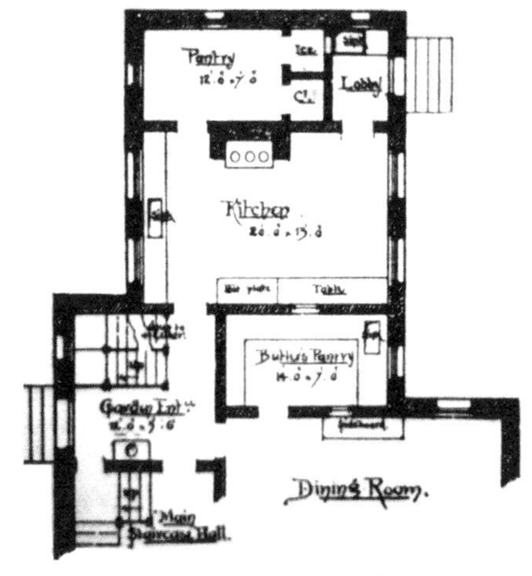

图2-5　纽约建筑师提供的图纸，1882年

小异，缺少创新性。纽约和美国其他一些城市次要的街道边上至今还留有这些营造商—建筑师建造的大批房屋。

随着专业建筑师的兴起，1836年成立了美国建筑师协会（The American Institution of Architects），三个发起人是W.Strickland，Thomas U.Walter和 Alexander J.Davis，这个协会存在的时间不长。1856年又成立了美国建筑师学会（The American Institute of Architects），其队伍逐渐壮大。

专业建筑师组织的成立保障了建筑师的权益，促进了他们的业务和学术水平的提高。建筑师为业主做建筑设计，并且渐渐代表业主进行工程监督。原来作为营造商的雇员时，收入低下，后来渐渐确立了专业建筑师收费制度。有一个材料记录了1850年美国专业建筑师的典型收费标准：

全部专业服务	造价的5%
提供图纸和预算	造价的1%

图纸单项收费（中等规模房屋，货币单位为美元）：

主要平面图	15.00
楼层平面图	5.00
主要立面图	15.00
预算	15.00
显示室内布置的剖面图	10.00

专业建筑师任务的增多导致大事务所的出现。在19世纪中期美国尚无现代意义上的建筑学院或建筑系，当时要进入这个职业领域的人一般都得在建筑师事务所或营造厂中边工作边学习。陶恩和戴维斯建筑师事务所曾招收学习绘图员，学员要交纳学费。学成的绘图员才可能领工资工作。另外也有专门学习建筑制图的学校。

专业建筑师的出现是社会分工更细的结果，它是一种进步现象，从此建筑学和建筑创作得到更大更快的发展。同时它也意味着工匠建筑师地盘的缩小。此后，随着正规高等建筑教育的形成，单从工程实践中脱颖而出的建筑人才越来越稀少了。

第3章 19世纪建筑材料、结构科学和施工技术的进步

巧妇难为无米之炊，没有材料盖不成房屋。有了材料，它们的品种性能又至关重要。我国著名土木工程专家李国豪说，在历史上，“每当出现新的优良建筑材料时，土木工程就有飞跃式的发展”。土木工程的状况同房屋建筑关系十分紧密，房屋的骨骼和主体就是一种土木工程。土木工程有了发展，房屋建筑自然也有变化。此外，建筑材料对于建筑的质量、形象，对人的生理和心理感觉，从而对建筑艺术都有直接的关系。李国豪指出，土木工程的三次飞跃发展是同三种材料联系的：砖瓦的出现；钢材的大量应用；混凝土的兴起。（《中国大百科全书·土木工程》卷“土木工程”条）这三种材料之中，钢材和混凝土在建筑中的广泛应用都发生在19世纪。

3.1 房屋建筑中钢铁结构的采用

在房屋建筑中，比较广泛地采用铁，后来又改用钢来做房屋结构和其他部件、配件，这在建筑发展上具有重大的革命性的意义。

人类使用铁的历史十分久远。但在18世纪末叶以前，在房屋建筑中，铁主要是用以制作栏杆、铰链、钉钩、把手等小型部件以及装饰之用。在有些建筑中，也出现过起结构作用的铁制部件，如古代砖石拱券上的铁制拉杆和圆顶上所用的铁箍等，但这些铁件也只是砖石结构或木结构的配件。除去个别的例子，18世纪末叶以前，在世界各地区铁都没有成为主要的建筑结构材料。之所以如此，一方面是由于石、木、砖等传统材料一般已能满足当时的建筑需要，亦即还没有产生对一种新结构材料的迫切需要；另一方面，更重要的，是受到铁的产量的限制，并且存在着将铁制成大型构件的技术困难。

18世纪末叶，英国开始工业革命。使用机器的大工厂和铁路建设，要求建造多层、大跨度、耐火和耐振动的建筑物，并要求尽快建成使用。社会生活的其他领域，也不断提出各种各样为砖石和木结构房屋所不易或不能满足的建筑要求。如博览会上的临时性建筑。与此同时，工业革命促进了铁产量的大幅度增加，这就为在

房屋建筑中大量使用铁材准备了条件。

过去，欧洲都是用木炭做冶炼铁矿石的燃料，铁的生产受到木材供应的限制。17世纪的英国，由于森林减少，木炭涨价，一度造成铁产量的下降。18世纪初，提出了采用焦煤炼铁的方法，后来又在炼铁炉上加上鼓风设备（1860），为大规模生产铁奠定了基础。18世纪末叶英国产业革命后，工业和铁路建设大量用铁，进一步促进了铁的生产。恩格斯在描写18世纪末和19世纪初英国的情况时曾写道：“发展得最快的是铁的生产……炼铁炉建造得比过去大50倍，矿石的熔解由于使用热风而简化了，铁的生产成本大大降低，以致过去用木头或石头制造的大批东西现在都可以用铁制造了。”

1740年英国生铁产量1.7万吨，1788年增至6.8万吨。进入19世纪，产量激增，1800年产铁19.3万吨，1840年增至140万吨，1870年又增至606万吨。19世纪后半叶，其他国家铁产量也增多了。1870年全世界生铁产量为1 180万吨，1900年增至4 070万吨，1913年又增至7 850万吨。铁的应用范围随产量增加而日益扩大。19世纪被称为“铁的世纪”。

在桥梁建设中采用铁结构稍早于房屋建筑。铁桥的建造技术为房屋建筑中采用铁构件作了技术上的准备。

在房屋中，最早采用的铁结构是生铁柱子。纺织工厂大量使用机器以后，旧式房屋中体积庞大的砖石承重墙和柱子妨碍机器的布置（有时，机器只得放到房屋的最上一层，因为那里的室内空间稍为宽阔一些）。为了减少支柱占用的面积，18世纪80年代英国的纺织工厂首先采用生铁内柱，接着在需要大空间的民用建筑中也采用铁柱（如1794年伦敦某书店内采用的铁柱是较早的例子之一）。铁也开始用来建造屋架，如1786年巴黎法兰西剧院的熟铁屋架。以后又出现了外部采用砖石承重墙而内部梁柱用铁制造的砖石-铁混合结构的多层房屋，如1801年英国曼彻斯特市沙尔福（Salford）地方用这种方式建造了一座七层的棉纺织工厂。19世纪初发明铆钉连结，铁结构大为简化，也更加可靠，用辗压方法制造铁的型材以后铁结构的运用遂愈益广泛。那些要求很快建造起来的大跨单层的建筑物，如市场、火车站站棚、花房、展览馆等，都纷纷采用铁结构。稍后，欧洲一些重要的公共建筑物，也开始采用铁结构来建造大厅的屋盖。例如，伦敦煤炭交易所（London Coal Exchange，1846—1849）大厅的圆顶直径18.3米，顶高22.6米；不列颠博物馆的阅览大厅（British Museum Reading Room，1857）的圆顶直径42.7米；以及俄国彼得堡的冬宫大厅屋顶（1837）和依萨基也夫斯基教堂的圆顶（19世纪40年代）、法国巴黎的圣杰列维图书馆（Bibliothégue Sainte-Genevieve，1843—1850）和国家图书馆（Bibliothégue Nationale，1856—1868）的屋顶等。

19世纪中叶美国一些大商业城市中最早出现全铁框架的多层商业建筑，这类商业房屋的外墙上除了细狭的铁梁柱外，全部都开成玻璃窗，以改善室内照明和通风，满足大量人员办公的需要。19世纪美国内河航运大港和商业城市圣路易斯是这类建筑出现较早的地点之一。差不多同时，在欧洲也出现了铁框架的建筑，1867年巴黎博览会上展出过用空心砖做填充墙的铁框架住宅。1871—1872年在法国建成一座利用水力做动力的巧克力制造厂，为了减轻架设在水面上的五层厂房的建筑自重，采用了完全的铁框架结构。这些都是铁框架房屋的较早的实例。

在19世纪，出于炫耀和好奇的心理，铁材也出现在一些皇宫和府邸建筑之中，如英国布列通皇家别墅（1818—1821）的一个客厅中采用过铁柱，巴黎皇宫花园中用铁及玻璃建造了一座游廊（1829—1831）等。铁构件在这里是作为一种新奇时髦的东西而出现的。

在19世纪中期，最引人注意的铁结构建筑是1851年的英国博览会展览馆，它采用铁与玻璃建造，占地面积达7.18万平方米，因为内部光线明亮，被称作“水晶宫”（详见3.2节）。1855年，巴黎博览会上采用铁结构建成的单跨达85米的展览厅是当时世界上跨度最大的建筑物。这些建筑物的铁构件和部件一般是在工厂中预先制好，运到现场加以装配的。预制装配缩短了建筑工期。19世纪中期，为适应英国殖民主义扩张的需要，英国铁工厂中还曾生产过全部预制装配的铁建筑物并远销海外。这类铁的预制房屋包括仓库、商店、住房、车站，甚至还有小型教堂和戏院。（最早的铁的预制房屋大约开始于18世纪90年代英国运河工人用的铁板小屋。1841年，曾有人将预制装配式的铁灯塔运到牙买加安装。1843年，英国铁工厂为非洲生产过一座二层的铁材住房。19世纪英国教会曾拒绝批准用铁制房屋做正式的教堂。）

人们关于铁结构的知识和运用技术是在实践中逐步掌握和丰富起来的。在早期，人们在工程结构中把铁当作石材一样的东西来使用，最早的铁桥就是采用拱桥的形式，例如英国1793—1796年建造的桑德兰铁桥就是这样的，后来才发现了比较符合铁的性能的结构形式。到19世纪末叶，铁屋架已有多种结构形式，其中包括三铰拱，结构力学随着工程实践逐渐发展起来。在早期，人们为了防火而用铁构件去代替木构件，但是在火灾中，铁构件很快变软失去承载能力，致使房屋倒塌；温度更高时，炽热的铁水四处流散，火灾蔓延得更快。1871年芝加哥中心区的大火灾便是一个惨痛的教训。那次大火以前，当地居民把铁结构看作防火建筑，为了安全，在容易发生火灾的建筑物上用铁梯做太平梯。但在火灾中，铁水漫流，火势更猛，

图3-1　英国桑德兰铁桥，跨度72米，1793—1796年

大火把市中心区几乎烧光，10万人无家可归。人们这才知道，裸露的铁结构不但不能防火，而且有更大的危险，必须用耐火材料把铁材包裹起来。

19世纪60年代以后，铁结构又逐渐被钢结构所替代。

钢和铁都是铁碳合金，但生铁含碳量较多，虽有很高的抗压能力，抗拉能力却很差，并且不耐冲击。熟铁含碳很少，用做建筑构件又常常失之太软。对生铁进行熔炼，使其中的含碳量降至1.7%以下，控制在适当的分量上，即得到不同性能的各种钢材。钢具有较高的强度，又有相当的韧性和塑性，含碳量低于0.25%的低碳钢适用于建筑结构。很久以前，人们就掌握了炼钢技术，但因产量很低，所以钢的价格昂贵。直到19世纪50年代，才出现了大规模炼钢的方法，这就是柏塞麦炼钢法（1855）。采用柏塞麦法使钢的价格下降了75%，其后又相继出现了西门子·马丁法（1858—1868）、汤姆斯·吉尔克利斯特法（1877—1878）。钢的产量飞速增长，1870年世界钢产量为50万吨，1900年增至2 800万吨，1913年又增至6 540万吨。如同铁之大规模用于工程结构的历史一样，随着钢产量的增长，在机器制造等部门已普遍使用钢材之后，钢材才用于用量巨大的建筑结构中。同铁的使用和推广过程一样，钢材也是首先用于桥梁等工程结构物之中，然后才用于有特殊的或迫切需要的

图3-2　美国圣路易斯城铁建筑，1877年

图3-3　芝加哥铁框架建筑，1890—1891年

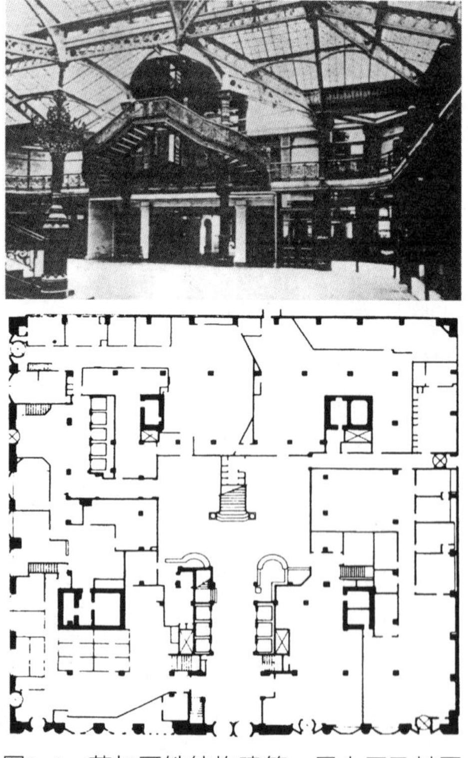

图3-4　芝加哥铁结构建筑一层大厅及其平面，1885—1886年

建筑类型中，如工厂、大跨度房屋、高层房屋等，再后才较多地用于一般民用建筑物中。在资本主义各国，建筑由铁结构向钢结构过渡，是19世纪末和20世纪初期的事，但在19世纪最后十数年中，钢结构已经开始显示了它在建筑中的巨大作用。1889年巴黎博览会上以钢结构建成一座单跨115米、长420米的巨大的展览厅。接着在俄国建成了一座钢的双曲拱壳屋顶的厂房（1893）和一座悬索结构的展览馆（1896）。与此同时，美国的城市中出现了高达二十多层的楼房（New York Park Row Building，1898，26层）。这些高层房屋的建造，是20世纪出现的所谓“摩天楼”的先声。

图3-5　伦敦水晶宫内景，1851年

3.2　1851年的伦敦水晶宫

1851年春天，伦敦海德公园里面出现了一座规模庞大的铁与玻璃的建筑物，它通体晶莹透亮。人们从来没有见过这样的建筑，如此光洁轻巧，它被人称做“水晶宫”（Crystal Palace）。这个美丽的名字恰当地表达出这座新奇建筑的特质和人们进入其中的感受。

图3-6　伦敦水晶宫博览会盛况

“水晶宫”是一座展览馆，专为1851年5月1日开幕的世界工业产品大博览会（The Great Exhibition of Works of Industry of All Nations）而设计建造。

近代资本主义经济发展以后，各国企业界热心举办各种展览会、博览会以促进产销，这种博览会、展览会展示经济的成就，技术和艺术的发展，生产和消费的新潮，渐渐成为社会生活中的一种盛事，它们具有历史上宗教活动那样的吸引力。各国政府很支持举办这样的博览会，把它作为振兴实业、显示财富和力量的一种方式。在近代史上，1798年巴黎第一个举办工业展览会。此后各国纷纷仿行，但基本上还限于一国国内的产品。1851年在海德公园举办的这次博览会是第一个大规模的国际性博览会。博览会由英国皇家工艺协会主办，协会主席是当时维多利亚女王的丈夫阿尔伯特亲王。

博览会预定于1851年5月1日开幕。1850年3月，博览会的筹建委员会宣布举行全欧洲设计竞赛，征求建筑方案。4月份，委员会收到245个应征方案，但是没有一个合用的。从设计竞赛到建成开幕只有一年多一点的时间，工期极短；其次，展馆在博览会闭幕后将要拆除，因此要省工省料，能快速建造、快速拆除，且建筑物应能耐火。当时欧洲各国建筑师送来的传统的建筑设计方案都不能满足这些要求。委员会于是自己进行设计，拿出的方案仍是一个相当复杂的砖砌建筑，正中有一个大的铁结构圆穹顶。这个方案依然不符合要求，但决定按它建造。对此，议院和公众舆论哗然。这个时候，一位名叫派克斯顿（Joseph Paxton，1803—1865）的园艺匠师出场了。他表示能够提出一个符合各项规定要求的建筑方案。筹建委员会答复可以让他试一试。派克斯顿和他的合作者们工作了8天，果然拿出一个符合各项要求的建筑方案，并且附有造价预算。1850年7月26日这个设计方案被正式接纳，负责施工的是福克斯-亨德森工程公司（Fox & Henderson）。

派克斯顿提出了一个完全新颖的革命性的建筑方案。他设计的展馆总长约564米（1851英尺[⊖]），总宽约124米（408英尺），共三层，外形逐层收退，立面正中有凸出的半圆拱顶，顶下的中央大厅由地面到最高处约33米（108英尺），大厅宽约22米（72英尺）。左右两翼大厅高约20米（66英尺），大厅两旁楼层形成跑马廊。展馆占地7.18万平方米（77.28万平方英尺），建筑总体积为93.46万立方米（3300万立方英尺）。

这样庞大的建筑物只用17个星期就建起来了。这是闻所未闻的高速度。原因是它既不用石，也不用砖，是一个完全的铁框架结构，所有的墙面和屋面则全是玻璃。整个建筑物由3300根铸铁柱和2224根铁横梁构成框架。铁柱子是中空铁管，所有铁柱的外包尺寸完全相同，不同部位的柱子仅改变管壁的厚度，以适应不同的承载力。横梁系平行桁架梁，长度分为7.3米（24英尺）、14.6米（48英尺）和21.9米（72英尺）几种。它们高度一样，但构件断面不同，有的采用铸铁，有的采用锻铁，以满足不同的荷载需要。在柱头之上有铁制连结体，将柱头、横梁及上层柱子

⊖ 括号里的数据是1851年的实测数据，下同。英尺不是法定计量单位（1英尺= 0.3048米），现已废止。

的底部连结成一体，构造十分巧妙，既坚固又便于快速组装。桁架式铁横梁在当时是先进的构件，不过，当时只能计算出每个杆件中的受力，现今所用的桁架理论在1850年尚未形成。为了铁框架的稳定性和抵抗风荷载，外墙铁柱和铁梁之间安装了斜交的拉杆。它们安装在外墙的内侧，在外面仍然隐约可见。中央半圆拱顶上也装有这种斜拉杆。

墙面除铁构件外都是玻璃和窗棂。玻璃只有一种规格，即124厘米×25厘米（49英寸×10英寸）。屋顶除正中的圆拱外都是平的，所有屋面都是玻璃。玻璃天顶组成折板形，便于排水，又增加强度。雨水顺天井注入圆形铁柱，送进地下排水井。屋面玻璃和墙面上的尺寸一样，可以互换。为了安装屋面玻璃，专门做了一种可以移动的小车，沿着天井活动，大大加快了安装速度。80名玻璃安装工人在1周内安装了18.9万块玻璃。玻璃总量达8.36万平方米，重400吨，相当于1840年英国玻璃总产量的1/3。展馆所用的玻璃是当时所能生产的最大尺寸，由英国最大的一家伯明翰玻璃公司提供。正是玻璃的尺寸决定了整个建筑的7.3米（24英尺）的柱网尺寸。英国原来有限制玻璃生产的高额货物税，1845年取消此项税种后玻璃产量大增。如果是在1845年前，水晶宫大概不可能用上那么多的玻璃，展厅内部也将光线暗淡，失去水晶宫的特色。

派克斯顿出身农民，受教育不多，但从1826年23岁时起任一位公爵的花园总管，对于用铁和玻璃建造植物温室很有经验。多年前他已采用玻璃做成折板形温室屋顶，为的是让早上和黄昏时的阳光直射进温室。派克斯顿得到为1851年博览会提出建筑方案的允许后，同一位铁路工程师以及助手们研究出上述方案。方案批准后，他与施工厂商进一步研究结构和构造细节，做出模型进行试验安装。建筑施工图纸由F.& H.工程公司绘制。建筑的构件规格和尺寸都尽最大努力加以标准化。铁件由铁工厂制造，送到现场拼装，大部分采用螺栓固结，施工中尽量采用机械和蒸汽动力。真正用于施工安装的时间实际只占17个星期，留下了布置展览的时间，大博览会按时于1851年5月1日开幕。展出期间有600多万人参观，影响极大。博览会结束后，派克斯顿申请在原地保存水晶宫，未获批准。水晶宫于1852年5月开始拆除，年底运出海德公园。派克斯顿组织一个公司，买下构件材料，运到伦敦南郊西登翰（Sydenham）山头重建，规模扩大，近乎原来的两倍，高度也增加了，两端又各添出一部分，增加了许多新构件。新水晶宫于1852年8月动工，1854年6月竣工，维多利亚女王曾为它揭幕。新水晶宫作为展览、娱乐、招待中心，十分兴盛。1868年清朝官员张德彝等出使西洋，他们在伦敦停留时曾去新水晶宫参观。张德彝在其撰写的《欧美环游记（再述奇）》中记载了他对水晶宫的印象（一次是白天，另一次是晚间）：

九月初八日壬午，晴。午正，同联春卿乘火轮车游‘水晶宫’。是宫曾于同治五年春不戒祝融，半遭焚毁。缘所存各种奇花异鸟，皆由热带而来，天凉又须暖屋以贮之。在地板之下，横有铁筒，烧煤以通热气，日久板燥，因而火起。刻下修葺一新，更增无数奇巧珍玩，一片晶莹，精彩炫目，高华名贵，璀璨可观，四方之轮蹄不绝于门，洵大观也。

十三日丁丑，晴。晚随志、孙两钦宪往水晶宫看烟火，经营宫官包雷贺斯、瑞司丹灵等引游各处。灯火烛天，以千万计。奇货堆积如云，游客往来如蚁，别开光明之界，恍游锦绣之城，洵大观也。

新水晶宫于1866年发生火灾，烧毁部分建筑，即张德彝所说“同治五年春不戒祝融，半遭焚毁”之事。又过了70年，即1936年再次发生火灾，建筑全毁，再也没有重建。

1851年的水晶宫在建筑史上具有重大意义。第一，它所负担的功能是全新的。要求巨大的内部空间，最少的阻隔，以便安置许多庞大的工业产品，以及外域运来的奇花异木，它要同时容纳众多的参观者在其中任意流动。这样的功能，在工业革命前从来没有提出过。第二，它要求快速建造。博览会从筹备到开幕不过一年多时间，留给设计和施工的时间非常之短，因此必须采用新型材料，新型结构，利用工业革命带来的新技术，才能满足这些要求。水晶宫采用的铁构件和玻璃都是由工厂大量生产，然后运到现场安装的，因此，自然要采用标准化的构件。水晶宫第一次大规模地显示了采用工业化的预制装配化方法的优越性。第三，建筑造价大为节省。派克斯顿等人提出的建筑方案和建造方法是当时最经济的一种，按当时的价格计算，水晶宫内部建筑体积的造价合每立方英尺一个便士。我们无从细算这个造价究竟有多么便宜，但从水晶宫墙厚（仅20.3厘米即8英寸）与伦敦圣保罗大教堂墙厚（4.27米即14英尺）的比较，即可看出物力与人力的节约是相当可观的。第四，从水晶宫的设计和建造过程可以看出，只有熟悉和掌握有关新材料、新技术的人员才能解决新的建筑课题，建筑师如果墨守成规，不扩大自己的知识面，就难以发挥应有的作用。第五，水晶宫显示了一种把实用性、技术以及经济放在首位的设计思想，这种要求有力地突破了沿袭传统建筑样式的做法。尽管在水晶宫的建造过程中，这一切是不得已的，被逼出来的，然而也不是偶然的，相反，它预示着时代发展的趋向。第六，水晶宫的建筑形象向人们预示了一种新的建筑美学质量，其特点就是轻、光、透、薄，它们与传统砖石建筑的厚、重、闭、实大相径庭。水晶宫在当时得到不同的评价：一方面，许多建筑师和高雅人士认为它算不上是architecture，仅仅是一个construction，意即它不属于建筑艺术或高尚建筑的范围，而只是一个构筑物；另一方面，它又获得了广大公众和不带偏见的专业人士的喜爱。当时的报道说，参观水晶宫的人群对它抱有像是对罗马圣彼得大教堂一样尊崇的情绪，有人描写在水晶宫里的感觉如同“仲夏夜之梦”。清朝官员张德彝说，“一片晶莹，精彩炫目，高华名贵，璀璨可观。”相信是贴切精当的描写！

如果将1851年的伦敦水晶宫同100年后即1951年在纽约建成的利华大厦（Lever House）加以比较，则更使人感到那座已不存在的水晶宫真正是20世纪新建筑的第一朵报春花。

伦敦水晶宫引起公众对玻璃和铁结构建筑的喜爱。在它之后，欧洲和美国一些城市也建造了一些号称水晶宫的建筑，如1853年纽约博览会的水晶宫。很多商业建筑采用铁和玻璃的屋顶。意大利米兰的爱麦虞埃二世商场（Victor Emmanuel Ⅱ Gallery，Milan，1865—1867）的商店街道上覆盖着玻璃拱顶，既挡风雨又有充足的光线，至今仍是居民喜爱的购物中心。1876年巴黎出现第一个有铁和玻璃屋顶的百货公司（Magasins du Bon Marché 1873—1876，设计人L-C Boileau，A.Moisant，G.Eiffel）。这些在当时都是适应城市大量人口需要的新型商业建筑形式。

3.3　水泥和钢筋混凝土广泛应用于建筑

为了把石块或砖连结在一起，最早使用的胶结材料是天然粘土，粘土和水后有塑性和胶凝性，干后又变得相当坚硬。为了减少粘土干缩产生的裂纹，增加其强度，人们把砂和植物纤维如稻草加到粘土浆中。

进一步，人们开始使用石灰。石灰石存在很广，也便于开采。古代人用石灰石盖房子和砌炉灶，很快就认识到这种石料经煅烧后生成的石灰具有比天然粘土更好的胶凝性。世界上许多民族生产和使用石灰的历史都很悠久。公元前三千年埃及金字塔中也曾使用过石灰浆。

古代罗马人曾经利用当地由火山喷射物生成的一种天然胶结材料，把零碎的石块连成整体的拱券结构，建造了规模巨大的斗兽场、浴场等建筑。欧洲进入封建社会以后，在地中海沿岸和其他有火山灰沉积物的地方，人们还利用这种材料做建筑胶结材料，但是没有出现大型的混凝土建筑。这是因为，第一，这种材料很不普遍；第二，在古代条件下，建造大型混凝土结构极其耗费人力。罗马帝国的奴隶主有大批奴隶供其驱使，而长期处于严重分裂状态的欧洲封建社会则不具备采用这种材料和结构的社会条件。

在其后的一千多年中，建筑工程中使用的胶结材料没有重要的发展。

18世纪后半叶，工业和交通的发展促成了新的建筑胶结材料的产生。

建造港口、桥涵、水坝等水下结构特别需要耐水的胶结材料，各国的工程技术界都在寻求试制这类材料。18世纪中叶，英国工程师斯密顿（J.Smeaton）注意到粘土含量较高的石灰石烧制的石灰有较好的水硬性质。通过试验，他在1774年建造一座海上灯塔时，用石灰、粘土、砂和铁渣的混合物砌筑了灯塔基座。

18世纪末，有人用含铝的石灰石烧制出可以在水中硬化的材料，取名为“罗马水泥”。1816年在法国用这种水泥建造了一座桥。在俄国，有人研究把泥灰岩煅烧后磨成细粉。人们继续研究，从早已知道的把砖灰加进石灰浆中能提高耐水性的事实中得到启发，许多人试验把石灰石与粘土一同加以煅烧，如法国人维卡（L.J.Vicat，1786—1861）把白垩和粘土合起来煅烧，英国人亚斯普丁（J.Aspdin，1779—1855）把石灰石和粘土碎末合烧，后者的产品硬化后颜色与强度与波特兰地方出产的石料很相似，因此取名为“波特兰水泥”（Portland cement）。亚斯普丁于1824年取得专利权，波特兰水泥的名称也因此流传下来。

早期水泥生产的工艺自然十分简单，亚斯普丁曾经提到从用石灰岩或泥灰岩铺砌的道路上收集粉尘，用作生产水泥的原料这一事实。随着生产的发展，生产工艺和产品质量不断改进，人们对水泥的化学性质也逐渐加深认识。继英国之后，法国在1840年、德国在1855年开始建设水泥工厂，其他国家也相继发展水泥工业。水泥制造逐渐成为在国民经济中有一定地位的独立工业部门。

波特兰水泥出现后，用它与砂子、碎石制成的混凝土在工程中被广泛使用。混凝土可以浇筑成各种需要的形状，当其硬化后，有很高的抗压强度，而且能够耐火，但在拉力作用下却容易破裂。同它相反，钢铁却有很高的抗拉强度，但在高温下容易丧失其强度。在混凝土和钢铁这两种材料已经同时存在的情况下，人们很自然会想到把这两种材料结合起来，做成既能抗压又能抗拉的结构材料。

很多人积极探寻把钢铁同混凝土结合起来共同工作的构造方式。波特兰水泥出现不久，即有人提出了在铁梁之间用混凝土筑成楼板的方案（1829）。到19世纪40年代，英国有些多层厂房和仓库中，把煅铁板做成拱壳，架在横梁上，铁板上填灌混凝土，以此代替不耐振动的砖拱楼板。在使用砖拱时，有的横梁间的铁拉杆被埋置在混凝土中（如1845年英国土木工程师费尔贝恩建造的厂房）。很明显，这种做法是对砖拱楼板的模仿。进一步的发展是在混凝土中有目的地配置具有抗拉力的钢铁材料，这一步首先是在用水泥制作其他器物的过程中实现的。

19世纪50年代，法国人朗勃（Lambot）用水泥制造小船只，水泥中用了金属丝网（1854年在巴黎博览会上展出）。1861年，法国工程师克瓦涅（F.Coignet）提出了在混凝土中配置钢筋，用来建造水坝、管道和楼板构件的方法（F.Coignet：Les bétons agglomérés appligueś á lárt de construise，Paris，1861）。从19世纪50年代开始，美国人雅特（T.Hyatt）也对配置钢筋的混凝土构件进行试验。雅特对钢铁在混凝土中的作用有正确认识，他把钢铁集中配置在梁的受拉区，在靠近支点处钢筋向上翻起，并在梁中设置垂直的钢箍。雅特在1878年写道："铁或钢作为拉杆可以与混凝土或砖结合在一起，当梁或结构受弯时，铁或钢提供全部抗拉能力，同其他材料的抗压能力相平衡。"

以上一些人取得的成果很少为人知道，影响不大，后来广为传播的是法国园艺师芒耶（J.Monier，1828—1906）在1867年用铁丝网夹在混凝土中做成的盆罐。以后芒耶又配钢筋混凝土生产管子、铁路轨枕及其他构件。1873年前后，芒耶用钢筋混凝土建造过几个贮水池，1875年他建造了第一座钢筋混凝土桥（长16米，宽4米）。不过芒耶当时还没有掌握钢筋在混凝土中的结构作用，他主要是从塑造形体的需要来配置钢筋，尽管如此，他对钢筋混凝土的推广使用仍有较大影响。1890年在瑞士和德国用这种材料建造的拱桥，跨度达到40米。德国不来梅工业展览中的拱桥，拱尖厚25厘米。

19世纪90年代，钢筋混凝土开始用于房屋结构。最先用钢筋混凝土建造完整房屋的是德国营造者杭尼比克（F.Hennebigue，1842—1921），他吸取很多工匠的经验，在19世纪90年代发展出使用钢筋混凝土建造房屋的基础、柱、梁、楼板、屋盖的完整系统构造，发挥了钢筋混凝土的整体性优点。杭尼比克用这种系统在欧洲许多地方建造桥梁、工厂、谷仓、水利工程和百货公司等。他在给自己建造的钢筋混凝土结构的住宅中，有大胆悬挑的楼层和屋顶花园。杭尼比克的钢筋混凝土房屋使人们开始进一步认识到这种材料用于房屋建筑的可能性和重要性。这一时期，巴黎甚至出现了用钢筋混凝土建造的教堂（Saut-Jean de Mont-martre，1894年始建）。在20世纪90年代，美国也开始出现钢筋混凝土的建筑。

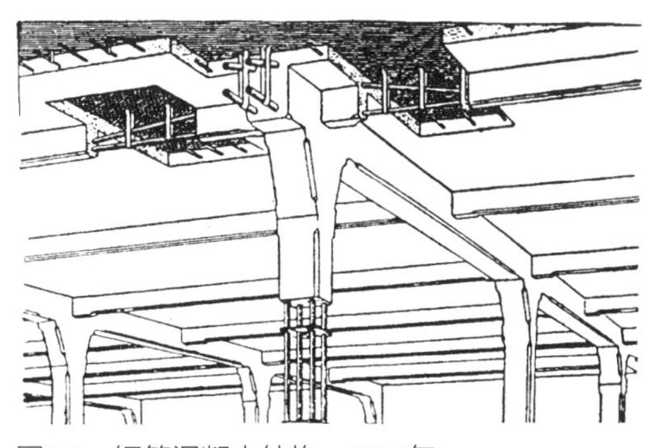

图3-7　钢筋混凝土结构，1892年

在实践的过程中，钢筋混凝土结构的理论分析也逐渐形成。1886年，柏林一些科学技术人员开始进行一系列科学实验，在实验基础上第一次提出了钢筋混凝土结构的理论和计算公式（M.Koehen，1849—1924）。计算中把梁的中心轴放在截面中心，略去混凝土的抗拉强度，依此来计算抗拉钢筋。1894年，法国工程师Edmond Coignet与De Tedesco也提出了钢筋混凝土结构的计算方法。

总的看来，在19世纪结束的时候，人们对运用钢结构有了更多的信心，而钢筋混凝土结构的建筑还只是一些个别的尝试，对钢筋混凝土及其结构的理论分析还远未成熟。

3.4 近代结构科学的发展历程

3.4.1 力学的进展

古代劳动人民在建造房屋的实践中，很早就发展出多种多样的结构类型。梁、柱、拱券、悬索、穹顶、木屋架、木框架等都有数千年的历史。由此构成的许多古代宏伟建筑物，至今还使我们惊叹不已。

在实践中人们逐步积累了关于力学和结构的初步知识。中国春秋战国时期墨翟（约前468—前376）的《墨经》中，有关于力、杠杆、绳索、二力平衡以及物体运动的描述，可能是世界上关于力学的最早的资料。在欧洲，晚于墨翟一百多年的希腊学者阿基米德（Archimedes，前287—前212），也对当时的力学经验作过初步的概括。

可是，在封建社会时期，无论是中国还是外国，力学同其他科学一样，长期处于停滞状态。在欧洲，从阿基米德到中世纪末的一千多年中，这方面几乎没有什么重大的进展。在中国长期封建社会中，在工程方面，虽然有许多发明创造，但是力学和结构的知识始终停滞在宏观经验的阶段，没有上升为系统的科学理论。

这种状况是封建社会制度造成的。

在这种状况下，无论中国还是外国，封建社会的工匠们在工作中一般只能按照经验或宏观的感性判断办事。一些工程做法、构件尺寸等大都以文字或数字的规定表现出来。例如12世纪中国宋代的《营造法式》和清代工部《工程做法则例》就是这样的。在国外，15世纪意大利阿尔伯蒂（Alberti，1404—1472）的著作中关于拱桥的做法规定如下：拱券净跨应大于4倍小于6倍桥墩的宽度，桥墩宽度应为桥高的 1/4，石券厚度应不小于跨度的1/10。这一类的法则和规定可能是符合力学原理的，但即使这样，它们也不是具体分析和计算的结果，而是某种规范化的经验。古代建筑著作中关于结构和构造的论述，即所谓“法式制度”，其大部分内容都不外乎这类规范化的经验。建筑经验愈是规范化，便愈不容易被突破，它们成为一种传统，在一定程度上束缚了建筑和工程中的革新发展。另一方面，基于宏观的感性经验而得出的结构和构造，一般截面偏大，用料偏多，安全系数很大。古代许多建筑物能够保留至今，原因之一，就是其结构有很大的强度储备。

对工程结构进行科学的分析和必要的计算，是相当晚才出现的。它是在资本主义生产方式出现以后，经过几百年的时间逐步发展起来的。

恩格斯写道：“现代的自然研究同古代人的天才的自然哲学的直觉相反，同阿拉伯人的非常重要的、但是零散的并且大部分已经毫无结果地消失了的发现相反，它唯一地达到了科学的、系统的和全面的发展——现代的自然研究，和整个近代史一样，是从这样一个伟大的时代算起……这个时代是从15世纪下半叶开始的。”

15世纪后半叶，资本主义生产关系首先在欧洲一些地方开始萌芽。随着工厂手工业和商业贸易的发展，新兴的资产阶级为摆脱教会的神权统治进行着斗争，科学在同神学束缚的斗争中开始发展。

“随着中间阶级的兴起，科学也迅速振兴了；天文学、力学、物理学、解剖学和生理学的研究又活跃起来。资产阶级为了发展工业生产，需要科学来查明自然物体的物理特性，弄清自然力的作用方式。在此以前，科学只是教会的恭顺的婢女，不得超越宗教信仰所规定的界限，因此根本就不是科学。现在，科学反叛教会了；资产阶级没有科学是不行的，所以也不得不参加反叛。”

对工程结构进行分析和计算，依赖于力学的发展。15世纪以后，在自然科学发展的最初一个时期，力学就开始迅速发展，正如恩格斯所言，那时“占首要地位的必然是最基本的自然科学，即关于地球上的物体和天体的力学，和它靠近并且为它服务的，是一些数学方法的发现和完善化。在这方面已取得了一些伟大的成就。”资本主义生产关系最先在意大利、荷兰，随后在英国、法国等西欧国家出现和发展起来，因此很自然地，在这些国家里先后出现了一些对力学科学做出重大贡献的科学家。

15世纪末，意大利工程师、艺术家达·芬奇（Leonardo da Vinci，1452—1519）曾探索过一些与工程有关的力学问题，如起重机具的滑轮和杠杆系统、梁的强度等问题。从他的笔记中可以知道，他已有了力的平行四边形和拱的推力的正确概念，他指出梁的强度与其长度成反比，与宽度成正比，离支点最远处弯曲最大。达·芬奇还做了一些试验，研究“各种不同长度铁丝的强度”等等。他写道：“力学是数学的乐园，因为我们在这里获得了数学的果实。”他是最先应用数学方法分析力学问题并通过试验决定材料强度的人之一。

世界新航路的发现（1492年哥伦布到达美洲，1522年麦哲伦作环球航行），为欧洲新兴资产阶级开辟了新的侵略扩张场所。16世纪后半叶，欧洲一些国家的商业、工业和航海业空前高涨，对科学技术提出许多迫切要求。建造更大吨位的海船、修建大型水利工程等，需要改进船体和工程的结构。解决这些新的技术问题，不能单纯抄袭已有船只和照搬传统的工程做法，必须研究事物本身的规律性。在工程结构方面，就有人提出了研究构件的形状尺寸与荷载之间的关系问题，以便尽可能准确地预先估计结构强度与可靠性。

意大利科学家伽利略（Galileo Galilei，1564—1642）适应当时生产的实际需要，首先做出重要的贡献。伽利略在观测与实验的基础上进行理论研究。他曾在意大利比萨地方的斜塔上做过著名的落体实验，推翻了亚里士多德的错误见解。他发现抛射体的轨道是抛物线，建立了落体定律、惯性定律等，奠定了动力学的基础。

1638年伽利略出版了《关于两种新科学——力学和局部运动——的论述与数学证明》，书中从参观威尼斯一个兵工厂所做的观察谈起，论证构件形状、大小和强度的关系。他最先把梁抵抗弯曲的问题作为力学问题，通过实验和理论分析，研究杆件尺寸与所能承受的荷载之间的关系。伽利略的这一著作是材料力学领域的第一本科学著作，标志着用力学方法解决简单构件计算问题的开端。

伽利略是从刚体力学的观点研究梁的弯曲的，当时还不知道力与受力物体形变之间的关系。1678年，英国皇家学会实验室主任胡克（Robert Hooke，1635—1703）根据用弹簧所做的实验提出著名的胡克定律，奠定了弹性体静力学的基础。

英国科学家牛顿（Isaac Newton，1642—1727）在总结前人成就的基础上，通过自己的观察、实验和理论研究，解决了许多重要的力学和数学问题，为古典力学建立了完备的基础。

恩格斯在讲到力学和数学等基本自然科学的早期发展时写道："在以牛顿和林耐为标志的这一时期末，我们见到这些科学部门在某种程度上已臻完成。最重要的数学方法基本上被确立了；主要由笛卡尔确立了解析几何，耐普尔确立了对数，莱布尼茨，也许还有牛顿确立了微积分。固体力学也是一样，它的主要规律一举弄清楚了。"

17世纪后期，牛顿和德国的莱布尼茨几乎同时创立了微积分的基础，以后经过逐步完善，成为科学研究中的新的有力的数学工具。微积分及其他数学方法的发展，促使力学在18世纪沿着数学解析的途径进一步发展起来。

瑞士人约翰·伯努利（Johann Bernoulli，1667—1748）以普遍的形式表述了虚位移原理。他的哥哥雅各布·伯努利（Jakob Bernoulli，1654—1705）提出梁变形时的平截面假定。瑞士人欧拉（Euler，1707—1783）在力学方面做了大量工作，建立了梁的弹性曲线理论、压杆的稳定理论等。意大利裔法国数学家拉格朗日（Lagrange，1736—1813）提出了广义力和广义坐标的概念等。这些人本身都是卓越的数学家，他们从数理分析的途径研究力学问题，发现了许多重要的力学原理，大大丰富和深化了力学内容。

虽然力学本身有了重要的进展，不过在18世纪前期，建筑工程仍像先前一样照传统经验办事。原因是多方面的，首先是力学科学本身还没有成熟到足以解决复杂的实际工程结构问题的程度；其次，在17、18两个世纪中，从牛顿到拉格朗日，力学家们对于工程问题很少注意，他们的著作都不涉及结构强度问题；第三，也是最重要的，是工业革命之前，房屋建筑本身也没有进行结构计算的实际需要，只是在极为特殊的场合，才感到有加以计算的必要。1742年罗马圣彼得大教堂圆顶的修缮就是一个例子。

3.4.2 房屋结构计算的尝试

罗马教廷的圣彼得大教堂是世界上最大的教堂，1506年开始设计，1626年最终竣工。它的主要圆顶直径为41.91米，内部顶点距地面111米，圆顶由双层砖砌拱壳组成，底边厚约3米。庞大沉重的圆顶由四个墩座支承着。圆顶建于1585—1590年。建筑师米开朗琪罗（Michelangelo，1475—1564）当年设计这个圆顶时，主要着眼于建筑艺术构图，圆顶的结构、构造和尺寸全凭经验估定。建成不久，圆顶开始出现裂缝，到18世纪，裂缝日益明显。当时人们对于裂缝产生的原因议论纷纭，莫衷一是。1742年教皇下令查清裂缝原因，以确定补救办法。

对于一般房屋，依靠直观和经验就能决定修缮方案。对于圣彼得大教堂这样复杂巨大而特殊重要的建筑物来说，不得不作深入一些的分析研究。当时，法国资产阶级启蒙思想家的机械唯物论的哲学思想已经传播开来。在这种思想背景下，三个数学家（Le Seur，Jacguier & Boscowich）被招来研究圆顶的破坏原因。他们先对建筑物的现状做了详尽的测绘，对裂缝进行了多次不同时间的观察，从而否定了裂缝产生于基础沉陷和柱墩截面尺寸不足的猜测。他们的结论是圆顶上原有的铁箍松弛，不足以抵抗圆顶的水平推力。三个数学家进而计算圆顶的推力。按照他们的计算结果，圆顶上有320万罗马磅（约1.08×10^7牛）的推力还没有得到平衡，他们建议在圆顶上增设铁箍。

这个时期，人们对于在工程技术中利用数学工具还很陌生，对于这样的新事物甚至抱有反感。数学家们的报告发表以后引起了一片怀疑和非难之声："米开朗琪罗不懂数学，不是造出了这个圆顶嘛！""没有数学，没有这种力学，建成了圣彼得大教堂，不用数学家和数学，肯定也能把它修复！""如果还有320万磅的差额，圆顶根本就盖不起来！上帝否定这个计算的正确性。"等。

怀疑和非难如此强烈，于是又请来著名的工程师兼教授波来尼（Giovanni Poleni，1685—1761）再作研究。他表示：按三个数学家的计算，整个圆顶连柱墩和扶壁都要翻动了，而这是不可能的。他认为裂缝产生于地震、雷击等外力的作用和圆顶砌筑质量不佳、重量传递不均匀等原因，但结论仍是增设铁箍。1744年，圆顶上增设了五道铁箍。

当时拱的理论还没有成熟，计算变形的方法还很原始，实际上尚不具备正确分析圆顶破坏原因的理论基础，那三位数学家的计算建立在错误的假设之上，不符合实际情况。尽管如此，他们的工作在建筑史上仍是有意义的——解决工程问题不再唯一地依靠经验和感觉了，用力学知识加以分析，通过定量计算决定构件尺寸的尝试已经开始，这是对传统建筑设计方法的一次突破。16世纪文艺复兴时期由建筑师按艺术构图需要决定的教堂圆顶，到了18世纪，受到用力学和数学知识武装起来的科学家的检验，这件事本身就预示着建筑业不久即将出现重大变革。

圣彼得大教堂的穹顶是在建成150年后才进行力学分析和计算的。不久以后，巴黎建造另一座教堂时就前进了一步：在建造过程中，就引入了对结构的科学实验和分析计算。

1757年，法国建筑师苏夫洛（Soufflot，1713—1780）在设计圣日内维埃教堂（Sainte Genevieve，又名Pantheon）时把穹顶安放在四个截面比较细小的柱墩上，这个方案引起了争论。为了判断柱墩截面是否适当，需要了解石料的抗压强度。工程师高随（Gauthey，1732—1806）为此专门设计了一种材料试验机械，对各种石料样品做了试验，结论是柱墩截面已经够用，甚至还能支承更大的穹顶。高随把他的试验数据同一些现有建筑物中石料承受的压力相比较，发现现有的石造房屋的安全系数一般不小于10。但是，圣日内维埃教堂建成时，在拆除脚手架之后，立即发现了明显的裂缝。高随对此又作了深入的调查，并第一次对灰浆做了压力试验，结果证明裂缝是因施工质量不佳，降低了砌体强度而引起的。这座教堂的石墙上使用了铁箍和铁锔，高随对铁条加固的石砌过梁做了受弯试验。在房屋的设计阶段科学实验开始发挥作用。这也表明，重大的建筑工程需要由建筑师同工程师配合来完成。

不过，在建筑中引入力学计算和实验的必要性要为多数人所认识还得有一个过程。直到19世纪初，还有人公开对建筑与科学的结合大泼凉水。1805年巴黎公共工程委员会的一个建筑师宣称：“在建筑领域中，对于确定房屋的坚固性来说，那些复杂的计算，符号和代数的纠缠，什么乘方、平方根、指数、系数，全都没有必要！”（C.F.Viel，De l’ impuissance des mathematiques pour assurer la solidite de batiment，1805）1822年英国有个木工出身的工程师甚至说：“建筑的坚固性同建造者的科学性成反比！”

传统和习惯势力是顽固的。但科学方法还是渐渐被人接受，取代了传统的做法。

3.4.3 工业革命与结构科学

18世纪后期，英国首先开始工业革命，到19世纪，工业革命浪潮遍及资本主义各国。前一时期，力学及其他自然科学由于工场手工业的需要而得到发展，反过来又为建立机器工业作了准备。工业革命后，机器生产及各种工程建设要求把科学成果广泛应用于实际生产之中，同时提出了大量的新课题，促使力学及其他自然科学迅速向前发展。

在西欧和美国，工厂、铁路、堤坝、桥梁、高大的烟囱、大跨度房屋和多层建筑如雨后春笋般建造起来。工程规模愈来愈大，技术日益复杂。在19世纪，铁路桥梁是工程建设中最困难最复杂的一部分，它对力学和结构科学的发展有突出的推动作用。

迅速蔓延的铁路线，带来了大量的建桥任务，英国在铁路出现后的70年中，就建造了2 500座大小桥梁，有的要在宽深的河流和险峻的山谷间建造。为了减少造价昂贵、施工困难的桥墩，桥的跨度不断增大。原有的桥梁形式不再适用了，必须寻找出自重轻而能承受很大荷载的新的结构形式。

早期的铁路桥梁史上，有着一系列工程失败的记录。1820年，英国特维德河上的联合大桥（Union Bridge，长137米）建成半年后垮了。1830年，英国梯河上一座铁路悬索桥，在列车通过时桥面出现波浪形变形，几年之后裂成碎块。1831年，英国布洛顿悬索桥在一队士兵通过时毁坏了。1840年，法国洛克·贝尔拉赫悬索桥（Roche Bernard Bridge，长195.5米）建成不久，桥面被风吹掉。1878年，英国泰河（Tay River）上的铁路大桥（共13跨，其中的几跨跨度为75米），通车一年半后，当一列火车在大风中通过时，桥身突然破裂，连同列车一起坠入河中。失败教训了人们：必须深入掌握建筑结构的工作规律。

以前，桥梁和其他大型工程通常是由国家和地方当局或公共团体投资建造的。资本主义经济发展后，大多数工程，包括大型铁路桥梁在内，往往是个别资本家或他们的公司的私产，资本家迫切要求减少材料和人力消耗，尽量缩短工期，以最少的投资获取最大的利润，尽一切努力防止工程失败而招致严重的损失。工程规模越大，投资越多，工程一旦失败，将给资本家带来难以承受的巨大损失。古代埃及的法老和罗马的皇帝们，在建造金字塔和宫殿时，可以毫无顾惜地投入大量奴隶劳动；中世纪的哥特式教堂，是不慌不忙建造起来的，盖一点，瞧一瞧，不行再改，一座教堂在十几年内建成算是很快的，有的一拖就是几十年、上百年。近代资产阶级不能容忍这种做法。它要求在工程实施前周密擘画，精打细算，不允许担着风险走着瞧的干法。这样，工业革命以后，在工商业资产阶级的经济利益的推动下，结构分析和计算日益受到重视，成为重要的工程设计中必不可少的步骤，当缺乏可靠的理论和适用的计算方法时，要进行必要的实验研究。

恩格斯曾指出，资产阶级没有科学是不行的。没有科学，近代工业就建立不起来。1809年，当了皇帝的拿破仑亲自到法国科学院参加科学报告会。这位东征西讨的皇帝忽然对薄板的振动实验发生了兴趣。听完实验报告，他还向科学院建议，用悬赏的方式征求关于板的振动理论的数学证明。他的目的是鼓励科学家们用科学成果为正在发展中的法国工业服务。

工业和交通建设怎样促进当时工程结构科学的发展，可以从当时一位著名工程师的一段话中得到生动的说明。1857年，三弯矩方程的创立者之一，法国的克拉贝隆（Clapeyron，1799—1864）在向科学院提交的论文中写道："铁路方面的巨大投资，给予结构理论以热烈的推动，因为它经常使工程师们必须去克服一些困难，而在过去几年，他们在这些困难面前，还自认是无能为力的。"接着，他在论文中提出了当时迫切需要的连续梁的计算方法。

3.4.4 几种结构类型计算理论的发展

总的说来，17和18世纪，人们主要是研究简单杆件（即梁或柱）的问题，其主要理论和计算方法到19世纪初已经大体完备了。后来，由若干杆件组成的杆件系统成为重要的研究对象，形成结构力学的主要内容。从建立连续梁和桁架理论开始，结构力学于19世纪中期从力学中划分出来，成为一门独立的工程学科。

到19世纪末期，材料力学和结构力学达到的成果，使人们掌握了一般杆件结构的基本规律和工程中实际可用的计算方法。下面就以房屋建筑中几种结构类型，即简单梁、连续梁、拱、桁架及超静定体系为例，稍为具体地介绍人们怎样在实践—理论—实践的反复循环中，一步步由浅入深、去粗取精，从感性认识达到理性认识的发展过程。

1. 梁

梁的使用很早也很普遍。梁是一种很简单的结构，但是实际上，梁的工作状况和它内在的受力规律却是经过了很长的时间和曲折的途径才逐步揭露出来的。

《墨经》上有关于梁的性能的初步描述："衡木加重焉而不挠，极胜重也。若校交绳，无加焉而挠，极不胜重也。"（《经说》下）这是把木梁同悬索加以比较，指出它具有抗挠曲的性能。《墨经》很可能是世界上最早论及梁的受力性质的文献。

文艺复兴时期，意大利的达·芬奇开始思考梁的强度问题，他指出，简支"梁的强度同它的长度成反比，同宽度成正比""如截面与材料都均匀，距支点最远处，其弯曲最大"。达·芬奇还没有论及梁的强度与高度的关系。

17世纪初，伽利略由于造船业发展的需要，着重研究过梁的强度问题。他指出，简支梁受一集中荷载时，荷载下面弯矩最大，其大小与荷载距两支座的距离的乘积成正比。他提出梁的抗弯强度与梁的高度的平方成正比。矩形截面的梁，平放和立放时，抵抗断裂的能力不同，两者之比等于短边与长边之比。伽利略还推导出等强度悬臂梁（矩形截面）的一个边应是抛物线形。伽利略提出了用计算方法来确定梁的截面尺寸和所能支持的荷载之间的关系。可是他在分析悬臂梁的内力时，错误地认为梁的全部纤维都受拉伸，截面上应力大小相同。他把中性轴定在梁的一个边上。

伽利略时期，人们还不了解应力与形变之间的关系，缺少解决梁的弯曲问题的理论基础。

1678年，胡克通过科学实验提出受力体的形变与作用力成正比的胡克定律。他明确地提出梁的弯曲的概念，指出凸面上的纤维被拉长，凹面上的纤维受到压缩。

1680年，法国物理学家马里奥特（Mariotte，1620—1684）经过对木材、金属和玻璃杆所做的大量拉伸和弯曲实验，也发现物体受拉时的伸长量与作用力成正比关系。他在研究梁的弯曲时，考虑弹性形变，得出梁截面上应力分布的正确概念，指出受拉部分的合力与受压部分的合力大小相等。由于第一次引入弹性形变概念，马里奥特改进了梁的弯曲理论。可是，由于计算中的错误，他没有得出正确的结论。

马里奥特从实验中还发现，两端固定的梁所能承受的中央荷载的极限值比简支梁要高出1倍，他指出支座约束影响梁的抗荷能力。1705年，雅各布·伯努利提出了梁弯曲时的平截面假设。

1713年，法国拔仑特（Parent，1666—1716）在关于梁的弯曲的研究报告中，纠正了前人在中性轴问题上的错误，指出正确决定中性轴位置的重要性。他对于梁截面上的应力分布有了更正确的概念，并指出截面上存在着剪力，他实际上解决了梁弯曲的静力学问题。可以顺便提及的是，拔仑特曾提出从一根圆木中截取强度最大的矩形梁的方法：将直径分为三等份，从中间两个分点分别作两垂线与圆相交，便得出ab^2为最大值的木梁。但是拔仑特的研究成果没有经科学院刊行，他的公式推导也不易为人看懂，因而当时未受到重视。

又过了六十多年，法国的库仑（Coulomb，1736—1806）——一个从事过多年实际建筑工作的工程师和科学家——于1776年发表了关于梁的研究成果。他运用三个静力平衡方程式计算内力，导出计算梁的极限荷载的算式。他证明，如梁的高度与长度相比甚小时，剪力对梁的强度影响可以略去不计。库仑提供了与现代材料力学中通用的理论较为接近的梁的弯曲理论。

从伽利略提出梁的强度计算问题算起，到1776年库仑提出梁的弯曲理论，这中间经过了138年。

库仑提出的梁的计算方法，当时也没有得到应用。又经过了四十多年，才受到工程师们的重视。到库仑为止所得到的梁的弯曲理论还是建立在一些简化的假定之上，因而是不太精确的。不过后来证明，由此所得到的结果对于一般的短梁来说同实际情况相差并不大，而所用的数学比较简单，这对于一般工程问题是适用的。

19世纪上半叶，许多研究者进一步把弹性理论引入梁的弯曲研究中，发展出精确的梁的弯曲理论。

在这方面，法国工程师纳维（Navier，1785—1838）首先做出了贡献。纳维早期曾以为中性轴的位置无关紧要，而把凹方的切线取做中性轴（1813）。以后他改过来，假定中性轴把截面划为两部分，拉应力对此轴的力矩与压应力对此轴的力矩相等（1819）。最后他正确地认识到：当材料服从胡克定律时，中性轴通过梁的截面形心（1826）。他纠正了自己原来的错误。

纳维在1826年的著作中指出，最主要的是寻求一个极限，使结构保持弹性而不产生永久变形。他认为导出的公式必须适用于现有的十分坚固的结构物，这样才能为建造新的结构物选定适当的尺寸。他实际上提出了按允许应力进行结构设计的原则。纳维还指出，要说明某一材料的特性，仅得出它的极限强度还不够，还需说明其弹性模量。弹性模量的概念过去已为汤姆士·杨提出过，但纳维得出了这个概念的正确定义。纳维导出了梁的挠曲线方程。他又研究出一端固定一端简支的梁、两端固定的梁、具有三个支座的梁以及曲杆弯曲等超静定问题的解法。至于梁不在力所作用的同一平面内弯曲和梁弯曲时的剪应力问题，不久由别人解决了。

法国工程师和科学家圣维南（Saint-Venant，1797—1886）在1856年提出了各种截面棱柱杆弯曲的精确解，并进一步考虑了弯曲与扭转的联合作用。除了截面上分布的应力，他还计算了主应力和最大应变，并第一次对梁弯曲时横截面形状的变化做了研究。他还研究了梁中的剪应力。圣维南在梁的弯曲方面做出了新的重要贡献。

圣维南关于梁内剪应力的解决只限于几种简单截面形状。俄国工程师儒拉夫斯基（Д.И.Журaьский，1821—1891）在建造铁路木桥的实践中，发展了梁弯曲时剪应力的理论，并提出组合梁的计算方法（1856）。

对一般结构工程的应用来说，梁的理论和计算方法，在19世纪中期已经成熟。但在弹性理论范围内，研究还在继续深入。

2. 连续梁

对连续梁的科学研究开始于18世纪后期，它随着钢铁材料在桥梁上逐渐得到广泛应用而发展起来。距今二百多年前，欧拉开始分析连续梁时把梁本身看作绝对刚体，而把支座看成是弹性移动的。他没有能够得出正确的结果。但欧拉指出只靠静力平衡条件，不能解决连续梁问题，点明了问题的性质。

19世纪初，德国工程师欧捷利温（Eytelivein，1764—1848）改变分析方法，把连续梁看作放在刚性支座上的弹性杆，得出双跨连续梁在自重和集中荷载下支座反力的计算公式（1808）。但欧捷利温的公式十分繁杂，不能在实际中应用。1826年，纳维在这个问题上也采取了与欧捷利温相同的方法。两人都是通过最困难的途径寻求解答，然而大量的铁路桥梁和其他工程任务迫切需要找出简捷与完善的计算方法。前面已提到过的英国不列颠尼亚桥的兴建（1846—1849）就是一个例子，尽管设计人之一曾按纳维的方法研究过连续梁，但是实际上还是不能做出计算。最后仍是按简支梁模型的实验数据来决定这座四跨连续梁的管桥结构尺寸。这是不得已的办法。

正当英国不列颠尼亚桥接近完工的时候，在欧洲大陆上，解决连续梁计算问题的三弯矩方程出现了。它像许多发现和发明一样，也不是一个人，而是由许多人几乎同时提出来的。

1849年，法国的克拉贝隆在重建一座桥梁时，研究了连续梁的计算问题，对于n跨的连续梁，他列出了$2n$个方程组和$2n$-2个补充方程，计算仍然繁难，但其中包含着新方法的萌芽。8年后，克拉贝隆在论文中提出了三弯矩方程（1857）。

1855年，另一个法国工程师贝尔托（Bertot）发表简化的三弯矩方程，同时期另外一些结构著作如1857年巴黎出版的《钢桥结构的理论与实际》（L.Molinos与C.Pronnier）和德国斯图加特出版的《桥梁结构》（F.Laissle与A.Schübler）等书中也有类似的方法。德国工业学院教授布累塞（J.A.C.Bresse，1822—1883）进一步完善了连续梁理论（1865）。不久，德国工程师摩尔（O.Mohr，1835—1918）提出三弯矩方程的图解法（1868），使工程设计时有了简便的计算方法。

连续梁计算方法建立后，人们回过头去对已建成的不列颠尼亚桥加以检核。莫尼诺斯和曾朗尼尔对该桥进行计算，算出它上面各处的最大应力（此处对当时数据不予改动，但应指出，磅力/英寸^{2}为非法定单位，它与法定应力单位帕的换算关系为：1磅力/英寸^2=6 894.76帕）：第一跨中央4 270磅力/英寸^2，第一支座上12 800磅力/英寸^2，第二跨中央7 820磅力/英寸^2，中央支座上12 200磅力/英寸^2。克拉贝隆指出，如果改变钢板厚度，加强支座，可以改善桥的结构。

19世纪后期，连续梁的计算也比较完善了，在实际工作中可以很快求出不同的连续梁在各种荷载作用下的弯矩、剪力和挠度，并有足够的精度。

3. 拱

拱的实际应用不仅历史悠久，而且早就达到了很高的水平。古代罗马人是运用这种结构形式的能手，西欧中世纪哥特式教堂中的拱券结构更是非常精巧，至今令人惊叹不已。中国隋代的赵县大石桥跨度37.5米，是世界最早的敞肩石拱桥。

但是人们对拱的理解却长期停留在感性的阶段。古代阿拉伯谚语说："拱从来不睡觉"。15世纪末达·芬奇还这样描述拱的工作原理："两个弱者互相支承起来即成为一个强者，这样，宇宙的一半支承在另一半之上，变成稳定的。"（转引自拉宾诺维奇：《建筑力学教程》第2卷第1分册，高等教育出版社1956年版，第275页）意大利文艺复兴时期的建筑师和建筑理论家阿尔伯蒂（L.B.Alberti，1404—1472）认为拱是彼此支承的楔块体系，楔块相互挤压，而不由任何东西连结。他认为半圆拱是一切拱中最强的。这个观点，在长时间内支配着人们对拱的看法。

17世纪末胡克开始分析拱的受力性质。他提出拱的合理形式应和倒过来的悬索一致。18世纪初，法国建造大量的公路拱桥，工程师们为建立拱的理论而努力。第一个用静力学来研究拱的是拉耶尔（Lahire，1640—1718），他证明，如果各楔块间完全平滑，则半圆拱不可能稳定，是胶结料防止了滑动才得以稳定。这时有人对拱的破坏进行模拟实验，发现拱的典型破坏是由于接缝张开而断裂为四个部分。1773年，库仑指出要避免拱的破坏，不但需要防止滑动，还要防止破坏时的相对转动。他计算出防止破坏所需的平衡力的极限值，但没有定出拱的设计法则。

法国工程师们继续对拱做大量实验和观测，证实了库仑的观点。但是困难在于求定断裂截面的位置。

19世纪初，克拉贝隆和另一法国工程师拉梅（M.G.Lame）在俄国工作，他们为建造圣伊隆克教堂的穹顶和筒拱进行研究。他们提出一种求定破坏截面的图解方法（1823）。接着纳维研究拱的应力分布问题，提出支座底面尺寸的计算方法（1826）。

拱临近破坏时张开的裂缝有如一个铰点，由此引起一种想法：为了在工程中消除这种铰点位置的不确定性，可以预先在拱内设置真正的铰点。这样就出现了三铰拱的设计。1858年出现了在桥墩处有铰的金属拱桥，1865年出现了在每个支座和各跨中央设有铰的拱桥。1870年甚至还出现过设有铰的石拱桥，方法是在墩座处和拱顶点埋置铅条。不过，三铰拱桥并没有广泛使用，拱式桥梁中较多的还是超静定的双铰拱。三铰拱和三铰刚架后来多用于大跨度房屋中。

当弹性曲杆的研究有了进展以后，法国的彭西列特（Poncelet，1788—1867）指出，只有将拱当作弹性曲杆，才能得出精确的应力分析。可是工程师们向来认为石拱由绝对刚体组成，与弹性理论无关。又经过许多实验研究，包括奥地利工程师与建筑师学会一个专门委员会所做的大量实验之后，人们才逐渐相信弹性曲杆理论对于决定石拱的正确尺寸有重要意义。德国的尹克勒和摩尔等人把这个理论应用于拱的分析。尹克勒讨论了双铰拱和固端拱，提出关于压力线位置的尹克勒原理（1868），摩尔提出了分析拱的图解方法（1870）。俄国高劳文（Х.С.Головин，1844—1904）分析拱的应力与变形，给出了固端拱的计算。他发现拱内还有剪应力和径向作用的应力，但又证明近似解与精确解之差不大于10%~12%，因而在实际应用中是可行的（1882）。

19世纪末钢筋混凝土出现后，拱的理论研究进入了一个新的阶段。

4. 桁架

用多根木料构成屋架和其他构架，以跨越较大的空间，这是古代已有的结构形式，不过，无论在中国或外国，古代的屋架和其他杆件体系大都是组合梁的性质，属于梁式体系。其中的腹杆，主要起着把横梁联系在一起的作用。中国古代工匠对于三角形的稳定性大概是了解的。但是，在建筑历史上，三角形结构时而出现，时而又消失了。一般说来，古代的屋架同现代桁架有很大差别。

现代桁架及其理论是在建造铁路桥梁的过程中发展起来的。铁路刚出现的时期，西欧国家常用石头或铸铁的拱桥通行火车；而在美国和俄国，在人烟稀少的地区，则常用木料建造铁路桥。为了适应火车通行和加大跨度，这类桥梁的形式从袭用旧式木桥逐渐走向创新，出现过多种多样的木桥结构形式。钢桥代替木桥以后，杆件截面变小，结点构造简化了。金属材料的优良性能更促进了对杆件体系的分析研究。19世纪中期，在美国和俄国出现了初步的桁架理论。1847年，美国工程师惠泼（S.Whipple，1804—1885）在其所著的《论桥梁建造》（An Essay on Bridge Building）中提出静定桁架的计算办法。同一时期，俄国儒拉夫斯基在建造木料铁路桥时提出了平行桁架的分析方法，进一步又研究过复杂桁架的计算，于1850年提出桁架分析的论文。

美国的工程师在实践中有许多大胆的创新，但往往满足于用自己的发明取得专利，对理论研究常常不够重视。因此，桁架理论的进一步发展主要仍在欧洲。

惠泼和儒拉夫斯基在求杆件内力时采用的是节点法。德国工程师施维德勒（J.W.Schwedler，1823—1894）又提出了截面法（1851）。而后库尔曼（T.K.Culmann，1821—1881）和马克斯威尔（C.Maxwell，1831—1879）介绍了分析桁架的图解方法。到19世纪70年代，这些方法经过完善和简化已足以计算当时所用的一般静定桁架。杆件和结点数目不多、图形简单、用料经济的静定桁架在实际建设中逐渐被采用。

人们进而研究复杂的超静定桁架。儒拉夫斯基提出过多斜杆连续桁架的近似计算。各国的工程师和科学家如德国的克列布希（A.Clebsch，1833—1872）、马克斯威尔、摩尔，意大利的卡斯提安诺（A.Castigliano，1847—1884）和俄国的喀比杰夫（В.Л.Кирпичевь，1844—1913）等，为超静定桁架的计算奠定了理论基础。到19世纪80年代，人们已能用比较精确的方法计算这种结构了。

对于空间桁架，德国天文学教授穆比斯（A.F.Mobius，1790—1868），在19世纪30年代曾作了一些探讨，但其著作多年未被人注意。在实际工作中，空间桁架的计算工作极为繁复，因而在很长一段时间内很少实际应用。19世纪末期，人们提出了多种空间桁架理论。德国工程师虎勃（A.Fopl，1854—1924）做了许多基础性工作，并于1892年出版了《空间桁架》一书，他曾设计建造过莱比锡一个大型商场的空间桁架屋盖（1890年前后）。

先前，人们为了简化桁架计算，都把结点假定为理想铰。可是实际的结点却总是刚固的，杆件除受轴力外，还有少量的弯矩。考虑弯曲应力的影响（即桁架次应力问题），属于困难的高次超静定问题。为解决这个问题，用去了数十年时间。1880年有人提出过非常复杂的难以实际应用的解法。1892年摩尔提出了较为精确的近似解法，在工程中得到应用。

现在的桁架研究主要是对给出的桁架计算其内力问题，更困难的也是最需要的，是如何直接设计出最佳的桁架，如在一定荷载组合及特定条件下，直接设计出重量最小、构造最简单的经济桁架来。这个问题在现代的“最优设计”研究中才逐步得到解决。

5. 超静定体系

我们从常识中就可以知道，在结构上多使用些材料，多用些杆子和支承件，把结点做得刚固些，总是有利的。可是这样一来，结构就成为超静定的了。对于古代留下的许多建筑物，即使应用今天的力学和结构知识去加以计算，也还会感到相当的困难，有时甚至于不可能。在古代，人们没有这样的困难，因为当时盖房子只凭经验和定性的估计，根本不做定量计算。

在19世纪，当超静定结构的理论和计算方法还没有发展到能够应用的时期，人们在桥梁中首先使用的是静定桁架，即把那些从静力平衡条件看来是“多余的”联系从结构中去掉，使之可以用静力平衡方程比较容易地计算出结构的内力。

静定结构图形简单，结点和杆件较少，用料节省。起初，那种简单、纤细、轻巧的结构同历来关于结构坚固性的概念相抵触，曾使许多人感到惊讶和怀疑。

静定结构虽有一些优点，但它们并不是最完善的。连续梁就比多跨简支梁节省材料。用于铁路桥梁上，连续梁能减少火车从一跨驶上另一跨时的冲击。静定结构不允许任何一个支座或杆件的破损，而超静定结构一般不至于由此而引起十分严重的破坏。在静定结构中，有时为了保持静定的性质，有意设置了铰点、可动支座以及隔断体系的特殊接缝，凡此种种，增加了构造和施工的复杂性。再以超静定的刚架来说，由于结点的刚性，杆件数目得以更加减少，弯矩比相应的简支梁架减少许多。刚架体系的连续性保证了各部分的共同作用，使之成为更经济的结构形式。总之，从生产的观点看，超静定体系有更大的经济性和更广泛的应用范围。

实际上，严格地说一切工程结构都是超静定的。所谓“静定结构”，只是在设计中进行一定的简化，并抽象成计算简图后才是静定的，而实际结构物仍是超静定的，因此按超静定体系分析计算更符合实际状况。

人们在静定结构分析的基础上努力解决超静定体系的理论和计算问题，先是得出一个个具体问题的个别解决办法，进而找出关于超静定体系的普遍性理论和计算方法。

1864年，马克斯威尔提出解超静定问题的力法方程。1879年，意大利学者卡斯提阿诺论述了利用变形位能求结构位移和计算超静定结构的理论。接着摩尔发展了利用虚位移原理求位移的一般理论。

采用有刚性结点的金属框架，特别是后来的钢筋混凝土整体框架的大量应用，促进了对刚架和其他更复杂的超静定结构的研究。从19世纪末到20世纪初，新的计算理论（如位移法、渐近法等）陆续研究出来。

结构科学中另外一些较复杂的问题，如结构动力学、结构稳定等，到20世纪陆续有了比较成熟的结果。

从伽利略的时代算起，到19世纪末，在近三百年的时期中，经过大约十代人的持续努力，在生产实践的基础上进行大量的科学研究，得到的理论又回到生产实践中去，经过无数次循环往复，人们终于掌握了一般结构的基本规律，建立了相应的计算理论。在结构工程方面，人们从长达数千年之久的宏观经验阶段进到了科学分析的阶段。

从19世纪后期开始，用越来越丰富的力学和结构知识武装起来的工程技术人员，获得了越来越多的主动权。科学的分析计算和实验，把隐藏在材料和结构内的力揭示出来，人们可以预先掌握结构工作的大致情况，计算出构件截面中将会发生的应力，从而能够在施工以前做出比较合理的经济而可靠的工程设计。不合适的不安全的结构在设计图纸上就被淘汰了，工程中的风险日益减少。必然性增多，偶然性减少。

过去，在几十年、几百年甚至上千年中，建筑结构变化很少。现在，人们掌握了结构的科学规律，就能够大大发挥主观能动作用，按照生产的需要，有目的地改进旧有结构，创造新型结构。在19世纪和20世纪中，新结构不断产生，类型之丰富，发展速度之快，是以前所不能设想的。

工程结构成为科学，在这个领域中，人们获得愈来愈大的自由。这是近代建筑事业区别于历史上几千年的建筑活动的一个重要标志，是建筑历史上一次空前的伟大跃进。

3.5 房屋跨度的跃进

建筑的跨度是建筑技术发展水平的重要标志之一。公元124年建成的罗马万神庙，有一个用砖石和天然混凝土造出的直径达43.43米的圆穹顶。这座建筑完整地屹立至今，令人惊叹。到19世纪以前，在一千六百多年的长时期中，万神庙一直是世界上跨度最大的建筑。16—17世纪，罗马教皇在建造罗马圣彼得大教堂时曾企图超过万神庙的跨度，结果仅仅赶上而已。

19世纪工业、交通的发展和城市里密集的人口，提出了增加建筑跨度的要求。而19世纪大跨度桥梁的建造为此做了技术上的准备。

19世纪的大跨度建筑主要出现在铁路车站和博览会展场这两种类型中。

早期的铁路车站往往造有一个站棚，将停站的列车、来往的旅客以及接人送货的马车统统覆盖在一个屋顶之下。随着铁路运输的发展，这种站棚也需要越来越大的跨度。这种做法今天看起来似乎没有必要，但在19世纪却几乎是火车站建筑的常规。一方面，大概是因为早期的火车内部狭窄，旅客的行李什物放在车顶上（如同现今长途公共汽车那样），在站上装卸时需要有所遮盖；另一方面，当时车站规模不大，有可能将火车和站台都包容在一个屋顶之下。

这种站棚起先是用木屋架，19世纪中期，木架站棚单跨最大做到32米。然而木屋架在火车头喷出的高温烟气下容易着火，在水蒸气侵蚀下又易腐朽，后来就改用铁和钢的屋架，跨度可以更大。1849年利物浦的一个车站采用铁桁架，跨度达到46.3米，超过了罗马万神庙。1868年伦敦的一个车站站棚，采用铁的拱形桁架，跨度达到74米。1893年美国费城一个火车站的站棚跨度达到91.4米。一个比一个大。至今在欧洲和美国一些大城市里还保留着这类跨度很大的站棚，有的仍做火车站用，有的已改作他用。

车站站棚跨度的增大，一方面反映车站规模的扩大，另一方面也带有商业竞争的因素，这在美国最为显著。美国铁路公司为了提高自己的声誉，常常争相建造“美国第一”“超过欧洲”或“世界最大”的车站。在平行建造铁路线的公司之间，这种竞赛更为突出。

站棚愈大愈长，造价愈昂贵，机车排出的烟气更不容易从站内排出。火车车厢改进以后，人们认识到，火车本身不再需要遮盖，只要在各个站台上分散建造小型站台雨罩即能满足需要，既经济又灵活。于是19世纪建造大跨度火车站棚的浪潮到20世纪初就迅速消逝。然而这一度兴盛的建筑形式确实曾经推动了大跨度建筑的发展。

图3-8　德国汉堡火车站内景

时常需要大跨度空间的另一建筑类型是博览会展场。1851年伦敦水晶宫的单个跨度并不大，最大的一跨仅21.6米。随着结构科学的进步和工程师作用的发挥，水晶宫以后的大型博览会的建筑跨度逐渐加大。1855年巴黎万国工业博览会采用半圆形拱式铁桁架，跨度达到48米，是当时世界上跨度最大的建筑物，它一直使用到1897年才被拆除。

进入20世纪以前，人类建造的跨度最大的建筑是1889年巴黎博览会的机器陈列馆。它运用当时最先进的结构和施工技术，采用钢制三铰拱，跨度达到115米，堪称跨度方面的大跃进！陈列馆共有20榀这样的钢拱，形成宽115米、长420米，内部毫无阻挡的庞大室内空间。那些钢制的三铰拱本身就是庞然大物，最大截面高3.5米，宽0.75

图3-9 埃菲尔设计的铁材天花顶，19世纪末

图3-10 1889年巴黎博览会机器馆入口

图3-11 机器馆内部

图3-12 机器馆的结构

米。而这些庞然大物在与地相接之处又几乎缩小为一点，它们好像芭蕾舞演员一样以足尖着地，又轻盈地凌空跨越115米的距离。机器陈列馆的墙和屋面大部分是玻璃，继伦敦水晶宫之后又一次造出使人惊异的建筑内部空间。这座陈列馆由康泰明（Victor Contamin，1840—1893）等三名工程师设计，建筑师都特（F.Dutert，1845—1906）配合。该陈列馆于1910年被拆除。

3.6 房屋高度的跃进

人们很早就幻想着把房屋造得高些再高些，许多人想象过耸入云霄的高楼大厦，但在19世纪以前，由于建筑材料和技术的限制，也由于那时候社会生活还没有使用非常高的房屋的实际需求，所以实际使用的房屋极少有超过五六层的。中国山西应县木塔（1056年建成）底层直径30.27米，高66.67米，最上一层直径仍有19.34米，各层都能容纳许多人在其中活动，是历史上一座罕见的名副其实的木构高层建筑。欧洲中世纪石造的哥特式教堂建有很高的钟楼，最高的要数德国乌尔姆市那一座，尖顶高161米，但除敲钟外没有更多用途。应县木塔和哥特式教堂的钟楼都是少数的例外。

进入19世纪，首先是工业生产的需要，然后是大城市社会生活的需求，促使房屋建筑的层数和高度较快地长上去。

提高建筑层数，在技术上要解决两个问题：一个是房屋结构方面的，另一个是升降设备。

19世纪初期，七八层的纺织厂房和仓库，采用砖墙和铁梁柱的混合结构，提升货物使用简单的蒸汽推动的升降设备。首先在工业建筑中发展起来的这种结构和设备为民用建筑增加层数提供了技术准备。

19世纪后期，资本主义发达国家城市人口增加，大城市人烟稠密，房屋拥塞，用地紧张，地价大涨。而银行、保险公司、大商店、大旅馆为了商业竞争，总要争取在城市中心最繁华也最拥挤的街道两旁占有一席之地，那些地方的地价便特殊地高涨上去。在昂贵的地皮上盖房子的业主，都希望在有限的土地上造出最大的建筑面积，这种经济上的要求进一步推动人们克服技术上的障碍，把那些商业性建筑的层数不断地增加上去。这种情形在美国新兴城市中尤为明显。

用砖石承重墙结构可以建造十多层的楼房。1891年芝加哥建成一座16层的砖外墙承重的大楼——蒙那诺克大楼（Monadnock Building，1889—1891），至今仍在使用。但是这种结构有一些缺点。一是下部墙体太厚，减少了使用面积。蒙那诺克大楼底层外墙厚达1.8米。因为按照当时通行的做法，单层砖外墙厚度为30.5厘米（12英寸），上面每增加一层，底层墙厚要增加10.2厘米（4英寸），墙厚与层数挂钩，使楼房不可能建得过高。其次，砖石承重外墙上面开窗受结构强度要求的限制，不能太大。先前，人们并不要求很大的窗子，伦敦原来还实行过窗子税（window tax），窗子面积愈大，缴税愈多。1850年后废除了这个税法。（Early Victorian Architecture，p.405）在城市商业建筑中，人们需要大窗子。因为在狭窄的街道上的商业办公楼中，窗子小，光线不佳，不利于使用，会降低房间的租金。窗子小，也限制房间的进深不能太大。

图3-13 芝加哥蒙那诺克大楼，1889—1891年

19世纪后期，楼房从承重墙的种种限制下解放出来。楼房内部既然可以用铁或钢的柱子和梁取代内墙，那么，只需进一步在房屋外围也设置柱和梁，形成完全的框架结构，由这套框架承受各层楼板和屋面传来的全部荷载就行了。这样，楼房外围便可以开大窗子，其宽度可以从左边这根柱子直到右边那根柱子，高度可以从地板直达天花板。在无窗的部分可砌墙，但它们不起承重作用，只是单纯的围护构件，它们自身的重量也由框架来承受。于是，房屋的高度与墙体没有直接关系，容易向上发展。框架结构房屋的外墙可用各种轻薄材料来做，厚度大为减少，开窗也大为自由。这种结构方式，从基本原理上说，同中国的传统木框架结构相同，而与欧洲长期使用的砖石承重墙体系大相径庭。所以出现全框架结构的建筑是一项有重要意义的发展。1851年伦敦水晶宫是少层的全金属框架结构。1885年，在芝加哥建成一座10层的铁框架建筑——家庭保险公司（Home Insurance Building，Chicago，1884—1885，建筑工

图3-14 Burham，纽约Flatiron大厦，1902年

图3-15　埃菲尔铁塔的建造过程.1889年

图3-17　埃菲尔铁塔，建筑师于1896年提出的采用垂直升降机的建筑方案

图3-16　埃菲尔铁塔局部

程师William Le Baron Jenney）。它的柱子有的是圆形铸铁管柱，有的是锻铁拼成的方形管柱，梁是锻铁制的矩形截面梁。这些构件用角铁、铁板和螺栓联结。大楼采用混凝土筏形基础。家庭保险公司被认为是最早的全框架高层商业建筑。

与此同时，资本主义各国的钢产量迅速增加。价格下跌，性能更好的钢材逐步取代建筑中的铁材。1885年有了辗压法制出的工字型钢。1889年芝加哥最早使用铆钉连结钢结构，质量比螺栓连结好，施工速度加快。

起初，许多人对高层金属框架结构的可靠性不大放心。1888年，纽约第一次建造11层框架结构房屋时，遇到大风雨，人们纷纷赶去围观，看它是否稳固。次年在为纪念法国大革命100周年举办的巴黎博览会中，出现了一座高达300米的铁塔（Eiffel

图3-18　埃菲尔铁塔的升降机（至第一平台），1889年

图3-19　水压升降机，1887年

Tower），它是由法国著名工程师埃菲尔（G.Eiffel，1832—1923）负责设计的，故称埃菲尔铁塔。这座铁塔有1.2万个构件，用250万个螺栓和铆钉连结成为整体，共用去7 000吨优质钢铁。铁塔耸立至今已一百多年，它已成为巴黎的标志。铁塔虽然不是房屋，但它的建成有力地证明了钢铁框架的优异性能，在19世纪末期预示着建筑向上发展的巨大可能性。

步行上下五六层的楼房使一般人感到吃力，在没有自来水和暖气设备的时期，把水和燃料送上楼也是不小的负担。在没有升降机的楼房中，房间的实用价值和租金与楼层高度成反比，高到一定程度实际上就无法使用了。升降机械的历史也很久远，原来是用兽力和人力驱动，只用在特殊的场合。19世纪前期，改用蒸汽动力，升降机械多用于厂房仓库运送重物。在民用建筑中用来乘人的升降机必须稳当安全。19世纪中期许多人对升降机作了很多改进。曾经有人创制过用水的重量带动的升降机：载人的笼子与水箱挂在滑轮的两边，水箱注水，笼子上升，放水则下降。还有一种利用水压提升的升降机，办法是在楼房底下竖埋一根水管，利用水压使管中的活塞上下往复运动，安置在活塞杆顶上的载人箱笼随之上上下下，这种方式所能达到的高度取决于地下埋管的深度，很受限制，但人们心理上觉得这是安全的办法，因为它有底。水力升降机曾短时间流行过。美国人奥的斯（E.G.Otis）原来开一家小工厂生产铁床，他对蒸汽驱动的货运升降机加以改进，装上保险设施，吊索一旦断裂，升降机立即自动卡住，不致一坠到底。1853年他在纽约“水晶宫”博览会（追随伦敦水晶宫而取名）展出他的机械，并当众割断吊索证明其安全性能。奥的斯公司遂成为著名的升降机公司。应用电力以后出现了电梯。1893年芝加哥世界博览会上展出了最早的商品化的电梯。以后不断改进，无齿导轨取代有齿导轨，电梯速度越来越快。加上给水、排水、供暖、照明和通讯等设备的相应改善，大城市中楼房层数得以迅速增加。1891年芝加哥出现22层的大楼，1898年纽约建成26层的高楼。它们是20世纪摩天楼——超高层建筑的先声。

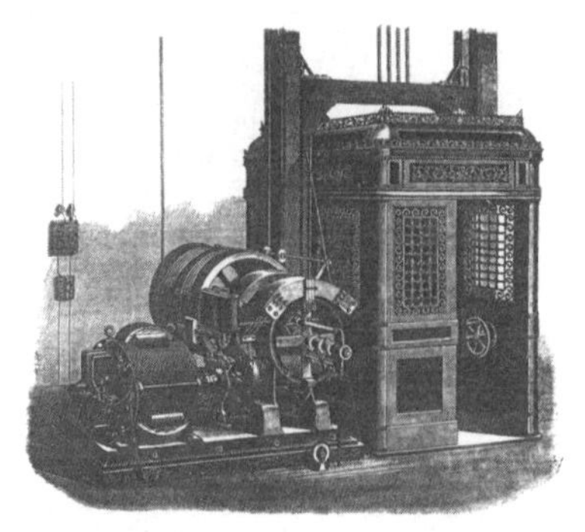

图3-20　1893年芝加哥博览会展出的电动升降机

图3-21　巴黎某饭店的电梯，19世纪末

第4章

19世纪末期西方建筑师的变革尝试

4.1　在历史风格样式的旋涡中

新型建筑物的出现、钢铁水泥等工业生产的材料的使用和结构科学的兴起可以称为19世纪建筑业中的三新——新类型、新材料和新结构。那么建筑设计、建筑艺术、建筑风格和建筑理论方面的情况如何呢？这是我们将要着重考察的方面。

类型、材料、结构等大体上可以称为建筑生产和创作的“硬件”；另外一些方面，包括建筑设计方法、建筑艺术和风格、建筑思想理论等可以称为建筑的“软件”。19世纪建筑硬件方面发生了空前的重大改变，可是建筑软件方面的变化，总的说来，却非常迟缓，19世纪80年代以后才有了一些较为明显的改变，然而仍是零零星星、此起彼落的局部现象。直到19世纪末和20世纪初，在欧洲和美洲大部分地区，建筑历史传统的作用一直十分强大，大多数情况是尽管功能类型、材料结构已经改变，而形式、艺术风格还沿用旧的一套，形成新的硬件与旧有软件的交叉结合。在重要的高级的建筑物上，情况越发如此。

所以，尽管在19世纪出现了那样重要的建筑业的新事物，而在建筑形式和建筑艺术风格方面却盛行这样那样的历史建筑样式的“复兴”（revivalism）。如英国的议院大厦（1836—1868）是“哥特复兴”的建筑，美国国会大厦（1855—1864）是“罗马复兴”的代表作，美国许多大学的校舍是“哥特复兴”，而一些19世纪著名的高级住宅则又盛行过“希腊复兴”。后来，建筑物的功能和体量实在距古代建筑样式太远了，在矛盾突出的场合，便采用比较灵活的方式，即不拘泥于某一种历史样式，而是多方撷取，稍加变动，灵活组合，这后一种方式的产物被称为“折衷主义”（eclecticism）建筑，巴黎歌剧院是著名的一例。后来，仿效、“复兴”的对象有了扩大，英国皇家建造过印度建筑样

图4-1　巴黎歌剧院，1861—1874年

式的房屋，美国人按古埃及神庙样式建造墓地建筑等。这样的事例在世界建筑史中多有记述。

为什么会这样呢？原因是复杂多样的，我们从两方面来看。一方面，历史上许多地区许多时代产生的建筑形式经过长期的使用，经过历代匠师的琢磨调整，已经从一般的偶然的形式提升为建筑艺术的规范形式。它们本身比较完整、成熟、精练，在历史过程中又带有一定的象征性，成为人们容易理解的某种表意性符号。古代希腊的柱式体系、文艺复兴时期的圆穹顶、中世纪哥特建筑的尖拱和尖塔等等都具有这样的性质。另一方面，更重要的是，在一定时期一定地区占主导地位的建筑审美观念和这种观念背后的社会文化心理在起作用。

19世纪英国著名的学者、评论家、文学家兼建筑评论家拉斯金（John Ruskin，1819—1900）在他的一本论建筑的著作《建筑七灯》中的一段话，明确表达了当时欧美上层社会的建筑审美心理和建筑艺术观。他在1849年写道：

“我们不需要建筑新风格，就像没有人需要绘画和雕塑的新风格一样。但我们需要某种风格。”“我们现在已知的那些建筑形式对于我们是够好的了，远远高出我们中的任何人；我们只要老老实实地照用它们就行了，要想改进它们还早着呢。”

这种保守和谨守旧规的观点出自一位学识渊博、才气横溢的学者之口，在今天看来似乎有点奇怪，然而这正代表了当时上层社会人士普遍的心声：祖辈传下来的建筑形式多好呀，老老实实地照章用它们吧，别妄想出什么新点子！

18世纪末期，在法国大革命的高潮中，有几位法国建筑师提出了不拘泥传统，不沿袭历史建筑样式的崭新的建筑设计方案。列杜（C.N.Ledoux，1736—1806）和部雷（Etienne-Louis Boulée，1723—1799）就是这样的人，他们设计过采用简单几何形体、几乎全无装饰的房屋，为的是要在建筑形象中表现纯真、节俭、理性和自由、平等、博爱的理想和美德。在1789年法国大革命后的高潮时期，激进分子对艺术提出了全新的要求。1793年一个艺术评判委员会的委员在会议上说，画家只要凭借一副圆规和一把直线尺就行了。在建筑部门的会议上，一个叫杜孚尔尼的人断言道，一切建筑物都应当像公民的美德一样单纯。不需要多余的装饰。几何学应当使艺术复兴起来。但这种观点和做法是一些特例，没有广泛的文化和物质基础，当革命激情消退以后，便无影无踪了。

到了19世纪，新兴的掌握了政治权力的资产阶级又在历史的建筑积存中找到了适合种种需要的可资借用的建筑形式。开始阶段，新兴资产阶级为了表示与过去的腐朽的宫廷和贵族有所不同，他们不用巴洛克风格、洛可可风格，而选择形象庄严、宏伟，富有纪念性的古代希腊和罗马的建筑样式作为自己新建筑的蓝本，因为它们多少可以与自由、民主、共和、理性等概念挂上一点钩。拿破仑帝国为了显示它的强大权力和赫赫武功，不搞希腊风格而仿效罗马帝国的宏伟壮观的建筑；德国政治家为了显示其与法国的不同而采取希腊风格。

图4-2　纽约原海关大厦，1834—1841年

4.2　突破仿古潮流的尝试

社会生活在迅速变化，新建筑类型不断增多，有的尚能包容在传统建筑的形象之内，但也有一些新型建筑物，功能要求复杂或是体量非常高大，难于套用一二千年以前产生的建筑样式。坚持套用旧形式旧风格会遇到很多的矛盾和困难。19世纪美国盛行“希腊复兴”时期，美国大城市中的一些海关或银行建筑常爱套用古希腊神庙的形体样式，建筑师只得想出各种手法将新的金融财政机构的功能要求“塞入”古代神庙的固定形体之中。纽约原海关大厦（1834—1841）就是一个例子。另一个突出的例子是费城吉拉德学院的一座教室楼（Girard College，Philadelphia，1833—1847，建筑师Thomas U.Walter），教室有12间，当时校方坚持要使教室楼具有希腊神庙的外貌，建筑师只得将12间教室分在三层，每层4间，互相紧靠，通通塞入由科林斯柱子围成的神庙形体之中，教室的通风照明受到旧建筑样式的妨碍，最上一层的4间教室无法开普通窗子，只好开天窗。建筑师当时并不主张这样的方案，但是业主的意志决定了一切。吉拉德学院的这座教室楼费时十

图4-3　美国新奥尔良市原海关大厦大厅局部，19世纪中叶

图4-4　费城吉拉德学院教室楼，1833—1847年

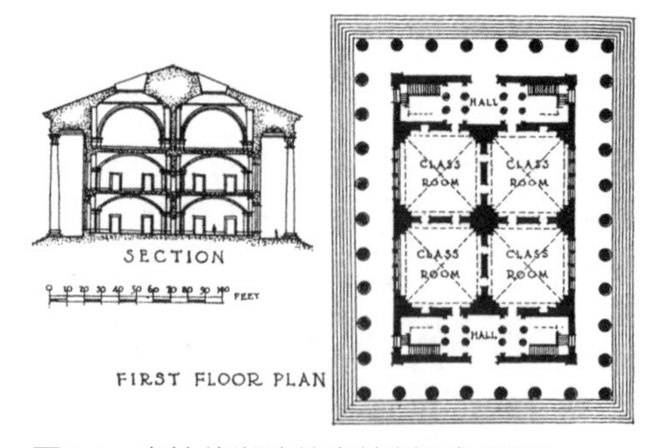

图4-5　吉拉德学院教室楼剖面与平面

多年，花了200万美元，在当时是非常昂贵的建筑，但后来由于功能欠佳长期闲置不用。

这种作茧自缚和削足适履的做法渐渐引起人们的怀疑和反对，自然，起初只是零星和分散的异议。在吉拉德学院教室楼尚未竣工的时候，一位美国建筑师A.吉尔曼在1844年的《北美评论》杂志上撰文反对建筑中的“希腊复兴”和“哥特复兴”，认为这好像是企望将死人复活。他说，将当代的住宅搞成希腊庙宇模样既不符合要求又是愚蠢之事，住宅的开窗就不应死套庙宇的开窗办法。当代美国人不是希腊人，不是中世纪的法国人，也不是中世纪的英国人。吉尔曼的批评带有理性的分析，不仅仅是情感上的歧见。不过在1844年他提出的改进做法并不是不要追随历史，而只是将仿效的对象向后推移，他主张从更晚出现的历史风格中寻求启发，实际上他心目中指的是文艺复兴时期和在这之后的建筑，他认为后来的建筑的创造者更像19世纪的美国人，两者的需要更接近。吉尔曼又主张可以从历史建筑中挑选适合我们需要的部分，其余部分可以弃之不顾，可以将各式各样来源不一的东西拼合使用。无论如何，吉尔曼的看法反映了当时一部分人对单纯仿古的批评。

图4-6　美国的仿古住宅，19世纪中叶

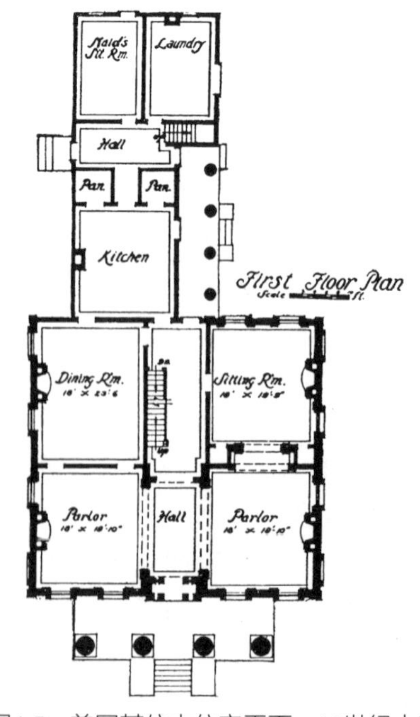

图4-7　美国某仿古住宅平面，19世纪中叶

在欧洲，对仿古潮流的批评具有较为深刻和彻底的性质。1849年，法国《建筑评论》发表文章说："新建筑是铁的建筑，建筑革命总会伴随社会革命而到来……人们坚持要改革旧的形式，直到有一天风暴来临，把陈腐的学派和它们的观点扫荡殆尽。"1850年法国一家报纸刊文提出"利用新兴工业提供的新方式，人们将要创造自己时代的全新建筑"。1850年，伦敦水晶宫正在兴建尚未竣工时，欧洲已经出现了一些用铁架建成的展览馆和市场建筑，它们都是以工程师为主设计和建造起来的，当时建筑界的大多数人对之十分轻视，甚至鄙夷它们没有建筑艺术。针对这种状况，1889年巴黎《费加罗报》刊文说："长时期以来，建筑师衰弱了，工程师将会取代他们。"这些言论出自当时建筑师圈子外的人士之口，它们反映了建筑材料、结构等方面技术革新引起的新问题，同时也表达出新兴工商界对建筑师提出的新要求。

图4-8　巴黎圣杰列维夫图书馆铁拱顶，1843—1850年

少数思想敏锐的欧洲建筑师做出了反应，他们开始意识到保守的学院派建筑思想不能适应新时代的需要，他们开始探索新的道路。

法国建筑师拉布鲁斯特（H.Labrouste, 1801—1875）是较早同学院派决裂的一个人，他原来是法国艺术学院的一名高才生，得到奖学金去罗马研究古建筑。他注意研究历史上建筑技术的成就，发现古代建筑都是在当时当地建筑技术条件下产生的。他回到巴黎后提出改革建筑教学的主张，因而与学院意见分歧。他自己收了一批学生，指导他们从实践中学习建筑本领。1830年，拉布鲁斯特在书信中写道："我要他们（指学生）了解，只有从建筑工程构造中产生出来的装饰才是合理和有表现力的。我反复告诉他们，艺术能美化各种东西，但坚决要他们理解，在建筑中，形式永远必须适合它所要满足的功能。"1843年拉布鲁斯

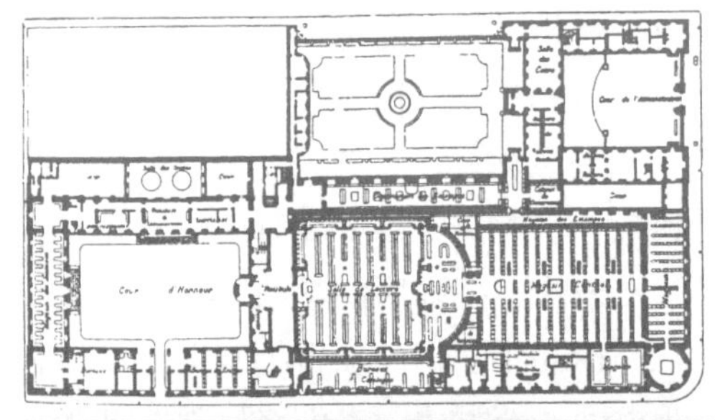

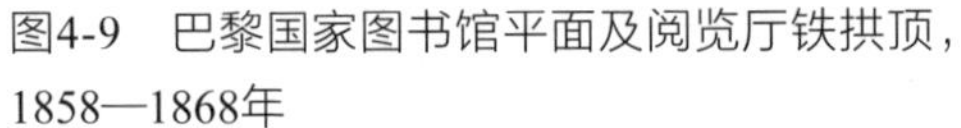

图4-9　巴黎国家图书馆平面及阅览厅铁拱顶，1858—1868年

图4-10　巴黎国家图书馆书库的铁结构

特得到巴黎圣杰列维夫图书馆（Bibliothéque Siant-Genevieve，1843—1850）的设计任务。在这座图书馆建筑中，他采用一系列半圆形铁拱架，并让那些铁构架袒露在室内，这在当时文化性建筑中没有先例。1858年，拉布鲁斯特又得到巴黎国家图书馆（Bibliothéque Nationale，1858—1868）的设计任务。他认真解决实用功能问题，在阅览厅中采用特别的结构方式：用16根铁柱子支承9个圆穹顶，日光从每个穹顶上的玻璃窗洞中射进来，使大阅览厅得到均匀的光线。这个图书馆的书库采用多层铁架结构，实用而轻巧，节省空间。这两座19世纪的法国图书馆建筑表现了拉布鲁斯特勇于采用新材料新结构解决实用功能问题的创新精神。上面谈到的新观点和新尝试在19世纪的建筑舞台上几乎不占什么位置，它们是分散的、微小的呼声，随即被崇古仿古的潮流所淹没，成不了气候。只有19世纪末芝加哥一批建筑物才稍为集中地表现了建筑设计观念的一次突破。

4.3　19世纪末美国的“芝加哥学派”

芝加哥在19世纪前期是美国中西部的一个普通小镇，1837年仅有4 000人。由于美国西部的开拓，这个位于东部和西部交通要道的小镇在19世纪后期急速发展起

图4-11　1892年的芝加哥

图4-12　1891年的芝加哥繁华大街

来，1880年人口剧增至50万，1890年人口又翻了一番达到100万。经济的兴旺发达、人口的快速膨胀刺激了建筑业的活力。1871年10月8日芝加哥市中心区发生了一场大规模的火灾，全市1／3的建筑被毁，这就更加剧了对新建房屋的急迫需求。在此种形势下，19世纪80年代初到90年代中期，在芝加哥出现了一个后来被称为“芝加哥学派”（Chicago School）的建筑工程师和建筑师的群体，他们当时主要从事高层商业建筑的设计建造工作。芝加哥位于密歇根湖畔，地质条件很差，这批建筑工程师首先创制“满堂红”的筏形基础，克服了地基的缺陷，又首先使用铁的全框架结构，使楼房层数超过10层，接着，12层、14层、16层和更高的商业建筑和商业写字楼不断涌现。房产主最迫切的要求是在最短的时间内，在有限的地块上建造出尽可能大的有效建筑面积。常常有这样的事情，早晨的报纸登出某座商业楼即将开工的消息，晚报就报道该座大楼一天内即被预订完了。争速度、重实效、尽量扩大利润成了当时压倒一切的宗旨，其他的考虑如历史样式、特定风格、装饰雕刻等等则被视为多余的东西而被削减甚或取消，传统的学院派的建筑观念被暂时搁置和淡化了。楼房的立面大为净化和简化，狭窄街道上鳞次栉比的高层建筑挡住了阳光，为了增加室内的照度和通风，窗子要尽量大，而全金属框架结构提供了开大窗的条件。这一时期出现了宽度大于高度的横向窗子，被称为“芝加哥窗”，有的几乎是柱子之间全开成窗子，它们的宽高比同传统砖石承重墙上的狭长窄窗大不相同。有的高层建筑上还开出凸窗。由于照明和通风好的房间租金高，“芝加哥窗”随之流行起来。高层、铁框架、横向大窗、简省的装饰……这一切使当时的一批商业建筑具有同历史上的建筑风格大异其趣的建筑形象。第一雷特大楼（First Leiter Building，W.L.B.Jenny，1879）和瑞莱斯大楼（Reliance Building，Burnham＆Co.，1890—1895）是著名的例子。

在这批高层商业建筑的设计建造工作中，建筑工程师发挥了重要的作用。建筑工程师W.L.B.詹尼（William Le Baron Jenny，1832—1907）是“芝加哥学派”的元老，许多建筑师起初也是在詹尼的设计所中工作和成长的。工程师们由于所受的专业教育不同，较少有传统建筑观念的“包袱”。建筑师与他们不同，有一个观念转换的问题。吉迪翁著的《空间、时间与建筑》中记载着一个故事：建筑师在设计16层的蒙拉诺克大厦（Monadnock Building，1889—1891）时，在立面檐口上做了一些装饰，业主从多、快、省的要求出发很不赞成，乃乘建筑师休假不在时，业主直接指使绘图员画了一个没有装饰的简单檐口的图纸，付诸施工。那位建筑师回来后也只好认账，并称那个新檐口具有古埃及建筑风格。在形势要求、业主压力和工程师的榜样面前，专业建筑师的观念发生了变化，在原来专业训练的基础上或

图4-13　芝加哥第一雷特大楼，1879年

图4-14　芝加哥家庭保险公司大楼，1884—1885年

图4-15　芝加哥瑞莱斯大楼，1890—1895年

图4-16 “功能受到抑制”的纽约论坛报大楼，1873—1875年

图4-17 芝加哥C.P.S.百货公司大楼，1899—1904年

图4-18 圣路易斯城的温赖特大楼，1890—1891年

多或少地产生了改革建筑设计的思想和实践。

19世纪末“芝加哥学派”中最著名的建筑师是沙利文（Louis Sullivan，1856—1924）。沙利文曾在麻省理工学院学习建筑，后入芝加哥的詹尼事务所工作，1874年去巴黎美术学院进修，次年返回芝加哥，先后在几个设计事务所工作。1881年与工程师阿德勒（Dankmar Adler，1844—1900）合伙成立阿德勒-沙利文设计事务所，沙利文为建筑设计主持人。从1879年到1924年，沙利文建成190座房屋，绝大多数是在1900年以前完成的。他的著名作品有会堂大厦（Auditorium Building，1886—1889）、保证金大楼（Guaranty Building，1884—1885）、温赖特大楼（Wainw-right Building，1890—1891）、盖吉大楼（Gage Building，1898—1899）和C.P.S.百货公司大楼（Carson，Pirie，Scott&Co.，1899—1904）。

在芝加哥的建筑设计实践中，沙利文体会到新的功能需要在旧的建筑样式中常常受到“抑制”（surppressed function），所以需要发展新的建筑设计观念和方法，其中“使用上的实际需要应该成为建筑设计的基础，不应让任何建筑教条、传统、迷信和习惯做法阻挡我们的道路”。（L.Sullivan，Autobiography of An Idea，1924）沙利文的建筑观念受19世纪美国雕塑家、美学家格林诺（Horatio Greenough，1805—1852）的影响颇深。格林诺认为，艺术中出现非有机的非功能的因素是堕落的开始，造型应该适应目的性。他援引自然界特别是生物界的情形做他的理论的证明，他说：“自然界中根本的原则是形式永远适应功能”（In the nature the primal law of unflinching adaptation of form to function.）“美乃功能所赐；行为乃功能之显现；性格乃功能之记录。”（Beauty as the promise of function，action as the presence of function，character as the record of function.）这些话见于格林诺1852年出版的《美国雕塑家的游览、观察与体验》（1947年此书以《形式与功能》为题再版）。沙利文受格林诺的美学观点的启发，提出了建筑也应该是“形式跟从功能”（Form follows function）的论点。

沙利文在1896年写道：

> 自然界的一切事物都有一个外貌，即一个形式，一个外表，它告诉人们它是什么东西，从而使它与我们以及其他事物有所区别……不论是飞掠而过的鹰，盛开的苹果花，辛勤劳作的马匹，欢乐的天鹅，枝条茂密的橡树，蜿蜒流淌的小溪，浮动的白云和普照一切周而复始的太阳，形式永远跟从功能，这是法则……功能不变，形式就不变。（Sullivan，Kindergarten Chat）

后来，他在《一个观念的自传》中又写道：

> 经过对有生命的东西作长期的思考，我现在要给出一个检验的公式，即形式跟随功能。如果这个公式得到贯彻，建筑艺术就能够实际上再次成为有生命力的艺术。

但是细察沙利文的建筑作品和他的其他言论，可以看出他并非单纯地按“形式跟从功能”的原则办事，实际上他还有其他的原则，例如在著名的C.P.S.百货公司大楼设计中，他在底层和入口处采用了不少的铁制花饰，图案相当复杂，在窗子的周边也有细巧的边饰。沙利文的其他建筑作品也都有不少的花饰，这种做法说明他的建筑观念是复杂的，多层次的，包含着矛盾的方面。1890年，另一位芝加哥设计师曾对沙利文说：“你把艺术看得太重了！”沙利文回答说：“如果不这样的话，那还做什么梦呢？”他又曾写道：“一个真正的建筑师的标准，首要的便是诗一般的想象力。”沙利文的建筑作品表明，他除了“形式跟从功能”之外，还有更重要的追求，他要通过建筑形象表现他的艺术精神和思想理念。他从来没有像建筑工程师那样把房屋当作一个单纯的实用工程物来对待，而是把工程和艺术、实用与精神追求融合在一起。沙利文还有一句有名的话：“真正的建筑师是一个诗人，但他不用语言，而用建筑材料”，这句话充分表明了他的追求和理想。

沙利文在艺术上不仿古，不追随某一种已有的风格，他广泛汲取各种各样的手法，然后灵活运用，创造出自己独特的风格。这一点使他的作品既同仿古的建筑区别开来，又不同于流行的折衷主义建筑，而创造出当时美国独特的建筑风格。1904年美国《建筑实录》的编辑指出：“在我们的建筑荒野之中，沙利文是一个预言家，开拓者，强有力的人……他生长在我们的土壤之中。……他的作品不属于以往任何一个时代或地区的风格……他是美国第一个真正的建筑师。”这是对沙利文的公允的评价。

1893年为纪念哥伦布发现美洲400年，芝加哥举办了一次盛大的世界博览会。东部的大企业家为表现“良好的情趣”，决定模仿欧洲古典风格，整个博览会中的建筑都是欧洲帝国风格的仿制品——宏伟、壮观、气派，然而是布景式的建筑。沙利文的建筑和芝加哥学派的作品受到排斥。建筑师纷纷转向，沙利文不愿随俗，只得

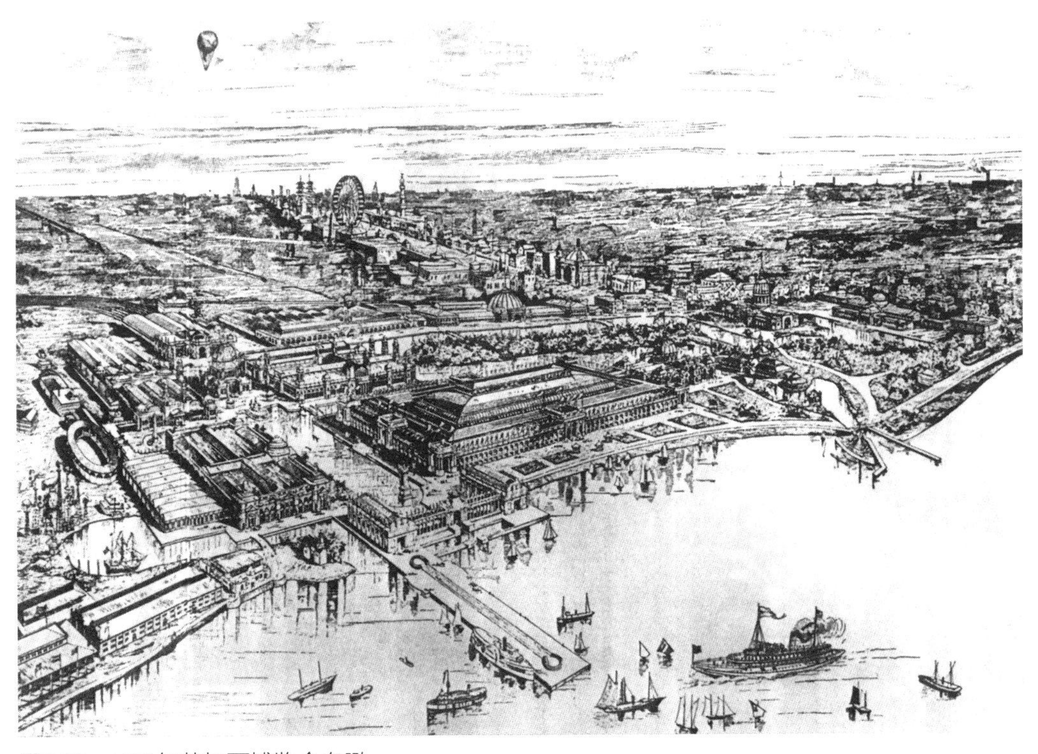

图4-19　1893年芝加哥博览会鸟瞰

图4-20　1893年芝加哥博览会

到博览会中一个次要的建筑物——交通馆的设计任务。1893年以后，仿古建筑之风再次弥漫全国，在特殊的地点和时间内兴起的芝加哥学派犹如昙花一现很快消散。此后沙利文本人也渐渐走下坡路，任务稀少，竟致破产。1924年沙利文在潦倒中故去。

芝加哥学派的烟消云散和沙利文的潦倒而卒表明，直到19世纪末和20世纪初，传统的建筑观念和潮流在美国仍然相当强大，不易改变。然而，乌云已经聚拢，天边已有闪电，一场雷雨即将来临，势不可挡。

第5章
世纪之交的西方文化新潮流

芝加哥学派的工程师建筑师们积极采用新材料、新结构、新技术，认真解决新型高层商业建筑的功能需要，创造出了具有新风格新样式的新建筑。可是这个学派却只存在于芝加哥一地，时间仅有十多年，然后即烟消云散，这是为什么呢？显然，不是由于技术不先进，功能不合用，经济不合算，速度太迟缓，相反，芝加哥学派的建筑在这些方面恰恰是先进的。为什么还站不住脚呢？原因在于当时美国社会大部分人，特别是拥有财富、在建筑方面有投资能力的上层社会看不上那些新冒出来的简省实用然而与传统历史风格很少联系的建筑形象。一时一地少数商界人士为救燃眉之急，要多、快、省地盖房子，因而促成了芝加哥学派的做法，但总的说来只是权宜之计。当时大多数人，包括其他城市的大商家并不认为芝加哥学派的高层商业建筑显示了发展的方向，相反，大多数人认为它们缺少历史传统，也就是缺少文化，没有深度，没有分量，不登大雅之堂。当时，多数美国人仍然认为要搞出高尚的、优美的、有气度的高级建筑，还非模仿欧洲传统建筑不可，舍此别无他途，舍此都不足道。

这是当时占主导地位的建筑价值观和建筑审美观念。这后面屹立着一个总的社会文化心理和文化价值观，它们是长期形成的、厚厚地积淀在人们观念之中的。在这样的社会文化心理没有改变之前，人们可以接受新材料、新结构、新功能等器物文化层次的新事物，但是难于接受艺术风格等精神文化层次的变革。只有在相当特殊的情况下，如1851年伦敦“水晶宫”和19世纪80年代芝加哥急速膨胀又遇大火灾的情况下，人们才肯勉强接受新的建筑形象；在其他场合，对于高级建筑中使用的新材料、新结构，总是要将其包裹覆盖藏匿起来。华盛顿的美国国会大厦的圆穹顶使用的铁结构，便掩藏在文艺复兴式的外壳之内，既不显示，也不暗示。1922年，芝加哥论坛报大厦内里采用高层钢框架结构，外形则是古色古香的哥特建筑风格。在社会文化心理和建筑审美观念没有大的转变之前，新材料、新结构和新的建筑技术只是使仿古建筑建造起来更方便的手段。物为人用，新材料、新结构、新技术可以这样用，也可以那样用，可以显露，也可以掩藏，关键在于社会文化心理。

马克思主义认为，社会存在决定社会意识，经济基础决定上层建筑。西欧和北美不是早已发生工业革命走上工业化的道路了吗？为什么旧的建筑观念还不动窝呢？问题在于存在与意识、经济基础与上层建筑的变迁不是同步发生的，其中有时间差。工业化是生产是经济，在工业化的基础上社会文化要走向现代化，形成现代文化形态，但社会文化形态是很复杂的，它包括各方面的制度，包括道德、宗教、哲学、艺术、教育思想和人们的思维方式及各方面的观念意识。工业化是现代文化出现的基础和必要条件，但新文化不可能随之立即出现，要在工业化的基础上逐步改造不适应的旧制度和旧观念，用新制度新观念替代之，这是一个曲折的过程。器物层次的变迁触及人们生活的表层，阻力不大；而触及思想观念达到人们内心深处的文化变迁牵涉到整个价值观念和思想体系，阻力是很大的。中国晚清时期比较快地接受了洋枪洋炮、铁路铁船，但人的观念则拖泥带水，反反复复，长久落后于物质方面的变化，出现所谓"文化滞后"现象。

文化的各个部门相互影响、相互依赖、相互制约。一定社会一定时期个别人的建筑观和建筑审美意识可能超前，但社会上多数人的建筑观和建筑审美意识却受着当时社会文化心理的影响和制约，没有文化整体的重大变革，建筑文化不可能单独突进，即使突进了也会被拉扯回来。

近代西方的文化变迁比之东方要活跃得多。近代以来，欧洲文化的新陈代谢时时都在进行，但属渐变过程。渐变引来突变，到19世纪末20世纪初，西方文化终于出现了一场深刻、剧烈、广泛的突变。

19世纪末20世纪初西方文化界出现了一场以反传统为特征的狂飙运动。经过这次文化狂飙，西方现代文化渐渐形成和确立，进入一个历史新阶段。这次文化变迁的浪潮席卷方方面面，可以称得上一次真正意义上的文化界的革命。我们仅就与建筑关系密切的几个方面略加考察。

5.1 哲学

哲学是一定时代文化的精神基石。西方传统哲学总是用理性思维去追求万物本原，去解释世界。19世纪德国大哲学家黑格尔（G.W.F.Hegel，1770—1831）是古典哲学的集大成者，然而也是古典哲学最后的代表。到19世纪中叶，黑格尔哲学在欧洲大陆就失去吸引力，到20世纪初，它在英国和美国也继而式微。西方现代哲学的兴起正是从批判黑格尔开始的（倒是马克思继承了黑格尔哲学的合理内核）。此后西方哲学界新流派新思潮蜂拥而至，实用主义、实证主义、批判理性主义、日常语言学派、新托马斯主义、现象主义、结构主义……林林总总，大派之中套小派，又有许多分支，互相之间不断分化，另出新派，或悄然隐去。例如存在主义者承认，有多少存在主义者就有多少种存在主义，找不到两个观点没有分歧的哲学家。这充分说明了西方现代哲学的多元性和多变性。西方现代哲学大体可归入两类，一类是科学主义哲学，另一类是人本主义哲学。前者对20世纪前期的建筑创作有较大影响，后者对20世纪后期建筑的新转变有更大的影响。

从19世纪起西方哲学流行所谓“否定思维”，它们在不同程度上背弃古典哲学，反对传统思维。在这一点上，19世纪末德国的尼采（F.Nietzsche，1844—1900）最为突出，表现了现代哲学的叛逆性。尼采的名言“上帝死了，上帝永远死了”把矛头指向两千年来西方信仰的中心。尼采说：“上帝不是别的，就是一个粗暴的命令，即你不要思想！”他认为崇拜基督是一种违反人性的罪行。1888年尼采正在写《看，这个人》（1908年出版），他在致友人的通信中说：“它（指该书）无保留地抨击那位钉在十字架上的人。它结束于声讨基督教以及所有染上了它的毒菌的基督教徒们的电闪雷鸣之中……我向你发誓，在两年之内，我们一定要让整个世界陷于痉挛，我就是命运。”（乔治·勃兰兑斯：《尼采》，工人出版社1985年版，第186页）尼采把两千年来整个欧洲的正统文化、正统思想全否定了，他要颠覆迄至当时十分牢固的道德价值观念。俄国作家陀思妥耶夫斯基不无痛苦地说：“如果上帝不存在，那么一切都是允许的了。”尼采的言论狂暴偏激，并不代表当时思想界的主流，但是它却显示出19世纪末20世纪初西方思想家摆脱传统观念的束缚，走向自由多元的勇气和决心是多么强烈！陀思妥耶夫斯基的叹息“不幸而言中”，我们看到，进入20世纪以后，种种先前不可思议无法想象的事情都已出现，从传统观念来看，可谓乱套了！

5.2 艺术

作为一定时代文化的精神花朵的文学艺术也大大改观。世纪转折时期，文艺界同样表现出激烈的反传统姿态，反映着社会审美意识的转变。古典文学艺术的主要倾向是写实，而从19世纪后期开始出现了弃写实重表现的众多流派。一位文艺理论家说：“世界存在着，再去重复它就没有意思。”美国一位女作家G.斯泰因干脆提出：“把19世纪消灭掉！”《立体未来主义宣言》要求“把普希金、陀思妥耶夫斯基、托尔斯泰之流一股脑儿从当代的轮船上抛开……我们要从摩天楼的高处俯视他们的渺小”。现代文学流派繁多，差别甚大，而共同的特征是文学主体趋于抽象，表现方法上多用隐喻、暗示、象征和意识流，人物非英雄化，多写凡夫俗子与性格复杂的小人物，故事情节被淡化、削弱，时间空间颠三倒四，突出潜意识，描写带有半现实半梦境的梦幻色彩、悖论和荒诞性。法国作家马·普鲁斯特（1871—1922）、爱尔兰作家詹·乔伊斯（1882—1941）、奥地利作家弗·卡夫卡（1883—1924）是20世纪现代派文学的著名代表。德国戏剧家布莱希特（1898—1956）倾向无产阶级革命，他在艺术上肯定古典戏剧的历史价值，但力主创新。他说，对于传统戏剧来说，“它的伟大时代已经过去……已经不能鼓舞任何人了”，把它的“全部风格继承下来是不合时宜的”，他认为为人民大众写戏，形式只能越来越多，而不能越来越少，要越来越新，而不能总是“效仿老法子”，新兴阶级给文艺指出的道路“不是回头路”，他提出要为新的目标进行创造，新的创造可能暂时不如旧的好，但它毕竟是新的，是今人需要的。在表现方法上他强调“陌生化”或“间离”效果，把熟悉的东西陌生化，把常规当成例外，让人们在惊异中引起思考。

美术和雕塑同建筑艺术有着非常密切的关系，在这两个艺术部门中，变化之大令人惊讶。从19世纪后期法国画家塞尚（Paul Cézanne，1839—1906）起，反写实、趋抽象的流派日益增多。塞尚早期学习写实风格，到后来改变画风，转而认为绘画不应该机械地摹写对象而要表现主观感觉，他被认为是“现代艺术之父”。此后，画家们极力创新，探索新路，流派纷繁，影响较大的有野兽派、表现派、立体派、未来派、超现实派等，它们之下又有许多中小流派，各流派都有自己的代表人物，但并不固定，有的画家、雕塑家不时转变风格，或融几个流派的风格于一身，情况相当复杂。这些众多的新流派汇合成20世纪现代美术的大潮，它们的共同之处就是抛弃传统的画法和画风。康定斯基（Vasily Kandinsky，1866—1944）提出艺术家的意图只需通过线条、色彩和运动来表达，不需要参照可见于自然的任何东西。荷兰画家蒙德里安（Piet Mondrian，1872—1944）在他的论著中写道：“古代的伟大的艺术对于现代人来说多少有些晦涩费解，即使并不那么朦胧和悲怆时依然如此”“幸而，我们能够欣赏现代建筑、科学奇迹、各种技术，也能欣赏现代艺术……我们感到现代与过去的巨大差别。现代艺术与生活正在荡涤过去的压抑。”又说，“过去的艺术对于新精神来说是多余的，有碍于它的进步：正是它的美使许多人远离新的概念。”

20世纪初，英国美学家克莱夫·贝尔（Clive Bell，1881—1966）于1913年出版《艺术》一书（其中译本由中国文联出版公司1984年出版）。贝尔提出他的艺术定义，即“有意味的形式”（significant form）。他说，“有意味的形式”是真正的艺术的基本性质，“离开它，艺术品就不能作为艺术品而存在”。他所说的形式，指的是艺术品

图5-1　勃拉克，《爱斯塔克的房屋》，1908年

图5-2　毕加索，《弹曼陀铃的姑娘》，1910年

图5-3　G.巴拉，《拴着的狗的运动》，1912年

图5-4　蒙德里安，《黑与白构图：码头与海》，1915年

内各个部分和质素构成的一种纯粹的关系。他所说的意味，指一种“极为特殊的、不可名状的”审美感情。他认为“激起这种审美感情的，只能是由作品的线条和色彩以某种特定方式排列组合成的关系或形式，这些线条和色彩构成的关系和组合，这些审美的感人的形式，我称之为‘有意味的形式’”。

由此出发，贝尔强烈拒斥艺术品中的再现因素或写实因素，反对情节性、描述性的艺术作品，他称这些东西是“累赘物”。他认为“再现往往是艺术家低能的标志”，而真正懂得艺术的人“仅仅从一条线的质量就可以断定该作品是否出于一位好画家之手。他唯一注重的是线条、色彩以及他们之间的相互关系、用量及质量，从这些方面能够得到远比对事实、观念、描述更为深刻、更为崇高的东西”“在一件艺术品中，除了为形式意味做贡献的东西外，就再没有别的东西与艺术相关了。”贝尔把内容排除在艺术之外，于是仅仅强调简化和构图这两件事。他认为，简化不只是细节的简化，而且“所有意在提供信息和知识的东西都是不相干的，因而应该去掉。”他嘲笑艺术品中的认识和再现成分：“（它们）对于艺术品的价值就像一位和聋哑人说话的人手里拿着助听器——说话的人满可以不用助听器，听话的人不用它可不行。”“再现成分对看画的人有所帮助，但对画本身却没有什么好处，反而会有坏处。”这样做了之后，艺术品也就只剩下点、线、面、体和色彩的构图了。

贝尔的这些观点与现代派艺术家的方向一致，“有意味的形式”的理论支持抽象艺术，实际上为新派艺术家提供了理论依据，这本篇幅不大的小书和“有意味的形式”的提法，对现代派美术和雕塑起了推波助澜的重大作用。

贝尔的艺术理论显然片面，但他对形式问题所做的探讨并非完全无益。贝尔的论证方法也有问题，他说好的形式是由于有意味，而意味又来自形式本身，犯了循环论证的错误。实际上，人们所感到的形式的“意味”同一定时代的社会文化心理有密切的关系，某种形式的某种意味同社会和时代有关，并非孤立自在的、一成不变的东西。

现代西方文学艺术的走向反映着社会审美意识有了改变，也反映着艺术家对现代世界的态度。资本主义的现代社会既有正面的进步，也有负面的效果。自然环境遭到破坏，人类的生活紧张又充满恐惧，世界的现实并不那么完美。艺术家现在有更大的自主性，他们不愿再浪漫主义地描绘现实世界，不愿再像安格尔、拉斐尔那样细腻地描绘贵妇人的肌肤，也不愿像过去的画家歌颂君主征战那样来描绘现代世界大战，总之他们不愿以自己的艺术作品粉饰现实世界，自然要千方百计寻求与传统不同的艺术方法来表达自己的和时代的心声。

5.3 机器美学

另一方面，美学园地在20世纪又萌生出一株新苗，这就是机器美学，即技术美学的一个分支。大家知道，在19世纪中期，英国工艺美术家和社会活动家莫里斯（William Morris，1834—1896）曾强烈攻击机器产品，认为它们没有艺术质量，然而到了世纪转折的时候，许多人不再嫌弃和菲薄机器产品，他们从中看到了新的审美价值。1904年法国美学家苏里奥（Paul Souriau，1852—1925）出版《理性的美》（La Beaut Erationnelle）一书，对工业产品和机器从美学的角度大加赞赏："机器是我们艺术的一种奇妙产品，人们始终没有对它的美给予正确的评价……在唯美主义者们蔑视的这堆沉重的大块、自然力的明显成就（指机器）里，与大师的一幅画或一座雕像相比有着同样的思想、智慧和目的性，一言以蔽之，即真正的艺术。"这些观点在当时可说是掷向传统美学的一颗炸弹。

世纪转折之际，西方文化的变迁是全方位的，各个领域都出现了大量的新事物、新观念。20世纪初奥地利心理学家弗洛伊德（S.Freud，1856—1939）提出的精神分析学也是产生广泛影响的学说之一。我们不可能一一列举。但从以上与建筑文化有密切关系的几方面的变化的简况来看，世纪转折时期，西方社会，首先是西欧各国出现了文化方面的大震荡、大转变，形成反传统、破旧立新的一代奇观，这是一次真正意义上的文化界之大革命。西方发达国家经过这次文化界之大革命，进入现代文明或现代文化的新阶段。尽管各方面的变迁并不平衡，传统并没有也不可能真的消除殆尽，但世界一大部分地区终于跨进既有工业化又有现代文化的新的历史时期。世界历史上还不曾有过像19世纪和20世纪之间那么深刻剧烈的社会变迁。

世界跨入20世纪的时候，建筑全面创新的外部条件已经初步具备。

第6章
蜕变——第一次世界大战前西欧建筑创作的新动向

拉斯金说，没有人需要新的绘画与雕塑风格，所以也没有人需要新的建筑风格。如果他说得不错，那么，当情况变化以后，即当新的绘画和雕塑出现以后，新的建筑风格的出现也就很自然而不可避免了。

事情的发展正是如此。世纪转折前后，西欧大部分地区不但先后发生产业革命，出现工业化的经济技术基础，而且渐次出现社会文化方面的大变动，进入20世纪的门槛，一种属于20世纪特有的现代文明渐渐成形，并且急速地向社会文化生活的各个领域蔓延。在这样的情势下，建筑文化全面变革的内部和外部条件陆续成熟。在西欧发达地区，不只是建筑的经济和技术因素要求变革，社会对建筑的新的精神和审美要求也推动着建筑师在创作中进行创新试验。这一时期在西欧的一些大城市如伦敦、布鲁塞尔、阿姆斯特丹、巴黎、维也纳、柏林以及米兰、巴塞罗那等地，建筑师中涌现了这样那样在理论和实践中进行求新探索的个人或群体。他们的努力和影响超越了城市和国界，相互启发，相互促进，在20世纪初年便在西欧地区形成彼此呼应的创新潮流。这同19世纪最后20年“芝加哥学派”局限于芝加哥一隅、在整个美国建筑界处于千夫所指孤立无援的情势有着极大差别。

20世纪头10年，西欧建筑界的改革派和倾向改革的人在数目上虽然并不占优势，但他们的活动有很大的影响力和很强的生命力，许多新理论新观点启发人们作新的思考，许多新的建筑作品令人耳目一新，推动他人进行新的探索。从19世纪末到第一次世界大战爆发前，新派建筑师向原有的传统建筑观念发起一阵又一阵的冲击，为后一阶段的建筑变革打下了广泛的基础。这一时期可以称之为19世纪建筑到20世纪建筑的蜕变转换时期。

虽说是冲击，然而不同地点、不同时间、不同人物的冲击方向、冲击重点和冲击力度大不相同，有的温和渐进，有的强劲激进，有的主张新旧调和，有的强调不破不立，对传统的东西采取决绝的态度，在这两种态度和立场之间，又排列着各种中间层次的流派。改革的着眼点和追求目标各不相同，左中右派、三六九等俱有，这是任何时候任何领域的改革运动都有的共同点。在这个蜕变的时期，只要不是以固守传统为己任、视创新为异端，对建筑的发展多少有过推动作用的建筑界人士和流派，都应该加以历史的肯定。他们的思想和业绩对后来的反映20世纪特点而与历史上一切建筑相区别的建筑有积极的作用。20世纪前期许多建筑著作中所说的“新建筑运动”（New Architecture Movement）就包括这些人士和流派在内。新建筑运动应该理解为一个范围较广的指称。

世界建筑历史上有过多次重要的建筑变迁或建筑蜕变，同它们相比，19世纪末20世纪初这一次变革的内容最广泛、最全面，它不仅是形式风格的变革，而且如前所述，是一次涉及从材料、结构、技术到经济效益、生活方式、能源与环境等各个方面的全方位的变革。其次，这次变革是文化层次很高的建筑师的自觉的活动。许多参加者和带头人物不再是建筑行业的匠师，而是一些有很高教育和文化艺术水平的知识分子。他们知识丰富，视野广阔，时常编刊物，办展览，结社授徒，著书讲学，考虑社会和世界的现状与前途。这一点是现代建筑师社会地位提高的反映。另一个明显特点是现代建筑师在改革中积极与建筑业以外的艺术家联手结盟，相互商榷，共同活动。有的建筑师还与工业界的组织合作。建筑师的活动天地扩展了，社会影响加强了。这个特点在欧洲文艺复兴时代已经出现，但那时的规模和层次远不及现代。19世纪末20世纪初建筑界的新流派应该被视为当时西方整个文化艺术新潮的一个组成部分。

下面是对19世纪末到第一次世界大战爆发前这段时期欧洲建筑界主张改革和倾向改革的主要流派和人士的介绍。

6.1 英国工艺美术运动与建筑创作

莫里斯（W.Morris，1834—1896）是19世纪英国一位著名的多方面的社会活动家，就学于牛津大学，毕业后曾短期从事建筑设计工作，后转向绘画，继而又转向工艺美术事业。19世纪80年代他在政治上转向社会主义，1887年组织过“社会主义联盟”，本人曾参加群众示威游行，一生中还写过许多诗篇，但他的主要事业是在工艺美术设计方面。著名的“红屋”（Red House at Bexley Heath，1859—1861）即是他为自己营建的住宅。他有感于当时实用工艺美术品设计质量不高，主张美术家与工匠结合，认为这样才能设计制造出有美学质量的为群众享用的工艺品。1861年他与朋友们成立从事实用工艺品设计与生产的公司，即后来的莫里斯公司。这个公司以莫里斯为中心，集中一批美术家从事室内装

图6-1　P.Webb，莫里斯住宅“红屋”，1859—1861年

饰、家具、陶瓷、玻璃、壁纸、染织品、地毯、壁挂、金属工艺品等的设计，然后在手工作坊中制作出产品。这种由美术家“下海”，与工匠结合来设计、生产和销售工艺品的机构的出现，是工艺美术设计史上一个有历史意义的事件。

莫里斯的设计观念深受拉斯金的影响，两人的美学思想十分相似。拉斯金在参观1851年的伦敦水晶宫时讥讽道：“水晶宫确实庞大无比，但它只是表示人类能够建造这等巨大的温室而已。”其时莫里斯17岁，他随家人去参观水晶宫，走进大厅就叫道：“好可怕的怪物！不愿再看下去了。”莫里斯一生始终厌恶机器和工业，但他也反对沿袭老一套。他强调艺术与实用结合，他说：“不要在你家里放一件虽然你认为有用，但你认为并不美的东西。”他认为用机器大批量做出来的东西不可能美，大量生产就会出现重复单调的东西；只有艺术家动手设计和用手制作的产品才是美的。他的设计思想是“向自然学习”，他主持做出的工艺品大量采用从植物形象得来的素材。产品注意结构合理，选材精当，装饰风格统一。

由于莫里斯的影响，19世纪末英国出现了许多类似的工艺品生产机构，如1882年组成的“世纪行会”（Century Guild），1884年成立的“艺术工作者行会”（The Art-Workers Guild），1888年的“手工艺行会”（Guild of Handcraft）等。1888年英国一批艺术家与技师组成“英国工艺美术展览协会”（The Arts and Crafts Exhibition Society），定期举办国际性展览会，并出版《艺术工作室》（The Studio）杂志。拉斯金-莫里斯的工艺美术设计思想广泛传播并影响美国和欧洲大陆各国。这即是所谓的英国工艺美术运动（Arts and Crafts Movement）。

英国工业革命起步最早，在那里最先出现设计革命的思潮是很自然的事。但是由于工业革命初期人们对工业化的意义认识不足（早期的工人曾提出毁掉机器的口号），加上当时英国盛行浪漫主义的文艺思潮，英国工艺美术运动的代表人物始终站在工业生产的对立面，那里的设计革命未能顺利发展。进入20世纪，英国工艺美术转向形式主义的美术装潢，追求表面效果，结果英国的设计革命进程反而落后于其他工业革命稍迟的国家。而欧洲大陆一些国家从英国工艺美术运动得到启示，又从其缺失之处得到教训，因而设计思想的发展演变快于英国，后来居上。

6.2　新艺术派与建筑创作

受英国工艺美术运动的启示，19世纪最后10年和20世纪头10年，欧洲大陆出现了名为“新艺术派”的实用美术方面的新潮流。新艺术（Art Nouveau）运动最初的中心在比利时首都布鲁塞尔，随后向法国、奥地利、德国、荷兰以及西班牙和意大利等地区扩展。

世纪转折前后，比利时经济繁荣，社会民主主义思想活跃，这样的经济政治背景有利于新潮艺术的滋生。1881年在布鲁塞尔出版了鼓吹新潮艺术的《现代艺术》（Art Modern）杂志。1884年新派艺术家“20人小组”举办一系列艺术展览会，展出塞尚、凡·高等新派画家的作品。1888年“20人小组”的注意力转向实用美术方面，在画展之外，每年举办“设计沙龙”，展出具有新的创意的设计成果。1894年小组更名为“自由美学社”（Libre Esthetique），逐渐成为比利时新艺术倾向的核心。在实用美术方面起主要作用的人物有凡·德·维尔德（Henry van de Velde，1863—1957）和霍塔（Victor Horta，1861—1947）。他们的革新思想表现在用新的装饰纹样取代旧的程式化的图案。比利时“新艺术”的设计者受英国工艺美术运动的影响，主要从植物形象中提取造型素材。在家具、灯具、广告画、壁纸和室内装饰中，大量采用自由的连续弯绕的曲线和曲面，形成自己特有的富于动感的造型风格。在建筑方面，霍塔设计的一些建筑物被认为是比利时新艺术派建筑风格的代表。

霍塔早年受学院派建筑教育，后来观念有所改变，对金属结构表现出浓厚的兴趣，认为埃菲尔铁塔裸露的金属结构构架本身有很强的表现力，在此点上他的认识与英国工艺美术运

图6-2　霍塔，布鲁塞尔都灵路12号住宅，1892年

图6-3　霍塔，12号住宅楼梯转角

图6-4　霍塔，人民之家会堂，1897—1899年

动区别开来。1892年他在为布鲁塞尔一位工程师设计城市住宅（12，Rue de Turin Brussels，图 6-2、6-3）时即将铁制内柱裸露于室内，铁柱上以流畅弯曲的铁条做花饰。1899年落成的布鲁塞尔的“人民之家”（La Maison du Peuple de Brussels，1897—1899）是霍塔设计的一座大型公共建筑，它是当年比利时社会党建立的一个活动中心。在当时的社会政治气氛下，保守的或官方的机构在建筑上总是倾向于采用传统的或正统的建筑风格，只有社会党那样的进步机构才会支持和选用新兴的建筑样式，这里表现出包括建筑在内的艺术流派和风格样式与政治倾向的一定关系。霍塔本人在社会问题上抱有进步观点，与社会党关系密切。当时许多国家的社会党都建造过类似的以“人民之家”为名的活动中心。霍塔设计的这座“人民之家”高四层，里面有大会堂（图6-4）、会议室、办公室、休息室、咖啡厅等等。业主和设计人都抱着“为人民的艺术”的指导思想，建筑处理注重实效与俭朴。金属框架直接表露在建筑正立面上，与大片玻璃组成“幕墙”，金属结构上的铆钉也袒露出来，不加掩饰。大会堂内的金属桁架也直接暴露出来，此外在建筑内部还有不少清水砖墙面。但这些做法并不像完全出自工程师之手的工厂厂房，它在朴素地运用新材料新结构的同时，处处浸透着艺术的考虑。建筑内外的金属构件有许多曲线，或繁或简，冷硬的金属材料看来柔化了，结构显出韵律感，这是努力使工业技术与艺术在房屋建筑上融合起来的一次尝试。然而从保守观念出发，则会视之为异端。当时比利时天主教会就认为新艺术派的风格是“滑头滑脑的象征”而大加挞伐，教会禁止比利时的建筑学校介绍新艺术派的作品。

新艺术运动在欧洲迅速传播。1895年设计师萨穆尔·宾（Samuel Bing）在巴黎开设了一家艺术展览室，名为“新艺术画廊”（Galeries de l’Art Nouveau），“新艺术”之名由此广泛传开。新艺术运动的作品大都以有运动感的弯曲线条为造型特征，但各国各地又有不同的特色，有的还有不同的名称——在德国称为“青年风格”（Jugend Stil，又译为“青春风格”），与《青年》杂志之名有关；在奥地利则称为“分离派”（Secession）。

从1870—1871年的普法战争到1914年第一次世界大战之前，欧洲有数十年的和平时期，西欧各国工业迅速发展，经济与文化演变剧烈，越来越多的人的审美情趣发生变化，他们希望生活环境和生活用品有新的形象和风貌，这是形形色色、大同小异的新艺术风格在各国流传的社会条件。新艺术派兴盛的时间大约为20年左右，到1910年基本结束。但那一时期制作的家具、器皿、印刷装帧、室内装饰和建筑作品以其鲜明独特别具一格的艺术造型至今还受到鉴赏家、收藏家的宝爱。

6.3 维也纳：瓦格纳与分离派

奥地利建筑师瓦格纳（Otto Wagner，1841—1918）本来擅长设计文艺复兴式样的建筑，19世纪末他的建筑思想出现很大变化。1894年，53岁的瓦格纳就任维也纳艺术学院教授，次年出版专著《论现代建筑》（Moderne Architektur），提出新建筑要来自当代生活，表现当代生活。他写道："没用的东西不可能美"，主张坦率地运用工业提供的建筑材料。他推崇整洁的墙面、水平线条和平屋顶，认为从时代的功能与结构形象中产生的净化的风格具有强大的表现力。1900年前后他设计的一座维也纳公寓住宅初步显示出他的那种理性主义建筑观念。这座多层公寓（Flats，40 Neusliftgasse，Vienna）的形体大体上保有意大利文艺复兴府邸建筑的遗风，但装饰与线脚大为减少，墙面光洁，有的部位是大块光墙面。瓦格纳稍后设计的维也纳邮政储金银行（Post Office Saving Bank，Vienna，1904—1906）高六层，立面对称，墙面划分严整，仍然带有文艺复兴建筑的敦厚风貌，但细部处理新颖，表层的大理石贴面细巧光滑，用铝制螺栓固定，螺帽暴露在墙面上，产生装饰效果。最新奇的是银行内部营业大厅的处理，那里是满堂的玻璃天花，由细细的金属框格与大块玻璃组成，中厅高起呈拱形，两行钢柱上大下小，柱上的铆钉也袒露出来，整个大厅白净、明亮、新颖。除了车站、厂房和暂设的展览馆外，如此简洁创新的建筑处理在当时的公共建筑中尚属首创，它出自一位60多岁的教授建筑师之手更是难能可贵。

瓦格纳的观念和作品影响了一批年轻建筑师，他的弟子们比他走得更远更快。老师带

图6-5　瓦格纳，维也纳邮政储金银行，1904—1906年

图6-6　维也纳邮政储金银行营业大厅

图6-7　奥别列去，维也纳分离派会馆，1898年

有由旧转新的痕迹，年轻人则有意同传统划清界限。1897年瓦格纳的学生奥别列去（Joseph M.Olbrich，1867—1908）、霍夫曼（Josef Hoffmann，1870—1955）与画家克里木特（Gustav Klimt，1862—1918）等一批30岁左右的艺术家组成名为“分离派”（Secession）的团体，意思是要与传统的和正统的艺术分手。瓦格纳对这伙年轻人表示了支持。

1898年奥别列去设计的维也纳“分离派会馆”（Secession Building，Vienna）曾受到画家克里木特一张草图的启示，其特出之处是在厚重的纪念性建筑之上安置了一个很大的金属镂空球体，使那个原本一般的建筑变得轻巧活泼起来。这座会馆给奥别列去带来了声誉。1899年德国路德维希大公（Grand Duke Ernst Ludwig）邀请奥别列去到达姆斯塔特主持一组建筑的设计。奥别列去设计了大公的公馆（1901）、大公的银婚纪念塔和展览馆（1908），此外还招来七位建筑师和艺术家，由他们各自设计一幢自用住宅（1901），由此形成著名的艺术家村（Artist's Colony）。大公公馆（Ernst Ludwig House）立于高丘上，建筑横向铺开，突出水平线条，入口处为一半圆形拱，大门两旁有壁画，门前有两尊人像雕塑，庄严而活泼，不落老套。银婚纪念塔与展览馆合成一组高低错落的建筑群。展馆部分覆有德国民居惯用的红色大屋顶，有纪念性又很亲切。银婚纪念塔为砖砌的七层塔形建筑，内部设有大公的图书室等房间，塔顶呈向上突出的“五指”形，指尖为小的半圆拱，塔上的窗子偏在一边，有的是角窗，底部入口居于塔的中轴线上，塔的构图对称中又有不对称。自古以来欧洲有过数不清的塔楼造型，而这座银婚纪念塔却与它们全都不同，别出心裁。奥别列去既做建筑设计又从事绘画。1901年，他对于把抽象形式用于建筑设计发生兴趣，他写道：“我对方的形体特别有兴趣，也考虑把黑与白当作主导的色彩，这些要素在早先的艺术风格中没有得到充分的表现。”奥别列去自觉创新，精心设计，使这一组建筑成为达姆斯塔特市的一处遐迩闻名的文化胜景。奥别列去去世时只有41岁，英年早逝，但他留下的这一组建筑作品至今仍以其鲜明的独创性而具有很强的感染力。

维也纳分离派的另一名著名建筑师霍夫曼在1903年得到一位银行家的支持，成立了“维也纳艺术工作室”（Wiener Werkstatte）。这是拥有上百名各种工艺匠师和设计师的设计和生产组织，建筑之外又从事家具、皮革制品、书籍装帧等方面的业务。霍夫曼于1903年设计的一座郊外疗养院是一个采用平屋顶、墙面光坦的简洁单纯的房子，除了对称构图之外，几乎可以说是后来20世纪20年代流行的“方盒子”建筑的雏形。这座疗养院的造型如此简朴，一方面是出于设计者的革新思想，另一方面也可能出于财力的限制，霍夫曼其他的建筑作品并非都是这样单纯简朴。

1904年霍夫曼得到委托为斯托克莱在布鲁塞尔设计一座很大的公馆（Palais Stoclet，Brussels，1905—1910），他的艺术工作室承担从建筑、装饰到家具的全部工作。公馆主体高三层，有坡屋顶，但造型完全脱出传统邸宅的形态，特别是它的外墙面处理，表面贴白色大理石，墙面转角安置深色的金属细条，增加了建筑的轻巧性。公馆上面有一个突出的塔楼，顶尖上安置着四尊人像雕塑。这座公馆建筑内部装修华丽考究，外部朴素大方。从建筑处理看，尽管有大片实墙，但建筑物给人的印象却好像是轻巧且没有什么重量的容器，没有传统建筑的沉重感。这一特点对20世纪20年代的现代主义建筑师有启示作用。

图6-8　奥别列去，达姆斯塔特路德维希银婚纪念塔和展览馆，1908年

然而，1910年以后，维也纳分离派建筑师自己又向古典主义倾斜。1911年瓦格纳的“维也纳第22区”规划方案，主次轴线明确，建筑端庄严整，与同一时期英国霍华德（E.Howard）的“花园城市”的浪漫情调明显对立。霍夫曼为1911年罗马国际艺术大展设计的奥地利馆也是一个古典式的庄重建筑，有的建筑史学者甚至认为这座展馆是日后墨索里尼统治意大利时期法西斯建筑风格的先行者。

图6-9　霍夫曼，斯托克莱公馆，1905—1910年

历史是曲折的，无论国家、社会还是个人都可能走回头路。

6.4　英国建筑师麦金托什

讨论过维也纳分离派，应该提到同一时期的英国建筑师麦金托什（Charles R.Mackintosh，1868—1928）。麦氏是苏格兰人，19世纪末他与妻子和妻妹夫妇在格拉斯哥从事家具、生活用品和室内装饰设计。他顺应形势，不再反对机器和工业，也抛弃英国工艺美术运动以曲线为主的装

图6-10　麦金托什，海伦斯堡住宅，1903年

饰手法，改用直线素材和简洁明快的色彩。他的室内设计常用大片白色墙面，家具以黑白两色为主，形成自己的独特风格。麦金托什和他的伙伴被称为“格拉斯哥四人组”（Glascow Four）。

麦金托什最重要的建筑作品是格拉斯哥艺术学校校舍（Glascow School of Art，1896—1909）。这是一座“山”字形平面的四层楼房，正面（北立面）沿街，基本对称，东西两面在斜坡上。楼内主要为美术工作室，两端布置图书室与陈列室。东立面建造较早，有尖顶、山花墙、角塔等，带有哥特式遗风。1906年建造西立面，麦金托什做了重大改变，他不再重复东立面造型，而将图书室的凸窗与大片实墙面组成活泼的构图。图书室内部有高达两层的大厅，矩形截面的梁柱及天花格子光洁朴素，悬挂的灯具和细高的柱子加重了竖直的方向感。麦金托什的设计超出流行的风格，打破了长期以来英国设计界的沉闷气氛。他的作品也对维也纳分离派有过影响。1914年麦金托什从苏格兰移居英格兰，此后建筑活动不多。

a）正面

b）西立面凸窗

c）图书室

图6-11　麦金托什，格拉斯哥艺术学校，1896—1909年

6.5　西班牙建筑师安东尼奥·高迪

西班牙巴塞罗那建筑师高迪（Antoni Gaudi I Cornet，1852—1926）出生于西班牙东北部加泰罗尼亚地区雷乌斯市一个铜匠家庭，毕业于巴塞罗那省立建筑学校。他的建筑创作跨两个世纪，但大都集中在巴塞罗那一地。他的建筑作品带有世纪转折时期欧洲建筑蜕变的烙印，特别是新艺术派影响的痕迹，但更突出的是他个人的独特风格和加泰罗尼亚的地区特点。

西班牙有独特的历史经历。早先罗马人和西哥特人统治过西班牙。但从8世纪到15世纪末，西班牙半岛建立过多个穆斯林王朝，还曾受过巴格达的宗教领导。那里的风俗习惯一度“伊拉克化”。15世纪末叶以后，又形成统一的“基督教西班牙”。哥伦布发现新大陆之后，西班牙在美洲拥有众多殖民地，大量黄金流入西班牙，一度成为欧洲最富有的国家。后来它逐渐衰落，原来拥有的殖民地古巴、波多黎各、菲律宾等相继失去。西班牙特定的地理与历史条件使基督教文化与伊斯兰文化在那里会合，给西班牙的文化艺术染上奇异的杂色。以陶瓷为例，西班牙出产一种西班牙-摩尔陶器（Hispano-Moresque Ware），带有锡釉或铜釉的虹彩，颜色华丽，早期作品为穆斯林图案，后来是穆斯林风格与意大利文艺复兴风格的奇妙结合（现今意大利的米兰、那不勒斯和撒丁岛一度属西班牙）。这种陶器色彩鲜丽、造型粗犷，在世界陶艺中独树一帜。

加泰罗尼亚地区位于西班牙东北部，濒临地中海，与法国接壤，经济比较发达，是西班牙最早出现工业化进程的地区。19世纪后期，加泰罗尼亚的分离主义者发起要求区域自治的运动。1881年巴塞罗那出版《西班牙先锋报》，鼓吹自由主义思想，提倡进步的劳工政策。

1882年高迪与巴塞罗那的纺织业和造船业巨头居埃尔伯爵（Eusebio Gu ë ll I Bacigalupi）结识，从此居埃尔家族成为高迪的支持者、主要业主和大靠山。高迪本人热心宗教，教会当局也给他任务。因此高迪得以长期安定地从事建筑创作，并能自由地按自己的信念进行艺术探索。高迪设计的巴塞罗那圣家族教堂（Sagrada Familia Church，Bacelona），自1883年动工，慢慢当当地进行工作，直到他1926年逝世，43年间只建成一个耳堂和四座塔楼中的一个。这表明高迪生前不必为衣食奔忙，他能够尽情发挥想象力，精雕细刻，从容地完成自己的建筑创作。美国建筑师沙利文（1856—1924）与高迪是同时期的人，二人同为世纪转折时期具有独创性的建筑师，但境遇却大相径庭。19世纪末10年，沙利文开始走下坡路，他得不到美国社会的支持，终于一筹莫展，潦倒而卒。

高迪的建筑作品，无论是邸宅和公寓，还是教堂和园林建筑，虽有借鉴历史上的哥特建筑和巴洛克建筑的痕迹，但最突出的还是他别出心裁的独特创造。那座圣家族教堂为十字形总平面，伸出许多尖塔，从远处观看，其轮廓与哥特式教堂

图6-12　高迪，圣家族教堂，1883—1926年

图6-13　高迪，巴特罗公寓，1904—1906年

有类似之处，然而具体做法和细节又与中世纪教堂相去甚远。许多石墙面做得扭扭曲曲，疙疙瘩瘩，极不规整，有的地方如同熔岩，凹处如溶洞，这里那里安置一些奇特的雕像。建成的钟塔造型接近玉米棒，顶尖上有一些难以描述的怪异花饰。高迪在巴塞罗那设计的两座公寓楼：巴特罗公寓（Casa Batllo，1904—1906）和米拉公寓（Casa Milá，1906— 1910）也都以造型怪异而闻名于世。巴特罗公寓的人口和下面二层的墙面都故意模仿熔岩和溶洞，上面几层的阳台栏杆做成假面舞会的面具模样，屋脊如带鳞片的兽类脊背，屋顶上的尖塔及其他突出物体都各有其怪异形状，表面贴以五颜六色的碎瓷片。米拉公寓位于街道转角，地面以上共六层（含屋顶层），这座建筑的墙面凹凸不平，屋檐和屋脊有高有低，呈蛇形曲线。建筑物造型仿佛是一座被海水长期侵蚀又经风化布满孔洞的岩体，墙体本身也像波涛汹涌的海面，富有动感。米拉公寓的阳台栏杆由扭曲回绕的铁条和铁板构成，如同挂在岩体上的一簇簇杂乱的海草。米拉公寓的平面布置也不同一般，墙线曲折弯扭，房间的平面形状也几乎全是“离方遁圆”，没有一处是方正的矩形。公寓屋顶上有六个大尖顶和若干小的突出物体，其造型有的似神话中的怪兽，有的如螺旋体，有的如无名的花蕾，骷髅、天外来客……

1891年，居埃尔伯爵计划为他的棉纺织厂的职工建造一处工人社区，即后来的居埃尔新村（Colonia G ë ell），高迪为这个新村设计的一座小教堂（Santa Coloma de Cerveló，1898—1915），造型也十分奇特，其中用了许多歪斜的柱子（图6-15），柱材或砖或石，有的石柱本身就是一些未经雕琢的条石，柱子上面是纵横交错的砖券，柱子倾斜，但合起来却与上部荷载取得平衡。有人解释说，高迪设计这种结构时，先在一个平板下垂置一些绳索，底端相连，加上重量，稳定以后，将图形倒过

图6-14　高迪，米拉公寓，1906— 1910年

来，就得出教堂柱子和发券的布置方案。不论怎样，这种布置确实是打破常规、突破传统的做法。这座教堂具有神秘怪诞和粗粝的气氛。

图6-15　高迪，小教堂内景，1898—1915年

1900年，居埃尔伯爵委托高迪设计一个中产阶级的市郊住宅区，地点在当时巴塞罗那市区北郊。这个住宅区计划没有实现，却建成了一个公园——居埃尔公园（Park Güell，1900—1914）。公园入口处有高迪设计的门卫和办公用的两座小楼［图6-16（a）］。进园之后，一条造型别致、有分有合的大台阶把人引向一个多柱大厅，大厅后面接着古希腊式的剧场。大台阶又继续把人引上多柱大厅上的屋顶平台［图6-16（b）、（c）］。平台广阔，宽深各约三十多米，周围有矮墙和座椅，是游人游憩、聚会、散步和跳舞的好去处。居埃尔公园中的建筑是高迪创作生涯成熟时期的代表作，最充分地表现了他的美学思想。公园入口处的两座小楼的屋顶上也有许多小塔和突出物，造型非常古怪，它们的外表镶嵌着白、红、棕、蓝、绿、橘红等色的碎瓷片，图案怪异。多柱大厅内的柱子造型规整，排列有序，这在高迪的作品中是罕见的。屋顶平台周围的矮墙曲折蜿蜒，墙身上贴着五颜六色的瓷片，组成怪异莫名的图案，仿佛一条弯曲蜷伏的巨蟒。

在世纪转折之际，高迪的建筑创作脱出传统的轨道，积极创新，但他的创新之道与众不同，他把建筑形式的艺术表现性放在首位，很少顾及经济效益问题，很少考虑技术的合理性和施工效率，他也不求净化和简化，不注重明晰和逻辑性。他的中心思想是塑造前所未有的奇特的建筑，他殚精竭虑、不倦追求的是怪异的建筑造型。

高迪那怪异的建筑造型体现了他的个性、想象力和创造力，而其作品的怪异也不是从天上掉下来的，而是有他所处的时代和地域的基础。最重要的有如下几点：一是世纪之交西欧文化界的反传统大潮；二是西班牙特有的由伊斯兰文化和基督教文化会合而形成的艺术情调中的怪异传统；三是20世纪初西班牙东北部地区虽已进入工业化起步阶段，然而总的社会生产尚停留在旧时代的特定经济状态；四是加泰罗尼亚地区浓厚的宗教和神话鬼怪迷信传统（这一传统在1992年巴塞罗那奥林匹克运动会闭幕式的文艺表演中有充分的体现），这一传统又与20世纪初西欧文学艺术中的超现实主义流派结合起来而得到新的发扬；五是加泰罗尼亚地区的分离派努力

a）入口处的建筑物

b）大台阶

c）屋顶平台

图6-16　高迪，居埃尔公园，1900—1914年

显示本地区乡土文化的强烈愿望。

高迪在塑造他的建筑作品时，经常到工地与工匠们一起工作。他的建筑的细部有的根本无法用图纸表现出来，有的就是在现场临时发挥随机创造出来的。有些铁制构件和配件造型自由活泼各不相同，它们是在高迪自己的手工作坊中制作的。

高迪一生跨两个世纪，工作在西欧工业化地区的边缘地带，一方面受到现代新思潮的影响，另一方面又保有浓厚的前工业化社会的气质。高迪与20世纪前期许多知名建筑家不同，他不是完全意义上的工业社会中的现代建筑师。可以说，他和他的作品是19世纪与20世纪、工业化社会与前工业化社会以及基督教文化与非基督教文化等两个世纪、两种社会和两种文化的奇异结合或奇异碰撞下出现的特殊建筑现象。正因为这样，在20世纪前期现代主义思潮盛行时期，高迪和他的作品并未被广泛宣扬；而到了20世纪后期，在反对非此即彼、提倡亦此亦彼的后现代主义思潮兴盛之时，他才重新被人发现并被推崇到极高的地位，甚至被后现代主义建筑理论家詹克斯视为后现代主义建筑的“试金石”！

6.6 荷兰建筑师贝尔拉格

贝尔拉格（Hendrik Petrus Berlage，1856—1934）也是一位承前启后的跨世纪人物。他在瑞士学习建筑，受19世纪德国建筑师散帕尔（Gottfried Semper，1803—1879）的影响，在建筑设计中注重理性和真实性。贝尔拉格1881年在阿姆斯特丹开业。在西欧，荷兰是个相对安定的地区，第一次世界大战期间保持中立，那里的建筑活动因而能保持连续发展。1883年贝尔拉格参加阿姆斯特丹证券交易所设计竞赛，以一个荷兰文艺复兴建筑风格的建筑方案获第四名，并获得设计委托。但实际建造拖了很长时间，贝尔拉格对方案做了多次修改，这座建筑最终于1903年建成。这座交易所筑有大片清水砖墙面和砖券，交易大厅上部为拱形钢铁屋架，留有大面积玻璃天窗。建筑外观上还有一些大大小小的山墙、尖塔和一个高高的钟塔，显出同荷兰哥特建筑风格的一定联系。比较前后几次设计方案，最突出的是设计者删繁就简，在新条件下不断追求理性和真实性。阿姆斯特丹交易所是贝尔拉格最主要的建筑作品，落成以后，贝氏于1905年出版《建筑风格的思考》（Gedanken über den Stil in der Baukunt，1905），1908年出版

图6-17　贝尔拉格，阿姆斯特丹证券交易所，1897—1903年

《建筑的原理与演变》（Grundlagen und Entwicklung der Architektur，1908），阐述他此时期的建筑理论观点。在后一本书中他写道：

建筑匠师（master-builder）的艺术在于创造空间而不是画立面。空间的外包是由墙组成的，按照墙体的复杂程度，一个空间或一系列空间得以体现出来。

我们建筑师必须回归到真实性上，抓住建筑的本质。建造的艺术永远意味着将各种要素组织成一个整体以围合出空间。

首先，墙面应该裸露，以见其光洁之美，附在其上的任何东西都应避免成为累赘。

让墙保持平面的性质，才能获得其真正的价值，沉重处理的墙面不能看作是墙。

在建筑中，装饰和装潢是非本质的，空间的创造才是本质的。

在1905年出版的书中他写道：

建筑将是20世纪的创造性艺术。

在当今社会与艺术演变的基础上，人们将从大量发展的实用艺术中得到乐趣。架上绘画与雕塑将渐渐减少。

今天设计者正面对着艺术美化的诱人前景，他将成为未来社会伟大建筑风格的先驱，没有比这更美好的任务了！

下面一段话特别显示出贝尔拉格推陈出新的信念：

什么思想和精神足以作为基础呢？谁能够做出回答呢？基督教死了，现在已能感觉到在科学进步基础上新世界观的早期萌动。

“基督教死了”这句话同尼采的“上帝死了”是一个意思。作为一个建筑师，贝尔拉格宣称“基督教死了”具有非同一般的意义。

贝尔拉格是向欧洲建筑界最早宣传美国建筑师赖特的人。1912年他在瑞士苏黎世作访美讲演，对赖特的建筑作品和建筑思想大加赞扬。

贝尔拉格在荷兰安定的环境中工作长达五十来年，对荷兰年轻一代建筑师起了重要影响。第一次世界大战后的20世纪20年代，他还参加了“现代建筑国际会议”（CIAM）的活动，尽管这时期他与其他现代建筑师在观点上已存在很大的分歧：贝尔拉格认为要保持城市的传统形态，而当时一些现代主义建筑师在规划城市时常常取消传统的街道空间。

6.7　法国建筑师贝亥

贝亥（Auguste Perret，1874—1955）早年在巴黎美术学院学习建筑，但毕业前离开学校到父亲经营的营造厂工作，从此开始了他既是建筑设计者又是施工管理者的生涯。法国是最早普遍采用钢筋混凝土的国家。19世纪中期拉布鲁斯特设计的巴黎圣日内维埃图书馆（1843—1850）的拱顶是用混凝土中加进铁筋的方式造成的。19世纪90年代法国建筑师杭奈比克（Francois Hennebique，1842—1921）用钢筋混凝土建成自己的别墅。1894年建成的巴黎蒙马尔特教堂很可能是第一个采用钢筋混凝土框架结构的教堂建筑。

1903年，贝亥采用钢筋混凝土框架结构建造巴黎富兰克林路25号一座八层的公寓。房屋内部分割灵活，在外观上框架结构清楚地显露出来，成为建筑构图的一个重要因素，其作用与欧洲中世纪半木架建筑（half timber）类似。

1911—1913年建造的巴黎香榭丽舍剧院显示了贝亥在建筑设计中驾驭钢筋混凝土结构的卓越才能。剧院用地仅37米宽，95米长，而其中要有三个演出厅，分别为1 250座、500座和150座，建筑布置相当困难。原来方案系比利时建筑师、设计家凡·德·维尔德经手，后由贝亥接续。剧院的大演出厅放在顶部，周围有八根柱子，上有四榀弓形大梁。整个建筑物的结构布局精致巧妙，浑然一体。但这座剧院的外观与内部仍带有古典建筑色彩。

贝亥设计和建造的巴黎庞泰路车库（Garage in the Rue de Ponthien，1905）是一座四层车库，内部有机械升降设备。钢筋混凝土框架的跨度很大，立面上开着大面积的玻璃窗，轻盈开朗，与传统砖石承重墙的建筑面貌大不相同。

第一次世界大战之后，贝亥采用钢筋混凝土结构建造了一座教堂——杭西圣母教堂（Notre-Dame du Raincy，1922—1924），在造型上充分利用和显露出了这种建筑材料和结构的优越性能。同传统石材教堂相比，梁柱的断面都非常细小，形象轻巧新颖，在基督教建筑史上写下了新的一页。

与贝亥同时期的另一位法国建筑师戛涅（Tony Garnier，1867—1948）也长于运用钢筋混凝土建造建筑。戛涅更为人注意的是他于1904—1917年间提出的工业城市的理想方案，其中对工业区和居住区有清楚的划分。他的方案是对工业化时代人类新的聚居问题所做的一种探索。

图6-18　贝亥，巴黎富兰克林路25号公寓，1903年

6.8 奥地利建筑师卢斯与建筑装饰问题

卢斯（Adolf Loos，1870—1933）出身于石匠家庭，毕业于德国德累斯顿技术学院，23岁时去美国。在美3年，当时芝加哥正在举办哥伦布世界博览会（1891—1893），但卢斯感兴趣的不是这个博览会上宏丽的仿古建筑，而是19世纪末期芝加哥学派的建筑作品及沙利文的建筑理论。

1896年，卢斯回到维也纳，从事室内装饰设计，同时不断地在自由派知识分子的刊物上发表文章，对从服装到家具、从礼仪到音乐的许多问题提出自己的看法，总的倾向是提倡理性，反对权威，反对当时的浪漫主义的艺术趣味。1908年卢斯发表题为《装饰与罪恶》（Ornament und Verbrechen，英译名Ornament and Crime）的文章，从文化史、社会学、精神分析学等方面对装饰进行讨论。卢斯写道："我有一个发现，把它向世界公布如下：文化的进步跟从实用品上取消装饰是同义语。"他指出原始人和未开化的野蛮民族中盛行装饰，而且"监狱里的犯人有八成是纹过身的。纹过身而没有进监狱的人都是潜在的罪犯或者堕落的贵族"。他又提出"装饰的复活是危害国民经济的一种罪行，因为它浪费劳动力、钱和材料""由于装饰不再跟我们的文化有机地联系，它就不再是我们文化的表现了"。而"摆脱装饰的束缚是精神力量的标志"。（《现代西方艺术美学文选·建筑美学卷》，春风文艺出版社／辽宁教育出版社1989年版，第7-16页）

卢斯这篇反对装饰的文章说古论今，观点鲜明，旁征博引，议论风生，在新派艺术家中引起注意，受到赞赏。1912年柏林一家传播新思潮的杂志《狂飙》（Der Sturm）转载了此文，1920年法国的《新精神》杂志又予以刊载。卢斯成了国际知名的人物，1923年他去巴黎时，受到了许多新派人士的欢迎。

1910年卢斯在维也纳设计了一座几乎完全没有装饰的房子——斯泰纳住宅（Steiner House）。它的外观确实极其简朴，平屋顶，在立面上墙面与屋面交接处看到的只有一条深色的水平线条，白色墙面光光坦坦，矩形窗洞没有任何装饰性处理。这座白色平屋顶的光盒子似的住宅与20世纪20年代勒·柯布西耶的许多住宅十分类似，斯泰纳住宅可以说是后来流行一时的"国际式"风格的先型。

图6-19　卢斯，维也纳斯泰纳住宅，1910年

这所住宅的室内处理也很简朴，不过餐厅的天花板上有深色的凸出的方格，墙面有木质护壁，有金属和玻璃的饰物，它们算不算装饰呢？

事实上，卢斯本人设计的其他建筑物都用了不少的装饰，特别是他做的那些室内装饰设计，从仿英国老式俱乐部到日本风味的都有，1907年他设计的维也纳美国咖啡厅（Kärntner or American Bar）即是一例。

为什么卢斯又在文章中把装饰与罪恶扯到一起呢？

应该说，一个人的理论与行事不完全一致的现象原是不奇怪的，这种情况在建筑师中间，特别在著名大师中间多有所在。只说全面而平淡的话不能引起轰动效应，所以不少人便抱定“语不惊人死不休”的态度来说话著文。卢斯本人向来与新艺术派和维也纳分离派意见相左，常常冲突争论，他与当时欧洲几位著名设计家发生龃龉，在《装饰与罪恶》一文里他影射一些人物，争论中“上纲”越来越高。

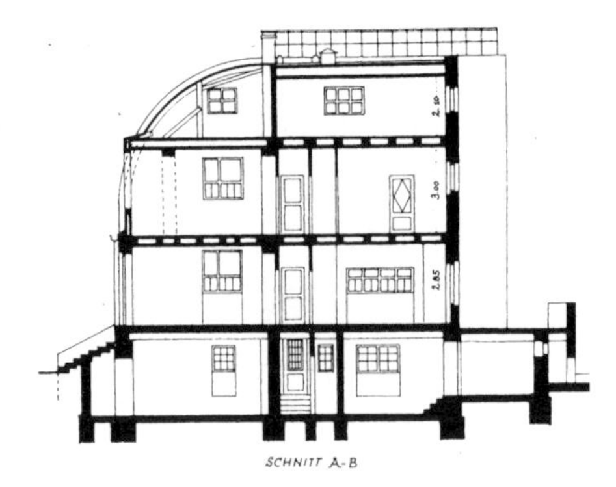

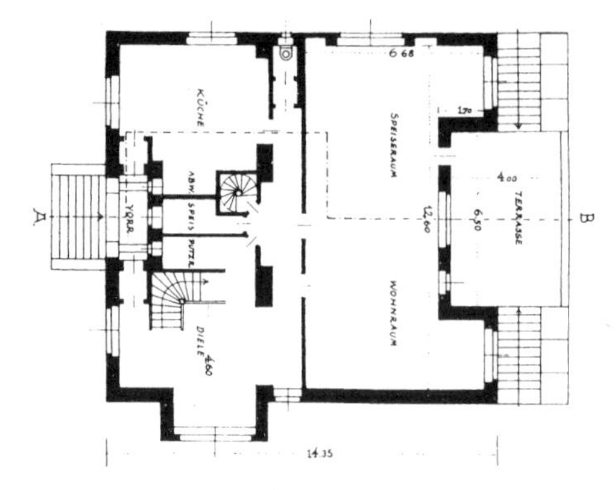

图6-20　斯泰纳住宅剖面与平面

不过这终究是次要的一面，最根本的还是世纪转折时期西方文化界强烈的反传统浪潮的影响。自19世纪后期以来，改革派建筑师的重点集中在摆脱建筑历史样式的羁绊，他们进行各种各样淡化、简化、净化的努力，由此合乎逻辑的结论就是首先要废除装饰。英国美学家克莱夫·贝尔在他的著作《艺术》中写道：“没有简化，艺术不可能存在……只要你看一看现代建筑（按：此处指19世纪的建筑）中那大堆大堆的根本不是什么真正设计和全然不是为了实用的东西吧！没有比建筑更需要简化的东西了，但是没有比现代建筑那样更为无视简化和敌视简化的艺术了。请在伦敦的大街上走一走吧！所到之处你都会看到大块大块的供装饰用的石板、扶墙壁、门廊、饰带、楼房的前檐等预制件，它们正在被起重机安装在钢筋水泥的墙壁上。总之，公共建筑已经成了人们的笑料，它们成了一堆堆无意义的破烂，根本谈不上给人们以美感。”（克莱夫·贝尔：《艺术》，1913年，中国文联出版公司1984年版）对建筑装饰大加挞伐是这一时期新派艺术人士和建筑师的共同事业，卢斯第一个把装饰同犯罪联系起来，振聋发聩，一鸣惊人，可以说是顺应时代潮流的一声呐喊。

矫枉不免过正，在思潮翻腾、狂飙突起的时代要求面面俱到、细致周全的客观论证是难以做到的。什么是装饰？什么是装潢？它们同装修的区别在哪里？怎样是多余的？怎样是必需而合理的？今日的装饰同原始人的装饰有无差别等，都是问题，需要研究，但我们不能也无须苛求1908年在时代急流中呐喊的卢斯。他提出一个新命题，像一块石头扔进水池，发出巨响，推动人们思考，这就是他的历史作用。

卢斯的文章推论并不严密，在文章末尾，在“摆脱装饰的束缚是精神力量的标志”这句话的后面紧跟着又有一句：“现代人在他认为合适的时候用古代的或异族的装饰。他把自己的创造性集中到别的事物上去”，如此，他自己就已经为施用装饰开了一个口子。

6.9 意大利未来主义与建筑师圣伊里亚

第一次世界大战爆发前数年，意大利出现了一种名为“未来主义”的社会思潮。

意大利诗人、作家兼文艺评论家马里内蒂（Filippo T.Marinetti，1876—1944）于1909年2月在法国《费加罗报》发表《未来主义的创立和宣言》一文，标志着未来主义的诞生。随之而来的是众多冠以未来主义名称的各种宣言，其中有画家伯齐奥尼（Umberto Boccioni，1882—1916）和巴拉（Giacomo Balla，1871—1958）于1910年2月发表的《未来主义画家宣言》，帕腊台拉（Balilla Pratella，1880—1955）于1911年1月发表的《未来主义音乐家宣言》，1915年1月的《未来主义合成戏剧宣言》（马里内蒂等），索菲奇1920年发表的《未来主义美学的首要原则》，还有1916年9月的《未来主义电影宣言》，1913年的《未来主义服饰宣言》，1917年的《未来主义舞蹈宣言》，以及1932年的《未来主义烹调宣言》等。未来主义的主要倾向在1909年马里内蒂的第一个宣言中已有明确的阐述。他强调近现代的科技和工业交通改变了人的物质生活方式，人类的精神生活也必须随之改变。他以热烈的口吻赞颂工厂、船坞、火车站、建筑工地、桥梁、轮船、飞机等等，认为科技的发展改变了人的时空观念，旧的文化已失去价值，美学观念也大大改变了。他说：

回顾过去有什么用呢？时间空间都已经在昨天死去了。

我们认为，宏伟的世界获得了一种新的美——速度之美，从而变得丰富多彩……一辆汽车吼叫着，就像踏在机关枪上奔跑，它们比萨摩色雷斯的胜利女神塑像更美。

[按：萨摩色雷斯（Samothrace）为希腊岛屿，1863年在岛上发掘出公元前4世纪古希腊的胜利女神像，现藏巴黎卢浮宫。]

马里内蒂主张“摧毁一切博物馆、图书馆和科学院”，“博物馆就是坟墓”，“我告诉你们，经常拜访博物馆、图书馆和科学院……对艺术家是有害的”。“欣赏一幅古典绘画，无疑会把我们的情感灌注进一具棺材里，不如勇敢地投身于创作，在实践中发挥灵感。”

“我们不想了解过去的那一套，我们是年轻的、强壮的未来主义者！”“我们赞美进取性的运动、焦虑不安的失眠、奔跑的步伐、翻跟斗、打耳光和挥拳头”。“我们要歌颂战争——清洁世界的唯一手段，我们要赞美军国主义、爱国主义、无政府主义者的破坏行为……我们称赞一切蔑视妇女的言行。”

意大利未来主义队伍的成分复杂，成员们在政治观点、世界观、艺术观等方面并不完全一致，从1913年起意大利就存在着几个各自独立的未来派。以马里内蒂为代表的一派在文化上采取无政府主义和虚无主义的立场，但热衷于政治活动，1909年3月马里内蒂用传单形式发表《未来主义第一号政治宣言》，1918年发表《意大利未来党宣言》。后来他与墨索里尼勾结，同流合污。1924年墨索里尼的法西斯党上台后，处处仿效古罗马帝国，实行文化专制，未来主义在意大利奄奄一息。具有讽刺意味的是马里内蒂本人在1929年当上了他曾经激烈攻讦的科学院的院士。第二次世界大战中马里内蒂曾跟随意大利军队进入苏联，1944年死去。

在文学艺术方面，未来主义激烈倡导破旧立新，标新立异。未来主义者在文学、戏剧、雕塑、绘画、电影等文艺部门进行大胆的革新实验，他们拒斥原有的艺术规范和惯例，提倡自由不羁地创造新形式。在这一方面，他们与西欧最新潮的文艺家互通声息，互相影响，而且在某些方面比西欧同道走得更远更急，反过来又给西欧的前卫派艺术家以促进。

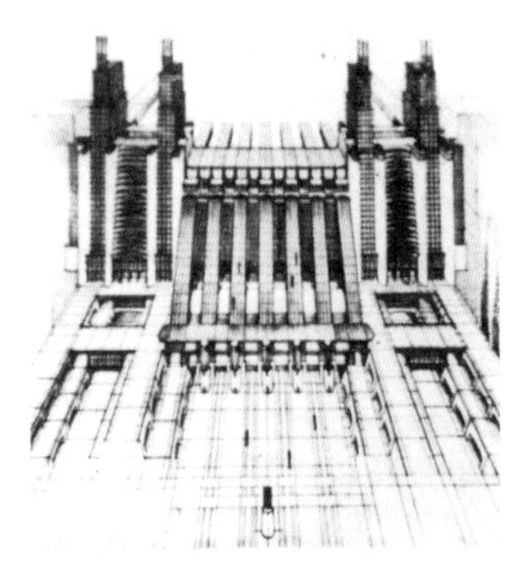

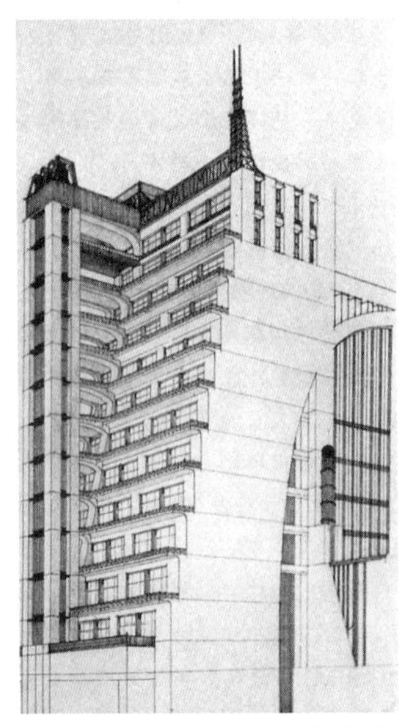

图6-21　圣伊里亚，建筑想象图三幅，1912—1914年

一批意大利未来主义者认为自己的先驱者包括伏尔泰、波德莱尔、尼采、库尔贝（G.Courbet，1819—1877，法国印象派画家）、塞尚、雷诺阿、马蒂斯等。另一方面西欧的一批新潮作家也承认未来主义作品对自己的启发。美国现代意象派诗人、评论家庞德（Ezra Pound，1885—1972）曾说："马里内蒂和未来主义给予整个欧洲文学以巨大的推动。倘使没有未来主义，那么，乔伊斯、艾略特、我本人和其他人创立的运动便不会存在。"苏联诗人马雅可夫斯基早年是在俄国未来主义的旗帜下开始创作的，他曾说："思想上我们和意大利未来主义没有丝毫共同之处，共同的地方只是在材料的形式上的加工。"

意大利未来主义在从诗歌、音乐到服饰、烹调的广阔领域都有独特的观念，对于建筑自然不会忽视。未来主义者对于建筑的过去和未来提出了自己特殊而鲜明的观点，它们见之于未来主义的建筑宣言和一位建筑师的一批构想图，这位建筑师便是圣伊里亚（Antonio Sant-Elia，1888-1916）。

圣伊里亚生于意大利北部的科摩市，曾在工程公司做过学徒，后在波伦亚大学（University of Bologna）学习，1912年24岁时在米兰开业，但主要是为别的建筑师工作，没有留下属于他的建筑作品。其时他与未来主义者来往，在他们的影响下，圣伊里亚于1912—1914年间画了一系列以"新城市"为题的城市建筑想象图（图6-21），大约有数百幅之多。其中一些于1914年5月在名为"新趋势"（Nuove Tendenze）的团体举办的展览会上展出。展品目录上有圣伊里亚署名的"前言"，同年7月经过修订作为正式的《未来主义建筑宣言》发表。

第一次世界大战爆发后，意大利于1915年参战，圣伊里亚与博奇奥尼等一批未来主义者志愿入伍，1916年7月开赴前线，10月圣伊里亚在作战时阵亡，年仅28岁。

《未来主义建筑宣言》激烈批判复古主义，认为自18世纪以来：

所谓的建筑艺术，只不过是一个各种风格的大杂烩，就是用这样的可笑的大杂烩把一座新建筑物的骨架遮盖起来。钢骨水泥所创造的新的美，被徒有其表的骗人的装饰玷污，这既不是结构的要求，也不符合我们的口味""这些都是当代建筑中最荒唐的现象。贪婪的共谋犯建筑学院——知识分子的收容所——又把这种现象延续下去。在这些学院里，年轻一代被迫去抄袭古典的范例，而没有在解决新的迫切的问题上发挥他们的想象力。

这新的迫切需要解决的问题就是未来主义的住宅和城市。这住宅和城市从精神上和物质上都是我们自己的。

未来主义者的建筑艺术，并非调整一下建筑的外形，发明新的门窗框和线脚的问题……我们最好把它看成是充分利用我们时代的科学技术的有效成就，在一个合理的平面上建造新的建筑物。

宣言认为，历史上建筑风格的更迭变化只是形式的改变，因为人类生活环境没有发生深刻改变，而这种情况现在却出现了：

现代与古代两个世界之所以严重对立决定于过去所没有的一切。

现在，人类生活环境的种种改变废弃一些生活方式，革新一些，诸如自然规律的发现，机械技术的完善，科学地最合理地利用材料，等等。

新的结构材料和科学理论与旧的风格形式是格格不入的。

《未来主义建筑宣言》说：

我们不再感到自己是属于教堂的人、属于宫殿的人、属于古老议会的人，我们属于大旅馆、火车站、巨大的公路、海港和商场、明亮的画廊、笔直的道路以及对我们还有用的古代遗址和废墟。

我们必须创建和改造未来主义的城市。以规模巨大的、喧闹奔忙的、每一部分都是灵活机动和精悍的船坞为榜样；未来主义的住宅要变成一种巨大的机器……楼梯将被废弃不用——被取消了，而电梯则会钻到立面上显露出来，像钢和玻璃的蛇一样。混凝土、钢和玻璃的建筑物上，没有图画和雕塑。只有它们天生的轮廓和体型给他们以美。这样的建筑物将会非常粗犷、丑陋，像机器那样简单，需要多高就多高，需要多大就多大，不受市政当局条条框框的限制。……大街……深入地下许多层，并且将城市交通用许多交叉枢纽与金属的步行道和快速输送带有机地联系起来。

必须消灭装饰。解决未来主义的建筑艺术问题，决不能从中国、波斯和日本的照片中偷窃，或者盲目地模仿维特鲁威的办法，而应该靠我们用科学和技术的实际经验加强了的天才光辉。每样东西都要革新……立面不再是重要的了。我们的兴趣口味不再在于挑选那些小巧的线脚，纤秀的柱头，或者一个别致的入口，而转向那更丰富的，更有成效的体积和巨大的平面布置。我们要禁止修建纪念性的、丧葬式的、忆古怀旧的建筑。

圣伊里亚又写道：

我宣布：

未来主义的建筑是可以科学计算的建筑，是粗鲁大胆的和简单朴素的建筑……

未来主义的建筑艺术并非是实际与功利的贫乏无味的组合，而仍是一种艺术，也就是说，是一种综合体，是一种表现。

斜线和曲线是富有生气的，它们天生就比垂直线或水平线更富有千百倍的能动性，动态的、整体的建筑艺术是不能离开它们而存在的。

把装饰施加在建筑上是荒唐可笑的，只有使用并且别出心裁地安排粗糙的、未经雕饰的或者涂上鲜明颜色的材料，才是真正达到了未来主义建筑的装饰本色。

正像古人从自然的因素里找到他们的灵感一样，我们——物质上和精神上都能干的人——必须在我们所创造的新的机械化世界中，找到我们自己的灵感，而我们的建筑，必须是我们的灵感的最完美的表现，最完全的综合，最有效的统一。

把建筑艺术当成按照借来的标准安排配置现成形式的艺术的时代已经结束。

我认为，建筑艺术必须使人类自由地、无拘无束地与他周围的环境和谐一致，也就是说，使物质世界成为精神世界的直接反映。

在这样的建筑艺术中没有造型的惯例，因为非永久性、暂时性正是未来主义建筑的基本特质。

建筑物的寿命比我们期望的要短。每一代人都要建设他们自己的城市。建筑艺术环境的经常不断的更新会帮助我们未来主义取得胜利。这一点现在已经由自由体诗词、造型动力、不和谐音乐以及噪声艺术等等的出现而得到肯定。我们要无情地反对死抱住过去不放的胆小鬼。（《现代西方艺术美学文选·建筑美学卷》）

圣伊里亚的建筑想象画同他提出的观念十分契合，它们形象地表现了未来主义的建筑理想。

今天回过头去看，可以认为，未来主义的建筑观点是到第一次世界大战爆发前夕为止，西欧建筑改革思潮中最激进、最坚决的一部分，其表述也最肯定最鲜明，最少含糊妥协。它们是近半个世纪以来许多改革者的零散思想的集大成者和深化的产物，当然，也带有更多的片面性和极端性质。

第一次世界大战爆发后，刚刚在建筑战线上开始点燃火种的圣伊里亚又急忙投身于真刀真枪的战场，无情的炮火吞噬了他年轻的生命，命运没有给他实施自己观念的机会。然而未来主义建筑观并没有完全消失，它们的主要部分像接力棒似的传到第一次世界大战后涌现的一批改革派建筑师手中。不仅如此，直到20世纪后期，在世界上一些著名的建筑作品中，我们还能看到这样那样的未来主义建筑师的思想火花，这一点只要看看巴黎蓬皮杜艺术与文化中心（1972—1977）和香港汇丰银行大厦（1979—1985）便可明白。

6.10 德国制造联盟与德国建筑师的动向

在西欧各国中，德国原是一个后进国家。19世纪初，德国仍分裂为许多独立和半独立的小邦，数目约有三百个，经济以农业和手工业为基础。19世纪末，德国才开始其资本主义化的进程。1870年德国成为一个统一的国家，开始采取一系列改革措施，经济迅速发展，并有后来居上之势。1885年英国占世界贸易总额的38%，德国仅占17%；1903年，英国的份额为27%，德国上升为22%；1913年德国的钢铁产量是英国的3倍；1914年德国国民生产总值超过英国。德国人在赶超老牌资本主义国家时很注意吸取别人的经验教训，当经济实力增长以后，为了将自己的产品打入已被瓜分过的世界市场，他们特别注意改进产品质量，其中重要的一环便是改进产品的设计。

为了改进产品设计，德国人对其他国家特别是英国的经验教训进行了深入细致的研究。例如德国建筑师散帕尔（1803—1879）先在巴黎居留两年，1851—1855年又居留伦敦，对1851年落成的“水晶宫”展览馆作了细致的考察，写出了名为《科学、工业与艺术》的论文，1852年以德文发表，后来又出版专著《技术与工业美术的风格》（Der Stil in den Technischen und Techtonischen Kunsten，1863）。散帕尔的观点与英国莫里斯的观点不同，散帕尔反对退回到前工业时代的梦想，主张迎接工业和科学的挑战。后来，另一位德国建筑师穆台休斯（Hermann Muthesius，1861—1927）于1896—1903年作为德国驻英国大使馆商务副参赞，在英国居留7年。在此期间他细心考察英国的设计风格和建筑的进展，回国后又发表多种介绍和论述英国建筑的著作。穆台休斯指出，英国工艺美术运动的致命缺点在于反对工业化，但他肯定英国住宅建筑的“自由风格”。穆台休斯回国后任贸易部官员，主管人员培养工作。他上任后立即任命有改革思想的建筑师和设计师担任三所重要的美术设计学校的校长，其中包括聘请贝伦斯（Peter Behrens，1868—1940）为德累斯顿美术学校的校长。

穆台休斯对德国当时老一套的设计观念发起猛烈攻击。1907年，他作为新成立的柏林商学院的院长，在成立典礼上发表演说，抨击当时流行的“风格”的危害性，他说：“如果在产品上继续不加思考地、不觉害羞地借用先前世纪库存的形式母题，将会招致严重的经济上的衰退。”穆台休斯这样提出问题是有现实根据的，1876年在费城美国建国百年博览会上，德国人已发现自己的产品“低廉丑陋”，缺乏竞争力。德国参展代表发回的报告说：“德国工业界应该摒弃那种仅仅依靠价格低廉来竞争的原则，转向通过智力及工人技巧的应用来改进产品。”1903年，另一位德国产业界代表在谈到改进产品设计时说：“（设计质量）不再只是文化的问题，如果不改进，我们很快就要无力从国外采购原料来开动工厂，社会问题也将因此而严重起来。”（R.Banham，Theory and Design in the First Machine Age，p.71）所以穆台休斯强调改进设计质量“不仅仅是政府机构的责任，而且是值得全体德国人关切的事情”。

1907年，在穆台休斯和其他一些人士的推动下，德国制造联盟（Deutscher Werkbund）宣告成立。这个联盟的名称中没有采用专指工业的Industrie一词，也没有采用 Gewerbe（手工业、手艺）一词，而采用既指工作、劳动、作品，又有工厂之意的werk一词，是有意采取其相关的含义。联盟成立之时有12家工艺品公司和工业厂家参加，又有12名以个人名义参加的设计师或建筑师，他们是贝伦斯、T.菲舍尔（Theodor Fischer）、J.霍夫曼（Josef Hoffmann）、W.克莱斯（Wilhelm Kreis）、M.劳格尔（Max Laeuger）、A.尼迈尔（Adelbert Niemeyer）J.M.奥别列去（J.M.Olbrich）、B.保罗（Bruno Paul）、R.里默尔施密德（Richard Riemerschmid）、J.J.夏沃格尔（J.J.Scharvolgel）、P.舒尔策-脑堡（Paul Schultze-Naumburg）和F.舒马赫（Fritz Schu-macher）。

德国制造联盟的宗旨是促进企业界、贸易界同美术家、建筑师之间的共同活动以推动设计改革。当时德国有相当多的人反对穆台休斯的观点，攻击他迎合中产阶级的口味，降低艺术的水准，是德国艺术的“叛徒和敌人”。然而德国工业界支持他的活动。就在联盟成立的同时，德国通用电气公司（Allgemeine Elektrizitäts-Gesellshaft，AEG）聘任贝伦斯为公司的设计总顾问，任务范围包括工业产品、建筑物和印刷品等等的设计。德国钢铁企业联合会也聘请建筑师B.陶特（Bruno Taut）负责印刷品的设计。美术、设计、建筑艺术与工业结合形成一种趋势。

贝伦斯为通用电气公司设计的柏林透平机工厂（AEG Turbine Factory，Berlin，1908—1909）是工业界与建筑师结合提高设计质量的一个成果，也是现代建筑史上一个重要事件。透平机（turbine，即涡轮机）工厂的主要车间位于街道转角处，主跨采用大型门式钢架，钢架顶部呈多边形，侧柱自上而下逐渐收缩，到地面上形成铰接点。在沿街立面上，钢柱与铰接点坦然暴露出来，柱间为大面积的玻璃窗，划分成简单的方格。屋顶上开有玻璃天窗，车间有良好的采光和通风。外观体现工厂车间的性格。在街道转角处的车间端头，贝伦斯作了特别的处理，厂房角部加上砖石砌筑的角墩，墙体稍向后仰，并有“链墩式”的凹槽，显示敦厚稳固的形象，上部是弓形山墙，中间是大玻璃窗，这些处理给这个车间建筑加上了古典的纪念性的品格。

图6-22　贝伦斯，柏林通用电气公司透平机工厂，1908—1909年

贝伦斯以一位著名建筑师的身份来设计一座工厂厂房，不仅把它当作实用房屋认真设计，而且将它当作一个“建筑艺术作品”来对待，表明工业厂房进入了建筑师的业务范围，比之伦敦“水晶宫”建造时（1851），建筑师们没有能力又不屑于迎接新挑战的情形，不能不说是一个很大的进步，同时也表明了工业企业家在现代社会权力结构中的重要地位。

图6-23　格罗皮乌斯和梅耶尔，法格斯工厂办公楼，1911—1913年

透平机工厂建成后不久，建筑师格罗皮乌斯（详见第8章）和梅耶尔（Adolf Meyer，1881—1929）合作设计了著名的法格斯工厂的厂房（Fagus Factory，Alfeld-an-der-Leine，1911—1913）。那是一座生产制鞋用的鞋楦的小型工厂，厂房布局周到地考虑了工艺和生产流程的需求。在车间的前边是一座三层的办公小楼，小楼为单面走廊，采用钢筋混凝土框架，柱子之间开着满面大玻璃窗，窗下墙部分外面是黑色的铁板，形成玻璃与铁板组成的幕墙。幕墙之间的柱子稍向后仰，表面有贴面砖，柱顶在檐口处稍稍向内收进，屋盖是平顶，玻璃与铁板的幕墙自檐口外皮向下垂落，而柱子又向内收进，这些幕墙便凸现在柱子之外，传统砖石建筑的窗扇大都凹陷在厚墙的窗口之内，这座办公楼的窗子不但面积大，而且凸现在外，更显得像是挂在框架上面的一层薄膜。传统砖石建筑的转角部位一般做得比较厚重（贝伦斯的透平机工厂便有意保留这一特点），而在法格斯工厂的办公楼上，转角处的角柱反而被取消了，幕墙在此处连续而无阻挡地转了过去，这里利用并显示出钢筋混凝土结构的悬挑性能。凡此种种，都突出了建筑物的轻巧虚透的风格，一反传统建筑的沉重厚实的面貌。因此，法格斯工厂办公楼在20世纪建筑史上被许多人视为具有开创意义的里程碑式的建筑物。

这座办公楼的端头有一个砖砌的小门斗，封闭厚实，与其他部分的处理形成对照。这个小门斗与贝伦斯的透平机工厂的山墙处理有某种联系，或许正是因为格罗皮乌斯此前不久在贝伦斯事务所工作过而留下的影响吧。

1914年，在德国制造联盟举办的科隆博览会上，格罗皮乌斯和梅耶尔又设计了博览会的管理处办公楼。这是一座左右对称的三层小楼，入口一面以砖墙面为主体，两端是完全用玻璃围起来的圆形转楼梯，厚实与轻透两种效果直接相撞。办公楼的背面是连续的大片玻璃墙，楼顶部分有宽阔的平板挑檐，平板与下面的墙体连接处有一条水平的玻璃窗带，平顶因此看来更为轻巧。这里的手法很可能受到美国建筑师赖特的启示，因为1910年柏林曾经举办过赖特的作品展览。

图6-24 格罗皮乌斯和梅耶尔，1914年科隆博览会管理处办公楼

1914年科隆博览会上的新颖建筑物之中有一座圆形的大玻璃亭，它的主体是高大的玻璃穹窿顶，由钢架与菱形玻璃板片组成。它像一颗巨型钻石一样耸立在圆形基座之上。亭的内部有大楼梯通向几层不同的空间，楼梯之间还有潺潺的跌水，建筑的内外景象都十分新奇而带有幻境气氛。这座建筑物是B.陶特为德国的玻璃生产厂商设计的，它不仅反映了这位建筑师的创造力，也表现了当时人们对玻璃这种大量生产的新兴建筑材料的爱好。1914年，在德国还有人出版过一本专讲玻璃在建筑中的应用的专著《玻璃建筑》（Paul Sheerbart，Glasarchitektur）。

德国制造联盟的目标是改进设计提高产品和建筑质量，但是在如何改进和改进的方向及标准问题上，成员之间看法很不一致。在1911年的联盟年会上穆台休斯提出，设计的“精神方面的重要性超过物质的方面，即使功能、材料与技术掌握好了，而形式不佳，我们就仍然生活在粗鄙的世界之中”，他肯定标准化和用机器大量生产的方式，而设计者的任务是把标准的定型做得尽善尽美。他认为“从个性表现到创作出典范（type）是有机的发展过程，今天的制造业就是这样发展的，产品就稳定提高了”“本质上，建筑也趋向典范化，典范化排除例外之物，建立秩序。”穆台休斯还提出“抽象形式是产品设计的美学基础”。

德国制造联盟在这些观点上的分歧渐渐扩大，联盟成员不久就分成两派，一派赞同穆台休斯，另一派以凡・德・维尔德为首坚持个人艺术表现的价值。1914年科隆年会决议采取穆台休斯的观点，因为穆氏的观点能产生较大的经济效益，受到企业界的欢迎。联盟出版的年鉴，1913年的主题是“工业与贸易中的艺术”，1914年的主题是“交通运输”，这些年鉴刊登车辆、船舶、飞机、工厂设备等方面的新的设计成果。第一次世界大战于1914年爆发，军工生产本身要求标准化和大批量，1915年的联盟年鉴便以“战时德国的形式”为主题。

从1907年到第一次世界大战爆发的几年中，联盟的活动产生了广泛的影响，奥地利、瑞士、瑞典和英国相继出现了类似的组织。联盟同时培养和影响了一批年轻的建筑师和设计家，其中著名的有格罗皮乌斯、密斯・凡・德・罗和B.陶特等人，他们在第一次世界大战之后立即在德国建筑界大显身手。联盟的活动也对其他国家的年轻人产生了巨大的吸引力。1910年，原籍瑞士的勒・柯布西耶被他的母校瑞士某艺术学校派往德国考察设计工作的进展，他进入贝伦斯的事务所工作，特别关注德国制造联盟的动向并且参加其年会。勒氏在20世纪20年代发表的观点中有许多同穆台休斯相通的地方。

第一次世界大战之后的20世纪20年代，德国制造联盟继续积极活动，1927年它在斯图加特举办的一次住宅建筑展览是现代建筑史上一次重要的事件。1933年希特勒在德国执政，德国制造联盟随之宣告解散。

如果说19世纪80—90年代美国芝加哥建筑学派的创新活动是由当时该地急骤发展的商业需求促成的，那么20世纪10—20年代德国制造联盟及其影响下的设计改革活动则主要是由工业企业界的支持和推动而产生的。芝加哥学派除个别人物外，一般没有文化思想和建筑理论方面的准备，所谓学派也是散漫的现象。德国制造联盟则不然，它是有准备、有组织、有步骤的活动，并且进行着不断深入的理论上的思考和讨论。它与欧洲其他地方个别人士分散的、零星的努力也不一样，德国制造联盟行事富有理智思考，创新而又务实，认真考察他国的经验教训，细致思忖本国的需要，策划自己的改革步骤，这些方面不能不说是带有德国人惯有的认真严肃的民族特质。

德国制造联盟及有关的一批建筑师的活动为20世纪20年代的建筑设计改革奠定了基础，在两次世界大战之间的年代里，德国的建筑创新活动引起了更加广泛的有世界性历史意义的反响。

在这里，作者愿意附上1993年初德国联邦经济部部长于尔根·默勒曼在德国《法兰克福汇报》上发表的文章中的几句话。在这篇题为《设计对经济的意义》的文章中，这位部长写道："在富裕的工业社会里，设计是一个对商品销售起重要作用的因素。产品的质量和价格越是接近，产品的设计就变得越重要。设计亦为企业提供了有别于竞争对手的可能性。""这意味着，从生产规划到产品销售，设计人员都应完全被包括在决策过程之内。将来设计人员的建议甚至会更受欢迎，如果他的建议涉及有利于环境的产品和减少包装费用的话。""目前德国各城市都举办展览会。联邦经济部通过设立'联邦产品设计奖'再次表明设计对我们经济的重大意义。"这位经济部长疾呼"大部分企业的设计意识还有待加强"。（转引自《参考消息》，1993年2月24日）从这些话中可以看到至今德国人还在努力加强设计工作，而这正是1907年成立的德国制造联盟的宗旨，联盟活动的意义真是深远！

第2篇

变革年代

第7章
20世纪20年代欧洲建筑活动概况与建筑流派

7.1 20世纪20年代欧洲建筑活动概况

1914—1918年期间发生了第一次世界大战。德国、奥匈帝国等为一方，英、法、俄为另一方，展开了史无前例的大规模战争，美国在战争临近结束时参加到英、法一方，战争以德国战败投降而结束。这次世界规模的战争以欧洲繁华地区为主要战场，前后卷入战争的国家有三十多个，战死人数达一千多万，是历史上空前惨烈的战争。然而第一次世界大战结束不过二十年，世界战祸又起，1931年日本侵略中国，1939年德国又在欧洲挑起战争，第二次世界大战全面爆发，这次大战规模比前一次更大，战争更为惨烈。1945年日本和德国相继战败投降，战争才告结束。

20世纪20—30年代是两次惨烈的世界大战之间的间歇时期，整个世界动荡不已，社会政治经济演变迅速。这二十多年时间大体可分为三个阶段。

（1）1917—1923年，欧洲各国程度不同地陷于政治和经济危机之中。1917年俄国爆发十月革命，脱离世界资本主义体系，成为第一个社会主义国家。德国战败后，帝制崩溃，成立共和国。战后初期，德国、奥地利、捷克等受俄国十月革命的影响，连续爆发人民起义，阶级斗争激烈。经过大战，除了美国在战争中得到巨大的经济利益外，其他国家都陷于严重的经济困境，战败国德国更是困难重重。

（2）1924—1929年，是资本主义世界相对稳定时期，参战各国的经济得到恢复，有的还出现某种高涨。德国1929年的工业总产值达到战前1913年的113%，重新超过英国和法国。美国的经济实力更加强大，在世界工业总产值中所占比重达到48.5%。

（3）1929—1939年，资本主义世界自1929年起发生新的世界性经济危机。这次空前严重的经济危机首先从美国开始，自1929年到1933年的4年时间中，美国工业生产下降46%，股票价格下跌79%，危机迅速蔓延到欧洲，继而波及全世界。德国钢产量在1929年为1610万吨，到1932年减至560万吨。1932年德国的失业人数超过战争结束时的1918年。希特勒乘机攫取德国的政权，建立法西斯统治，德、意、日三国勾结发动了第二次世界大战。

20世纪20—30年代世界政治经济的风风雨雨及社会思想文化的大动荡，直接间接地影响着这个时期的建筑活动和建筑文化。

第一次世界大战期间，交战各国的建筑活动，除了少数与战争有关的项目外，几乎全都停止了，4年战争破坏了大量的城市和建筑物。战争结束后，广大地区面临着重建的任务，各国都遇到严重的住宅短缺的压力。然而战后初期的经济困境却抑止了建造活动，建筑界在这时期思潮活跃，方案研究如火如荼，实践机会则很稀少。1924年以后，西欧主要国家经济好转后，建筑量才随之增加，建筑师们获得了较多的实现他们主张的机会。然而时间不长，到1929年世界经济大危机来临后，实际建设又减少下来。

在20世纪20—30年代，建筑材料和建筑科学技术方面有许多新的进展，特点是19世纪末叶以来出现的新材料新技术得到完善充实并逐步推广应用，战争时期发展起来的新技术在战后转为民用的趋势也促进了建筑业技术的更新。早先的钢结构多用铆钉连结，后来改用焊接，1927年美国出现了全部采用焊接的钢结构房屋（1947年美国建成 24层的全部采用焊接的钢框架大楼）。采用焊接方式，房屋结构自重减轻，施工速度加快。在欧洲，经过大战以前钢筋混凝土结构先驱们的试用，钢筋混凝土结构日益普及。采用刚性结点的框架结构促进了复杂超静定结构的科学研究，结构动力学、结构稳定理论等方面取得重要进展。

图7-1　法国奥尔利飞艇库，钢筋混凝土结构，1916年

壳体结构在第一次世界大战之后取得重要进展。1923年德国耶拿（Jena）天文

台采用钢筋混凝土圆壳屋顶。1928年德国莱比锡市场大厅（Leipzig Market Hall，1928，建筑师Deschinger and Ritter）上建造了两个八角形钢筋混凝土壳顶，每个壳顶的直径达到75.59米，比此前任何圆穹顶都大［罗马万神庙屋顶直径43.43米，罗马圣彼得大教堂圆顶直径41.91米，波兰不莱斯劳百年纪念大厅（图7-2）屋顶直径43.43米］，而壳片的厚度只有9厘米。这个大厅的壳体屋顶的重量仅为圣彼得大教堂圆顶的1／5，为不莱斯劳大厅屋顶的1／3。1933年建成的苏联西比尔斯克歌剧院观众厅上的钢筋混凝土扁圆壳体屋顶直径60米，厚度是6厘米。1933年芝加哥博览会上建成一座悬索屋顶的机车展览馆，直径60米。这些新型屋顶的建造显示了人类在建造大跨度建筑方面向前迈进了一大步。

图7-2　波兰不莱斯劳（Breslau，现称Wroclaw）百年大厅，钢筋混凝土结构，1910—1913年

玻璃在建筑物中有了更广泛的应用。1927年生产出安全玻璃，10年后出现全玻璃门扇，给建筑物带来了新的形象。20世纪30年代初玻璃纤维开始用于建筑物，玻璃砖也流行起来。

第一次世界大战之后，铝材较多地用于建筑物的内外装修，塑料部件也出现了。1927年出现了新型的可以防水的胶合木板。建筑设备的进步更是明显。1923年有了霓虹灯，1938年出现日光灯。电梯速度加快，性能更加可靠。空气调节装置最初用于生产性建筑中，随后进入商店和饭店。卫生设备、家用电器种类不断增多。房屋建筑不再像历史上长时期那样只是一个壳子而已，现在建筑师在设计工作中不但要同结构工程师配合，而且还要同多个专业的工程技术人员密切配合，才能设计出设备完善的现代化房屋建筑。房屋的实际使用质量的显著提高是建筑发展的另一个特点。

一次世界大战后，随着商业、交通运输、体育娱乐、文化教育等事业的迅速发展，社会生活愈加丰富多彩，建筑物的类型进一步增多。例如电影的普及使电影院建筑发展起来，航空运输的发展带来了更多的航站建筑。多种多样的医院、广播电台、体育馆、科学实验室等等对建筑设计提出了许多新的要求，建筑师的任务愈加复杂多样，他们遇到了更多更大的挑战，同时也获得了更多的机遇，建筑创作的路子更加宽广。20世纪20—30年代，在西欧地区首先兴起了一股改革、试验、创新的浪潮，从中产生出20世纪最重要的建筑思潮和流派，即后来所谓的“现代主义建筑”。

7.2 战后初期的各种建筑流派

从建筑思潮来看，20世纪20年代是一个破旧立新的重要时期。第一次世界大战结束后，欧洲各国社会激荡，人心思变。从19世纪末和20世纪初兴起的建筑变革的萌芽状态的思潮，到了这个时期蓬勃发展起来。

战后初期，古典复兴的建筑仍然相当流行。纪念性建筑和政府性建筑不用说，就是一些大银行大保险公司也仍然继续用古典柱式把自己装扮起来。1924年建成的伦敦人寿保险公司（London Life Assurance Building）就是一例。这一类建筑在内部往往已经采用钢或钢筋混凝土结构，但外形依然古色古香。1929—1934年建造的曼彻斯特市立图书馆是又一个这样的例子。这座圆形图书馆采用钢结构，但是它的外形是仿古的。入口处的柱廊是罗马科林斯柱式，建筑物的上部又有一圈爱奥尼柱子。作为骨架的钢结构在外观上完全被掩藏起来，似乎是什么见不得人的东西，现代图书馆建筑的功能也被古代建筑样式所抑制，内容和形式明显不一致。

图7-3　奥斯特柏格，斯德哥尔摩市政厅，1923年

把不同时代和不同地区的建筑样式凑合在一座建筑之中的折衷主义建筑也不断出现。1923年落成的斯德哥尔摩市政厅（The City Hall of Stockholm）是一个很有名的例子。建筑师奥斯特柏格（Ragnar Östberg）在欧洲已经出现摆脱传统建筑风格之时，仍表现出尊重和继承传统的精神。这座市政厅将多种传统建筑样式的成分结合起来，但突出北欧的地方风格。建筑形体高低错落，虚实相配，屹立海边，极富诗情画意。它体现了在高明的建筑师的手下传统建筑风格的艺术生命力。这座市政厅的设计思想是以继承为主的。

可是社会生活在飞速变化，建筑物的功能要求日益复杂，房屋的层数和体量不断增长，建筑材料和结构已和古代大不相同。因此，在绝大多数新建筑上继续套用历史上的建筑样式必然要遇到愈来愈多的矛盾和困难。所以，在很多情况下，即使非常热爱古代建筑样式的学院派建筑师，也不得不做出让步，对那些旧的建筑样式和构图规则加以简化和变通。檐口、柱头和柱础逐渐简化，壁柱蜕变成墙面上的竖向线脚，玻璃窗向水平方向扩大，装饰纹样日见减少。石头建筑的沉重封闭的面貌渐渐削弱，框架结构的方格形构图特征在建筑外形上隐隐然显示出来，不过对称的格局仍是尽力保持的。同古典建筑相比，严格的形似办不到了，但仍力求“神似”。

所以，到了20世纪20年代，重视传统的建筑师的作品，差别和层次甚多，分化明显。学院派建筑思想失去往昔的势头。像拉斯金当年那样振振有词斥责变革的论调已经难以出笼，而改革创新者一方则声势大振。

这种局面的出现是由于第一次大战后欧洲的经济、政治条件和社会思想状况给了主张革新者以有力的促进。第一，战后初期的经济拮据状况促进了建筑中讲求实用的倾向，对于讲形式尚虚华的复古主义和浪漫主义带来一阵严重打击。第二，20世纪20年代后期工业和科学技术的迅速发展以及社会生活方式的变化又进一步要求建筑师突破陈规。汽车和航空交通的迅速发展，无线电和电影的普及，科学研究、教育、体育、医药、出版事业的进步带来了许多新的建筑类型，旧有的建筑类型的内容和形制发生了很大的改变。材料、结构和施工的进步也迫使越来越多的建筑师走出古代建筑形式的象牙之塔。这些变化有力地推动建筑师改革设计方法，创造新型建筑。第三，第一次大战后欧洲的社会政治思想状况给建筑革新运动提供了有利的气氛。大战的惨祸和俄国十月革命的胜利使各国广大阶层的人民普遍产生了不愿再照原样生活下去的思想。在战败国中，人心思变的情绪更加强烈。战后时期，欧洲社会意识形态领域中涌现出大量的新观点、新思潮，思想异常活跃。建筑界的情况也是这样。建筑师中主张革新的人愈来愈多，各色各样的设想、计划、方案、观点和试验如雨后春笋般大量涌现，主张也愈见激烈彻底，在整个20世纪20年代，西欧各国，尤其是德、法、荷三国的建筑界呈现出空前活跃的局面。

建筑问题牵涉到功能、技术、工业、经济、文化、艺术等许多方面，建筑的革新运动也是多方面的。各种人从不同角度出发，抓着不同的重点，循着多种途径进行试验和探索。战后初期，有很多人和流派，包括各种造型艺术家在内，对新建筑的形式问题产生浓厚的兴趣，进行了多方面的探索，其中比较重要的派别有风格派、表现派、构成派和立体主义等，下面分别对这些流派作一些简短的介绍。

7.2.1 风格派

第一次世界大战期间荷兰是中立国，因此在别处建筑活动停滞的时候，荷兰的造型艺术却继续繁荣。荷兰画家蒙德里安和画家、设计师凡·杜埃斯堡（Theo Van Doesburg，1883—1931）等人形成一个艺术流派，1917年出版名为《风格》（De Stijl）的期刊，故得名“风格派”。1920年蒙德里安出版《新造型主义》（Plasticism），强调之点略有不同，故又出现了“新造型派”的名称。

1918年，风格派发表《宣言Ⅰ》，其中写道：

有旧的时代意识，也有新的时代意识。旧的是个人的，新的是全民的……战争正在摧毁旧世界和它的内容。”“新的时代意识打算在一切事物中实现自己……传统、教条和个人优势妨碍这个实现……因此，新文化的奠基人号召一切信仰改造艺术和文化的人去摧毁这个意识。

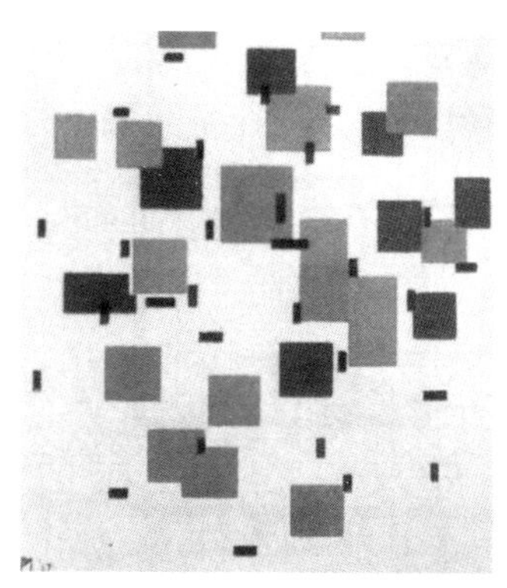
图7-4　蒙德里安，《蓝色构图》，1917年

图7-5　蒙德里安，《构图》，1929年

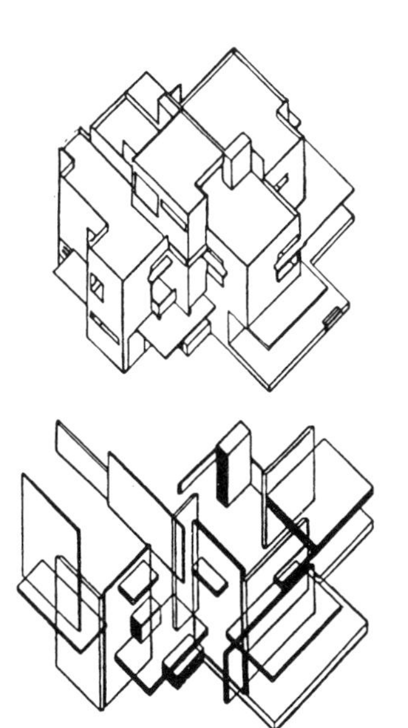
图7-6　凡・杜埃斯堡，《一所住宅的造型研究》，1923年

风格派提倡“排除自然形象”的“纯粹艺术表现”，主张国际化的艺术，“今天全世界的艺术家受同一个意识的推动……因此同情所有为形成一个生活、艺术和文化的国际统一而进行精神的和物质的斗争的人们”。这些语句表达了那个时期欧洲新潮艺术家中一种很普遍的追求。风格派艺术家在他们的绘画和雕塑艺术作品中，通过“抽象和简化”寻求“纯洁性、必然性和规律性”。蒙德里安本人的绘画中没有任何自然形象，画面上只剩下垂直的和水平的直线，这些直线围成大大小小的矩形或方块，中间平涂以红、黄、蓝等原色或黑、白、灰等中性色。绘画成了几何图形和色块的组合，成了抽象的几何构图。蒙德里安的绘画作品干脆就题名为《几何构图》或《构图第×号》。这样的几何构图式的绘画，从反映现实生活和自然界的要求来看固然没有什么意义，然而风格派艺术家发挥了几何形体组合的审美价值，它们很容易也很适于移植到新的建筑艺术中去。荷兰著名的家具设计师、建筑师里特维尔德（Gerrit T.Rietveld，1888—1964）设计的一只扶手椅（1917）和一个餐具柜（1919），就是由相互独立又相互穿插的板片、方棍、方柱组合而成的，如同立体化的蒙德里安的绘画。里特维尔德设计的位于荷兰乌特勒支市的施罗德住宅（G.Rietveld，Schröder-Schräder House，Utrecht，1924）是风格派建筑的代表作。这座住宅大体上是一个立方体，但设计者将其中的一些墙板、屋顶板和几处楼板推伸出来，稍稍脱离住宅主体，这些伸挑出来的板片形成横竖相间、错落有致的板片与块体。纵横穿插的造型，加上不透明的墙片与大玻璃窗的虚实对比、浅色与深色的对比、透明与反光的交错，造成活泼新颖的建筑形象。上述家具和建筑可以说是具有建筑功能的风格派雕塑。

其他荷兰建筑师如凡·杜埃斯堡（Van Doesburg）、奥德（J.J.P.Oud，1890—1963）等也设计过一些风格派的建筑物。凡・杜埃斯堡把造型简化到只有最简单的几何要素，他自称是“要素主义”（elementarism）。

风格派作为一种流派存在的时间不长，但由它发展起来的以清爽、疏离、潇洒为特征的造型美，对现代建筑和工业品设计产生了很广泛的影响。

图7-7　里特维尔德，红蓝扶手椅，1917年

a）正面

b）侧面

c）内景

图7-8　里特维尔德，施罗德住宅，1924年

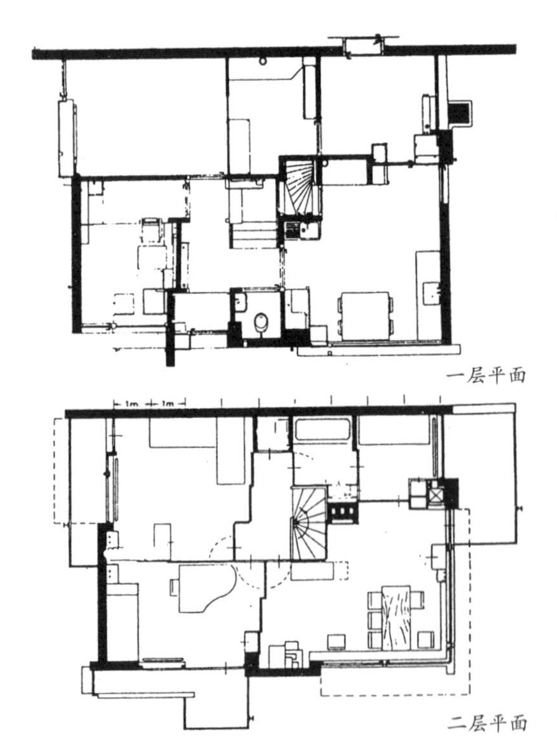

图7-9　施罗德住宅平面

7.2.2 表现派

20世纪初，欧洲出现了名为“表现主义”的绘画、音乐和戏剧等艺术流派。表现主义艺术家认为艺术的任务是表现个人的感受。拿印象派艺术与表现派艺术相比，印象派艺术描绘“我的眼睛看到的东西”，表现派艺术则表现“我内心体验到的东西”；印象派忠实于事物的表象，表现派则强调表现主体的内心世界。在表现派绘画中，外界事物的形象不求准确，常常有意加以改变。画家心目中天空是蓝色的，他在画中可以不顾时间地点，把天空全画成蓝色的。马的颜色则按照画家的主观体验，有时画成红色，有时画成蓝色。人的脸部在极度悲喜时发生变形，表现派画家就通过夸张变形来引动观者的情绪，包括恐怖、狂乱的心理感受。

图7-10　霍格，汉堡智利大厦，1923年

第一次世界大战前后，表现主义在德国、奥地利等国盛行。1905—1925年间，建筑领域也出现了表现主义的作品，其特点是通过夸张的造型和构图手法，塑造超常的、强调动感的建筑形象，以引起观者和使用者不同一般

图7-11　孟德尔松，爱因斯坦天文台，1917—1921年

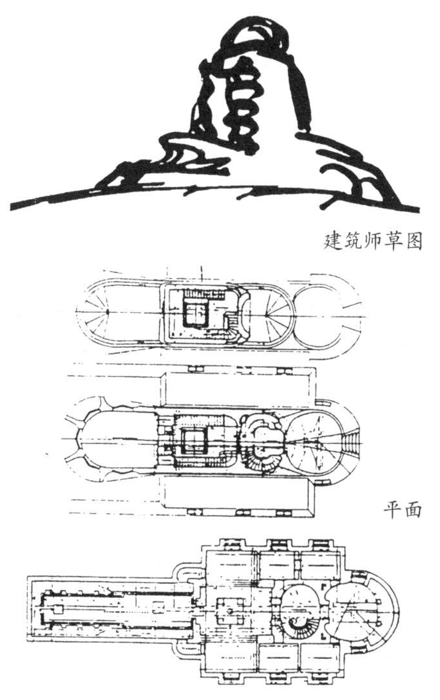

图7-12　爱因斯坦天文台（建筑师草图与平面）

的联想和心理效果。德国建筑师波尔齐格（Hans Poelzig，1869—1936）1919年改造柏林一座剧场时，在室内天花上做出许多钟乳石般的饰物，造成所谓“城市王冠”的形象。另一位德国建筑师霍格（Fritz Hoger）1923年设计的汉堡智利大厦（Chile House，Hamburg）是一座办公大楼，它位于两条街道交汇的尖角形地段上，设计者有意利用地段的特点，将大楼的锐角加以夸张，在透视效果中，大楼的尖角更有挺进昂扬之势。这座大楼尖角一边为直线段，另一边为曲线，曲直相邻，益发增添了动感和戏剧性效果。

最具有表现主义特征的一座建筑物是德国建筑师孟德尔松（Eric Mendelsohn，1887—1953）于1917年开始设计，1921年建成的波茨坦爱因斯坦天文台（Einstain Tower，Potsdam）。1905年，爱因斯坦提出狭义相对论，1915年完成广义相对论。相对论的创立带动了物理学理论的革命性发展，并对现代哲学产生深远影响。爱因斯坦所提出的新的时空观、物质观和运动观改变了人们传统的自然观，是科学史上的一次伟大革命。相对论的理论深奥，普通人对此感到神妙莫测，不可思议。爱因斯坦天文台是为了验证爱氏的理论而建造的。孟德尔松在天文台的造型中突出了相对论的神秘感，其方式是用砖和混凝土两种材料塑造一个混混沌沌、浑浑噩噩、稍带流线型的体块，门窗形状也不同一般，因而给人以匪夷所思、高深莫测的感受。

表现主义的建筑常常与建筑技术和经济上的合理性相左，因而与20世纪20年代的现代主义建筑思潮有所抵触。在20世纪20年代中期到20世纪50年代，表现主义的建筑不很盛行，然而时有出现，不绝如缕，因为总不断有人要在建筑中突出表现某种情绪和心理体验。当然，表现主义建筑与非表现主义建筑之间也没有明确的绝对的界限可寻。

20世纪后期，表现主义的手法在世界建筑舞台上的地位有所回升，表现主义建筑作品同西班牙建筑师高迪的作品一样，重新获得重视。

7.2.3 构成派

第一次世界大战前后，一批俄国年轻艺术家将雕塑作品做成抽象的结构或构造物模样，被称为构成主义（constructivism），其起源大概同1912年毕加索用纸、绳子和金属片制作“雕塑”作品有关。欧洲传统的雕塑作品历来是实体的艺术，毕加索将实体的雕塑变为虚透的空间艺术。1913年俄国艺术家塔特林（Vladimir Tatlin，1895—1956）在巴黎访问毕加索的画室，受到启发，回到俄国后用木料、金属、纸板制作了一批类似的抽象的“构成”作品。毕加索的试验在俄国得到

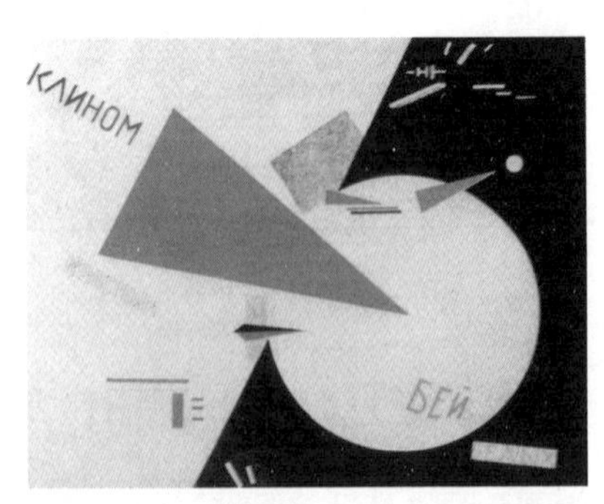

图7-13　俄国宣传画《红军战胜白匪》，1920年

发扬。与塔特林曾经一道工作的罗德琴柯（Alexander Rodchenko，1891—1956）也从事同样的创作。另外两名俄国青年盖博和佩夫斯纳（Naum Gabo，1889—1977，Pevsner，1886—1962，两人为兄弟）第一次世界大战前到西欧学习，接触了新潮艺术。1917年俄国革命后两兄弟回到俄国。革命后头几年，俄国许多新派艺术家认为新艺术能够为新社会服务。在那几年中，新政权对新潮艺术也比较宽容，年轻的艺术家还可得到艺术院校中的职位，新潮艺术得到一定的发展。1920年，盖博与佩夫斯纳在莫斯科发表名为《构成主义基本原理》的宣言，声称“我们拒绝把封闭空间的界面当作塑造空间的造型表现，我们断言空间只能在其深度上由内向外地塑造，而不是用体积由外向内塑造”“我们要求造型的东西应该是个主体的结构”“我们再也不能满足于造型艺术中静态的形式因素，我们要求把时间当作一个新因素引进来”。以塔特林、罗德琴柯、盖博、佩夫斯纳等人为代表，在革命初期的俄国兴起了构成主义的艺术流派。

图7-14　俄国宣传画《全国电气化》，1920年

构成派的雕塑作品以木、金属、玻璃、塑料等材料制作成抽象的空间构成，以表现力、

图7-15　塔特林，第三国际纪念碑模型，1919—1920年

图7-16　维斯宁兄弟，真理报大楼建筑方案，1924年

图7-17　莱奥尼多夫，重工业人民委员部，1934年

运动、空间和物质结构的观念。这样的构成本身与工程结构物和建筑物已经非常接近，能够并且很容易移植到建筑设计和建筑造型中去。在将构成主义的美学观念贯彻于建筑领域的努力中，有的人着重从构成主义的建筑形式入手进行试验研究，如舍尔尼柯夫（Chernikhov）详细研究各种基本造型要素（点、线、面、体）在空间中种种结合方式（穿插、围合、夹持、贴附、重叠、耦合等）的不同力学特征与视觉效果。另一些人，以金兹堡（М.Я.Гинзбург，1892—1946）为代表，将构成主义的形式和美学观点同房屋建筑的实际条件和要求结合起来，形成全面的构成主义的建筑设计和创作理论。1924年金兹堡出版《风格与时代》一书，系统深入地表述了他的建筑观点和理论。金兹堡在这本著作中论证了建筑风格的演变规律，强调建筑风格的时代性和社会性是风格演变的前提，谈到技术和机器美学对现代艺术的影响，特别论述了结构与建筑形式的关系。金氏的《风格与时代》与勒·柯布西耶的《走向新建筑》在出版时间上相差一年，观点接近，因为勒氏的书的内容原先在杂志上陆续发表过，故金兹堡极有可能看过勒氏的文章而受到启发。勒氏的书热情洋溢而论证不精，金氏的书冷静系统地论证自己的观点，两书各有千秋，堪称现代建筑运动中的姊妹文献。

图7-18　梅尔尼柯夫，重工业部大厦构想，1934年

图7-19　高洛索夫，莫斯科朱也夫俱乐部，1926—1927年

塔特林所做的第三国际纪念碑设计方案模型（1919—1920）是一个有名的构成主义设计。它由一个自下而上渐有收缩的螺旋形钢架与另一斜直的钢架组合而成，整体是一个空间构架，设计高度303米，与巴黎埃菲尔铁塔不相上下。构架内里悬吊四个块体，分别以一年、一月、一天和一小时的速度自转。然而这个富有新意很有气势的构成主义纪念碑方案却没有实现的机会。另外一些构成主义的建筑设计也都停留在纸上，没有付诸建造，其中包括维斯宁兄弟设计的真理报大楼（1923）、列宁图书馆和苏英合资公司大楼，金兹堡与他人合作的劳动宫设计，莱奥尼多夫（Ivan Leonidov）设计的重工业人民委员部大厦（1934）等。

构成主义建筑在纸面上很红火，实际建成的却极少，主要原因是革命初期俄国

图7-20　车尔尼可夫，《建筑畅想》，1930年

经济十分困难，工业技术相对落后，而构成派建筑方案本身带有很多的激情狂想，却很少考虑现实的需要和造价。此外，苏联当局不久就认为各种新潮文艺是西方资产阶级的货色而加以约束限止。1932年，苏联当局下令取缔各种非官方的文学艺术团体，只保留政府领导的统一的机构。建筑界各个小团体也被解散，成立了统一的"苏联建筑师学会"。学院派复古主义建筑因得到斯大林的支持而兴盛，构成派和其他新潮流派很快销声匿迹。

有意味的是1924年建造的莫斯科红场的列宁墓（建筑师舒舍夫），构图新颖，体形简洁纯净，虽然算不上典型的构成主义作品，但多少带有那个时期新潮美术（包括构成主义雕塑）的美学趣味，这座陵墓一直受到尊崇并保存下来。

俄国构成派艺术家和建筑师中许多人革命前曾在德国、法国、意大利等西方国家生活和学习，革命后他们回到俄国，初期活跃过几年，但好景不长，后来他们的艺术团体遭到政府取缔，其中一部分人又复返西方，著名的有康定斯基、李西斯基（El Lissitzky）、盖博、佩夫斯纳等。这些人把西方现代艺术的种子带到俄国，后来又把俄国构成主义带到西欧，发挥了双向国际交流的作用。金兹堡早年在意大利留学，回国后再没有离开。20世纪30年代金氏的理论遭到猛烈批判，他本人以后再没有受到重用。他的著作《风格与时代》出版后也随之湮没，60年之后才有英译本在美国出现。

构成主义（constructivism）一词在中文中曾经译为"结构主义"，这里的"结构"与工程结构相通，而与哲学中的结构主义无关。有的学者认为constructivism本身有双关含义，在强调工程结构的意义与作用的场合，可译为"结构主义"；在强调一种特定的审美观和造型特色时可译成"构成主义"。

7.2.4　立体主义与建筑

毕加索于1907年画的一幅画《阿维尼翁少女》被认为是立体主义绘画的开端。立体主义绘画打破传统的形式和技法，把对象转变为各种几何形体（立方体、棱柱、角锥等）的组合。画家们各自摸索不同的门径，出现了所谓"分析立体主义""综合立体主义""装饰立体主义""曲线立体主义"等不同的名目，其共同之点是把几个不同视点获得的形象同时表现在一幅画上，显示出同时性、重叠性、透明性的效果。

立体主义艺术对建筑既有直接的近期的影响，又有间接的长远的影响。最明显的直接影响表现在第一次世界大战前法国和捷克的一些建筑师的作品中，他们曾经把立体主义绘画和雕塑中的若干形式直接用于建筑物的装饰之中。1912年法国立体主义雕塑家杜桑-维龙（Raymond Duchamp-Villon，1876—1918）为当年巴黎秋季沙龙设计一个建筑立面，他做了一个足尺模型，是在常见的建筑立面上加上方锥体、菱形、直线、斜线和斜面做成的装饰物。由于某种机缘，一次大战前的捷克有一些建筑师也喜欢在建筑造型中采用类似的形式。如建筑师J.Gočár设计的一座疗养院（1911—1912），建筑师J.Chochol设计的某公寓楼（1913），在外形中都用了许多带斜线、斜面、尖角、尖棱的凹凸块状饰物。他们声称，要在常见的水平和垂直两种板面的体系中增加倾斜的板面，以此增加新奇性。同一时期捷克的时新家具也带有各式各样的斜面和尖角。

图7-21　保尔·克利，《意大利城镇》（立体派绘画），1928年

用抽象的立体主义的饰物代替旧的装饰，往往同建筑物的实用功能和构造没有有机的联系，是另一种矫揉造作，它只在有限的范围内流行一阵，很快就消失了。

立体主义绘画与立体主义艺术的具体样式很快消失了，但立体主义艺术表达的美学新观念对20世纪20年代和以后的现代建筑却有长期的影响。立体主义绘画和雕塑把简单几何形体及其组合的审美价值揭示出来，引发和提高人们对它的审美兴趣，从而也使许多人能够接受甚而欣赏以简单几何形体的组合为造型特征的新建筑风格。勒·柯布西耶在一次大战前也画过立体主义的绘画。1918年他［其时他的名字是让纳亥（C.E.Jeanneret）］与画家奥占方（Amédée Ozenfant）联合发表《立体主义之后》的宣言，他们反对把立体主义当作琐屑的装饰而提倡净化的、机器式的“纯粹主义”。从勒·柯布西耶后来一个时期的建筑创作来看，这实际意味着将整个建筑物的造型立体主义化，而去除“多余”的“立体主义式”的装饰。建筑造型总体上的立体主义化是20世纪中期现代主义建筑风格的一个重要特征。

上面介绍了风格派、表现派、构成派和立体派等艺术-建筑流派的大概情形，还有几点需要说明：

（1）除了这几个流派之外，同一时期还出现和存在着其他多种流派，不过影响较小。

（2）不同流派之间并非界限明确、壁垒森严，相反，各流派之间在人员和思想主张上经常互相影响、互相渗透、互相转化，至于作品更是常常同时带有几种不同流派的特征，纯粹的、典型的东西总是很少的。

（3）一种流派常常有不同的名称，一个流派中的成员也会打出这样那样不同的旗号，因为各人有自己的侧重点，大同小异，就自己另起名号。

上面介绍的几种流派都是从当时美术和文学方面衍生出来的，它们的参加者没有也不可能提出和解决建筑发展所涉及的许多实际的和根本的问题。这类问题包括：建筑师如何面对和满足现代社会生产和生活中的各种复杂的新的功能要求，建筑设计如何同工业和科学技术的发展相结合，建筑师要不要和如何参与解决现代社会和城市提出的经济和社会课题，建筑师如何改进自己的工作方法，建筑教育如何改革，怎样创造时代的建筑风格，怎样处理继承与革新的关系问题等。

第一次世界大战刚刚结束的头几年，实际建筑任务很少，倾向革新的人士所做的工作带有很大的试验和畅想的成分。20世纪20年代后期西欧经济稍有复苏，实际建筑任务渐多，革新派建筑师一方面吸取上世纪末以来各种新建筑流派的一些观念、设想和设计手法，一方面真正面对战后实际建设中的条件和需要，在20世纪20年代后期陆续推出一些比较成熟的新颖的建筑作品，同时又提出了比较系统比较具体的改革建筑的思路和主张。20世纪最重要、影响最普遍也最深远的现代主义建筑逐步走向成熟，并且产生了自己的可识别的形式特征，形成了特定的建筑风格。

图7-22　立体派建筑，布拉格某别墅，1913年

图7-23　立体派家具，1912年

图7-24　带有立体派影响的海牙商店设计方案，1924年

第8章
格罗皮乌斯与包豪斯

第一次世界大战结束后的头几年，欧洲社会思想最动荡最活跃的地方，除了刚刚发生过十月社会主义革命的俄国之外，便是发动战争而以惨败告终的德国。激荡的社会思想容易引发建筑思想的激荡。俄国是一个经济落后的国家，缺少建筑变革的物质基础，激进的建筑思潮难以付诸实现，因此构成派建筑在俄国只是停留在纸面上，而且很快夭折了。德国则不同，它原是一个经济发达的工业化国家，科学文化在欧洲居领先地位，战后的经济困难是暂时的。尽管战争刚结束时通货膨胀极其严重，但是到了1923年，德国国民经济非但没有崩溃，反而开始好转。“在五六年时间里，经济领域发生了深刻变化。20世纪20年代末，重要经济部门，首先如化工厂、电力企业、机床厂都已现代化，可以说已东山再起，在世界市场上又具备了强大的竞争力……德国的出口额与战前相比提高了三分之一左右。城市的整顿与建设工作在荒废了近十年之后又开始了。旧城附近兴起一座座新城镇。”这样，20世纪20年代的德国激进的建筑家提出的改革主张由于社会思想的大动荡而得到社会上一部分人的接受和认同，又由于有德国经济实力的支撑而获得实践的机会。两方面条件的结合便使德国成了2世纪20年代世界建筑改革的中心。20世纪前半叶欧洲现代主义建筑的三位旗手和大师——格罗皮乌斯、勒·柯布西耶和密斯·凡·德·罗，三人之中有两名是德国人，这是当时的历史条件和机遇造成的。

下面我们要对这三位现代主义建筑的代表人物和著名旗手分别加以介绍，首先从格罗皮乌斯开始。

8.1 格罗皮乌斯早期的活动

格罗皮乌斯（Walter Gropius，1883—1969）出生于柏林，青年时期在柏林和慕尼黑高等学校学习建筑，1907—1910年在柏林著名建筑师贝伦斯的建筑事务所中工作。

1907年贝伦斯被聘为德国通用电气公司的设计顾问，从事工业产品和公司房屋的设计工作。这件事表明正在蓬勃发展的德国工业需要建筑师和各种设计人员同它结合，更好地为生产和市场经济服务。这就使旧的建筑思想和传统建筑风格受到了冲击。贝伦斯开始尝试新的建筑处理手法。1909年他设计了著名的透平机工厂。贝

图8-1　格罗皮乌斯，摄于20世纪50年代

伦斯的事务所在当时成了一个很先进的设计机构。勒·柯布西耶和密斯·凡·德·罗在差不多同一时期也在那里工作过。这些年轻建筑师在那里接受了许多新的建筑观点，对于他们后来的建筑方向产生了重要影响。格罗皮乌斯后来说："贝伦斯第一个引导我系统地合乎逻辑地综合处理建筑问题。在我积极参加贝伦斯的重要工作任务中，在同他以及德国制造联盟的主要成员的讨论中，我变得坚信这样一种看法：在建筑表现中不能抹杀现代建筑技术，建筑表现要应用前所未有的形象。"

1911年，格罗皮乌斯与梅耶尔合作设计了法格斯工厂（见6.10节）。在这个著名设计中我们看到了：非对称的构图；简洁整齐的墙面；没有挑檐的平屋顶；大面积的玻璃墙；取消柱子的建筑转角。这些处理手法和钢筋混凝土结构的性能一致，符合玻璃和金属的特性，也适合实用性建筑的功能需要，同时又产生了一种新的建筑形式美。这些建筑处理并不是格罗皮乌斯第一次创造的。19世纪中叶以后，许多新型建筑中已采用过其中的一些手法，但在过去，它们大都是出于工程师和铁工场工匠之手，而格罗皮乌斯则是从建筑师的角度，把这些处理手法提高为后来建筑设计中常用的新的建筑语汇。从这个意义上说，法格斯工厂是格罗皮乌斯早期的一个重要成就，也是第一次世界大战前最先进的一座工业建筑。

1914年，格罗皮乌斯在设计德国制造联盟科隆展览会的办公楼时，又采用了大面积的完全透明的玻璃外墙。

这个时期，格罗皮乌斯已经比较明确地提出要突破旧传统，创造新建筑的主张。1910年，格罗皮乌斯从美国的建造方法中得到启发，提出了改进住宅建设的建议。他说："在各种住宅中，重复使用相同的部件，就能进行大规模生产，降低造价，提高出租率"；他认为在住宅中差不多所有的构件和部件都可以在工厂中制造，"手工操作愈减少，工业化的好处就愈多"。格罗皮乌斯是建筑师中最早主张走建筑工业化道路的人之一。1913年，他在《论现代工业建筑的发展》的文章中谈到整个建筑的方向问题："现代建筑面临的课题是从内部解决问题，不要做表面文章。建筑不仅仅是一个外壳，而应该有经过艺术考虑的内在结构，不要事后的门面粉饰……建筑师的脑力劳动的贡献表现在井然有序的平面布置和具有良好比例的体量，而不在于多余的装饰。洛可可和文艺复兴的建筑样式完全不适合现代世界对功能的严格要求和尽量节省材料、金钱、劳动力和时间的需要。搬用那些样式只会把本来很庄重的结构变成无聊情感的陈词滥调。新时代要有它自己的表现方式。现代建筑师一定能创造出自己的美学章法。通过精确的不含糊的形式，清新的对比，各种部件之间的秩序，形体和色彩的匀称与统一来创造自己的美学章法。这是社会的力量与经济所需要的"。格罗皮乌斯的这种建筑观点反映了工业化以后的社会对建筑提出的现实要求。

8.2 包豪斯及其校舍

8.2.1 包豪斯

1919年，第一次世界大战刚刚结束，格罗皮乌斯在德国魏玛筹建国立魏玛建筑学校（Das Staatlich Bauhaus，Weimar）。这是由原来的一所工艺学校和一所艺术学校合并而成的培养新型设计人才的学校，简称包豪斯（Bauhaus）。

格罗皮乌斯早就认为，"必须形成一个新的设计学派来影响本国的工业界，否则一个建筑师就不能实现他的理想"。格罗皮乌斯担任包豪斯的校长后，按照自己的观点实行了一套新的教学方法。这所学校设有纺织、陶瓷、金工、玻璃、雕塑、印刷等学科。学生进校后先学半年初步课程，然后一面学习理论课，一面在车间中学习手工艺，3年以后考试合格的学生取得"匠师"资格，其中一部分人可以再进入研究部学习建筑。所以包豪斯主要是一所工艺美术学校。

在格罗皮乌斯的指导下，这个学校在设计教学中贯彻一套新的方针、方法，它有以下一些特点：第一，在设计中强调自由创造，反对模仿因袭、墨守成规；第二，将手工艺同机器生产结合起来。格罗皮乌斯认为新的工艺美术家既要掌握手工艺，又要了解现代工业生产的特点，用手工艺的技巧创作高质量的产品设计，供给工厂大规模生产；第三，强调各门艺术之间的交流融合，提倡工艺美术和建筑设计向当时已经兴起的抽象派绘画和雕塑艺术学习；第四，培养学生既有动手能力又有理论素养；第五，把学

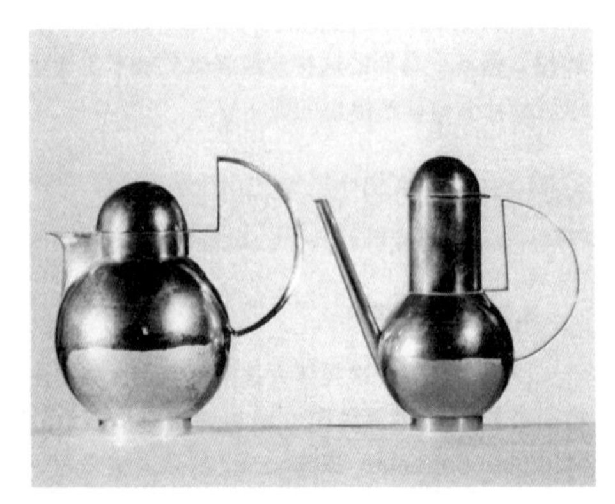
图8-2 包豪斯设计的产品

校教育同社会生产挂上钩，包豪斯的师生所做的工艺设计常常交给厂商投入实际生产。由于这些做法，包豪斯打破了学院式教育的框框，使设计教学同生产的发展紧密联系起来，这是它比旧式学校高明的地方。

但是更加引人注意的是20世纪20年代包豪斯所体现的艺术方向和艺术风格。20世纪初期，西欧美术界中产生了许多新的潮流如表现主义、立体主义、超现实主义等等。战后时期，欧洲社会处于剧烈的动荡之中，艺术界的新思潮、新流派层出不穷，此起彼伏。在格罗皮乌斯的主持下，一些最激进的流派的青年画家和雕塑家到包豪斯担任教师，其中有康定斯基、保尔·克利（Paul Klee）、费林格（Lyonel Feininger）、莫何里-纳吉（Lazslo Moholy-Nagy）等人，他们把最新奇的抽象艺术带到包豪斯。一时之间，这所学校成了20世纪20年代欧洲最激进的艺术流派的据点之一。

表现主义、立体主义、超现实主义之类的抽象艺术，在形式构图上所做的试验对于建筑和工艺美术来说具有启发作用。正如印象主义画家在色彩和光线方面所取得的新经验丰富了绘画的表现方法一样，立体主义和构成主义的雕塑家在几何形体的构图方面所做的尝试对于建筑和实用工艺品的设计是有参考意义的。

在抽象艺术的影响下，包豪斯的教师和学生在设计实用美术品和建筑的时候，摒弃附加的装饰，注重发挥结构本身的形式美，讲求材料自身的质地和色彩的搭配效果，发展了灵活多样的非对称的构图手法。这些努力对于现代建筑的发展起了有益的作用。

实际的工艺训练，灵活的构图能力，再加上同工业生产的联系，这三者的结合在包豪斯产生了一种新的工艺美术风格和建筑风格。其主要特点是：注重满足实用要求；发挥新材料和新结构的技术性能和美学性能；造型整齐简洁，构图灵活多样。

包豪斯的工艺美术风格可以从布劳耶（Marcel Breuer，1902—1981）的家具设计中看到。布劳耶是包豪斯的毕业生，1924年留校当教员。他在包豪斯所做的绘画带有形式主义的倾向，但在实用的家具设计方面却是很有成效的。1925年布劳耶第一次设计了用钢管代替木料的椅子，设计方案带有明显的构成主义的痕迹。这个设计交给了工厂，经过改进，制出了简洁、美观而实用的钢管家具。

包豪斯的建筑风格主要表现在格罗皮乌斯这一时期设计的建筑中。1920年前后，格罗皮乌斯设计并实现的建筑物有耶拿市立剧场（City Theater，Jena，1923，与A.梅耶尔合作）、德骚市就业办事处（1927）等，最大的一座也是最有代表性的是包豪斯新校舍。

8.2.2 包豪斯校舍

1925年，包豪斯从魏玛迁到德骚市，格罗皮乌斯为它设计了一座新校舍，1925

年秋动工，次年年底落成。包豪斯校舍包括教室、车间、办公室、礼堂、饭厅和高年级学生的宿舍。德骚市另外一所规模不大的职业学校也同包豪斯坐落在一起。

校舍的建筑面积接近1万平方米，是一个由许多功能不同的部分组成的中型公共建筑。格罗皮乌斯按照各部分的功能性质，把整座建筑大体上分为三个部分。第一部分是包豪斯的教学用房，主要是各科的工艺车间，采用四层的钢筋混凝土框架结构，面临主要街道。第二部分是包豪斯的生活用房，包括学生宿舍、饭厅、礼堂及厨房锅炉房等。格罗皮乌斯把学生宿舍放在一个六层的小楼里面，位置是在教学楼的后面，宿舍和教学楼之间是单层饭厅及礼堂。第三部分是职业学校，它是一个四层的小楼，同包豪斯教学楼相距约二十多米，中间隔一条道路，两楼之间有过街楼相连。两层的过街楼中是办公室和教员室。除了包豪斯教学楼是框架结构之外，其余都是砖与钢筋混凝土混合结构，一律采用平屋顶，外墙面用白色抹灰。

包豪斯校舍的建筑设计有以下一些特点：

1. 把建筑物的实用功能作为建筑设计的出发点。

学院派的建筑设计方法通常是先决定建筑的总的外观形体，然后把建筑的各个部分安排到这个形体里面去。在这个过程中也会对总的形体作若干调整，但基本程序还是由外而内。格罗皮乌斯把这种程序倒了过来，他把整个校舍按功能的不同分成几个部分，按照各部分的功能需要和相互关系定出它们的位置，决定其形体。包豪斯的工艺车间，需要宽大的空间和充足的光线，格罗皮乌斯把它放在临街的突出位置上，采用框架结构和大片玻璃墙面。学生宿舍则采用多层居住建筑的结构和建筑形式，面临运动场。饭厅和礼堂既要接近教学部分，又要接近宿舍，就正好放在两者之间，而且饭厅和礼堂本身既分割又连通，需要时可以合成一个空间。包豪斯的主要入口没有正面对着街道，而是布置在教学楼、礼堂和办公部分的接合点上。职业学校另有自己的入口，同包豪斯的入口相对而立，这两个入口正好在进入校区的通路的两边。这种布置对于外部和内部的交通联系都是比较便利的。格罗皮乌斯在决定建筑方案时当然有建筑艺术上的预想，不过他还是把对功能的分析作为建筑设计的主要基础，体现了由内而外的设计思想和设计方法。

2. 采用灵活的不规则的构图手法。

不规则的建筑构图历来就有，但过去很少用于公共建筑之中。格罗皮乌斯在包豪斯校舍中灵活地运用不规则的构图，提高了这种构图手法的地位。

包豪斯校舍是一个不对称的建筑，它的各个部分大小、高低、形式和方向各不相同。它有多条轴线，但没有一条特别突出的中轴线。它有多个入口，最重要的入口不是一个而是两个。它的各个立面都很重要，各有特色。建筑体量也是这样。总之，它是一个多方向、多体量、多轴线、多入口的建筑物，这在以往的公共建筑中

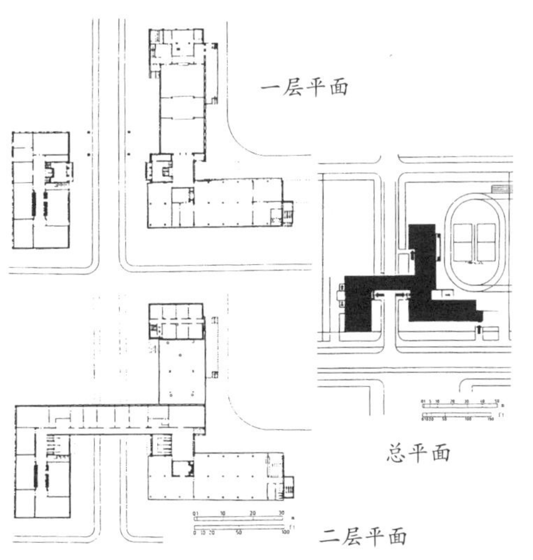

图8-3　格罗皮乌斯，包豪斯校舍平面，1924年

图8-4　包豪斯全景之一

图8-5　包豪斯全景之二

图8-6　大楼阳台

图8-7　教学车间

图8-8　教学车间墙面

图8-9　学生宿舍

图8-10　走廊

是很少有的。包豪斯校舍给人印象最深的不在于它的某一个正立面，而是它那纵横错落、变化丰富的总体效果。

格罗皮乌斯在包豪斯校舍的建筑构图中充分运用对比的效果。这里有高与低的对比、长与短的对比、纵向与横向的对比等，特别突出的是发挥玻璃墙面与实墙面的不同视觉效果，造成虚与实、透明与不透明、轻薄与厚重的对比。不规则的布局加上强烈的对比手法造成了生动活泼的建筑形象。

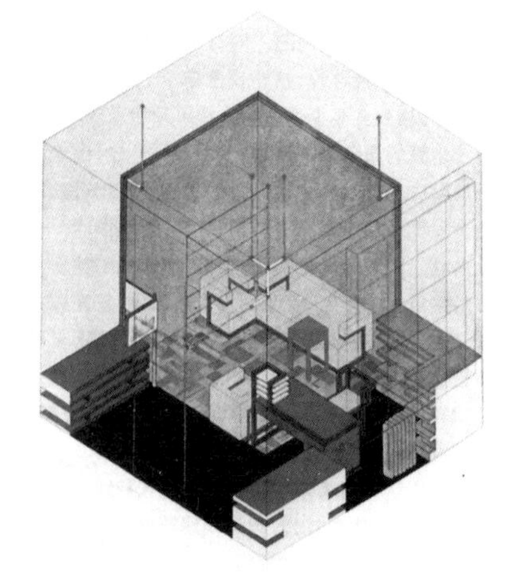

图8-11　格罗皮乌斯办公室设计图

3. 按照现代建筑材料和结构的特点，运用建筑本身的要素取得建筑艺术效果。

包豪斯校舍部分采用钢筋混凝土框架结构，部分采用砖墙承重结构，屋顶是钢筋混凝土平顶，用内落水管排水。外墙面用水泥抹灰，窗户为双层钢窗。包豪斯的建筑形式和细部处理紧密结合所用的材料、结构和构造做法，由于采用钢筋混凝土平屋顶和内落水管，使传统建筑的复杂檐口失去了存在的意义，所以包豪斯校舍完全没有挑檐，只在外墙顶边做出一道深色的窄边作为结束。

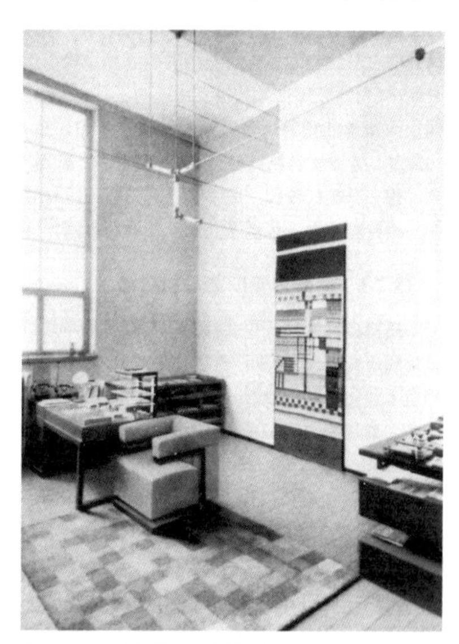

图8-12　格罗皮乌斯办公室

在框架结构中，墙体不再承重，即使在混合结构中，因为采用钢筋混凝土的楼板和过梁，墙面开孔也比过去自由得多。因此可以按照内部不同房间的需要，布置不同形状的窗子。包豪斯的车间部分有高达三层的大片玻璃外墙，还有些地方是连续的横向长窗，宿舍部分是整齐的门连窗。这种比较自由而多样的窗子布置来源于现代材料和结构的特点。

包豪斯校舍没有雕塑，没有柱廊，没有装饰性的花纹线脚，它几乎把任何附加的装饰都排除了。同传统的公共建筑相比，它是非常朴素的，然而它的建筑形式却富有变化。除了前面提到的那些构图手法所起的作用之外，还在于设计者细心地利用了房屋的各种要素本身的造型美。外墙上虽然没有壁柱、雕刻和装饰线脚，但是把窗格、雨罩、挑台栏杆、大片玻璃墙面和抹灰墙等恰当地组织起来，就取得了简洁清新富有动态的构图效果。在室内也是尽量利用楼梯、灯具、五金等实用部件本身的形体和材料本身的色彩和质感取得装饰效果。

当时包豪斯校舍的建造经费比较困难，在这样的经济条件下，这座建筑物比较周到地解决了实用功能问题，同时又创造了清新活泼的建筑形象。应该说，这座校舍是一个很成功的建筑作品。格罗皮乌斯通过这个建筑实例证明，摆脱传统建筑的条条框框以后，建筑师可以自由灵活地解决现代社会生活提出的功能要求，可以进一步发挥新建筑材料和新型结构的优越性能，在此基础上同时还能创造出一种前所未见的清新活泼的建筑艺术形象。包豪斯校舍还表明，把实用功能、材料、结构和建筑艺术紧密地结合起来，可以降低造价，节省建筑投资。与学院派建筑师的做法相比较，这是一条多、快、好、省的建筑设计路线，符合现代社会大量建造实用性房屋的需要。

有人认为包豪斯校舍标志着现代建筑的新纪元，这个说法未免过誉，但这座建筑确实是现代建筑史上的一个重要里程碑。

包豪斯的活动及它所提倡的设计思想和风格引起了广泛的注意。新派的艺术家和建筑师认为它是进步的甚至是革命的艺术潮流的中心，保守派则把它看作异端。当时德国的右派势力攻击包豪斯，说它是俄国布尔什维克渗透的工具。随着德国法西斯党的得势，包豪斯的处境愈来愈困难。1928年，格罗皮乌斯离开包豪斯。1930年，密斯·凡·德·罗接任校长，把学校迁到柏林。1933年初，希特勒上台，包豪斯在这一年被关闭。

8.2.3 离开包豪斯之后的活动

格罗皮乌斯离开包豪斯后，在柏林从事建筑设计和研究工作，特别注意居住建筑、城市建设和建筑工业化问题。1928—1934年期间，他设计的一些公寓建筑得到实现。其中有丹默·斯托克居住区（Dammer Stock Housing，1927—1928）和柏林西门子住宅区（Berlin-Siemens Stadt Housing，1929）。它们大都是三至五层的混合结构的单元式公寓住宅。在群体布置上，这些住宅楼基本上按着好的朝向采取行列式的布局。在建筑和街道的关系上，有意地打破甬道式沿街的布置方式。在个体设计上，经济地利用建筑面积和空间，外墙用白色抹灰，外形简朴整洁。以今天的眼光看来，仍不失为优秀的城市住宅设计。

这一时期，格罗皮乌斯又研究了在大城市中建造高层住宅的问题。1930年他在布鲁塞尔召开的现代建筑国际会议（CIAM）第三次会议上提出的报告中主张在大城市中建造10—12层的高层住宅，他认为"高层住宅的空气阳光最好，建筑物之间距离拉大，可以有大块绿地供孩子们嬉戏""应该利用我们拥有的技术手段，使城市和乡村这对立的两极互相接近起来"。他做过一些高层住宅的设计方案。但在德国当时的条件下，没有能够实现。

格罗皮乌斯在这时期还热心地试验用工业化方法建造预制装配式住宅。在1927

年德国制造联盟举办的斯图加特住宅展览会上，他设计了一座两层的装配式独立住宅，外墙是贴有软木隔热层的石棉水泥板，挂在轻钢骨架上。1931年，他为一家工厂做了单层装配式住宅试验（Hirsch Kupfer-und Messing-Werke AG.Finow）。墙板外表面用铜片，内表面用石棉水泥板，中间有木龙骨和铝箔隔热层。虽然自重较轻，装配程度较高，但所用材料太昂贵，无法推广。

1933年希特勒上台以后，德国变成了法西斯国家。1934年，格罗皮乌斯离开德国到了英国。他在伦敦同英国建筑师马克斯威尔·福莱（Maxwell Fry）合作设计过一些中小型建筑，比较著名的有英平顿地方的乡村学院（Village College，Impington，1936）。1937年格罗皮乌斯54岁的时候受美国哈佛大学之聘到该校设计研究院任教授，次年担任建筑学系主任，从此长期居留美国。

格罗皮乌斯到美国以后，主要从事建筑教育活动。在建筑实践方面，他先是同包豪斯时代的学生布劳耶合作，设计了几座小住宅，比较有代表性的是格罗皮乌斯的自用住宅（Gropius Residence，Lincoln Mass，1937）。1946年格罗皮乌斯同一些青年建筑师合作创立名为“协和建筑师事务所”（The Architect’s Collaborative，TAC）的设计机构，他后来的建筑设计几乎都是在这个集体中合作产生的。

1949年，格罗皮乌斯同协和建筑师事务所的同人合作设计的哈佛大学研究生中心（Harvard Graduate Center，Cambridge，Mass）是他后期一个较重要的建筑作品。

从20世纪30年代起，格罗皮乌斯已经成为世界上最著名的建筑师之一，公认的新建筑运动的奠基者和领导人之一，各国许多大学和学术机构纷纷授予他学位和荣誉称号。1953年，格罗皮乌斯70岁之际，美国艺术与科学院专门召开了“格罗皮乌斯讨论会”，格罗皮乌斯的声誉达到了最高点。

8.3 格罗皮乌斯的建筑观点

第一次世界大战之前，格罗皮乌斯开始提出自己的建筑观点，以后陆续发表了不少关于建筑理论和建筑教育的言论。他的建筑思想从20世纪20年代到50年代在各国建筑师中产生过广泛的影响。

格罗皮乌斯很早就提出建筑要随着时代向前发展，必须创造这个时代的新建筑的主张。他说：“我们处在一个生活大变动的时期。旧社会在机器的冲击之下破碎了，新社会正在形成之中。在我们的设计工作中，重要的是不断地发展，随着生活的变化而改变表现方式，决不应是形式地追求‘风格特征’。”在新的社会条件下，格罗皮乌斯特别强调现代工业的发展对建筑的影响。他在1952年写的《工业化社会中的建筑师》的论文中写道：“在一个逐渐发展的过程中，旧的手工建造房屋的过程正在转变为把工厂制造的工业化的建筑部件运到工地加以装配的过程。”他反驳那些反对建筑工业化的人："我们没有别的选择，只能接受机器在所有生产领域中的挑战，直到人们充分利用机器来为自己的生理需要服务"。事实上，早在1910年，格罗皮乌斯就提出过建议，主张建立用工业化方法供应住房的机构。他指出用相同的材料和工厂预制构件可以建造多种多样的住宅，既经济质量又好。由于种种条件，用工业化方法大规模地建造住宅到第二次世界大战后才得以实现。但这正好证明了格罗皮乌斯的远见，他在近半个世纪以前就指出了建筑发展的这一趋势。

为了创造符合现代社会要求的新建筑，格罗皮乌斯像19世纪末叶以来一些革新派建筑师那样，坚决地同建筑界的复古主义思潮论战。他说："我们不能再无尽无休地复古了。建筑不前进就会死亡。它的新生命来自过去两代人的时间中社会和技术领域中出现的巨大变革……建筑没有终极，只有不断的变革"。格罗皮乌斯讥讽建筑中的复古主义者"把建筑艺术同实用考古学混为一谈"。他进一步指出："历史表明，美的观念随着思想和技术的进步而改变。谁要是以为自己发现了'永恒的美'，他就一定会陷于模仿和停滞不前。真正的传统是不断前进的产物，它的本质是运动的，不是静止的，传统应该推动人们不断前进"。格罗皮乌斯明确提出："现代建筑不是老树上的分枝，而是从根上长出来的新株"。这些铿锵的语言表达了格罗皮乌斯对于眼光向后的保守主义者的有力批判，也表现出他作为20世纪新建筑运动思想领袖的气概。在同建筑师中的保守派进行斗争时，格罗皮乌斯的态度是非常坚决和明确的。

在建筑设计原则和方法上，格罗皮乌斯在20世纪20年代和20世纪30年代比较明显地把功能因素和经济因素放在最重要的位置上，这在他20世纪20年代设计的建筑物和建筑研究中表现得相当清楚，在当时的言论中也表达过这种观点。1926年他在《艺术家与技术师在何处相会》中写道："物体是由它的性质决定的，如果它的形象很适合于它的工作，它的本质就能被人看得清楚明确。一件东西必须在各方面都同它的目的性相配合，就是说，在实际上能完成它的功能，是可用的，可信赖的，并且是便宜的""艺术的作品永远同时又是一个技术上的成功"。1934年，格罗皮乌斯在回顾他设计的两座建筑物时说："在1912—1914年间，我设计了我最早的两座重要建筑：阿尔弗来德的法格斯工厂和科隆博览会的办公楼，两者都清楚地表明重点放在功能上面，这正是新建筑的特点"。

不过格罗皮乌斯到了后来似乎不愿意承认他有过这样的观点和做法。1937年，他到美国当教授，就公开声明说："我的观点时常被说成是合理化和机械化的顶峰，这是对我的工作的错误的描绘。"1953年在庆祝70岁生日时，他说人们给他贴了许多标签：像"包豪斯风格""国际式""功能风格"等，都是不正确的，把他的意思曲解了。

格罗皮乌斯辩解说，他并不是只重视物质的需要而不顾精神的需要，相反，他从来没有忽视建筑要满足人的精神上的要求。“许多人把合理化的主张（idea of rationalisation）看成是新建筑的突出特点，其实它仅仅起到净化的作用。事情的另一面，即人们灵魂上的满足，是和物质的满足同样重要的。”

在1952年格罗皮乌斯曾说：“我认为建筑作为艺术起源于人类存在的心理方面而超乎构造和经济之外，它发源于人类存在的心理方面。对于充分文明的生活说来，人类心灵上美的满足比起解决物质上的舒适要求是同等的甚至是更加重要的”。

并非人们误解了格罗皮乌斯。事实上他到美国之后，把自己理论上的着重点作了改变。这是因为美国不同于欧洲，第二次世界大战以后的建筑潮流也和第一次大战前后很不相同。究竟哪种看法是格罗皮乌斯的真意呢？都是，一个人的观点总是带着时代和环境的烙印。从根本上来说，作为一个建筑师，格罗皮乌斯从不轻视建筑的艺术性。他之所以在1910年到20世纪20年代末之间比较强调功能、技术和经济因素，主要是德国工业发展的需要，以及战后时期经济条件的需要。

无论如何，从1910年到20世纪20年代末，格罗皮乌斯促进了建筑设计原则和方法的革新，同时创造了一些很有表现力的新的建筑手法和建筑语汇。

格罗皮乌斯在“包豪斯”时期和到美国以后有不少关于建筑教育原理和建筑艺术本质的论述，提出了一些独到的看法。例如，在培养建筑师的方案设计能力上，他强调要鼓励和启发学生的想象力，极力推崇自发的主观随意性。他主张“从托儿所和幼儿园就开始训练，让孩子自由地随意地拼搭涂抹以刺激想象力”。在学校里，“学生的画和模型一定不要加以改正，因为他的想象力很容易被成年人糟蹋掉”。他说学习设计最要紧的是保持一种“没有被理性知识的积累所影响的新鲜心灵”。他引用阿奎那（Thomas Aquinas）的话：“我要把灵魂掏空，好让上帝进来”，接着说：“这种没有成见的空虚是创造性想法所需要的心理状态”，所以“设计教师一开始的任务就是把学生从知识的包袱下解脱出来，要鼓励他信任自己下意识的反应，恢复孩提时代没有成见的接受能力”。

格罗皮乌斯在推动现代建筑的发展方面起了非常积极的作用，他是现代建筑史上一位十分重要的革新家。

第9章
勒·柯布西耶——第二次世界大战以前

图9-1 勒·柯布西耶，摄于1950年

勒·柯布西耶（Le Corbusier，1887—1965）是现代建筑运动的激进分子和主将，也是20世纪最重要的建筑师之一。从20世纪20年代开始直到去世为止，他不断以新奇的建筑观点和建筑作品以及大量未实现的设计方案使世人感到惊奇。勒·柯布西耶是现代建筑师中的一位狂飙式人物。

勒·柯布西耶1887年出生于瑞士，父母是制表业者。少年时在故乡的钟表技术学校学习，后来从事建筑工作。1908年他到巴黎，在著名建筑师贝瑞的事务所工作过，又到柏林德国著名建筑师贝伦斯处工作过。贝瑞因较早运用钢筋混凝土而著名，贝伦斯以设计新颖的工业建筑而著名，他们对勒·柯布西耶后来的建筑方向产生了重要的影响。第一次世界大战爆发前，勒·柯布西耶曾在地中海一带周游参观古代建筑遗迹和地方民间建筑。战争来临，建筑活动停顿，勒·柯布西耶从事绘画和雕塑，直接参加到当时正在兴起的立体主义的艺术潮流中。勒·柯布西耶没有受过正规的学院派建筑的教育，相反从一开始他就受到当时建筑界和美术界的新思潮的影响，这就决定了他从一开始就走上了新建筑的道路。

1917年勒·柯布西耶移居巴黎。1920年他与新派画家和诗人合编名为《新精神》（L' Esprit Nouveau）的综合性杂志。杂志的第一期上写着“一个新的时代开始了，它根植于一种新的精神：有明确目标的一种建设性和综合性的新精神”。勒·柯布西耶等人在这个刊物上连续发表了一些鼓吹新的建筑的短文。1923年，勒·柯布西耶把文章汇集出版，书名为《走向新建筑》（Vers une Architecture）。

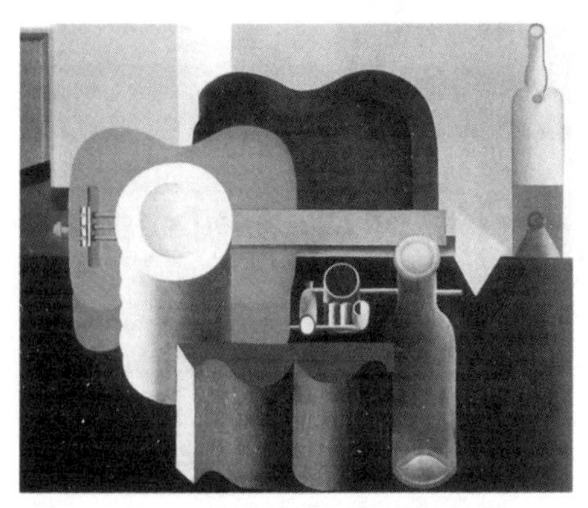

图9-2　勒·柯布西耶，油画《静物》，1920年

图9-3　《新精神》杂志封面，1920年

9.1　《走向新建筑》

《走向新建筑》是一本宣言式的小册子，里面充满了激奋的甚至是狂热的言语，观点也很芜杂，甚至互相矛盾，但是中心思想是明确的，就是激烈否定19世纪以来的因循守旧的建筑观点和复古主义、折衷主义的建筑风格，激烈主张创造表现新时代的新建筑。

书中用许多篇幅歌颂现代工业的成就。勒·柯布西耶说："出现了大量由新精神所孕育的产品，特别在工业生产中能遇到它"，他举出轮船、汽车和飞机，就是表现了新的时代精神的产品。勒·柯布西耶说："飞机是精选的产品，飞机的启示是提出问题和解决问题的逻辑性。"他认为"这些机器产品有自己的经过试验而确立的标准，它们不受习惯势力和旧样式的束缚，一切都建立在合理地分析问题和解决问题的基础之上，因而是经济和有效的""机器本身包含着促使选择它的经济因素"。从这些机器产品中可以看到"我们的时代正在每天决定自己的样式"。他因此也非常称颂工程师的工作方法："工程师受经济法则推动，受数学公式指导，他使我们与自然法则一致，达到了和谐"。勒·柯布西耶拿建筑同这些事物相比，认为房屋也存在着自己的"标准"，但是"房屋的问题还未被提出来"。他说，"建筑艺术被习惯势力所束缚"，传统的"建筑样式是虚构的""工程师的美学正在发展着，而建筑艺术正处于倒退的困难之中”。

出路何在呢？出路在于来一个建筑的革命。勒·柯布西耶说：“但是，在近五十年中，钢铁和混凝土已占统治地位，这是结构有更大能力的标志。对建筑艺术来说，老的典范已被推翻，如果要向过去挑战，我们应该认识到历史上的样式对我们来说已不复存在，一个属于我们自己时代的样式已经兴起，这就是革命。”

勒·柯布西耶在这本书中给住宅下了一个新的定义：“住房是居住的机器”。他说：“如果从我们头脑中清除所有关于房屋的固有概念，而用批判的、客观的观点来观察问题，我们就会得到‘房屋机器——大规模生产的房屋’的概念。”

勒·柯布西耶极力鼓吹用工业化的方法大规模建造房屋：“工业像洪水一样使我们不可抗拒”“我们的思想和行动不可避免地受经济法则所支配。住宅问题是时代的问题。今天社会的均衡依赖着它。在这更新的时代，建筑的首要任务是促进降低造价，减少房屋的组成构件”“规模宏大的工业必须从事建筑活动，在大规模生产的基础上制造房屋的构件”。

在建筑设计方法问题上，勒·柯布西耶提出：“现代生活要求并等待着房屋和城市有一种新的平面”，而“平面是由内到外开始的，外部是内部的结果”。在建筑形式方面，他赞美简单的几何形体：“原始的形体是美的形体，因为它使我们能清晰地辨识”。在这一点上，他也赞美工程师，他认为“按公式工作的工程师使用几何形体，用几何学来满足我们的眼睛，用数学来满足我们的理智，他们的工作简直就是良好的艺术”。他讥笑“今天的建筑师惧怕几何形的面”“今天的建筑师不再创造那种简单的形体了”等。

勒·柯布西耶同时又强调建筑的艺术性，强调一个建筑师不是一个工程师而是一个艺术家。他在书中写道：“建筑艺术超出实用的需要，建筑艺术是造型的东西”。他并且说建筑的“轮廓不受任何约束”“轮廓线是纯粹精神的创造，它需要有造型艺术家”“建筑师用形式的排列组合，实现了一个纯粹是他精神创造的程式”。

这些是勒·柯布西耶在书中表述的主要建筑观点。从这里我们看到他大声疾呼要创造新时代的新建筑，主张建筑走工业化的道路，他甚至把住房比做机器，并且要求建筑师向工程师的理性学习。但同时，他又把建筑看作纯粹精神的创造，一再说明建筑师是一种造型艺术家，他并且把当时艺术界中正在兴起的立体主义流派的观点移植到建筑中来。勒·柯布西耶的这些观点表明他既是理性主义者，同时又是浪漫主义者。这种两重性也表现在他的建筑活动和建筑作品之中。总的看来，他在前期表现出更多的理性主义，后期表现出更多的浪漫主义。

9.2　20世纪20—30年代的代表作品

9.2.1　萨伏伊别墅

像大多数外国现代建筑师一样，勒·柯布西耶做的最多的是小住宅设计。他的许多建筑主张也最早在小住宅中表现出来。

1914年他在拟制的一处住宅区设计（Les Maisons Domino）中，用一个图解（图9-4）说明，现代住宅的基本结构是用钢筋混凝土的柱子和楼板组成的骨架，在这个骨架之中，可以灵活地布置墙壁和门窗，因为墙壁已经不再承重了。1926年，勒·柯布西耶就自己的住宅设计提出了“新建筑的五个特点”：

（1）底层的独立支柱——房屋的主要使用部分放在二层以上，下面全部或部分腾空，留出独立的支柱；

（2）屋顶花园；

（3）自由的平面；

（4）横向长窗；

（5）自由的立面。

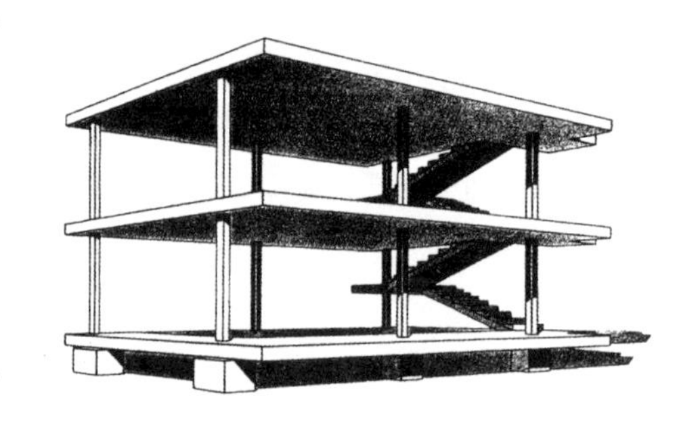

图9-4　勒·柯布西耶，一种住宅的基本构架，1914年

这些都是由于采用框架结构，墙体不再承重以后产生的建筑特点。勒·柯布西耶充分发挥这些特点，在20世纪20年代设计了一些同传统的建筑完全异趣的住宅建筑，萨伏伊别墅（Villa Savoye，Poissy，1928—1930）是一个著名的代表作。

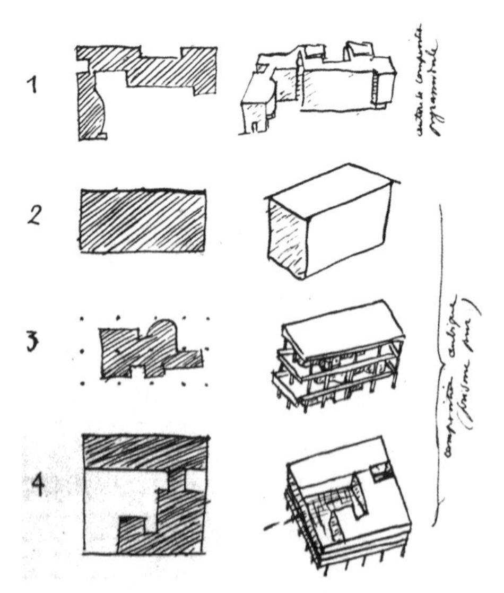

图9-5　勒·柯布西耶的“新建筑的五个特点”的体现（1—罗歇别墅 2—斯坦因别墅 3—拜索别墅 4—萨伏伊别墅）

这是位于巴黎附近的一栋相当阔绰的别墅，建在4.86公顷大的一块地产的中心。房子平面约为22.50米×20米的一个方块，采用钢筋混凝土结构。底层三面有独立的柱子，中心部分有门厅、车库、楼梯和坡道，以及仆役房间。二层有客厅、餐厅、厨房、卧室和院子。三层有主人卧室及屋顶晒台。勒·柯布西耶所说的五个特点在这个别墅中都用上了，但更大的特点是表现了他的美学观念。勒·柯布西耶实际上是把这所别墅当作一个立体主义的雕塑。它的各种形体都采用简单的几何形体，柱

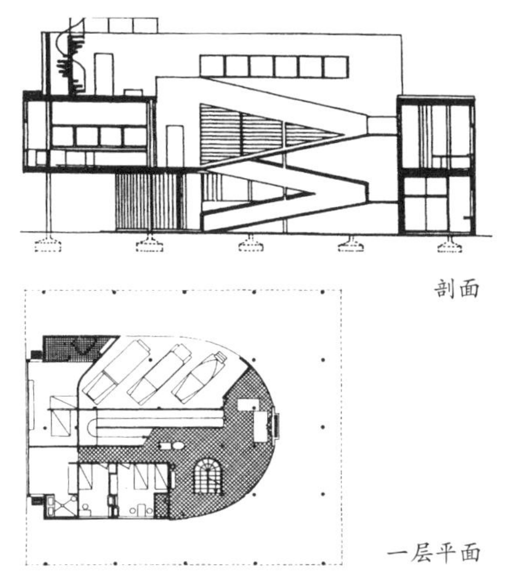

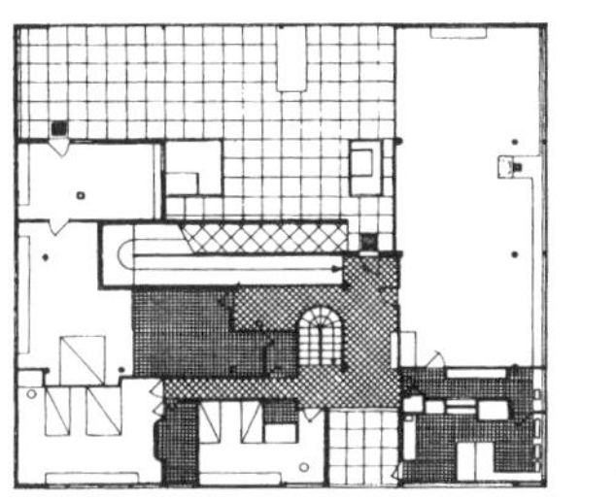

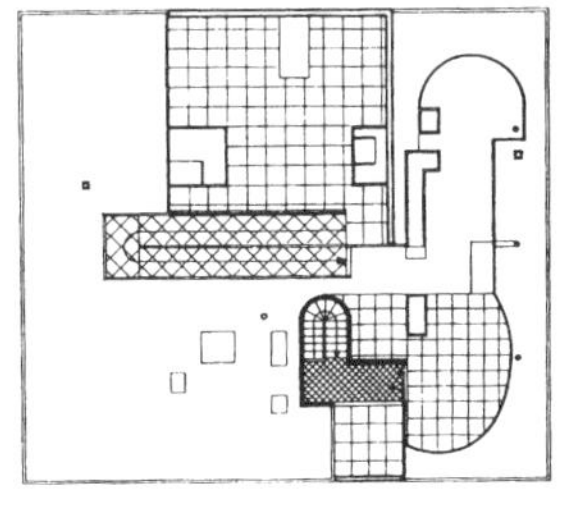

图9-6　萨伏伊别墅平、剖面

图9-7　萨伏伊别墅外观之一

图9-9　萨伏伊别墅屋顶层

图9-10　萨伏伊别墅室内一角

图9-8　萨伏伊别墅外观之二

图9-11　萨伏伊别墅屋顶层院子

图9-13　萨伏伊别墅的卫生间

图9-12　勒・柯布西耶绘制的萨伏伊别墅屋顶层院子效果图

图9-14　勒・柯布西耶，“雪铁龙”住宅设计，1922年

图9-15　勒・柯布西耶，某住宅设计

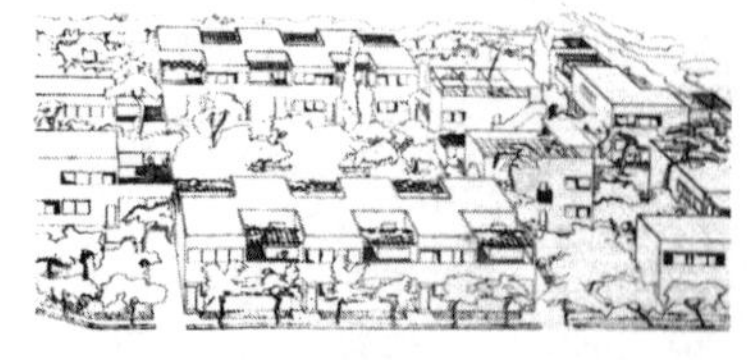

图9-16　勒・柯布西耶，某住宅区设计，1924年

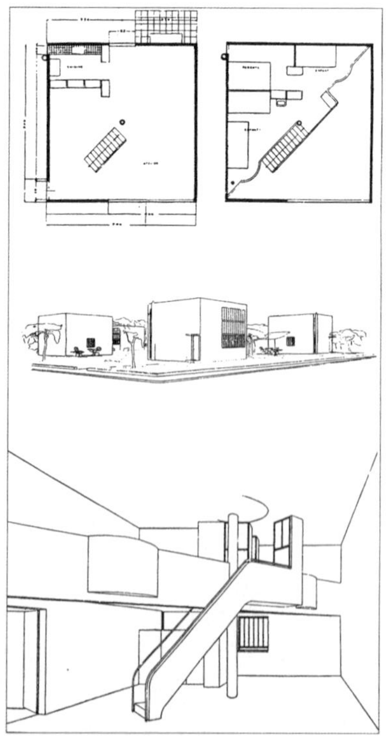

图9-17　勒・柯布西耶，某小住宅设计

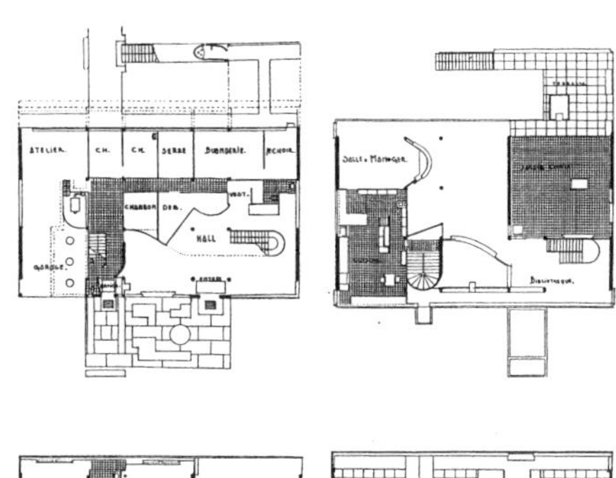

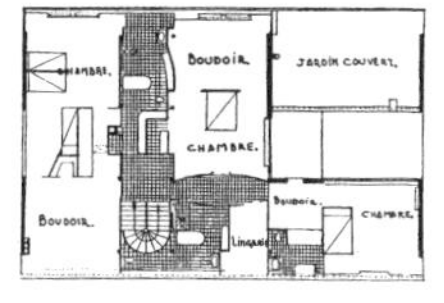

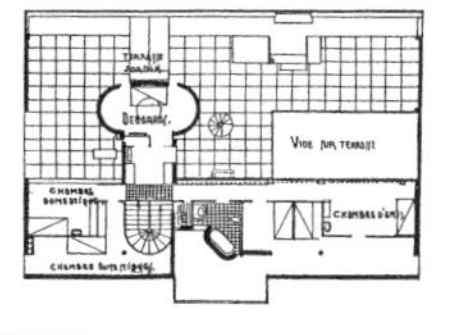

图9-18 斯坦因别墅平面

图9-19 勒·柯布西耶，斯坦因别墅（Villa Stein），1926—1928年

子就是一根根细长的圆柱体，墙面粉刷成光面，窗子也是简单的长方形。建筑的室内和室外都没有装饰线脚。为了增添变化，勒·柯布西耶用了一些曲线形的墙体。房屋总的形体是简单的，但是内部空间却相当复杂，在楼层之间采用了在室内很少用的斜坡道，增加了上下层的空间连续性。二楼有的房间向院子敞开，而院子本身除了没有屋顶外，同房间又没有什么区别。像勒·柯布西耶在20世纪20年代设计的许多小住宅一样，萨伏伊别墅的外形轮廓是比较简单的，而内部空间则比较复杂，如同一个内部细巧镂空的几何体，又好像一架复杂的机器——勒·柯布西耶所说的“居住的机器”。在这种面积和造价十分宽裕的住宅建筑中，功能是不成为问题的，作为建筑师，勒·柯布西耶追求的并不是机器般的功能和效率，而是机器般的造型，这种艺术趋向被称为“机器美学”。

9.2.2 巴黎瑞士学生宿舍

巴黎瑞士学生宿舍（Pavillion Suisse a la Cite Universitaire，Paris，1930—1932）是建造在巴黎大学区的一座学生宿舍。主体是长条形的5层楼，底层敞开，只有6对柱墩，2层到4层，每层有15间宿舍，五层主要是管理员的寓所和晒台。第1层用钢筋混凝土结构，2层以上用钢结构和轻质材料的墙体。在南立面上，2至4层全用玻璃墙，5层部分为实墙，开有少量窗孔，两端的山墙上无窗，北立面上是排列整齐的小窗。楼梯和电梯间的处理比较特别，它突出在北面，平面是不规则的L形，有一片无窗的凹曲墙面。在楼梯间的旁边，伸出一块不规则的单层建筑，其中包括门厅、食堂、管理员室。

在这座建筑中，勒·柯布西耶在建筑处理上特意采用了种种对比手法：如玻璃

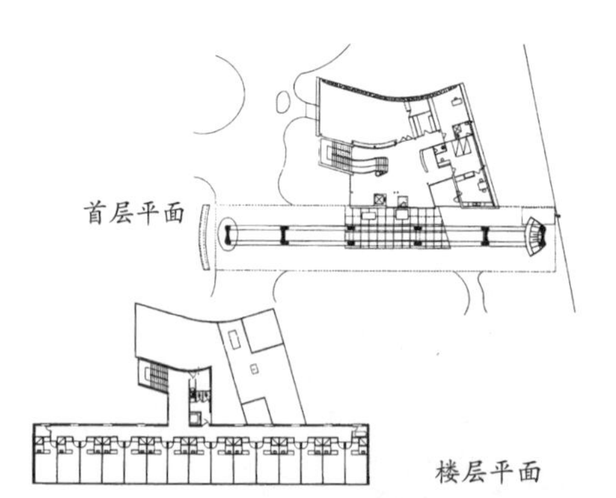

图9-20　巴黎瑞士学生宿舍平面

图9-21　学生宿舍外观

图9-22　学生宿舍正面一角

图9-23　学生宿舍楼梯间外观

图9-24　学生宿舍柱墩

墙面与实墙面的对比，上部大块体与下面较小的柱墩的对比，多层建筑与相邻的低层建筑的对比，平直墙面与弯曲墙面形体和光影的对比，方正规则的空间与带曲线的不规则的空间的对比等。单层建筑的北墙是弯曲的，并且特意用天然石块砌成虎皮墙面，更带来天然与人工两种材料的不同质地和颜色的对比效果。这些对比手法使这座宿舍建筑的轮廓富有变化，增加了建筑形体的生动性。

1936年，勒·柯布西耶到巴西里约热内卢协助设计教育卫生部大楼。最后建成的是一个17层的板式建筑，在它的脚下连着一个形体比较自由的低层的礼堂，也是采用了类似瑞士学生宿舍的格局。

这种建筑手法以后常常被现代建筑师所采用。

9.2.3 日内瓦国际联盟总部设计方案

1927年国际联盟为建造总部征求建筑设计方案。总部包括理事会、秘书处、各部委员会等办公和会议用建筑，一座2 600座位的大会堂及附属图书馆等，地址在日内瓦的湖滨。勒·柯布西耶与皮埃尔·让勒亥（Pierre Jeanneret）合作提出的设计方案，不拘泥于传统的布局形式，把大会堂放在最重要的位置，将其他部分组织在7层的楼房中，配置在会堂的一侧，形成一组非对称的建筑群。勒·柯布西耶等在设计中认真解决交通、内部联系、光线朝向、音响、视线、通风、停车等实际功能问题，使建筑首先成为一个工作起来很方便的场所。建筑采用钢筋混凝土结构，建筑的形体完全突破传统的样式，具有轻巧、新颖的面貌。正因为如此，这个方案引起了激烈的争论。革新派热烈支持它，学院派固执地反对它。评选团内部也争执不下。后来决定从全部377个方案中选出包括勒·柯布西耶方案在内的9个方案，提交政治家裁夺。中间经过许多周折，其中包括用地的改变等，最后，选出4个学院派建筑师的方案，并由这4人提出新的合并方案。

按照原来规定，提交的建筑方案的造价不得超过一定限额，勒·柯布西耶的方案符合规定，而入选的4个方案却大大超支。国际联盟当局种种不公平的措施引起许多人的愤懑。勒·柯布西耶提起诉讼，也未被理睬。国联总部建筑设计的经过表明，到20世纪20年代末期，革新派建筑师已经开始在规模宏大的纪念性建筑中向传统建筑提出挑战。勒·柯布西耶的设计方案的落选不是由于设计本身有什么重大的缺陷，只是由于新的建筑风格还没有为官方所接受。

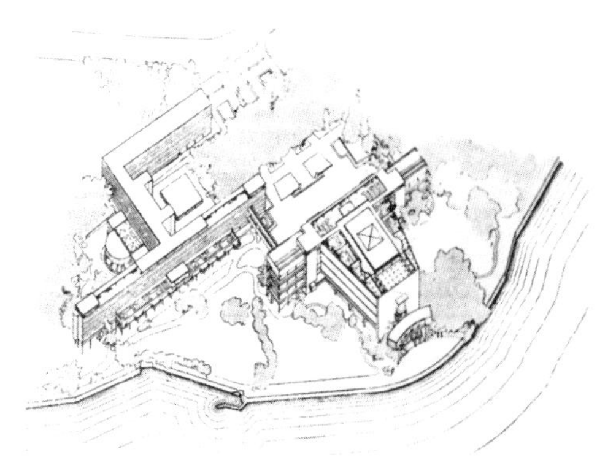

图9-25 勒·柯布西耶等，日内瓦国际联盟总部设计方案，1927年

9.3 关于现代城市和居住问题的设想

勒·柯布西耶对现代城市提过许多设想。他不反对大城市，但主张用全新的规划和建筑方式改造城市。1922年，他提出一个300万人口的城市规划和建筑方案。城市中有适合现代交通工具运行的整齐道路网，中心区有巨大的摩天楼，外围是高层楼房，楼房之间有大片的绿地。各种交通工具在不同的平面上行驶，交叉口采用立交方式。人们住在大楼里面，除了有屋顶花园之外，楼上的住户还可以有“阳台花园”。20世纪20年代后期，他按照这些设想提出了巴黎中心区改建方案（Plan“Voisin”de Paris）。以后他不断完善其现代城市理想，并多次为其他城市拟制城市规划。勒·柯布西耶认为在现代技术条件下，可以做到既保持人口的高密度，又形成安静卫生的城市环境，关键在于利用高层建筑和处理好快速交通问题。在城市应当分散还是集中的争论上，他是一个城市集中主义者。他的城市建筑主张在技术上是有根据的。他所提出的许多措施，如高层建筑和立体交叉后来在世界上一些城市中已经局部地实现了。现有大城市的改造是一个长期而复杂的过程。他拟制的巴黎市中心地区的示意性改建方案当然不可能全盘实现，而最近三十多年来，巴黎若干地区的建设发展在一定程度上也同勒·柯布西耶当年的设想有许多相近之处。勒·柯布西耶在半个多世纪之前提出那些原则，并且孜孜不倦地绘制了许多方案和蓝图，应该说他在城市建设问题上是极有远见卓识的。

在第二次世界大战以前的二十年左右的时间，勒·柯布西耶的建筑作品相当丰富，其中包括大量未实现的方案。如1931年为莫斯科苏维埃宫设计竞赛提出的方案，1933—1934年为北非阿尔及尔所做的许多建筑设计等。从已建成房屋和未实现的方案中可以看到，勒·柯布西耶的建筑构思非常活跃。他经常把不同高度的室内空间灵活地结合起来。在北非的一个博物馆设计中，他采用方的螺旋形的博物馆平

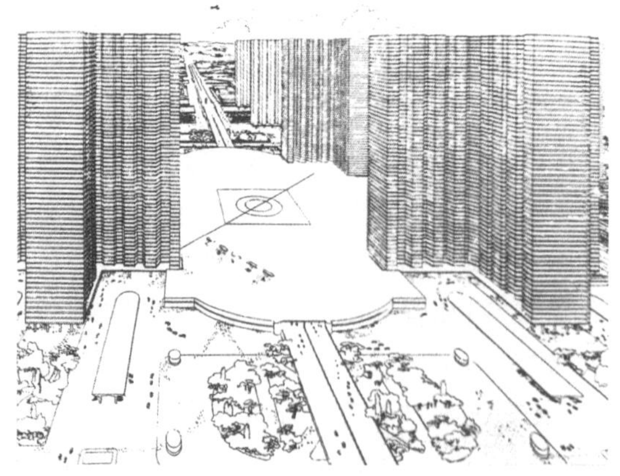

图9-26 勒·柯布西耶，300万人的城市设想，1922年

图9-27 勒·柯布西耶，住宅大楼和城区设计，1929年

面，便于以后陆续添建。在高层建筑方面，勒·柯布西耶提出过十字形、板式、Y形、菱形、六字形等多种形式，在二次大战以后这些形式都陆续出现了。在应用新型结构方面他也经常走在时代前面，1937年，在巴黎世界博览会上，按照他的设计，建成了一座用悬索结构的“新时代馆”（Le Pavillon des Temps Nouveaux，30米×35米）。1939年又提出过形式更加新颖的挂幕式展览馆。在住宅建筑方面，勒·柯布西耶提出多种形式的多层公寓，在1933年为阿尔及尔做的设计中曾提出逐层错后的公寓。这些结构和建筑类型在二次大战以后逐渐推广应用。可以说，勒·柯布西耶在现代建筑设计的许多方面都是一个先行者。他在现代建筑构图上做出的丰富多样的贡献使他对现代建筑产生了非常广泛的影响。

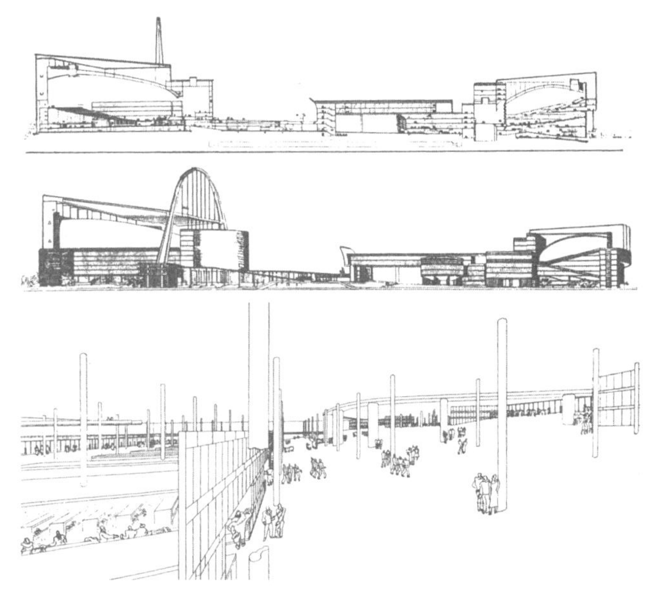

图9-28　勒·柯布西耶，莫斯科苏维埃宫设计，1931年

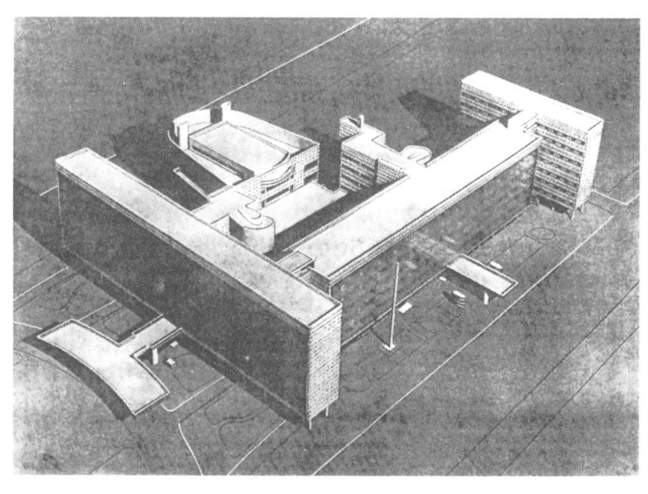

图9-29　勒·柯布西耶，莫斯科中央苏维埃大厦模型，1928年

第10章

密斯·凡·德·罗——第二次世界大战以前

在外国现代著名建筑师中,密斯·凡·德·罗(Mies van der Rohe，1886—1970)成为一个建筑师的道路是比较罕见的，他没有受过正规学校的建筑教育，他的知识和技能主要是在建筑实践中得来的。

图10-1　密斯·凡·德·罗，摄于1958年

1886年，密斯·凡·德·罗出生在德国爱森一个石匠师傅的家中。他很小就帮助父亲打弄石料。上了两年学之后，到一家营造厂做学徒，干过建筑装饰的活计。19岁那年，密斯到柏林一个建筑师那里工作，又在木器设计师那里做学徒。21岁的时候，他开始为别人设计住宅。1909年，23岁的密斯到建筑师贝伦斯那里工作。第一次世界大战期间，他在军队中搞军事工程。他在工作实践中掌握了建造房屋的技术。

10.1　关于新建筑的主张

战后初期，许多搞建筑的人没有实际工作可做，但是建筑思潮却很活跃，密斯也投入了建筑思想的论争和新建筑方案的探讨之中。

1919—1924年间，他先后提出五个建筑示意方案。其中最引人注意的是1921—1922年的两个玻璃摩天楼的示意图，它们通体上下全用玻璃做外墙，高大的建筑像是透明的晶体，从外面可以清楚看见里面一层层楼板。密斯解释说：“在建造过程中，摩天楼显示出雄伟的结构体形，只在此时，巨大的钢架看来十分壮观动人。外墙砌上以后，那作为一切艺术设计的

图10-2　密斯，玻璃摩天楼设想，1920年

图10-3　密斯，钢筋混凝土办公楼设想，1922年

图10-5　1927年德国斯图加特住宅建筑展览会鸟瞰

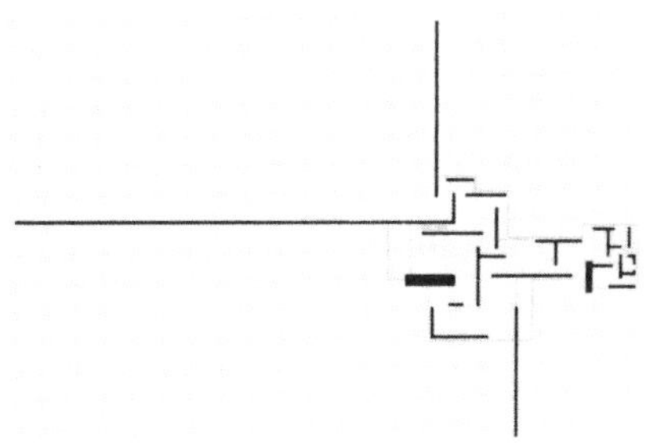

图10-4　密斯，砖墙乡村住宅设想，1922年

图10-6　密斯设计的公寓单元入口

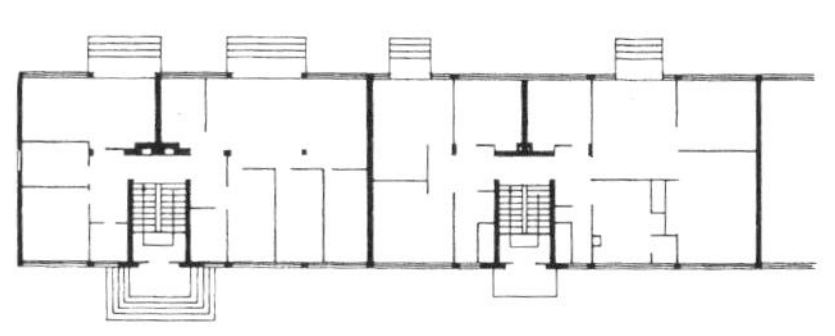

a）公寓平面

b）公寓外观

图10-7　密斯，斯图加特住宅展中的公寓，1927年

基础的结构骨架就被胡拼乱凑的无意义的琐屑形式所掩没。”“用玻璃做外墙，新的结构原则可以清楚地被人看见。今天这是实际可行的，因为在框架结构的建筑物上，外墙实际不承担重量，为采用玻璃提供了新的解决方案”。（密斯：《两座玻璃摩天楼》，1922）但这些方案都停留在纸面上，没有实现的机会。

1926年，他设计了德国共产党领袖李卜克内西和卢森堡的纪念碑，砖砌的碑身采用立体主义的构图手法。这座碑后来被法西斯拆毁。

这时候密斯已经同传统建筑决裂，他在积极探求新的建筑原则和建筑手法。他在这一时期发表的言论中强调建筑要符合时代特点，要创造新时代的建筑而不能模仿过去。“必须了解，所有的建筑都和时代紧密联系，只能用活的东西和当代的手段来表现，任何时代都不例外。”“在我们的建筑中试用以往时代的形式是没有出路的”“必须满足我们时代的现实主义和功能主义的需要”。（密斯：《建筑与时代》，1924）他重视建筑结构和建造方法的革新：“我们今天的建造方法必须工业化……建造方法的工业化是当前建筑师和营造商的关键问题。一旦在这方面取得成功，我们的社会、经济、技术甚至艺术的问题都会容易解决”。（密斯：《建造方法的工业化》，1924）他甚至说：“我们不考虑形式问题，只管建造问题。形式不是我们工作的目的，它只是结果”。（密斯：《关于建筑与形式的箴言》，1923）

密斯成了20世纪20年代初期最激进的建筑师之一。1926年，他担任德国制造联盟的副主席。1927年这个联盟在斯图加特举办住宅建筑展览会（Weissenhofsiedlung，Stuttgart），密斯是这次展览会的规划主持人。欧洲许多著名的革新派建筑师如格罗皮乌斯、勒·柯布西耶、贝伦斯、奥德（J.J.P.Oud）、陶特（Bruno Taut）等参加了这次展览会。密斯本人的作品是一座有四个单元的四层公寓（图10-6、10-7）。这次展览会上的住宅建筑一律是平屋顶、白色墙面，建筑风格比较统一。

10.2 1929年巴塞罗那博览会德国馆

1929年，密斯设计了著名的巴塞罗那世界博览会德国馆（Barcelona Pavilion）。这座展览馆所占地段长约50米，宽约25米，其中包括一个主厅、两间附属用房、两片水池和几道围墙。特殊的是这个展览建筑除了建筑本身和几处桌椅外，没有其他陈列品，实际上是一座供人参观的亭榭，它本身就是唯一的展览品。

整个德国馆立在一片不高的基座上面。主厅部分有八根十字形断面的钢柱，上面顶着一块薄薄的简单的屋顶板，长25米左右，宽14米左右。隔墙有玻璃的和大理石的两种。墙的位置灵活而且似乎很偶然，它们纵横交错，有的延伸出去成为院墙，由此形成了一些既分隔又连通的半封闭半开敞的空间。室内各部分之间，室内和室外之间相互穿插，没有明确的分界。这是现代建筑中常用的流通空间的一个典型。

这座建筑的另一个特点是建筑形体处理比较简单。屋顶是简单的平板，墙也是简单的光洁的板片，没有任何线角，柱身上下没有变化。所有构件交接的地方都是直接相遇。人们看见柱子顶着屋面板，竖板与横板相接，大理石板与玻璃板直接相连等。不同构件和不同材料之间不做过渡性的处理，一切都是非常简单明确、干净利索，同过去建筑上的繁琐装饰形成鲜明对照，给人以清新明快的印象。

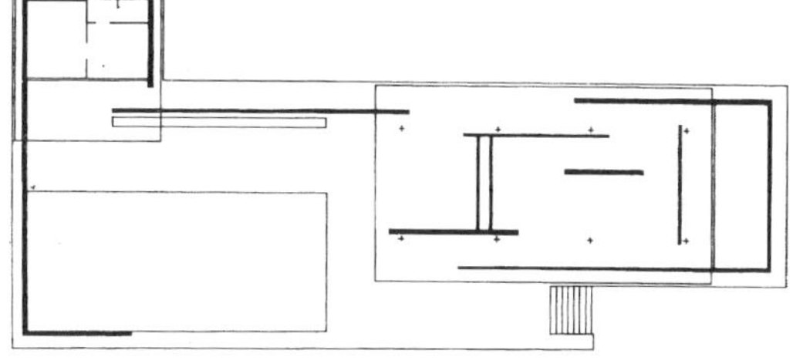

图10-8　密斯设计于1929年巴塞罗那博览会德国馆外观和平面

图10-9　德国馆水院一角

图10-10　德国馆室内一角

正因为形体简单，去掉附加装饰，所以突出了建筑材料本身固有的颜色、纹理和质感。密斯在德国馆的建筑用料上是非常讲究的。地面用灰色的大理石，墙面用绿色的大理石，主厅内部一片独立的隔墙还特地选用了华丽的白玛瑙大理石。玻璃隔墙有灰色的和绿色的，内部的一片玻璃墙还带有刻花。一个水池的边缘衬砌黑色的玻璃。这些不同颜色的大理石、玻璃再加上镀铬的柱子，使这座建筑具有一种高贵、雅致和鲜亮的气氛。

1928年，密斯曾提出了著名的“少即是多”（less is more）的建筑处理原则，这个原则在此得到了充分的体现。

巴塞罗那博览会德国馆以其灵活多变的空间布局、新颖的形体构图和简洁的细部处理获得了成功。它存在的时间很短暂，但是对现代建筑却产生了广泛的影响。

不过，我们应该看到，这座展览建筑本身没有任何实用的功能要求，造价又很宽裕，因此允许建筑师尽情地发挥其想象力。这是一个非常特殊的建筑物，可以说，它是一个没有多少实用要求的纯建筑艺术作品。

图10-11　德国馆室内一角

巴塞罗那博览会德国馆于博览会闭幕后不久就被拆除。20世纪80年代，为纪念密斯诞辰100周年，这座德国馆又在原址按原样重新建造起来（图10-8~10-11都是该馆重建后的照片）。当初那座建筑物只留下几十张黑白照片，人们只能从记述中想象它的颜色。现在又可以重睹它的实际风采。德国馆的重建表明人们多么看重这件具有划时代意义的建筑珍品。

1930年密斯得到机会，把他的建筑手法运用于一个捷克银行家的豪华住所吐根哈特住宅（Tugendhat House，Brno）之中。它坐落在花园中，面积十分宽阔。在它的起居室、餐室和书房之间只有一些钢柱子和两三片孤立的隔断，有一片外墙是活动的大玻璃，形成了和巴塞罗那展览馆类似的流通空间。显然，只有阔绰的富人才能建造这样的住宅。此后数年，密斯还设计过一些住宅方案，大都具有类似的特征。

图10-12　密斯，吐根哈特住宅，1930年

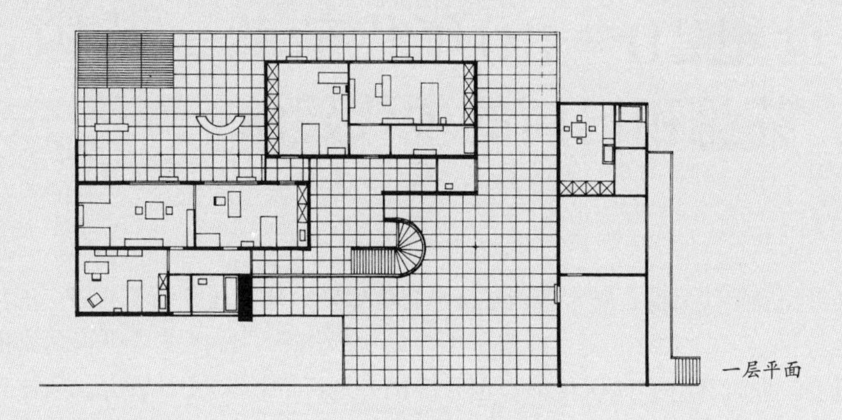

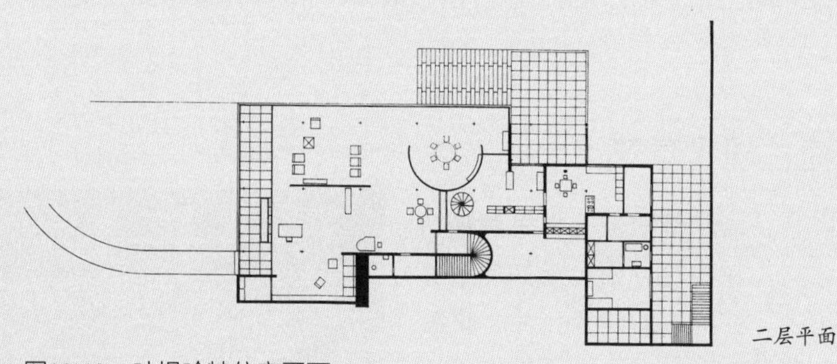

图10-13　吐根哈特住宅平面

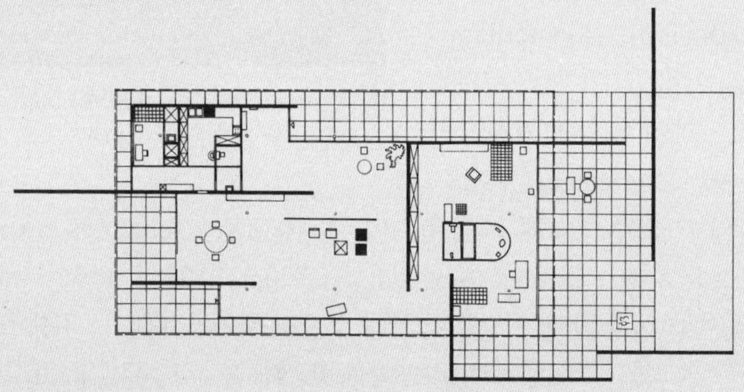

图10-14　密斯，1931年柏林住宅展览会展出的小住宅平面

第11章
20世纪20—30年代荷兰、英国、瑞典、芬兰和巴西的现代建筑

20世纪20年代后期，随着各国经济形势的好转，建筑任务渐渐增多，现代主义建筑师也获得较多的实践机会，推出了不少成功的作品。现代主义建筑潮流也越出西欧的范围，向世界许多地区传播。但是各国各地区的情形很不平衡，也各有特色。下面分别就20世纪20—30年代荷兰、英国、瑞典、芬兰和巴西的现代建筑有重点地作一些介绍。

11.1 荷兰现代建筑

图11-1 布林克曼、弗拉特、斯塔特，鹿特丹万勒尔工厂，1926—1929年

近代以来，荷兰是欧洲艺术思潮最活跃的地区之一，在建筑方面也是如此。那里常常会出现一些前卫的建筑作品，里特维尔德的施罗德住宅是一个著名的例子，J.杜尔（Johannes Duiker）的阿姆斯特丹开敞学校（Open-Air School，Amsterdam，1929—1930）又是一例。现在要介绍的是一座新的工厂建筑，即鹿特丹的万勒尔工厂（Van Nelle Factory，Rotterdam，1926—1929）。这座工厂生产烟草、咖啡和茶叶，由J.布林克曼（Johannes A.Brinkman，1902—1949）、L.C.凡·德·弗拉特（L.C.van der Vlugt，1984—1936）和M.斯塔姆（Mart Stam，1899—1971）设计。工厂有三幢主要建筑物，它们一字排开，稍呈曲线，长度达276米，一个比一个高。厂房结构用无梁楼盖，内部空间开阔。楼板边缘向外挑出，外墙上做成连续的玻璃长窗，室内光线、通风俱佳。厂房形象轻光透薄，只有烟囱和运输带廊告诉人们这里是工业厂房。建筑物立面以横线条为主，只有车间的八层玻璃楼梯间在横构图上加添了竖直线。顶上的一个扁圆形瞭望室更使整个建筑群显得活泼。

这座工厂建筑的设计把功能和效率放在首位，但又不止于功能效率。设计者显然有意改变以往工厂沉重阴暗的面貌，创造一个明亮、健康、宜人的场所。这个设计不但显示出人道主义的关怀，还在工业建筑中添加了诗意的表现力。勒·柯布西耶当时为万勒尔工厂写下了如下一段话：

“建筑物的薄而轻的立面，光亮的玻璃，灰色的金属件，表达出向上腾跃之势……指向天空…… 一切都敞开。对于在八层楼里工作的人，这有何等巨大的意义……鹿特丹的万勒尔工厂，现代世纪的创造，把旧日‘无产阶级’一词所包含的绝望一扫而光。把私有财产的本性扭转过来，引向集体行动，引出最愉快的结果：让个人参与人类事业的每一阶段。”

勒氏的话透露出那一时期进步知识分子所带有的左倾观点。实际上，万勒尔工厂的设计者在当时也都是思想左倾的建筑师。

11.2 英国现代建筑

英国是第一次世界大战战胜国，它的国土没有沦为战场，损失轻微。英国向来保守空气浓厚，在建筑方面甚少改革图新之热情。19世纪它曾有过“水晶宫”和“工艺美术运动”，但这并没有成为它发展新建筑的基础，反倒成了自满的温床，表现出岛国的狭隘性。因此，从20世纪初到1930年，英国流行的仍是“摄政时期复兴”之类的建筑样式，而对大陆上的新建筑运动抱有不屑一顾的轻视态度。20世纪初英国最有名的建筑师是卢廷斯爵士（Lutyens，Sir Edwin，1869—1962）。卢廷斯继承英国都铎王朝府第和乡村住宅的风格，雇用手工工匠建造房屋。卢廷斯设计的银行、公司如路透社总部大楼，虽不得不采用钢结构，但外形仍仿效包括拜占庭在内的教堂建筑风格。他在20世纪初设计房屋，追随的却是17世纪的英国建筑家克里斯托弗·仑（Christopher Wren）。1921年开始设计、1930年完工的新德里英国总督府是一座殖民地式的折衷主义建筑，虽然宏伟，却也是明日黄花。

然而英国不能完全与大陆隔绝，新建筑之风还是多多少少地吹到了英国。1924年英国《建筑评论》杂志介绍了格罗皮乌斯的作品和主张，1927年勒·柯布西耶的《走向新建筑》英译本问世，起了吹风的作用。1930年，来自俄国的青年建筑师卢贝特金（Berthold Lubetkin，1901—1990）到英国定居。卢贝特金1922年毕业于莫斯科高等工科学校，1925—1930年在法国从事建筑设计。他到英国后与6名英国青年人一起工作，成立泰克顿集团（Tecton）。1934年他们为伦敦动物园设计企鹅池。在阿茹普（Arup）工程事务所的配合下，给企鹅栖息的池中做了两道弯曲的、互相勾绕并伸向水面的钢筋混凝土薄板。企鹅可经薄板摇摇摆摆、憨态可掬地踱入水中。这个造型别致、新颖有趣且发挥了钢筋混凝土性能的企鹅池设计深受群众的喜爱，大获成功。

图11-2　伦敦动物园企鹅池，1934年

图11-3　伦敦海波因特公寓，1933—1935年

1933—1935年，卢贝特金的泰克顿集团在伦敦设计建造了一座八层的海波因特公寓大厦（Highpoint I Flats，Highgate，London）。公寓平面呈双十字形，底层为公用房间，形式自由，部分伸向楼外。楼上的住户有良好的视线。大厦设计中使用了现代主义建筑的一些语汇和手法，受到社会的好评。不久，在附近又加建了一座类似的公寓。

图11-4　孟德尔松，英国拜克斯山文化娱乐馆，1932—1934年

1933年，希特勒上台，德国现代派建筑师纷纷离去。格罗皮乌斯、布劳耶、孟德尔松陆续到达英国，他们在英期间建造了一些新风格的建筑物。原籍匈牙利，在德国成长的建筑评论家佩夫斯纳（Nikolaus Pevsner，1902—1983）也于1936年移居英国，他在伦敦发表《从莫里斯到格罗皮乌斯——现代建筑运动的先驱》等论著，宣传现代主义建筑观点，还参加英国《建筑评论》的编辑工作。1937年一批英国年轻建筑师组织名为

MARS（Modern Architecture Research Group）的建筑团体，他们在伦敦举办现代建筑展览，既引起争议，也引发了公众对现代建筑的兴趣。MARS被认为是现代建筑国际会议（CIAM）在英国的分部。

英国建筑界的保守僵滞局面在第二次世界大战前夕渐渐有所化解。

11.3 瑞典现代建筑

瑞典是北欧一个经济发达的国家。世袭的国王只是象征性的国家元首，没有什么权力。主要政党是社会民主工党。由于社会民主工党的政策，社会福利普遍，社会矛盾比较缓和。教育普及到几乎每一个国民，报纸发行量居世界前列。瑞典的建筑传统是有地域特点的古典主义和浪漫古典主义。本书7.2节介绍的斯德哥尔摩市政厅是其有代表性的例子。

a）外观

b）矩形柱厅

图11-5 阿斯普朗德，斯德哥尔摩林间墓地火化堂，1935—1940年

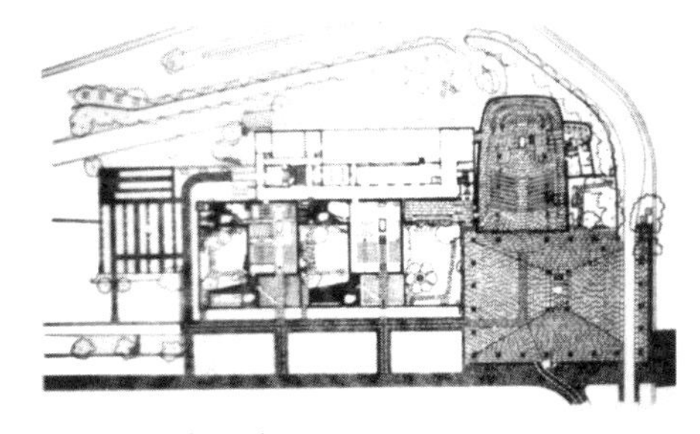

图11-6 火化堂平面

20世纪20年代在西欧兴起的现代建筑运动不久就波及瑞典。当德国和苏联排斥现代主义建筑的时候，瑞典宽松的政治环境有利于现代建筑在瑞典的发展。1928年，年轻的建筑师马凯留斯（Sven Markelius，1889—1972）为自己建造了一所新风格的小住宅，引起广泛的关注。1930年建筑师阿斯普朗德（Eric Gunnar Asplund，1885—1945）设计的斯德哥尔摩博览会上的建筑物采用细细的柱子、薄薄的楼板和大片玻璃墙，造成轻盈明朗、健康有效的建筑形象，在公众中获得好感和认同。

一些瑞典现代派建筑师的作品，虽然采用西欧现代建筑常用的语汇和手法，但又融进古典的和地方的建筑成分，借用某些传统的处理手法。由此造成的新建筑既使人感到新颖，又令人不觉陌生和生硬，因而易于被本国人民所认同和喜爱。阿斯普朗德设计的斯德哥尔摩林间墓地火化堂（Crematorium，Woodland Cemetery，Enskede）便是这样一个卓越作品。

阿斯普朗德原来擅长设计严谨简洁的新

古典主义建筑。他设计的这座火化堂建筑群将现代建筑风格与新古典主义建筑融合起来。火化堂建筑群包括一个举行告别仪式的教堂，告别仪式之后死者遗体由侧门送入火化间，火化间与两个小礼堂连通，家属在那里领取骨灰盒。这个建筑群的重心是一个四面敞开的矩形柱厅，长边七开间，短边五开间。柱厅采用钢筋混凝土结构，柱子细高，横梁浅薄，表面覆有石材。柱厅中央稍偏的地方留出一小片天井，天光从上面泻入，是幽暗的柱厅内部的光明点。下雨的时候，屋顶的积水也泻入天井。天井之中布置一个向上腾跃的雕像。整个建筑群位于林中空地的小山包上。送葬者行列由柱厅背后蜿蜒的坡道上走来，从柱厅的东北角第一开间进入，向南绕过天井再转向北面进入与柱厅相接的教堂。仪式结束，人们从教堂退回柱厅。这时小天井中向天空跃起的雕像给人的启示是死者的灵魂也将同样升入天上。从柱厅向外望去，是一片草地和不远处的森林，平和、宁静、生机盎然的森林环境有助于缓解人们的哀伤。

这个火化堂的建筑布局紧凑合理。接领骨灰盒的两个小礼堂建筑带有现代建筑的风格，而柱厅又带有古典建筑的崇敬意味。火化堂总体上合乎功能理性，同时又切合人类在生离死别之际的情感需要。其中柱厅的设计实在是关键所在，它的大小、尺度、颜色和光线的处理极为恰当，对于人在其中行动路线的变化引导尤为成功。它表达了送葬者悲哀严肃的心情，又给人们以宽慰和希望。可以说，阿斯普朗德在古典建筑素养的基础上，巧妙运用现代建筑的手法和风格，在一座不大的建筑群中，将天、地、人、物质、精神、自然、功能与情感，古典与现代的要素和谐地兼容交汇于一体，方才取得如此的成功。

阿斯普朗德的林中墓地火化堂显示了瑞典现代建筑的特点。

11.4 芬兰现代建筑

芬兰与瑞典隔海相对，东面与俄罗斯接壤，有1／3国土处在北极圈内。森林面积占全国面积1／3以上，大小湖泊5万多个。木材产量居欧洲第二位。12世纪后半期芬兰被瑞典占领，1362年成为瑞典的一个省，1809年又被割让给俄国。1917年12月芬兰始获独立，开始工业化，经济迅速发展，实行广泛的社会改革。在这样的社会历史背景下，芬兰在建筑上既能接受新事物，又倾向于保持自己的民族特点。

芬兰建筑向来有浓厚的地方特色。高级建筑的设计过去采用古典主义和浪漫古典主义，也都具有自己的特点。芬兰著名建筑师伊利尔·沙里宁（Eliel Saarinen，1873—1950）是浪漫古典主义的代表人物，他于1923年移居美国。

20世纪20年代，一些年轻的芬兰建筑师开始接受西欧现代建筑的影响，其中最杰出的一位是A.阿尔托（Alvar Aalto，1898—1976）。阿尔托 1921年毕业于赫尔辛基技术大学，此后一直从事建筑师业务，1976年逝世于赫尔辛基。芬兰争取民族独立的运动对阿尔托有深刻的影响。在建筑方面，他曾接受北欧古典建筑和民族浪漫主义建筑的熏陶，稍后得到德、法、荷现代主义建筑运动的启示。1927年阿尔托设计的图仑-沙诺马特报业公司大楼（Turun Sanomat Newspaper Building，Turku，1927—1929）是运用勒·柯布西耶“新建筑五点”的要点设计出来的。1927年维堡市立图书馆举行建筑设计竞赛，阿尔托的方案中选。维堡市原属芬兰，后归苏联。维堡市立图书馆（Municipal Library，Viipuri）的建造拖延有年，中间阿尔托三易方案，消除了最初方案的古典痕迹，显示了他从新古典主义向现代功能主义建筑理念的过渡。

图11-7　沙里宁，赫尔辛基火车站，1906—1916年

图11-8　阿尔托，维堡图书馆，1927年

图11-9　维堡图书馆阅览大厅

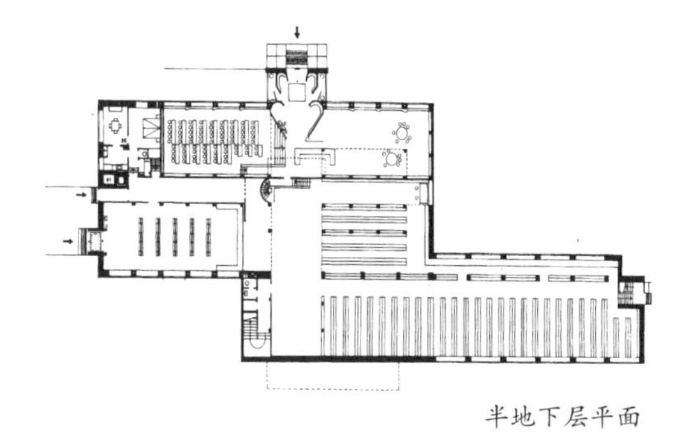

半地下层平面

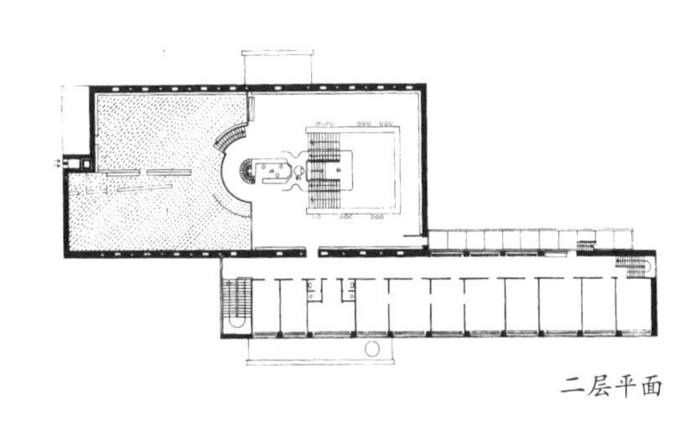

二层平面

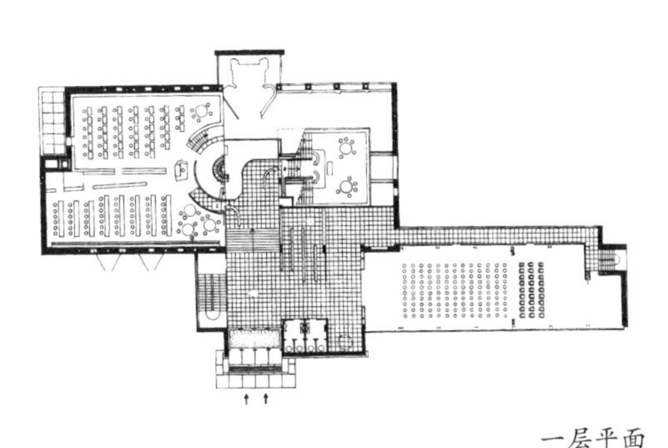

一层平面

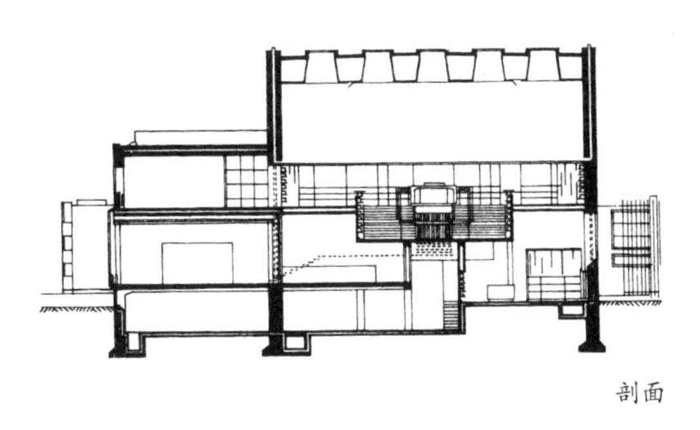

剖面

图11-10　维堡图书馆平、剖面

维堡在20世纪20年代是一个仅有9万人的小城镇，图书馆的位置在市中心公园的东北角。它实际上是小镇居民的一个文化生活中心。建筑面积虽然不大，但其中包含书库、阅览室、期刊室、阅报室、儿童阅览室、办公和研究部分，此外还有一个讲演厅。阿尔托完全摆脱了当时一般图书馆建筑的形式，他从分析各种房间的功能用途和相互关系出发，把各部分恰当地组织在紧凑的建筑体量之内。整个图书馆由两个靠在一起的长方体组成。主要入口朝北，进门以后是个不大的门厅，正面通向图书馆主要部分，向右进入讲演厅，左面有楼梯间，通向二楼的办公室和研究室，门厅里还布置有挂衣处、小卖部、厕所。楼梯间有整片玻璃墙，给门厅带来足够的光线。门厅布置得既方便又紧凑，十分妥帖。图书馆的出纳和阅览部分在另一个长方形体量内。底层有儿童阅览室、阅报室、书库、管理员住所等。儿童阅览室的入口朝南，与公园里的儿童游戏场相近，阅报室也有单独出入口，面临东西的街道，行人可径直来这里看报纸。出纳台和阅览大厅在楼上（图11-9）。在出纳部分，设计者利用楼梯平台和夹层，做到充分利用室内空间。出纳台的位置安排得很巧妙，使少数管理人员能方便地照管整个大厅。

这个图书馆采用钢筋混凝土结构。建筑师对建筑照明和声学问题做了细致的考虑。阅览大厅的四壁天窗，只在平屋顶上开着圆形天窗，窗口有一定的高度，不使光线直射到书桌面上。在讲演厅内，阿尔托用木条钉成波浪形的天花板，以便使每个座位上的人的说话声音都能被大家听到。芬兰盛产木材，有木建筑的传统，采用木条拼制的天花，使讲演厅带上了芬兰的地方建筑色彩。

维堡图书馆的外部处理很简洁，墙面有附加的装饰，符合它的身份。

1929年，阿尔托参加帕米欧肺病疗养院（Tuberculosis Sanatorium at Paimio，1929—1933）的设计竞赛并中选。

这个疗养院周围是一片树林，用地没有很多限制，建筑师可以自由地布置建筑物的形体。阿尔托处处把病人的休养需要放在首位。疗养院最重要的部分是一座七层的病房大楼，有290张病床，采用单面走廊，每屋两张病床。病房大楼呈一字型，朝向东南，面对着原野和树林，每个房间都有良好的光线、新鲜的空气和广阔的视野。在病房大楼的一面，有一处病人用的敞廊，朝向正南方，与主体成一角度。大楼最上一层也是病人用的敞廊。

病房大楼的背后是垂直交通部分，有电梯、楼梯及其他房间，底层是入口门厅，再后面连着一幢四层小楼，里面有各种治疗用

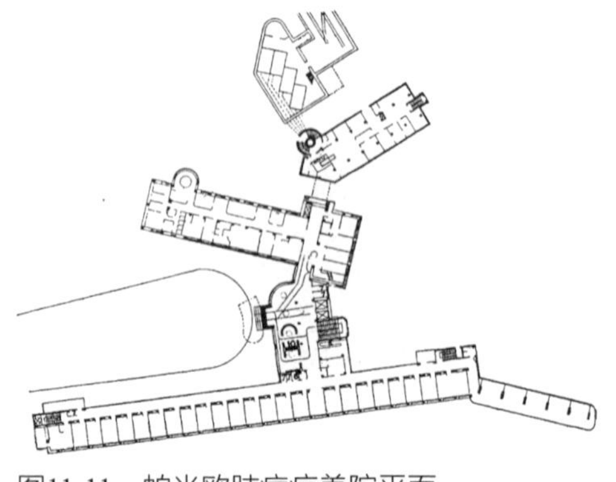

图11-11　帕米欧肺病疗养院平面

房、病人的餐室、文娱室和疗养院办公室。小楼与病房部分不平行，这样就形成了一个张开的喇叭口形的前院，给进出的车辆留下宽裕的通道。小楼的后面是厨房、储藏室及护理人员用房，附近还有一座锅炉房。以上几个部分既不平行，又不对称，看起来似乎有些零乱，但都是按内部的功能需要设计建造的。这样的布局使休养、治疗、交通、管理、后勤等部分都有比较方便的联系，同时又减少了相互间的干扰。

图11-12　阿尔托，帕米欧肺病疗养院，1929—1933年

七层的病房大楼采用钢筋混凝土框架结构，在外面可以清楚地看出它的结构布置。阿尔托不是把结构包藏起来，而是使建筑处理同结构特征统一起来，产生了一种清新而明快的建筑形象，既朴素有力又合乎逻辑。

1929年，30岁出头的阿尔托参加了现代建筑国际会议（CIAM）在法兰克福召开的第二次会议，1933年又参加了第四次会议，阿尔托渐渐成为现代建筑运动的重要一员。

图11-13　帕米欧肺病疗养院入口

在维堡图书馆和帕米欧疗养院的设计中我们看到，阿尔托对建筑设计怀有精益求精、极为细致的追求。图书馆讲演厅的天花设计十分精美，不大的图书馆内部空间具有层层递进、变化多端的特色。疗养院的设计中，病室的双层窗子可以让空气流通，却又避免了冷风直达病床的弊端。病室内安置的洗脸水池也经过细心推敲——当水龙头拧得不紧时，下滴的水珠正好落在水池的斜面上，不致发出滴水声而干扰长期休养的病人的睡眠。阿尔托解决功能问题细致

周到。

这两座建筑物，无论如何，尚可以列入“国际式”之列。但是再往后去，阿尔托的作品就带上了较多的地方性和诗意。

芬兰的自然环境特色，特别是那里繁茂的森林日益进入他的创作之中。阿尔托写道：“建筑不能让自己同自然和人的因素分离，它决不应该这样做。反之，应该让自然与我们联系得更紧密。”

图11-14　阿尔托，玛丽亚别墅，1938年

1934年阿尔托用砖和木料为自己建造了一所带有曲线和曲面的住宅。1938年他受芬兰巨富古利克森（Gullichsen）的委托设计一处郊外别墅。这是一个很好的机会，使他有可能把自己的想法付诸实现。

图11-15　玛丽亚别墅内景

阿尔托为古利克森家建造的玛丽亚别墅（Villa Mairea，Noormarkku，Finland，1938）位于郊外，周围是森林。别墅平面为L形。它的凸出部分做成稍为壮观的门面，L形的凹角自然形成比较私密的后院。入口一面有白粉墙和木质的阳台栏板。入口雨罩呈曲线形，支柱是以皮条扎成的木棍束。这些做法和用料显示了建筑物的消闲性质。别墅内部房间的大小、形状、高矮、地面材料等富于变化，显示了不同的私密程度。空间分割物除墙壁外，还有矮墙、木栅、木束柱等，走向曲折自由，空间分划有实有虚。同一时期阿尔托曾设计过一些形状自由弯曲的玻璃器皿和家具，他将从这些器皿和家具中试验得来的自由造型大量用于这座别墅的建筑处理上，使得建筑形体和空间显得柔顺灵便，减少了简单几何形体的僵直感，并且同人体和人的活动更相契合。

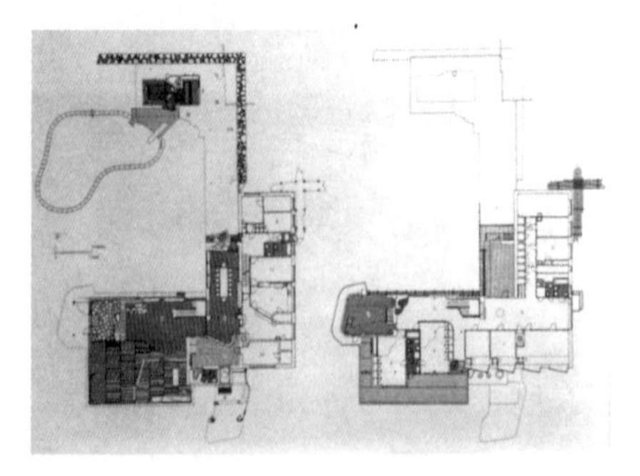

图11-16　玛丽亚别墅平面

后院中有一个自由形式的泳池。池边

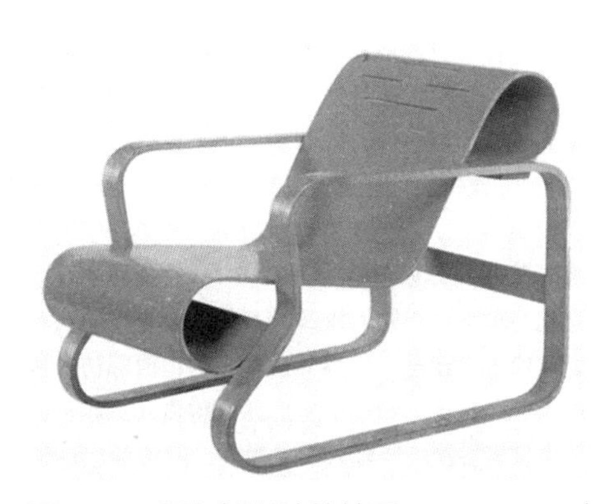

图11-17　阿尔托设计的椅子，1930—1933年

图11-18　阿尔托，1939年纽约世界博览会芬兰馆

的桑拿浴室呈曲尺形，用木材建造，平屋顶上铺着草皮。在这个角落，人们卸除衣冠，在林中木屋内进行蒸汽浴，可谓真正融入自然中去了。

这座别墅建筑既有传统的乡下住宅的情调，又有现代建筑的气韵，吸取传统要素又超越传统，既是现代建筑又不是照搬已有的现代建筑样式，舒适而不奢侈，考究而不卖弄。从这座别墅看来，20世纪30年代的阿尔托已经走出了他自己的创作路径，即创作富有地域性的、具有人情味和诗意的芬兰现代建筑。

11.5　巴西现代建筑

巴西位于大西洋彼岸，与西欧国家相距遥远，国情悬殊，但在20世纪30年代，这里却成了现代建筑传播的一个引人注目的焦点。

巴西国土辽阔，土地面积几乎占南美洲的一半。16世纪巴西成为葡萄牙的殖民地，19世纪独立，建立巴西帝国。1889年成为巴西联邦共和国，军人长期操控政治。巴西在文化上长期跟从葡萄牙，官方建筑采用法国古典建筑和巴洛克建筑。20世纪20年代，巴西民族意识高涨，知识分子要求改变殖民主义文化，发掘本地文化。在这样的社会文化心理下，年轻的建筑师开始把目光投向欧洲的现代主义建筑。1929年，勒·柯布西耶访问阿根廷和乌拉圭，归途中在巴西里约热内卢和圣保罗市发表讲演，年轻人为之激动。1930年巴西少壮派政治家发动政变夺取政权。

1936年教育部长推翻原来中选的教育部大厦建筑方案，将设计任务从学院派建筑师手中转交到年轻一代建筑师手中。其中有科斯塔（Lucio Costa，1902—1998）、尼迈耶（Oscar Niemeyer，1907—2012）等。这些年轻人又邀请勒·柯布西耶任顾问。勒氏同他们一起工作了一个月，给予他们很大影响。设计组由科斯塔和尼迈耶先后任组长，1937年完成设计，1945年大厦落成。

图11-19　巴西里约热内卢教育部大厦，1936—1945年

这座位于里约热内卢的教育部大厦（Ministry of Education，Rio de Janeiro，1936—1945）主体为17层的板式建筑，长68.7米，宽20.4米，高82.5米。底部三层部分开敞，形成10米高的敞廊，可以引来宝贵的穿堂风。大楼用钢筋混凝土结构，整个外表有水泥遮阳板，上下左右完全相同，没有变化。但大楼下面的会议厅等单层建筑形体弯曲自由，有的部分墙面上贴着色彩浓烈的面砖，组成半抽象的壁画。这座大厦的设计在勒·柯布西耶的指导下，同巴黎瑞士学生宿舍有很多类似之处，不同的是体量高大且布满了遮阳板。据记载，大厦落成时，巴西许多人对这座奇异的建筑付之一笑，“然后一挥手，也就接受了”。

图11-20　尼迈耶等，1939年纽约世界博览会巴西馆

此后，方正的主体、光简的墙面、底层独立支柱、马赛克墙饰、整齐规则的遮阳板、简单的细部处理和自由形体的附属建筑等一时流行起来。它们既是源自欧洲现代建筑，又反映了巴西的地理气候和资源经济的特点。在稍后出现的巴西现代建筑中，灵活多变、弯曲自如的造型日益增多，体现了热带地方人民热情奔放的性格和爱好。

图11-21　尼迈耶，巴西潘浦哈餐馆，1943年

1938—1939年，尼迈耶与科斯塔等合作设计的纽约1939年世界博览会巴西馆是一个小巧玲珑的建筑物。它是曲尺形两层小楼，楼的一条腿略微弯扭。建筑的底层露出支柱，由一些蜿蜒的墙体略加分划。展馆的正面伸出一条弯曲的坡道，将参观者引上二层。二层的一边有一片巴西现代建筑常用的遮阳格板，使人一望而知是巴西的建筑。由坡道上至二层，那里的屋顶板有曲线形缺口。后面的庭院里有弯曲的水池和热带花木。这座小型展览馆的特点是空间流动，曲线与直线、曲面与直面交织在一起，互相映衬，稳重而灵巧，朴素而活泼，是一个非常惹人喜爱的清新优美的展览建筑。

尼迈耶在潘浦哈（Pampulha）设计的餐馆和赌场建筑都运用了许多弯曲的、富有动感的形体。1943年建成的潘浦哈的小教堂也是尼迈耶的作品。教堂采用的并联的薄壳结构，在当时还是很少见的。

从这个时期尼迈耶的建筑作品来看，现代建筑传播到南美洲，很快就带上了地域的特征。尼迈耶后来写道："巴西建筑受到勒·柯布西耶思想和作品的很大影响……但几年以后就出现了另一种明显的倾向。这就是我在20世纪40年代在潘浦哈的建筑作品中的那种更自由的表现。我们把钢筋混凝土当作一种材料和手段，它本身不是目的。结构原有的明显特征被抹去，曲线搞得很自由，跨度弄到最大。钢筋混凝土专家也卷进自由形式之中并随着建筑师进入他的畅想世界……巴西从原来勒·柯布西耶所给的伟大影响下走出来，发展了一种新的不同的建筑风格，这主要是由于地方的气候、习惯和感情的不同而形成的。"

巴西得到了西欧20世纪20年代现代建筑的启示，接着又超越了它。巴西建筑师在作品中把功能和巴西人民的感情结合在一起，创作出富含热情的建筑，它们或许可以称为现代巴洛克建筑或热带现代建筑。1942年纽约现代美术馆出版《巴西建筑》一书，向世界介绍巴西现代建筑。尼迈耶本人受到了世界建筑界的注意。

第12章
美国建筑文化传统与20世纪30年代的变化

12.1 20世纪30年代以前建筑风格的保守倾向

美国是个新兴的移民国家。1607年英国人在北美大陆的东海岸建立第一个城镇詹姆斯镇（Jamestown）。1624年荷兰人在今纽约市地方建新阿姆斯特丹（New Armsterdam）。1699年英国人建威廉斯堡镇（Williamsbury）作为弗吉尼亚（Virginia）区的首府。到1733年，英国在北美已建立13块殖民地。18世纪中叶，北美最大城市有费城（3万人）、纽约（2万人）和波士顿（2万人）。1776年7月4日，北美各殖民地代表在费城召开大陆会议，通过杰弗逊起草的《独立宣言》，成立美利坚合众国，进行抗击英国的独立战争。1781年战争结束，英国承认美国独立。1789年3月4日在纽约召开的美国第一届联邦国会宣布《美利坚合众国宪法》生效，联邦政府成立，华盛顿就任第一届总统。1861—1865年，美国发生南北战争。南北战争前美国主要是农业国，战后工业迅速发展。19世纪60年代美国工业产品已占世界第二位，铁路长度世界第一，成为当时世界工业大国。

最早抵达美国的移民多数是来自欧洲的穷苦劳动者。移民们早期的房屋多为木造，比较简陋，后来加用砖石。来自荷兰、英国、德国、法国、瑞典、西班牙的移民各自仿效自己故土的建造方式造房。比较起来，英国殖民地的建筑水平提高最快。早期的移民用手工斫削木料，用动物熬制粘胶，以干鱼皮代替砂纸，后来又从英国进口建筑工具。1625年詹姆斯镇有了锯木厂，生产规格化的建筑木料，建筑渐趋考究。

18世纪后期费城是北美最大城市，建筑水平逐渐提高。1724年，木匠们仿效英国本土的做法，成立了费城郡木匠公会（Carpenter's Company of the City and Country of Philadelphia），带有中世纪行会性质。木工匠师既管施工，又担当建筑打样任务。1734年，这个公会搜集一批英国出版的建造房屋的书籍成立了图书室，培养出一批懂算术、几何，能测量、制图，会估算的专业人才。公会逐步制定了同古典建筑样式相关的结构、装饰、设备等的规章文件，1786年在费城出版了《木匠公会文件集》（Articles of the Carpenters Company）。该书附有图样，表示各种房屋木框架做法、桁架做法等等，其中有跨度达18.29米（60英尺）的木桁架做法图样。

随后，费城、纽约和波士顿又相继成立了泥瓦匠、石匠、抹灰工及设备工匠的公会，但声势都在木匠公会之下。

工匠技术的提高、建筑资料的积累为建造大型教堂、政府建筑物和各种公共建筑物做了准备。北美城市中的建筑渐渐减少了土气。

19世纪中期美国建筑中开始采用铁制结构。1859—1868年建造的纽约百老汇大街瓦纳美克百货商店（Wanamaker Department Store，New York）是当时规模最大的五层铁结构永久性建筑物，总面积达3.02万平方米。它的立面外露着铁梁铁柱。这座百货商店存在近一个世纪，于1956年遭火灾焚毁，但大火后铁框架仍然屹立未倒。19世纪后期，铁和钢的多层框架建筑在芝加哥得到很大的发展，这在本书4.3节已有介绍。

图12-1　纽约都会保险公司大楼，1911年

钢铁框架结构技术上的一项重要进步是采用电弧焊接技术，它能增加结点的强度。1920年美国电焊公司（Electric Welding Co. of America）在纽约建造一座厂房时最先采用电弧焊。

1903年，辛辛那提市（Cincinati）用钢筋混凝土结构建成一座16层的大楼。1910年前后钢筋混凝土结构建筑物在美国一度盛行。但由于当时混凝土的渗透性和毛细作用，容易产生裂缝、蠕变和其他毛病，钢筋混凝土结构的推广受到阻碍。第二次世界大战后这种复合材料的缺点得到克服。

美国建筑界在现代建筑技术方面做出许多新贡献，但是在建筑艺术风格方面，美国人却表现得相当保守。这个年轻的国度的人们在建筑文化方面保守恋旧的倾向相当顽固和持久。这一点在本书第4章中曾经论及，现在再举几个实际例子。

虽然摩天楼这种高耸的建筑物的功能、结构和体量形式完全不同于先前的一切建筑物，但20世纪头30年里建造的美国摩天楼，都尽力把欧洲历史上各种建筑样式完整地或零碎地套用在自己的躯体上。

图12-2　纽约渥尔华斯大楼，1911—1913年

1908年，美国缝纫机制造商胜家公司在纽约原有的11层楼房上加建了33层塔楼，这个总高44层187米的楼房就成了当时世界第一高楼（Singer Building, New York, NY，1906—1908，建筑师Ernest Flagg）。它的塔楼的外观做得很像欧洲文艺复兴时期的砖石建筑，顶部有圆拱、老虎窗和尖塔等。

1913年美国大零售商渥尔华斯公司在纽约建成高达234米的57层大楼，外形仿照欧洲中世纪哥特式教堂的细部。渥尔华斯大厦（Woolworth Building，New York，NY，1911—1913，建筑师Cass Gilbert）又成为当时世界第一高楼。落成时美国总统胡佛亲临剪彩，此楼名声大振。因其造型之故，该楼被称为“商业大教堂”。

1918年芝加哥论坛报社为庆贺该报创刊75周年，决定建造新楼。大楼只有24层，不是最高的，但报社要求造“最美的”和“永恒的”。1922年芝加哥论坛报社悬赏1万美元举行国际建筑设计竞赛。当时从世界各地送来263个设计方案，其中有芬兰著名建筑师伊利尔·沙里宁的方案。沙里宁的设计吸收哥特建筑垂直上升的风韵，但没有照搬照抄哥特建筑的形象。沙里宁的方案虽然评价很高但仍未中选。最后采用的是一个同哥特式教堂建筑形象最接近的方案，设计人是美国建筑师霍威尔和胡德（Howells & Hood）。中选方案有一个仿效的原型，即法国卢昂大教堂的一个尖塔（Tower of Butter of the Cathedral of Rouen）。这个仿古的报社大楼在24层的顶部造了一个八角形的塔顶，有仿古的飞扶壁和各种雕饰。为了让大楼下面马路上的人能瞧见哥特式细部，它们都被特意放大了。八个飞扶壁扶持正中的塔心，力学上全无必要，而八角形尖塔同下面的柱网并不协调。当时的评语也说这个方案“并非完全合乎逻辑和坦率”，但却因当时许多人认为不仿古就没有“永恒的美”而最终被采用。它被认为是一个“无与伦比的传统主义的摩天楼”。

在芝加哥论坛报大楼设计竞赛中，德国的格罗皮乌斯送来一个同传统建筑毫无关系的包豪斯风格的方案（图12-4），它当然不合当时美国公众的口味而落选了。不但如此，当时的一位美国建筑教授甚至说格氏的方案尽管“合乎逻辑和坦率，但对我们美国人的眼睛来说是令人恐怖的”。

20世纪30年代以前，美国的政府建筑物、纪念性建筑物和大多数公用建筑物都或多或少地袭用古典建筑形式，高等学校的建筑物大都套用哥特建筑风格。美国首都华盛顿的林肯纪念堂是美国人长久谨守古典建筑风格的又一个例子。1867年美国国会设立林肯纪念堂筹建机构，但是直到1911年才聘定纽约建筑师H.培根（Henry Bacon）和J.R.波普（John Russell Pope）进行设计。1913年设计方案获得批准，1914年动工，1922年纪念堂落成。

图12-3　芝加哥论坛报大楼，1922－1927年

图12-4　芝加哥论坛报大楼参选方案（右1为格罗皮乌斯等提交的方案），1922年

图12-5　芝加哥瑞格莱大楼，1924年

林肯纪念堂以古代希腊建筑为榜样，平面为矩形，周围一圈陶立克式柱子，正面11开间，侧面7开间，总共有36根外柱。总面阔57.30米，总进深 36.11米。石头柱子高 13.41米，底径2.28米。36根柱子象征林肯逝世时美国的36个州。纪念堂大门朝东，正对华盛顿纪念碑和更远处的国会大厦。进门后为纪念堂的中厅，宽18米，进深22.56米。中厅正中央有白色大理石雕成的林肯坐像。中厅左右各有4根爱奥尼式柱子，柱高15.24米，底径1.39米。柱子两侧为纪念堂的左、右侧厅。纪念堂的外观也是白色石材，雕镂精细，造型完美。将它与古代希腊、罗马的石头建筑相比也并不逊色，不过一种是原作而纪念堂是仿作。这座纪念堂设计于20世纪10年代，落成于20世纪20年代，这个时期欧洲建筑界正掀起一场建筑革新运动，纪念堂则严谨地遵循两千年前的建筑样式与风格。离林肯纪念堂不远的杰弗逊纪念堂（Jefferson Memorial）落成于1943年，比林肯纪念堂又晚20年，仍然是一座非常地道的古典建筑。在这两座纪念堂所在的大林荫道上还有一些古典样

a）正面入口

b）背面

图12-6　华盛顿林肯纪念堂，1911—1922年

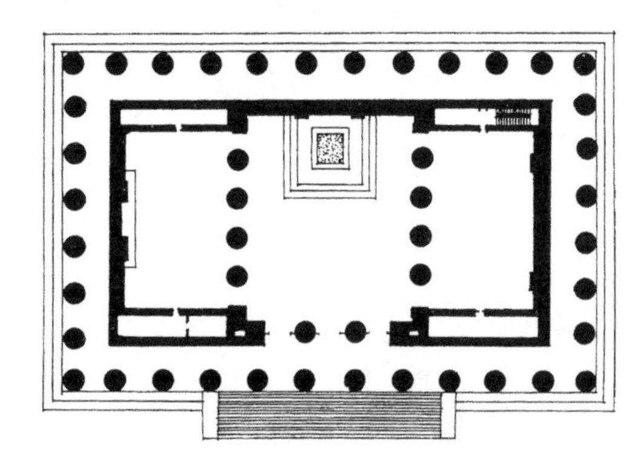
图12-7　林肯纪念堂平面简图

式的政府建筑和公共建筑，有的也是20世纪40年代才落成的。

这种情形表明，源自古代希腊、罗马的欧洲古典建筑样式本来是为了表达庄严崇高等纪念性品格而创造出来的，它经过千百年的锤炼与完善，在长时期中被视为纪念性建筑的艺术规范形式。可是在古典建筑样式发源地的古老的欧洲已经开始推陈出新，努力创造新的建筑艺术形式的20世纪20年代，美国人仍然执着地借用古代形式，这说明，在20世纪上半叶，美国人在建筑艺术方面的保守性比欧洲人还顽强。

这不是偶然的。

19世纪末，恩格斯在致侨居美国的弗·阿·左尔格的信中谈到美国工人运动落后于欧洲时写道："……在这里，在古老的欧洲，比你们那个还没有很好地摆脱少年时代的'年轻的'国家，倒是更活跃一些……正因为未来是如此远大，他们（按：指美国人）的现在主要是为这个未来做准备工作；这一工作正如在每一个年轻的国家里那样，主要是物质性质的，它会造成人们思想上某种程度的落后，使人们留恋同新民族的形成相联系的传统。”在建筑艺术方面，与美国形成时期相联系的传统正是古典主义建筑。

美国耶鲁大学艺术史教授V.斯卡里（Vincent Scully）在讲到华盛顿大林荫道（The Mall）的规划和建筑时写道：“大林荫道的发展改建绝非偶然，它出现于19世纪后期和20世纪初期美国进行帝国主义冒险的时代”。当时美国确实在到处征伐扩张领土，然而这与大林荫道的建筑有怎样的关系呢？马克思在《路易·波拿巴的雾月十八日》中有这样几句话：“一切已死的先辈们的传统，像梦魔一样纠缠着活人的头脑。当人们好像刚好在忙于改造自己和周围的事物并创造前所未闻的事物时，恰好在这种革命危机时代，他们战战兢兢地请出亡灵来为他们效劳，借用它们的名字、战斗口号和衣服，以便穿着这种久受崇敬的服装，用这种借来的语言，演出世界历史的新的一幕。”我们不能把古代建筑艺术看作“亡灵”，但说林肯纪念堂和杰弗逊纪念堂是穿着借来的“久受崇敬的服装”是绝不为过的。为什么要穿这种借来的服装呢？让我们还是引用马克思的话：“在罗马共和国的高度严格的传统中，资产阶级社会的斗士们找到了理想和艺术形式，找到了他们为了不让自己看见自己的斗争的资产阶级狭隘内容、为了要把自己的热情保持在伟大历史悲剧的高度上所必需的自我欺骗。”

图12-8　纽约证券交易所，1904年

V.斯卡里教授的话语虽则简短，含义却很深邃。

在第二次世界大战前的美国，建筑艺术的倾向，总的说来是偏向传统的。

12.2 经济大萧条、新政与建筑

说美国建筑思想在20世纪初比较停滞，是就总体而言；就局部来看，在有的时候，有的地方也有个别或少数建筑师走在前面，提出这样那样的与众不同的新思想、新观点。19世纪末的芝加哥学派和20世纪初期的赖特（F.L.Wright）就是美国建筑界中富于创新性的建筑师（赖特的工作和贡献在下一章将专门介绍）。问题是在美国社会文化心理没有明显转变之前，他们都是特立独行又孤掌难鸣的少数。欧洲的革新派建筑师原来也是个别的或少数的，是第一次世界大战的灾难性后果把欧洲若干国家震出原来的旧轨道，那里的社会条件和社会文化心理出现重大的变化，从而给新建筑的发展和推广提供了比较合宜的土壤。

第一次世界大战对美国的影响大不同于欧洲。美国远离战场，只在战争后期才出兵参战。欧洲战区损失严重，战后危机重重，而大战对美国经济却有促进作用。大战期间，美国公司出售给协约国盟友的物资总价值达到119亿美元，而且美国是按战时垄断价格出售产品的。例如法国付给美国货款29.33亿美元，得到的物资实际价值仅为10.93亿美元。美国人凭空多赚法国人18.4亿美元。美国本土不受损失反而大发战争财。战争结束之后，战败国德国人叫苦连天，美国人则安居乐业，过着美满的日子。一切都那么美好，怎能产生和接受激烈变革的想法呢？实际状况只会使美国人更加留恋原有的道路和传统。

不料1929年美国首先爆发了经济危机。这是资本主义世界从来没有过的特大危机，它从1929年开始到1933年结束，前后长达5个年头。美国首当其冲，生产大幅度下降，在1932年工业生产指数最低时比危机前最高点下降55.6%，是资本主义各国中下降最多的。美国经济危机最严重时，钢铁工业仅开工15%，汽车工业开工11%。危机期间美国失业人数从危机前的150万增至1 320万。失业工人陷于困境，他们提出："我们不愿饿死，必须战斗！"反饥饿游行一次接一次，数十万退伍军人上街请愿，要求政府发放生活津贴。危机严重时期美国银行停止营业，股票投机群体中不乏跳楼者。这一次美国人和其他发生危机的国家的人一样，也被震出了原来的生活轨道，许多摩天楼因无人使用而闲置，许多讲究的大住宅也无人居住，建设基本上停止，建筑师没有顾主，无事可干，少数人做些测绘老房子的工作度日。

1933年罗斯福（Franklin Roosevelt，1882—1945）接任美国总统，他承认"在富裕的美国，1/3的人吃得糟糕、穿得糟糕、住得糟糕"。为摆脱危机，缓和矛盾，罗斯福推行一系列新的社会经济政策，被称为"新政"（New Deal）。罗斯福制定"产业复兴法"，建立"公共工程总署"，兴办公共工程，以减少失业人数。1933—1942年，联邦和各州政府出资兴建了12.2万所公共建筑物、285个新机场和大量公共工程项目，其中包括著名的"田纳西河流域综合发展计划"（TVA）。政府还制定了

《国有住宅法》《紧急救济法》，成立联邦救济署，并在财政部下设立“绘画雕塑局”，为的是救援处于困境的艺术家。

这一次大经济危机改变了美国人的生活条件，也改变了他们的思想和心态。R.H.佩尔斯描述大危机期间美国文化和社会思想时写道：“在20世纪30年代，美国作家关注的绝不是限于政治策略和经济改革的问题。实质上，这次萧条给他们提供了一个对社会哲学和价值准则进行实验的机会，这些哲学和准则在很多方面与这个国家以前所接受的是背道而驰的。”佩尔斯认为当时美国出现了一种文化激进主义。当时许多美国人认为“美国必须最终在政治和哲学观点方面与自由主义传统决裂……这个国家刻不容缓地需要新的文艺、新的电影和剧本，以便促进这些变革的实现。”

在这样的经济和社会思想情况下，美国建筑界出现了微妙的变化。耶鲁大学建筑刊物 Perspecta 1950年第1期刊登H.H.里德（Henry Hope Reed）的文章，回顾20世纪30年代“新政”对建筑的影响，文章写道：

说真的，新政是那10年里伟大的艺术保护人，但绝不是出于壮观和排场的考虑，也不是为着表现国家的气派或民主的崇高。相反，政府是向饥饿的艺术家们伸出仁爱慈善的援助之手。政府不是大手大脚、挥金如土的酷爱艺术的人。所以，毫不奇怪，这时的建筑师和规划师准备接受从大西洋彼岸传来的一种新的建筑风格，其特点是只考虑功能需要，取消一切浪费的东西。认为住宅是居住的机器乃是技术时代的恰当口号。

经济危机时期，私人和私营企业几乎不盖房屋，建筑师陷于困境。美国《进步建筑》杂志1950年1月号回顾当年的情况时写道：“20世纪30年代是这样开始的，建筑师事务所，包括一些原来搞得很好的事务所关门了。许多人踯躅街头，希冀找一份绘图员的工作。也有一点诱人的任务，但是从西雅图到萨瓦那，建筑师竞争激烈，为的是拿到联邦政府付款的项目。建筑师这时研读联邦住宅管理局的规定，研究公共住宅的建筑标准……政府的资金有限，对许多人来说如同打开眼界，例如，在公共住宅任务中如何搞出适当多的住户数目，布置好社区中心和幼儿园等。面对极少的资金，意味着设计要解决最最基本的需要，没有支付装饰美化的经费、……在设计学校、住宅和其他类型的房屋时，种种限制推动大家做各种尝试。如使空间效用更好，地板与天花板统一，灵活布置隔断墙，搞开放式布局，灵活变化，引发出标准化的隔墙板，采用整个一片窗墙，使小空间显得宽大一些。”“总之，这是建筑设计行业剧变的时期。更多的建筑师懂得要维持下去，取决于能不能设计出有效的、简单的建筑，他们懂得了这个行业要担负起社会责任来。”

这个时候，美国建筑界兴起了同10年前德国建筑界类似的观念——“新客观精神”（New Objectivity）。建筑观念和建筑艺术口味开始明显地转变。1932年纽约现代美术馆举办现代建筑展览，介绍欧洲和世界其他地方的新建筑，赫契考克和约翰逊二人为展览编写的目录题名为“国际式：1922年以来的建筑”（Hitchcock and Johnson’s Catalogue，The International Style：Architecture Since 1922），影响甚大。1933年芝加哥“世纪进步博览会”（Century Progress Expo 1933）中出现许多新形式的展览建筑。稍后在纽约和旧金山举办的博览会上也都推出了许多造型新奇的建筑物，令人耳目一新。

美国新建筑潮流的出现同欧洲有不少差别：欧洲的新建筑和现代主义建筑的出现经过长期的酝酿、研讨和试验；而美国则几乎主要是由经济危机的现实条件逼出来的，并没有经过多少深入的思想酝酿过程。这正体现出恩格斯所说的美国存在着思想方面的某种程度的落后。因而美国一般人容易看见事物表面的特征，而忽视深层的问题。赫契考克和约翰逊把现代建筑简单地概括为“国际式”便是一个例子。

无论如何，20世纪30年代是美国建筑文化的一个重要转型期。此后美国人接受了欧洲的新建筑，并且迅速将它变做美国最风行的一种样式和风格。从世界范围来看，在20世纪30年代结束的时候，抛开苏联和德国不说，古典和新古典建筑及其他仿古的建筑在世界上已不再是建筑舞台上的唯一主角了，当然它们并没有也不会完全消失。

美国建筑文化的转型在20世纪30年代新建的几座摩天楼上显现出来。

较早的一个例子是费城储金会大楼（Philadelphia Saving Fund Society Building），建筑师是霍埃和莱斯卡兹建筑师事务所（George Howe and William Lescaze）。储金会是一家银行，它建造这座大楼一是自用，二是出租。设计开始于1929年，1930年当建筑师第一次将一个与以前美国高层建筑很不相同的方案提交筹建委员会研究的时候，一位委员打断建筑师的话：“先生，你这个方案永远也不会盖起来！”但是结果盖起来了，大楼高38层，于1932年竣工。大楼最终得到业主批准是由于经济危机来临，社会风尚起了变化。建筑师考虑吸引租户的便利，建议将大楼首层沿街面积完全出租给零售商，把银行自己的营业大厅放在二层，银行客户有单独入口，进门后由楼梯和自动扶梯到达二楼，其上的三个楼层为银行办公室。再往上大楼平面收缩成T型，短边布置电梯和服务用房，长条部分中间为过道，南北为办公用房。办公房间里侧距窗户的距离不超过8.84米，光照与通风良好，还考虑到相邻建筑盖高楼后少受遮挡的问题。大楼第一、二层为营业厅，要求大空间，于是在二、三层之间设结构转换层，采用跨度为19.20米、高度为5.03米的大型桁架，银行的金库和部分设备管道置于结构层内。建筑师不赞成仅在营业厅安装空调设备的一般做法，而将整个大楼都安装空调设备。这座储金会大楼便成为美国第二个全空调高层建筑（第一座是1928年建造的一座21层大楼）。

这座大楼在外观上，底部形成基座，上部横直线条相间，而办公部分突出竖线条。平顶上以“PSFS”霓虹灯横幅结束。底层开大橱窗，窗间墙贴灰色磨光花岗岩，二楼、结构层及上部细柱贴浅黄色石灰石面，窗下墙用灰色贴面砖。整个外观与内部空间吻合，不对称，没有附加的雕刻装饰，给人的印象是实用、朴素、挺直、清新，完全抛开了学院派建筑老一套的构图规则。PSFS大楼是美国和全世界第一个以现代风格建成的高层建筑。

图12-9　费城储金会（PSFS）大楼，1929—1932年

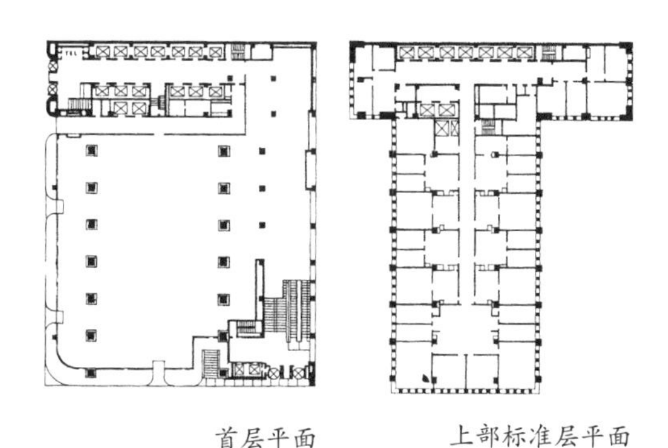

图12-10　费城储金会大楼平面

建筑师霍埃（George Howe，1886—1955）1907年自哈佛大学毕业，又在巴黎美术学院学习4年。他原来擅长古典风格建筑的设计，第一次世界大战后，受欧洲现代建筑运动的影响而转向新风格。20世纪20年代中期他独自开业，被称为“费城杰出的由传统转向现代的建筑师”（a prominent traditional Philadelphia architect-turn-modernist）。

在霍埃拟出PSFS大楼方案雏形的时候，年轻的瑞士建筑师莱斯卡兹（William Lescaze，1896—1969）加入霍埃事务所，掌管具体设计事务。莱斯卡兹在苏黎世大学学习建筑，深受当时欧洲新派的影响。他曾在法国工作，1921年移居美国。

费城储金会的老板们在建筑问题上本来都是倾向于传统样式，这一次在同建筑师的商讨过程中，渐渐愿意接受新风格，主要是因为他们最关心的是如何在经济危机期间艰难的房屋市场上胜过对手，能将建筑租出去。储金会总裁对此特别敏感，他对建筑师提出的“特别实惠和特别摩登”（ultra-practical and ultra-modern）的建筑方案先是犹犹豫豫，后来一点一点地接受了。这在当时多少是有些冒险的，所以这位总裁最后还要霍埃做出保证，要他以一个绅士的名义保证他提供的是一个“有价值的会受到尊重的建筑”，而不是建筑师为自己沽名钓誉的作品。据说霍埃当即做出保证。大楼建成后很快受到各方注目，产生轰动效应。对于银行家来说，轰动就意味着好效益。

比PSFS大楼早两年建成的纽约每日新闻大楼也是显示美国建筑文化转变的高层建筑。它的外形有一些不规则的高高低低的退台，奶油色窗间墙高出褐色的窗下墙及玻璃窗，形成亮丽的上下等宽的垂直线条。每一处退台都是戛然停顿，没有任何处理而像用刀切割出来似的。大楼顶部没有另外的饰物，只是由于顶层布置机械设备而少开窗洞。这座报社大楼光洁、挺直、朴素，与1922年举行设计竞赛、1927年落成的芝加哥论坛报大楼在风格样式上可以说是完全两回事，它倒是与那时被拒绝的格罗皮乌斯的参选方案甚多类似而属于一种风格。然而每日新闻大楼的建筑师胡德（Raymond Hood，1881—1934）本人却正是芝加哥论坛报大楼的设计人之一。前后相差不过七八年时间，同一位建筑师的作品形式风格差别如此之大，并且都受到业主的采纳，若不是美国社会公众的眼光和爱好发生明显转变，是不可能的。1922年格罗皮乌斯的芝加哥论坛报大楼设计方案因“刺疼美国人的眼睛”而遭拒绝，七八年之后，胡德借鉴格氏风格的每日新闻大楼受到欢迎，这生动地反映出美国建筑潮流的改变，而改变的基础是那个时期美国社会文化心理的转变。芝加哥论坛报大楼追求“永恒之美”的希望落空了，原因是社会文化心理不永恒。

第13章
弗兰克·劳埃德·赖特和他的有机建筑论

图13-1　F.L赖特，摄于20世纪50年代

赖特（Frank Lloyd Wright，1869—1959）是20世纪美国一位最重要的建筑师，在世界上享有盛誉。他设计的许多建筑受到普遍的赞扬，是现代建筑中的瑰宝。赖特对现代建筑有很大的影响，但是他的建筑思想和欧洲新建筑运动的代表人物有明显的差别，他走的是一条独特的道路。

赖特1869年出生在美国威斯康星州，他在大学中原来学习土木工程，后来转而从事建筑学。他从19世纪80年代后期就开始在芝加哥从事建筑活动，曾经在当时芝加哥学派建筑师沙利文等人的建筑事务所中工作过。赖特开始工作的时候，正是美国工业蓬勃发展、城市人口急速增加的时期。19世纪末的芝加哥是现代摩天楼诞生的地点，但是赖特对现代大城市持批判态度，他很少设计大城市里的摩天楼。赖特对于建筑工业化不感兴趣，他一生中设计最多的建筑类型是别墅和小住宅。

13.1　赖特早期的建筑作品

13.1.1　草原式住宅

1893年赖特开始独立执业。从19世纪末到20世纪最初的10年中，他在美国中西部的威斯康星州、伊利诺斯州和密歇根州等地设计了许多小住宅和别墅。这些住宅大都属于中产阶级，坐落在郊外，用地宽阔，环境优美；材料是传统的砖、木和石头，有出檐很大的坡屋顶。在这类建筑中赖特逐渐形成了一些有特色的建筑处理手法。1902年伊利诺斯州的威立茨住宅（Willitts House）是其中的一个代表作。

威立茨住宅建在平坦的草地上，周围是树林。平面呈十字形。十字形平面在当地民间住宅中是常用的，但赖特在平面上来得更灵活：在门厅、起居室、餐室之间

a）外观

b）起居室

图13-2　赖特的“草原式住宅”代表作之一——芝加哥罗比住宅（Robie House），1908—1909年

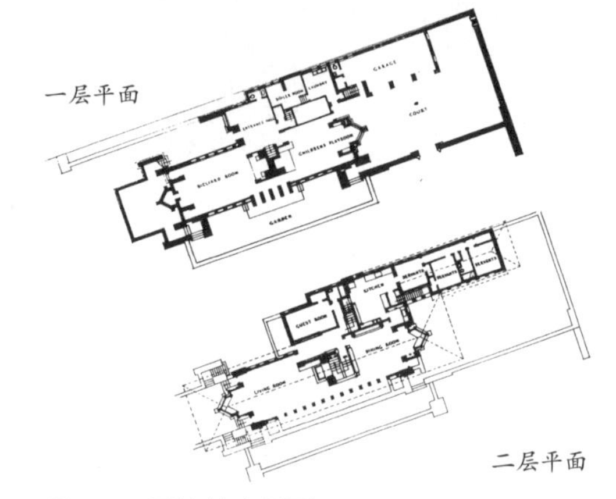

图13-3　罗比住宅平面

不做固定的完全的分隔，使室内空间增加了连续性；外墙上用连续成排的门和窗，增加室内外空间的联系，这样就打破了旧式住宅的封闭性。建筑外部形体高低错落，坡屋顶伸得很远，形成很大的挑檐，在墙面上投下大片暗影。在房屋立面上，长长的屋檐、连排的窗孔、墙面上的水平饰带和勒脚及周围的短墙，形成以横线为主的构图，给人以舒展而安定的印象。

赖特这个时期设计的住宅既有美国民间建筑的传统，又突破了封闭性。它适合美国中西部草原地带的气候和地广人稀的特点。赖特这一时期设计的住宅建筑被称为“草原式住宅”，虽然它们并不一定建造在大草原上。

13.1.2　拉金公司办公楼与东京帝国饭店

1904年建成的纽约州布法罗市的拉金公司大楼（Larkin Building）是一座砖墙面的多层办公楼。这座建筑物的楼梯间布置在四角，入门厅和厕所等布置在突出于主体之外的一个建筑体量之内，中间是整块的办公面积。中心部分是五层高的采光天井，上面有玻璃天棚。这是一个适合于办公的实用建筑。在外形上，赖特完全摒弃传统的建筑样式，除极少的地方重点做了装饰外，其他都是朴素的清水砖墙，檐口也只有一道简单的凸线。房子的入口处理也打破老一套的构图手法，不在立面中央，而是放到侧面凹进的地方。在1904年这些都是颇为新颖的做法。1910年赖特到欧洲，在柏林举办他的建筑作品展览会，引起欧洲新派建筑师的重视与欢迎。1911年在德国出版了赖特的建筑图集，对欧洲正在酝酿中的新建筑运动起到了促进作用。

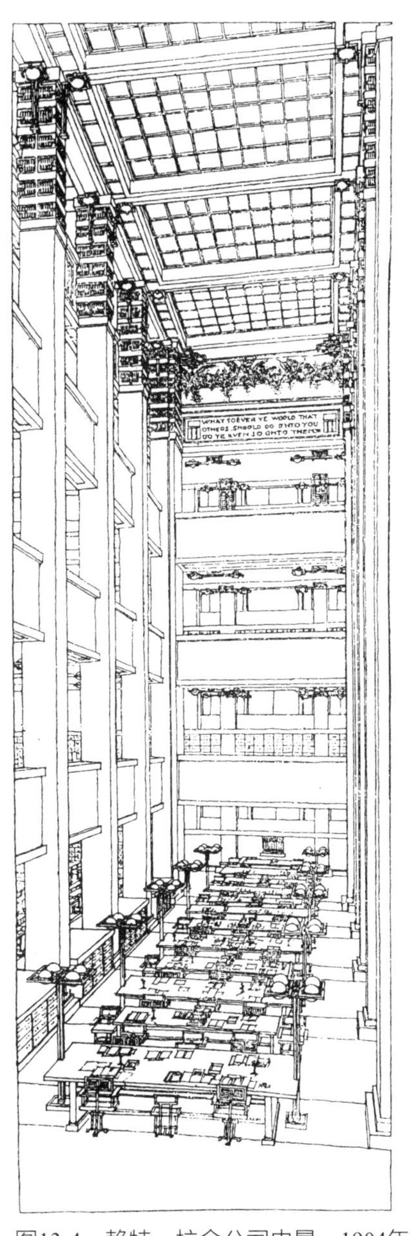

图13-4　赖特，拉金公司内景，1904年

1915年，赖特被请到日本设计东京的帝国饭店（Imperial Hotel）。这是一个层数不高的豪华旅馆，平面大体为H形，有许多内部庭院。建筑的墙面是砖砌的，但是用了大量的石刻装饰，使建筑显得复杂热闹。从建筑风格来说它是西方和日本的混合，而在装饰图案中同时又夹有墨西

图13-5　赖特，东京帝国饭店，1915—1922年

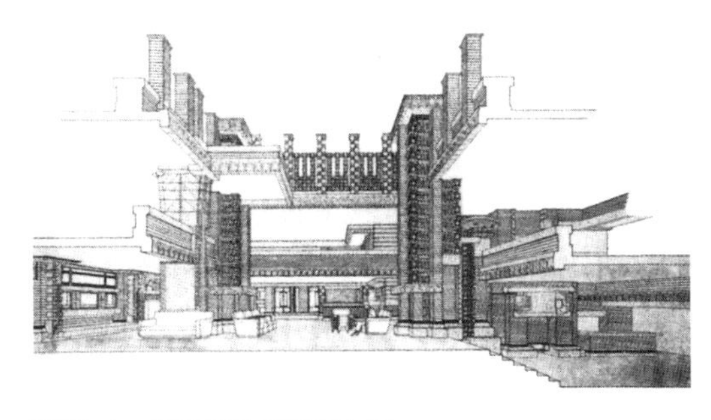

图13-6　东京帝国饭店内景

哥传统艺术的某些特征。这种混合的建筑风格在美国太平洋沿岸的一些地区原来就出现过。特别使帝国饭店和赖特本人获得声誉的，是这座建筑在结构上的成功。日本是多地震的国家，赖特和参与设计的工程师采取了一些新的抗震措施，连庭院中的水池也考虑到可以兼做消防水源之用。帝国饭店在1922年建成，1923年东京发生了大地震，周围的大批房屋震倒了，帝国饭店经受住了考验并在火海中成为一个安全岛。

13.2 流水别墅

在20世纪20年代和30年代，赖特的建筑风格经常出现变化。他一度喜欢用许多图案来装饰建筑物，随后又用得很有节制；房屋的形体时而极其复杂，时而又很简单；木和砖石是他惯用的材料，但进入20世纪20年代，他也将混凝土用于住宅建筑的外表，并曾多次用混凝土砌块建造小住宅。愈到后来，赖特在建筑处理上也愈加灵活多样、更少拘束，他不断创造出令人意想不到的建筑空间和形体。1936年，他设计的“流水别墅”（Kaufmann House on the Waterfall）就是一座别出心裁、构思巧妙的建筑艺术品。

流水别墅在宾夕法尼亚州匹茨堡市的郊区，是匹茨堡市百货公司老板考夫曼的产业。考夫曼买下一片很大的风景优美的地产，聘请赖特设计别墅。赖特选中一处地形起伏、林木繁盛的风景点，在那里，一条溪水从巉岩上跌落下来，形成一个小小的瀑布。赖特就把别墅建造在这个小瀑布的上方。别墅高的地方有三层，采用钢筋混凝土结构。它的每一层楼板连同边上的栏墙好像一个托盘，支撑在墙和柱墩上。各层的大小和形状各不相同，利用钢筋混凝土结构的悬挑能力，向各个方向远远地悬伸出来。有的地方用石墙和玻璃围起来，就形成不同形状的室内空间（图13-11、图13-12），有的角落比较封闭，有的比较开敞。

在建筑的外形上最突出的是一道道横墙和几条竖向的石墙，组成横竖交错的构图。栏墙色白而光洁，石墙色暗而粗犷，在水平和垂直的对比上又添上颜色和质感的对比，再加上光影的变化，使这座建筑的形体更富有变化而生动活泼。

流水别墅最成功的地方是与周围自然风景紧密结合。它轻捷地凌立在流水上面，那些挑出的平台像是争先恐后地伸进周围的空间。拿流水别墅同勒·柯布西耶的萨伏伊别墅加以比较，很容易看出它们同自然环境迥然不同的关系。萨伏伊别墅边界整齐，自成一体，同自然环境的关系不甚密切。流水别墅则是另一种情况，它的形体疏松开放，与地形、林木、山石、流水关系密切，建筑物与大自然形成犬牙交错、互相渗透的格局。在这里，人工的建筑与自然的景色互相映衬，相得益彰，并且似乎汇成一体了。

流水别墅是有钱人消闲享福的房屋，功能不很复杂，造价也不成问题。业主慕赖特之声名，任他自由创作。像密斯设计巴塞罗那博览会的德国馆一样，流水别墅也是一个特殊的建筑。这些条件使赖特得以充分发挥他的建筑艺术才能，创造出一种前所未见的动人的建筑景象。

图13-7　赖特，流水别墅，1936年

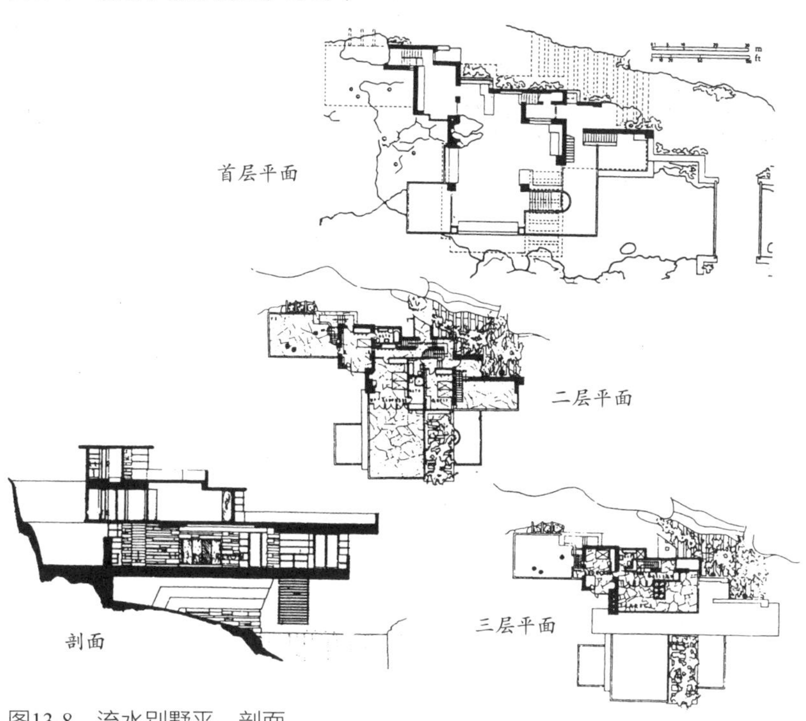

图13-8　流水别墅平、剖面

图13-9　流水别墅秋景

图13-10　流水别墅冬景

图13-11　流水别墅起居室内景

图13-12　流水别墅卧室一角

13.3　赖特的其他著名作品

13.3.1　约翰逊公司总部

位于威斯康星州的约翰逊公司总部（Johnson and Son Inc Racine，Wiscosin，1938）是一个低层建筑。办公厅部分用了钢丝网水泥的蘑菇形圆柱，中心是空的，由下而上逐渐增粗，到顶上扩大成一片圆板。许多个这样的柱子排列在一起，在圆板的边缘互相连接，其间的空档加上玻璃覆盖，就形成了带天窗的屋顶。四周的外墙用砖砌成，并不承重。外墙与屋顶相接的地方

图13-13　赖特，约翰逊公司总部，1938年

有一道用细玻璃管组成的长条形窗带。这座建筑物的许多转角部分是圆的，墙和窗子平滑地转过去，组成流线型的横向建筑构图。赖特的这座建筑物结构特别，形象新奇，仿佛是未来世界的建筑，因此吸引了许多参观者，约翰逊制蜡公司也随之闻名。后来赖特又为这个公司设计了实验楼。

图13-14　赖特，西塔里埃森（中心部分），1938年始建

13.3.2　西塔里埃森

1911年，赖特在威斯康星州斯普林格林（Spring Green，Wisconsin）建造了一处居住和工作的总部，他按照祖辈给这个地点起的名字，把它叫做“塔里埃森”（Taliesin）。从1938年起，他在亚利桑那州斯科茨代尔（Scottsdale，Arizona）附近的沙漠上又修建了一处冬季使用的总部，称为“西塔里埃森”（Taliesin West，Scottsdale，Arizona）。

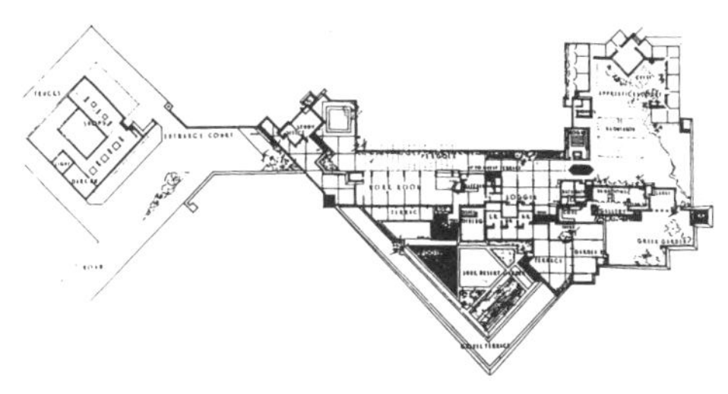

图13-15　西塔里埃森平面

赖特那里经常有一些追随者和从世界各地去的学生。赖特一向反对正规的学校教育，他的学生和他住在一起，一边为他工作一边学习，工作包括设计、画图，也包括家事和农事活动，时不时还做建筑和修理工作。这是以赖特为中心的半工半读的学园和工作集体。

图13-16　西塔里埃森工作室之一

西塔里埃森坐落在沙漠中，是一片单层的建筑群，其中包括工作室、作坊、赖特和学生们的住宅、起居室、文娱室等。那里气候炎热，雨水稀少，西塔里埃森的建筑方式也就很特别，先用当地的石块和水泥筑成厚重的矮墙和墩子，上面用木料和帆布板遮盖。需要通风的时候，帆布板可以打开或移走。西塔里埃森的建造没有固定的规划设计，经常增添和改建。这组建筑的形象十分

图13-17　西塔里埃森的餐室

特别，粗粝的乱石墙、没有油饰的木料和白色的帆布板错综复杂地交织在一起，有的地方像石头堆砌的地堡，有的地方像临时搭设的帐篷。在内部，有些角落如洞天府地，有的地方开阔明亮，与沙漠荒野连成一体。这是一组不拘形式的、充满野趣的建筑群。它同当地的自然景物倒很匹配，给人的印象是建筑物本身好像沙漠里的植物，也是从那块土地中长出来的。

13.3.3 纽约古根海姆美术馆

古根海姆美术馆（Guggenheim Museum，New York）是赖特设计的在纽约的唯一建筑。此方案很早就有了，但直到1959年10月才建成开幕，这时赖特已经去世。古根海姆是一个富豪，他请赖特设计这座美术馆展览他的美术收藏品。美术馆坐落在纽约第五号大街上，地段面积约50米×70米，主要部分是一个很大的螺旋形建筑，里面是一个高约30米的圆筒形空间，周围有盘旋而上的螺旋形坡道。圆形空间的底部直径在28米左右，向上逐渐加大。坡道宽度在下部接近5米，到顶上展宽到10米左右。美术作品就沿坡道陈列，观众循着坡道边看边上（或边看边下）。大厅内的光线主要来自上面的玻璃圆顶，此外沿坡道的外墙上有条形高窗给展品透进天然光线。螺旋形大厅的地下部分有一圆形的讲演厅。美术馆的办公部分也是圆形建筑，同展览部分并连在一起。

在纽约的大街上，这座美术馆的形体显得极为特殊。那上大下小的螺旋形体、沉重封闭的外貌、不显眼的入口、异常的尺度等，使这座建筑看起来像是童话世界中的房子。如果放在开阔的自然环境中，它可能是动人的，可是蜷伏在周围林立的高楼大厦之间，就令人感到局促而不自然，它同纽约的街道和建筑无法协调。

螺旋形的美术馆是赖特的得意之笔。他说："在这里，建筑第一次表现为塑性的。一层流入另一层，代替了通常那种呆板的楼层重叠……处处可以看到构思和目

图13-18　扩建后的古根海姆美术馆

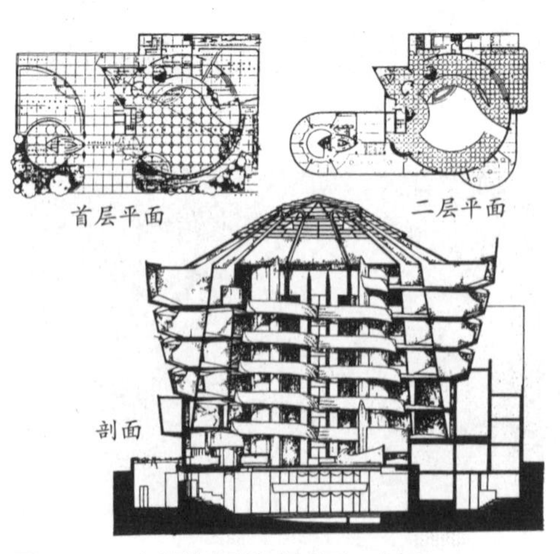

图13-19　古根海姆美术馆平、剖面

的性的统一”。在盘旋而上的坡道上陈列美术品确是别出心裁，它能让观众从各种高度随时看到许多奇异的室内景象。可是作为欣赏美术作品的展览馆来说，这种布局引起许多麻烦：坡道是斜的，墙面也是斜的，这同挂画就有矛盾（因此开幕时陈列的绘画都去掉了边框）；人们在欣赏美术作品的时候，常常会停顿下来并且退远一些细细鉴赏，这在坡道上就不大方便了。美术馆开幕之后，许多评论者就着重指出古根海姆美术馆的建筑设计同美术展览的要求是冲突的，建筑压过了美术，赖特取得了“代价惨重的胜利”。（《纽约时报》的评论）这座建筑是赖特的纪念碑，却不是成功的美术馆建筑。

图13-20　古根海姆美术馆内景

1992年，古根海姆美术馆的后部增加了一个10层的高楼，扩建部分由建筑师格瓦斯梅（Charles Gwathmey）和西格尔（Robert Siegel）设计。增添部分简单朴素，很有分寸，不仅没有破坏原来的建筑风格，反倒起了很好的衬托作用。

13.4　赖特的有机建筑论

赖特把自己的建筑称作有机的建筑（Organic architecture），他有很多文章和讲演阐述他的理论。什么是有机建筑呢？下面是1953年庆祝赖特建筑活动60年的时候，他同记者谈话时所做的一段解释：

记者：你使用“有机”这个词，按你的意思，它和我说的现代建筑有什么不同吗？

赖特：非常不同。现代建筑不过是今天可以建造得起来的某种东西，或者任何东西。而有机建筑是一种由内而外的建筑，它的目标是整体性（entirety）。我说的有机，和谈到屠宰店里挂的东西时的用法不是一回事。

有机表示内在的（intrinsic）——哲学意义上的整体性，在这里，总体属于局部，局部属于总体；在这里，材料和目标的本质、整个活动的本质都像必然的事物一样，一清二楚。从这种本质出发，作为创造性的艺术家，你就得到了特定环境中的建筑的性格。

记者：知道你的意思了，那么你在设计一所住宅时都考虑些什么呢？

赖特：首先考虑住在里面的那个家庭的需要，这并不太容易，有时成功，有时失败。我努力使住宅具有一种协调的感觉（a sense of unity），一种结合的感觉，使它成为环境的一部分。如果成功（建筑师的努力），那么这所住宅除了在它所在的地点之外，不能设想放在任何别的地方。它是那个环境的一个优美部分，它给环境增加光彩，而不是损害它。

在另一个地方，赖特说有机建筑就是“自然的建筑”（a natural architecture）。他说自然界是有机的，建筑师应该从自然中得到启示，房屋应当像植物一样，是“地面上一个基本的和谐的要素，从属于自然环境，从地里长出来，迎着太阳”。有时，赖特又说有机建筑即是真实的建筑，“对任务和地点的性质、材料的性质和所服务的人都真实的建筑”。

1931年，赖特在一次讲演中提出51条解释，以说明他的有机建筑，其中包括“建筑是用结构表达观点的科学之艺术”“建筑是人的想象力驾驭材料和技术的凯歌”“建筑是体现在他自己的世界中的自我意识，有什么样的人，就有什么样的建筑”等。

赖特的建筑理论本身很散漫，说法又虚玄，他的有机建筑理论像是雾中的东西，叫人不易捉摸。而他却总说别人不懂得他，抱怨自己为世人所误解。

但有一点是清楚的，赖特对建筑的看法同勒·柯布西耶和密斯·凡·德·罗等人有明显区别，有的地方还是完全对立的。勒·柯布西耶说：“住宅是居住的机器”；赖特说：“建筑应该是自然的，要成为自然的一部分”。赖特最厌恶把建筑物弄成机器般的东西。他说：“好，现在椅子成了坐的机器，住宅是住的机器，人体是意志控制的工作机器，树木是出产水果的机器，植物是开花结子的机器，我还可以说，人心就是一个血泵，这不叫人骇怪吗？”勒·柯布西耶设计的萨伏伊别墅虽有大片的土地可用，却把房子架立在柱子上面，周围虽有很好的景色，却在屋顶上另设屋顶花园，还要用墙包起来。萨伏伊别墅以一副生硬的姿态同自然环境相对立，而赖特的流水别墅却同周围的自然密切结合。萨伏伊别墅可以放在别的地方，流水别墅则是那个特定地点的特定建筑。这两座别墅是两种不同建筑思想的产物，从两者的比较中，我们可以看出赖特有机建筑论的大致意向。

在20世纪20年代，勒·柯布西耶等人从建筑适应现代工业社会的条件和需要出发，抛弃传统建筑样式，形成追随汽车、轮船、厂房那样的建筑风格。赖特也反对

图13-21　赖特，“广亩城”方案，1934年

图13-22　赖特，普莱斯住宅与办公大楼，1956年

袭用传统建筑样式，主张创造新建筑，但他的出发点不是为着现代工业化社会，相反，他喜爱并希望保持旧时以农业为主的社会生活方式，这是他的有机建筑论的思想基础。

赖特的青年时代在19世纪度过，那是惠特曼（W.Whitman，1819—1892，美国诗人）和马克·吐温（Mark Twain，1835—1910，美国作家）的时代。赖特的祖父和父辈在威斯康星州的山谷中耕种土地，他在农庄里长大，对农村和大自然有深厚的感情。他的“塔里埃森”就造在祖传的土地上，他在八十多岁的时候谈到这一点还兴奋地说：“在塔里埃森，我这第三代人又回到了土地上，在那块土地上发展和创造美好的事物”，对祖辈和土地的眷恋之情溢于言表。

赖特的这种感情引起他对20世纪美国社会生活方式的不满。他厌恶拜金主义、市侩哲学，也厌恶大城市。他自己不愿住在大城市里，还主张把美国首都搬到密西西比河中游去，他也反对把联合国总部放在纽约，主张建在人烟稀少的草原上。按照他的理想，城市居民每人应有1英亩土地从事农业。他始终是个重农主义者。虽然他大半生时间生活在20世纪，可是某些思想仍属于19世纪。他不满意美国的现实生活，经常发出愤世嫉俗的言论，他抱怨自己长时间没有得到美国社会的重视。

在建筑方面也是这样，他看不上别人的建筑，激烈地攻击20世纪20年代的欧洲新建筑运动，认为那些人把他开了头的新建筑引入了歧途。他挖苦说：“有机建筑抽掉灵魂就成了‘现代建筑’”“绦虫钻进有机建筑的肚肠里去了”。他对当代建筑一般采取否定的对立的态度。1953年在谈到美国建筑界时他说：“他们相信的每样东西我都反对，如果我对，他们就错了。”他说，世界上发生的变化对他都不起影响，

“很不幸，我的工作也没有给这些变化以更多的影响。如果我的工作更好地被人理解，我本来可以对那些变化发挥有益的影响”“我的理想完全确定了，我选择了率直的傲慢寡合”。赖特后来虽然有了很大的名声，但他是个落落寡合的孤独者。

赖特的思想有些方面是开倒车的，他的社会理想不可能实现，他的建筑理想也不能普遍推行。他实际涉及的建筑领域其实很狭窄，主要是有钱人的小住宅和别墅，以及带特殊性的宗教和文化建筑。他设计的建筑绝大多数在郊区，地皮宽阔，造价优裕，允许他在建筑的形体空间上表现他的构思和意图。大量性的建筑类型和有关国计民生的建筑问题他很少触及。即使在资本主义社会中，他也是一个很突出的为少数人服务的建筑师，或者说，是一个为少数有特殊爱好的业主服务的建筑艺术家。

但在建筑艺术领域，赖特确有其独到的方面，他比别人更早地冲破了盒子式的建筑。他的建筑空间灵活多样，既有内外空间的交融流通，同时又具有幽静隐蔽的特色。他既运用新材料和新结构，又始终重视和发挥传统建筑材料的优点，并善于把两者结合起来。同自然环境的紧密配合则是他的建筑作品的最大特色。赖特的建筑使人觉着亲切而有深度，不像勒·柯布西耶的那样严峻而乖张。

在赖特的手中，小住宅和别墅这些历史悠久的建筑类型变得愈加丰富多样，他把这些建筑类型推进到一个新的水平。

赖特是20世纪建筑界的一个浪漫主义者和田园诗人。他的成就尽管不能到处被采用，但却是建筑史上的一笔珍贵财富。

1959年，赖特以89岁的高龄离开人世。

第14章
纽约帝国州大厦与洛克菲勒中心

14.1　纽约帝国州大厦

第二次世界大战以前，世界上最高的建筑物是纽约那座85层的帝国州大厦（美国各州都有一个别名，帝国州是纽约州的别名）。设计者为美国史莱夫-兰布-哈蒙（Shreve，Lamb & Harmon）建筑事务所。

帝国州大厦和大多数高层建筑一样，底部是商业店面，上部是办公用房，大部分用来出租。它坐落在纽约繁华的第五号大街上。地段长130米，宽60米。5层以下占满整个地段面积，从第6层开始收缩，面积为70米×50米。30层以上再次收缩，到第85层面积缩小为40米×24米。85层之上还有一个直径10米、高61米的圆塔，塔本身相当于17层。因此，帝国州大厦常常被认为是102层。帝国州大厦圆塔顶端距地面380米，第一次超过巴黎铁塔的高度。

图14-1　纽约帝国州大厦，1929—1931年

从技术上来看，帝国州大厦是一座很了不起的建筑，它的总体积为96.4万立方米，有效使用面积为16万平方米。房屋总重量30.3万吨，结构用钢5.8万吨。大楼建成后，由于重量极大，楼房钢结构本身压缩了15—18厘米。楼内装有67部电梯，其中10部直达第80层，行驶1分钟。楼内有大量复杂的设备管网。有的暖气管因温度膨胀，伸长量达35厘米。

图14-2　帝国州大厦底部

图14-3　夕阳下的帝国州大厦

值得一提的是帝国州大厦的施工速度。1929年10月现场开始拆除旧房。11月开始结构设计。1930年1月，底部钢结构设计图纸送交加工厂。3月1日钢结构施工开始，9月22日钢结构全部完工。10月楼板施工结束，11月外墙石活完工。1931年5月1日大楼全部竣工，开始使用。整个大楼从拆除旧房到交付使用只用了19个月。按102层计算，平均每5天多建造1层。这个施工速度在20世纪70年代以前在美国也没有被超过。

这座大厦施工快的第一个原因在于建筑设计同结构设计和施工配合较好。帝国州大厦的形体比以前的许多高层建筑都更简单，因此构件和配件的规格品种大为减少。以窗子来说，大楼共6 400个窗子，其中5 704个是把窗子和铝制窗下墙板预先装配在一起，它们总共只有18种不同规格。外墙上的石片贴面也尽量减少规格，并且把石料同砖砌体预先拼好，再吊上去安装。减少构件规格，提高预制程度，大大减少了手工操作和现场工作量，也减少了加工订货和运输的麻烦，有助于提高建筑业的劳动生产率。

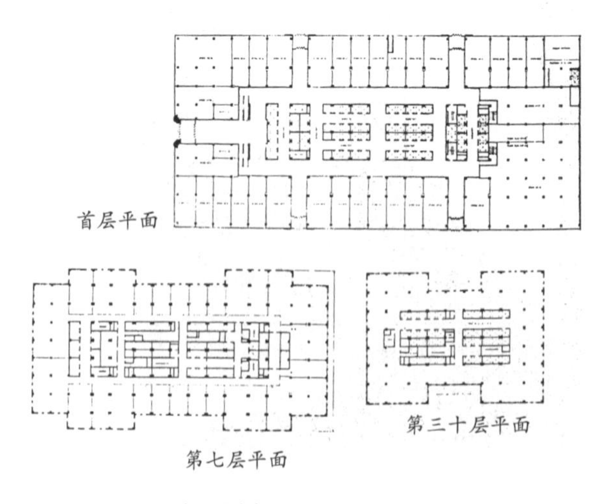

图14-4　帝国州大厦平面

施工快的第二个原因是组织管理搞得好。帝国州大厦位于纽约最繁华的街道上，高楼大厦一个紧接一个，街道上车水马龙，川流不息，而大楼本身把全部地段完全塞满了，现场没有丝毫空地。材料和设备只能在建筑底部卸车。参加大楼施工的有40家大小公司，所有工作必须严格按计划进行。钢构件从钢厂运出后，必须在80小时以内安装到建筑上去。其他材料送到后也立即由临时吊笼往上运送。在高峰时期，每天8小时工作时间内，运到500车材料，卡车司机都要知道所载材料在什么时间送到哪一个吊笼，否则不准驶入现场，这就减少了二次搬运。现场只允许备3天的用料，否则无处堆放。由于用地紧张，混凝土搅拌站设在地下室内。大楼施工人数最多时达3 500人。为了减少拥挤，采用了错开时间上下班的方式，随着楼层的上升，在楼上开设临时午餐食堂，以节省时间。这样，在20世纪30年代初期，机械化水平不高的条件下，实现了高速度施工。全部造价4 094.89万美元，比预算的5 000万元少近1／5，工期也缩短了。

人们曾经担心帝国州大厦的巨大重量会引起地层变动，但这种情况并没有发生。人们又担心高楼在大风中摆动过大。据截止至1966年的报道，帝国州大厦的最大摆动为7.6厘米，对安全和人的感觉没有什么影响。

1945年7月28日，一架B—25型轰炸机在大雾中撞上帝国州大厦的第79层。飞机损毁了，大楼的一道边梁和部分楼板受到破坏，一架电梯震落下去。楼内11人死亡，25人受伤。但对楼房总体没有什么影响。有说法认为即使大楼再增高1倍，它的现有结构也能支持得住。

帝国州大厦的建成，表现了20世纪30年代建筑科学技术的发展水平。

14.2　洛克菲勒中心

1930年洛克菲勒集团开始在纽约曼哈顿区第五号大街一块约4.77万平方米的地段上建造一组商业建筑。其中最高的一座70层的办公楼RCA大楼，主要由美国无线电公司占用，称为无线电城；其次是38层（地面以上）的国际大厦（International Building）和36层的时代与生活大厦（由时代与生活杂志出版公司占用）；其他还有十几座多层建筑，包括戏院、音乐厅、各国领事馆、外国公司、20个餐馆、200家商店以及地下停车场、地下商店等。建筑群中央有一个下沉式小广场和绿化街。这个大型商业、办公和娱乐的中心被称为洛克菲勒中心。该中心自1930年5月开始拆除旧房，到20世纪30年代末陆续建成，共有大小15座楼房。如此庞大的建筑群，统一规划、统一设计、统一建造，在当时引起轰动，世界为之惊叹。

洛克菲勒中心是怎样筹建起来的呢?

中心所在地段那块地皮原属哥伦比亚大学。经济危机爆发前，洛克菲勒集团将它租下，准备建一座歌剧院。租期约21年，期满后可延长21年，嗣后地皮及建筑物全归哥伦比亚大学所有。没有料到歌剧院尚未建造，经济危机临头，建造歌剧院的计划流产。把地转给别人已没人要，维持原状也不行，因为这块地皮上原有建筑物每年只能收入30万美元，而洛克菲勒集团每年要付租金330万美元！洛克菲勒决定出新招：把地段上旧有建筑物统统拆掉，新建一大批有吸引力的房屋。

图14-5　纽约洛克菲勒中心，20世纪30年代末

图14-6　洛克菲勒中心的下沉式广场

经济危机年代，纽约房屋出租市场也是一片萧条。1925年纽约办公建筑物的空房率是5.5%，1931年达到17%，1934年更达到25%。洛克菲勒要成功，就要在新颖便利上下功夫，使新建筑有最大的吸引力，把已经减少的房客招揽到自己的房屋中来。这是一场激烈的争夺房客的竞争。

所以，“洛克菲勒先生不要重复城里已经有过的那套东西，他要搞出一套新的，要能把这个城市没有的，或是还没有发展起来的企业吸引到这里来……他要求新的布置和新的出租战略”。

洛克菲勒当时看中的是新兴的无线电、唱片和有声电影等企业。1930年5月初，洛克菲勒集团与美国无线电公司（RCA）、全国广播公司（NBC）、胜利唱片公司等几家新兴企业签订租房合约。5月中旬动手拆除旧房，7月确定几家负责设计的建筑师事务所。次年3月又公开招揽房客，7月开挖地基。1933年建成第一批房屋。对于洛克菲勒来说，一寸光阴一寸金，必须尽快把赔钱的局面扭转过来。

经营策略定下以后，关键在建筑设计了。

第一是布置出最多的建筑面积；其次是布置出最长的临街店面长度；第三是使中心范围内各座高楼尽量不互相遮挡；第四是使楼内办公面积尽可能有最好的光线和通风等。

根据当时的建筑市场行情，办公室进深在20英尺（6.096米）以内，平均租金2.8美元每平方英尺，进深大到 50英尺（15.24米）时，平均租金为1.65美元每平方英

图14-7　RCA大楼，1931—1933年

尺。就是说50英尺进深的办公室租金只及20英尺进深的60%。洛克菲勒中心的设计者经过全面衡量，认为进深27英尺（8.23米）的办公室最有利可图，所以决定高层建筑物的10层或12层以上的办公室进深都保持在27英尺左右。这样一来，大楼上部平面基本上都成长条形，而大楼外观则成板片状。因为愈往上，电梯数量愈少，所以洛克菲勒中心的板式建筑上部又有一些退台。在芝加哥论坛报为自己建造报馆大楼时，每个房间的用途都能确定，甚至标出使用者的名字。洛克菲勒中心的许多建筑物不知道建成以后归谁使用，为适应这种不确定的情况，它的办公空间一般不做固定分隔。以后，这种做法日渐流行开来。

RCA大楼1931年7月动工，1933年落成。它采用钢结构，建筑净面积27万平方米。屋顶距地面259米。外墙面窗间墙贴石灰石板，窗下墙稍凹，为带简单线条的铝板。石灰石窗间墙形成凸出的垂直线条。主入口有三个门洞，门上有浮雕装饰。此外，建筑上再没有什么装饰。

美国《建筑论坛》杂志在1935年11月号载文评论洛克菲勒中心的设计工作时写道："从一开始，洛克菲勒中心的目标就是投入一定的资本，保证一定的收入。基本的考虑是搞出足够数量的出租面积，确保付税、管理费和利润。这一点一分钟也没有放松。美观方面的考虑，只有对出租房子有用时才认为是需要的。雇用了一些雕塑家和画家，但绝非房产主要当仁慈的艺术资助人，而是出于一种信念：艺术能够捞钱（art paid）。掌握投资和收益的人操纵一切，建筑师在严格的限制下工作……在一切方面，建筑的形式由出租经营部门决定，而不是产生于建筑师的绘图室。"

参加洛克菲勒中心设计工作的建筑师R.胡德（Raymond Hood）在杂志上写文章说："解决问题的方法，同其他大型商业建筑一样，可以用'支出与收入'（cost and return）两个词来概括。在建筑师的词汇中，这两个词已经变得非常非常重要。我知道，对建筑师来说这叫人厌恶。我受的教育使我也认为经济的压力是不利的，免去这种压力，建筑师才能搞出好建筑。""我们得到了一次宏大的机会。在建筑学的发展中，在某种意义上，资本第一次和建筑成为不可分的伴侣……如果洛克菲勒中心取得成功，就证明建筑师适合要求，给予机会，他们能尽到责任，表明建筑学的秩序同商业上的成功并不冲突。如果洛克菲勒中心失败了（如果它不能自立而需要每年贴钱进去，那就是失败），那么，在许多年内，资本就不会再给建筑师这样的机会了……不用说，参加洛克菲勒中心（建筑设计）的每个人都明白，他把自己的名声押在里面了。他的职业前途取决于洛克菲勒能否成功。”

胡德建筑师多少有点学究气，他以为资本同建筑第一次在洛克菲勒中心结合，这是不确的。胡德受的教育使他感到无奈。

后来，在1950年6月号的《建筑论坛》上，杂志编者又一次谈到洛克菲勒中心的建筑设计：“在洛克菲勒中心的设计和建造中，有四位富有经验且铁石心肠的经理，他们手中牢牢地掌握着利润的尺子，每一项建议都得用这把尺子衡量一番。如果说洛克菲勒中心没有搞庞然大物的一大块，而是分成许多幢大楼，这也并非出于什么城市理想，而只是因为约翰·托德经理说：‘在离窗口30英尺以外的建筑面积上，我从来赚不到一文钱。’RCA大楼的东墙上出现几个收退，这也不是为着使建筑造型有些生气，而是为了在减少电梯数目以后，不要出现无利可图的面积。在洛克菲勒中心决心让出1英亩土地做一个小广场之前，那些经理们反复考虑的是，这么一来，RCA大楼可以在第五号大街上被看见了，于是可以多收租金。洛克菲勒中心的几座楼距离拉得稍开，这是因为经理们从他们的经验中知道，光线充足的大楼比被遮挡的大楼更容易租出去。”

该杂志编者在1950年说，洛克菲勒中心成功了：“它也许是世界上最赚钱也是最好的办公楼群。现在企业争着到那里去，原有的租客不肯轻易离开。”

洛克菲勒中心的建造过程告诉人们，在市场经济条件下，经济因素在现代商业建筑的生产中起着何等重要的作用。而且，经济这个因素在20世纪30年代美国建筑文化的转变中也发挥了至关重要的推动作用。

费城PSFS大楼、纽约每日新闻大楼、帝国州大厦和洛克菲勒中心的出现，显示了美国高层和超高层建筑的样式和风格在20世纪30年代末已经出现转向，它们也预示了第二次世界大战后一个时期内美国建筑将要发生的变化。

第15章
CIAM与建筑中的现代主义

15.1 CIAM

1928年，24名来自不同国家的现代派建筑师（法国6人，瑞士6人，德国3人，荷兰3人，意大利2人，西班牙2人，奥地利1人，比利时1人）在瑞士拉萨拉茨一座城堡中集会，这是现代建筑国际会议（Congrés Internationaux de I’Architecture Moderne，CIAM）的第一次会议。会议的召开，表明现代主义建筑已成为一种有相当影响的国际现象。这些建筑师认为有必要在一起讨论一些共同关心的问题，互通声气，互相支持。会议不是一个常设的机构，只是提供讨论问题的机会。第一次会议通过一个《目标宣言》，有关建筑的部分如下：

关于建筑：

——我们特别强调此一事实，即建造活动是人类的一项基本活动，它与人类生活的演变与发展有密切的关系。

——我们的建筑只应该从今天的条件出发。

——我们集会的意图是要将建筑置于现实的基础之上，置于经济和社会的基础之上，从而达到现有要素的协调——今天必不可少的协调。因此，建筑应该从缺乏创造性的学院派的影响之下和古老的法式之下解脱出来。

——在此信念鼓舞之下，我们肯定互相间的联系，为此目的互相支持，以使我们的想法得以实现。

——我们另一个重要的观点是关于经济方面的：经济是我们社会的物质基础之一。

——现代建筑观念将建筑现象同总的经济状况联系起来。

——效率最高的生产源于合理化和标准化。合理化和标准化直接影响劳动方式，对于现代建筑（观念方面）和建筑工业（成果方面）都是如此。

1929年，CIAM在德国法兰克福举行第二次会议，讨论的主题是“生存空间的最低标准”（Die Wohnung für das Existenzminimum），研究合理的最低生活空间标准。

会议由法兰克福建筑师E.梅（Ernst May，1886—1970）发起，他当时在法兰克福设计建造了一些低造价住宅，引起国际建筑界人士的关注。

1930年，CIAM第三次会议在布鲁塞尔召开，继续讨论居住标准与有效利用土地和资源的问题。

1933年，CIAM举行第四次会议。会议在一艘游船上召开，游船从雅典到马赛航行在地中海上。这次船上的会议集中讨论城市问题，主题为“功能城市”。与会人员对34个欧洲城市进行了分析比较。这次会议认为：

今天，大多数城市处于完全混乱的状态，它们不能承担应有的职责，不能满足居民的生理和心理的需求。

自机器时代以来，这种混乱状态表明私人的利益的扩张……

城市应该在精神和物质的层面上同时保证个体的自由和集体行为的利益。

城市形态的重组应该仅仅受人的尺度的指引。城市规划的要点在于四项功能：居住、工作、游息和流通。

城市规划的基本核心是居住的细胞（一个住所），将它们组织成团，形成适当规模的居住单位。以居住单位为起点，制定居住区、工作区、游息区的相互关系。

要解决这些严重的任务，合理的做法是利用现代技术进步这一资源。

这次会议的文件在10年之后才加以发表，它被称为城市规划的《雅典宪章》。

1937年，CIAM第五次会议在巴黎召开。主题是“居住与休闲”。这次会议认为，历史形成的架构以及城市的区位对一个城市的影响非常重要。

这个时候，欧洲战云密布，很快就要发生第二次世界大战。战前CIAM共召开了五次会议。

二次大战前CIAM的成立和活动，表明现代主义建筑思潮已趋于成熟和壮大，历史表明，它是20世纪最重要的建筑思潮和风格流派。20世纪20年代被看做是现代主义建筑的“英雄时期”，20世纪30年代可以看作是它的成熟和扩展时期。

15.2 建筑中的现代主义

关于现代主义建筑，特别是20世纪20—30年代的现代建筑潮流，人们有种种不同的看法，而且时常引起激烈的论争，可以说是仁者见仁、智者见智，不可能也不必要求得统一。这里只谈谈我们现在的认识。

有一种广为流传的看法，认为现代主义就是提倡方盒子式的建筑物，因为到处出现了光光的“方盒子”，所以现代主义就等于“国际式”。方盒子单调乏味，国际式千篇一律，所以现代主义不可取。应该说这是片面的或者说是皮相的看法。那么什么是建筑中的现代主义的基本含义呢？从第二次世界大战前现代主义建筑的主要代表人物所发表的言论看，它似乎应包括以下几点：

（1）强调建筑随时代发展而变化，现代建筑应该同工业时代的条件和特点相适应。1920年，勒·柯布西耶在《新精神》杂志第一期上疾呼："一个新的时代开始了！"格罗皮乌斯说："我们正处在全部生活发生大变革的时代……我们的工作最要紧的是跟上不断发展的潮流。"1924年，密斯在《建筑与时代》的短文中写道："建筑是表现为空间的时代意志……必须了解所有的建筑都和时代紧密联系，它只能以活的东西和时代的手段来表现，任何时代都不例外。"

（2）强调建筑师要研究和解决建筑的实用功能需求和经济问题。19世纪学院建筑教育注重建筑的形式和艺术问题，但近世以来，建筑的功能变得多样复杂了，而且，对于大多数建筑物来说，经济性是关键的问题。建筑师中长期存在的轻视功能和经济的态度需要来个转变。格罗皮乌斯呼吁现代建筑设计者要解决好实用与经济的问题，他说："一件东西必须在各方面都同它的目的性相配合，即能实际完成其功能，应该是可用、可信赖而且又经济的。"格罗皮乌斯在谈到他早年设计的法格斯工厂和科隆博览会建筑时写道："两座建筑物都清楚地表明，我的重点放在功能方面。"密斯写道："必须满足我们时代的现实主义和功能主义的需要。"勒·柯布西耶在《走向新建筑》中大声疾呼，建筑师应该从轮船、汽车、飞机的设计中取得启示，因为它们的"一切都建立在合理地分析问题和解决问题的基础之上，因此是经济又有效的"。密斯说："我们的实用性房屋（building）值得称之为建筑（architecture），只要它们以完善的功能表现真正反映所处的时代。"

（3）主张采用新材料、新结构，促进建筑技术革新，在建筑设计中运用和发挥新材料、新结构的特性。早在1910年，格罗皮乌斯就建议采用工业化方法建造住宅，以后一直强调运用新技术的重要性。密斯在《建造方法的工业化》（1924）中写道："我认为建造方法的工业化是当前建筑师和施工者的关键课题……而建筑过程的工业化是一个材料问题。"密斯在20世纪20年代前期提出的五个著名的建筑设想方案就表现出他对在建筑设计中发挥钢、玻璃和混凝土的特点的浓厚兴趣。勒·柯布西耶在1914年就用一幅图解说明现代框架结构与现代建筑设计的紧密关系，以后他一直不断发掘钢筋混凝土材料在艺术表现方面的可能性。对于材料技术同建筑的紧密关系，密斯实际上看得比别人更重，他甚至说："技术扎根于过去，主宰着现在，伸向未来。这是真正的历史运动，体现和代表着时代的最伟大的运动之一。"

（4）主张摆脱历史上过时的建筑传统的束缚。19世纪末叶以来，许多建筑师都指出，旧的建筑样式和法式已不适合新时代的需要。现代主义建筑的第一代大师们发展了这一思想，更明确、更坚决地主张摆脱传统建筑和旧的建筑样式的束缚。密斯说："在我们的建筑中试用以往时代的形式是没有出路的。即使有最高的艺术才能，这样的做法也会失败。"勒·柯布西耶说："对建筑艺术来说，老的典范已被推翻……历史上的样式对我们来说已不复存在"。（《走向新建筑》）

（5）主张创造新的建筑艺术风格，发展建筑美学。现代建筑的倡导者在20世纪20年代提出了一些新的建筑艺术和建筑美学的原则与方法。格罗皮乌斯说："美的观念随着思想和技术的进步而改变。谁要是以为自己发现了'永恒的美'，他就一定会陷于模仿和停滞不前。""我们不能再无尽无休地复古了。建筑不前进就会死亡"。

第一代大师们提出或推崇下述这些新的建筑艺术和美学原则：

——表现手法与建造手段的协调。格罗皮乌斯写道："包豪斯有意识地系统地形成建造手段与表现手法的新的协调"。

——注重建筑形象与内部功能的配合。格罗皮乌斯说："我们要求内在逻辑性的鲜明坦然，不要被立面和欺骗手法所掩饰……要创造从形式上可认出其功能用途的建筑"。

——提倡灵活的均衡的构图手法。密斯说："过分着重理念与规则的理想主义的布局原则既不能满足我们的现实要求，也不符合我们的实际感受。"（《在阿莫尔工学院的讲演》，1938）

——提倡简练的建筑处理手法和纯净的形体，反对附加的繁琐装饰。密斯推崇"少即是多"（less is more），勒·柯布西耶赞美"纯净的形体（pure form）是美的形体"。

——提倡建筑师吸收现代视觉艺术的新经验。格罗皮乌斯认为，"现代绘画已突破古老的观念，它所提供的无数启示正等待实用领域加以利用"。勒·柯布西耶自己就同时从事抽象绘画与雕塑的创作，他的建筑作品与他的绘画和雕塑作品是一脉相通的。

以上这些建筑观点和主张有过许多不同的名称，诸如"功能主义""理性主义""客观主义""实用主义""国际式""机器美学"……采用哪种名称同各人对它的态度有关。有的攻其一点或突出其一点，不及其余，有的看其实质，有的看它的表面。总体来看，更多的人称之为现代主义建筑思潮。这个名称突出了这种建筑思潮的时代性。在20世纪前期，西方出现了现代主义文学、现代主义美术、现代主义音乐、现代主义戏剧、现代主义哲学等，它们的特点都是在各自的领域中脱离或反对传统的观念、传统的风格、传统的手法。现代主义建筑确实与其他领域的现代主义派有相同或类似的地方，这种称呼能够表达出这种建筑思潮和风格的时代特色。第二次世界大战之后，现代主义建筑出现了若干变种和支派，为了加以区别，对于上述20世纪20—30年代提出的观点、主张及风格往往在“现代主义” 四个字之前加上“20世纪20年代”的字样，称之为“20世纪20年代现代主义建筑”，有的人则称之为“正统现代主义建筑”（orthodox modernism architecture）。有的人还在书写中将20世纪20年代正统现代主义建筑的英文词用大写字母M开头，写成Modernism或Modern architecture；小写字母m开头的modernism或modern architecture则指一般的现代建筑。

应该说明的是，建筑师的用语并不严谨，并不科学，并不统一，有很大的模糊性和随意性，常常连约定俗成的程度也达不到。

不但如此，由于现代主义建筑运动实际上是建筑界的自发的行为，没有立法，也没有统一的必须共同遵守的章程行规，因此，在不同的建筑师那里，观念、言论和具体做法很不一致。即使是同一个建筑师，例如勒·柯布西耶，在不同的年代也会有不同的言论，突出强调不同的侧面。建筑师，特别是大建筑家，他们的思维方式一般不像科学家和工程师那样严密和精确，他们多半有浓厚的艺术家的气质，常常会发表语不惊人死不休的具有轰动效应的口号和警句。例如密斯讲过“我们不管形式”的话，其实他最注意的就是形式。又如勒·柯布西耶讲“住宅是居住的机器”，实际上他并没有真正地把住宅当作机器去设计，他本人绝不是一个机械工程师那样的人物，他本质上是一个艺术家。

我们在上面将20世纪20—30年代的现代主义建筑思潮归纳为五个方面的主张，这是就当时那些代表人物的共同点而言的，实际上他们的差异性也是很大的。说到“方盒子”式的建筑物，的确是存在的，有时还很集中、明显，如1927年斯图加特住宅展览会上就出现了许多方盒子式的住宅建筑，勒·柯布西耶有几年也设计了一些方盒子模样的建筑物。但并不能说20世纪20年代现代主义建筑就是方盒子式的。密斯在1929年巴塞罗那博览会上的两座建筑，丝绸馆是一个方盒子，而著名的德国馆就远不是一个方盒子。勒·柯布西耶在20世纪30年代也设计了非方盒子式的带有地域特色的住宅。他在《走向新建筑》中曾辛辣地讽刺过要把火车站做得具有地方特色的主张，他说：“人们取下了牧羊神的笛子，在议会上鼓吹起来，作出决议案，向铁路公司施加压力，把从巴黎到迪亚普的30个小车站都设计成不同的地方色彩，以显示它们的不同山丘背景和它们附近不同的苹果树，说什么这是它们固有的特点、它们的灵魂等等。”但是等到勒·柯布西耶到北非转了一趟以后，他自己也注意地方特点了。

我们在前面介绍瑞典、芬兰和巴西的现代建筑时看到，现代建筑向有着不同的自然和社会特点的地区扩散后很快就带上了地区特色。不能否认有“方盒子”式，也不能否认“国际式”，但也不能把20世纪20—30年代的现代主义建筑和建筑师看成铁板一块。它们既有共性又有个性，既有国际性又有地区性，既有整一性又有多样性。事实上，历史上的哥特建筑、文艺复兴建筑，近代的古典建筑何尝不是当时的“国际式”！一个时期兴起某种建筑风尚，出现一定程度的类似性，自古皆然，没有什么奇怪的。

现在又流行一种看法，即讥讽20世纪20年代现代主义建筑思想是乌托邦式的幻想。的确，20世纪20年代现代主义建筑的代表人物的一些设想没有得到实现。但是我们应该想到，像一切新生事物一样，早期现代主义建筑师的想法也有不成熟的甚至是空想性质的成分。现代主义建筑运动的参加者都是专业知识分子，他们在行的是技术和艺术的事情，对于复杂的社会政治经济他们是不熟悉的、幼稚的。但是在20世纪20—30年代欧洲进步政治势力的影响下，在当时欧洲知识分子信仰偏左的气氛下，他们从自己的专业，即建筑和城市建设问题出发，接触和关心社会大众的住居问题，走出了历来约束建筑师的象牙之塔，想用自己的知识和技能，帮助解决和治理与自己专业有关的社会问题和社会矛盾，因而提出了一些理想主义的设想和方案。这些设想和方案把建筑和城市问题简化了，主要是他们忽视了资本主义社会中政权和经济法则的铁的作用，因而这些知识分子的方案必然难以实现。离开具体的建筑技术和艺术任务愈远、愈是向整个城市这样大的社会问题提升，他们的想法就愈是显得苍白和空洞，这已为历史发展的事实所证实。但是作为后来人，我们应该怎样看待这班人呢？我们认为，可以吸取必要的经验教训，但不要苛求于前人，更不要因为他们当年的观点中包含空想社会主义的成分而奚落他们。相反，应该为他们走出象牙之塔、以天下为己任的热心肠而表示我们的敬意。

1937年，日本发动全面侵华战争。同年，德国、意大利和日本三个当时最富于侵略性的国家结成联盟。1938年德国吞并奥地利，肢解捷克斯洛伐克。1939年9月1日德国入侵波兰，第二次世界大战爆发，世界广大地区陷入战火之中，那些地方的建筑活动也随之中断了。

第3篇
时代大潮

第16章

第二次世界大战后初期建筑活动概况

1945年，德国、意大利、日本战败投降，第二次世界大战结束。

德意日是战败国，战后初期经济凋敝。英法等西欧国家，虽然是战胜国但元气大伤。只有美国经济兴盛，财大气粗。就各国工业生产情况而言，如以1937年的工业指数为100%，1946年各国的工业指数如下：美国为150%（1943年曾达到207%），英国为88%，法国为69%，德国为31%，意大利为72%，日本为24%。各国在世界工业生产总值中所占的比重，于1937—1948年间发生显著变化：美国的比重由战前的42%增加为53.4%，英国由11%变为11.2%，法国由5%降为3.9%，德国由12%降为3.6%，日本由4%降为1%。战后初期，各国经济都受到削弱，只有美国不但没有削弱，反而增强了。战后一段时间内，美国是首屈一指的经济强国。建筑活动与经济状况紧密相关。1950年前后，美国是条件最优越、盖房子最多和最考究的地方。欧洲和亚洲其他国家的建筑活动在20世纪50年代中后期才渐渐活跃起来。

战争促进了科学技术的发展，战后建筑领域的科学技术也有新的进展。钢材仍是主要的结构材料，但建筑用钢向高强度方向发展，结构自身的重量因而有所降低。水泥标号也提高了，钢筋混凝土结构向轻质高强度方向迈进。预应力技术在20世纪50年代中期推广使用。战争期间，由于制造飞机的需要，铝产量大增；战争结束后，铝材大量用于建筑之中。1952年美国铝公司在匹茨堡市建造的公司大楼（Alcoa Building，1952，建筑师 W.Harrison & M.Abramovitz）除结构之外，其他部位如内外墙面、天花板、门窗、电线、灯具、家具等一切可用铝材的地方通通用铝制作。塑料也广泛应用于房屋建筑之中。从建筑材料看，品种和质量都比战前进步了。

二战之后建筑结构科学有很大进步。计算机的应用大大加快了结构计算的速度，先前难于采用的结构形式现在可以采用了。壳体结构、空间结构、悬索结构大量用于大跨度建筑物，影响并改变了大跨度建筑物的形体。房屋施工方面，预制装配化水平和机械化、工业化水平提高，加快了房屋建造速度。20世纪50年代，施工中采用了大型塔吊。有人认为，正确使用塔式起重机能使高层建筑的结构施工时间缩短1—2个月。由于采用塔式起重机，大楼的平面常采用十字形和Y形。“历史上只有很少数的施工工具像塔吊这样影响到建筑设计”。

建筑物的使用质量由于房屋机电设备的增多和质量的改进而大为提高。建筑设备造价在房屋总造价中的份额增大，在许多商业性建筑物中，这个份额接近1／2。房屋的能源消耗也由于建筑设备的增多而增加。20世纪70年代世界发生能源危机之后，人们努力降低房屋能耗，建筑节能成为建筑科学技术和建筑设计中的重要课题之一。总之，房屋建筑的科学技术含量在不断增多。

图16-1 R.诺伊特拉，洛杉矶市劳维尔（Lovell）住宅，1927—1929年

图16-2 洛杉矶市劳维尔住宅内景

著名英国历史学家威尔斯（H.G.Wells，1866—1946）在1902年发表的《预言》中曾经写道：“在这个世纪中，建筑方法非来个彻底革命不可……什么都用手，一块块地砌砖，拖泥带水地粉刷，在墙面上糊纸，全靠一双手……我不理解为什么还要沿用这种珊瑚筑礁的方式。用更好的、少耗费点人的生命的做法，肯定能造出更好的墙来。”

20世纪前期，现代主义的代表人物正是抱着同样的观点，为大规模工业化建筑而大声疾呼。勒·柯布西耶的《走向新建筑》是一个例子，格罗皮乌斯在20世纪20年代亲自做过装配化住宅的试验，密斯想着用玻璃和钢做高层建筑的外墙等。这些构想和计划在第二次大战之前并没有真正普遍地实现。第二次大战以后才逐渐成为现实。20世纪50年代以后，在世界各地广泛使用的工厂制备的各种幕墙就是证明。

从建筑创作和建筑艺术的角度看，战后初期的建筑格局和热点改变了。二战前，建筑创作的热点在西欧；二战后，西欧仍不断有新动向出现，但在20世纪50—60年代，美国的建筑更加引人注目。美国经过二战前一段时间的建筑文化的转变，二战之后，建筑舞台上活跃异常。20世纪20—30年代西欧提出来的不少建筑构想，在战前没有条件或来不及实现的，战后在美国这个富饶的国家中开花结果了。

除了前述的社会经济条件外，有一个重要的因素是欧洲许多现代主义建筑师先后到达美国。其中著名的有格罗皮乌斯（1937年抵美）、密斯（1938年抵美）、孟德尔松（E.Mendelsohn，1941抵美）、布劳耶（M.Breuer，1937抵美）等人，奥地利建筑师R.诺伊特拉（Richard Neutra，1892—1970）则早在1923年就到了美国。这批欧洲来的建筑师到美国后都定居下来，入了美国籍。他们除了以自己的建筑作品影响美国人之外，有的还从事教学活动。格罗皮乌斯1938—1969年在哈佛大学建筑系和设计学院执教，密斯1938—1959年在伊利诺斯工学院主持建筑教学。这两位第一代现代主义建筑大师在美国设坛传经，亲自培养了一大批年轻一代的美国门徒。其中不少人，如P.鲁道夫（Paul Rudolph，1918—1997）、贝聿铭（I.M.Pei，1917—2019）等，经格罗皮乌斯或密斯的言传身教，后来成为第二代现代主义建筑师中的佼佼者，他们于20世纪50年代开始逐渐登上建筑舞台，使现代主义建筑在20世纪中期的美国兴盛一时。这时的美国成为全世界年轻建筑师向往的建筑热点。

这时候，不但在美国，而且在世界大多数地区，现代主义建筑成了最引人注目的建筑主流。其他各式各样的建筑风格和派别依然存在，但都不如现代主义建筑那样红火热闹。

第17章

现代主义建筑升堂入室的标志

纽约市曼哈顿岛东面的河岸上，耸立着一幢高大的板片式大厦，它的下面铺排着几座低矮的建筑，其中有一个带弯曲墙面和弯曲屋顶的联合国大会堂和多层的理事会用房，这就是联合国总部建筑群。

图17-1　纽约联合国总部秘书处大厦，1946—1950年

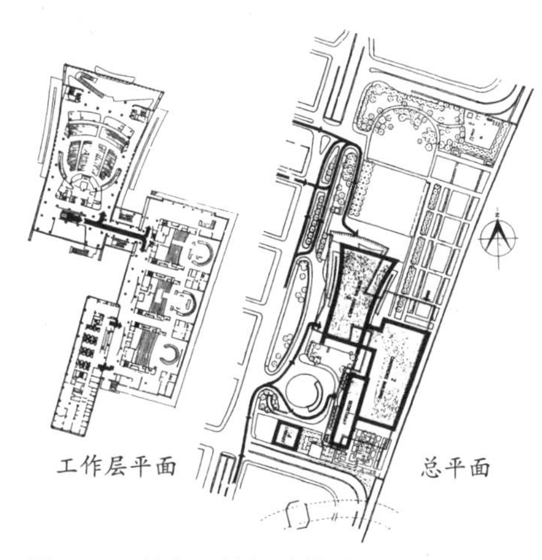

图17-2　联合国总部建筑群平面

第二次世界大战结束时成立的联合国组织（United Nations）接受美国国会的邀请，将总部设在美国。随后，联合国接受了洛克菲勒财团捐赠的位于纽约市东河岸边的一块土地，它南北长457米，东西长183米，面积8.36万平方米。

联合国组织为营造总部建筑，聘请了10位来自10个国家的著名建筑师为建筑顾问，他们是：澳大利亚的G.A.Soilleux，比利时的Gaston Brunfaut，巴西的Oscar Niemeyer，加拿大的Ernest Cormier，中国的梁思成，法国的Le Corbusier，瑞典的Sven Markelius，苏联的N.D.Bassov，英国的 Howard Robertson，乌拉圭的Julio Vilamajo。

建筑设计的负责人是美国建筑师W.K.哈里森（Wallace K.Harrison）与M.阿布拉莫维兹（Max Abramovitz）。1946年开始建筑设计，1947年5月确定建筑方案，1948年开始拆除地段上的原有房屋，同年秋开工。联合国总部分为三大部分，即联合国大会堂、联合国秘书处办公大厦与联合国三个理事会的会议和办公楼。1948年秘书处大厦首先动工，1950年落成。当时预计将有3 500名工作人员在其中办公，为了少占土地和便利各部门的联系，采取向上发展的高层建筑形式。秘书处大厦地下3层，地上39层。其平面为狭长的矩形，长87.48米，宽21.95米。从地面到最顶层高165.8米，直上直下，没有一点退凹和凸出，形成一个竖立着的砖块似的板片建筑。大厦的东西两面整个是蓝绿色玻璃幕墙，南北两端为竖直的狭窄的实墙，表面贴灰色大理石。结构做法：地下采用钢筋混凝土基础，地上部分为钢框架。建筑物东西两面分为10个开间，每开间阔8.54米，层高3.66米，室内净空高2.89米。大厦的第6、16、28、39层为设备层，在立面上可以看出来。每层楼板边缘从边柱中心线向外挑出0.84米，玻璃幕墙固定在楼板边上。幕墙采用铝制框格，每一开间划分为7格。窗下墙外表也是蓝绿色玻璃，但玻璃里侧涂成黑色，后面是10厘米厚的焦渣砖，焦渣砖与玻璃之间有空气隔层。焦渣砖里表面喷涂2.5厘米厚的石棉纤维层，再往里是空调器箱。窗台距室内地面高度为0.76米。

秘书处大厦安装18部乘人电梯。大楼顶部有一圈空格墙，将机电设备遮挡起来。大厦总建筑面积8万多平方米，其中建筑设备和服务用面积占总面积的1／4。

图17-3　联合国大会堂外观

联合国大会堂匍匐在秘书处大厦的北侧。它的外形有点特别，大体呈长方形的建筑的侧面是凹进的弯曲墙面，屋顶也是弯曲的凹面，于是会堂的前后两端如同一大一小的矩形喇叭口。凹曲面的屋顶上有一个小圆包，它的下面即大会堂正厅。正厅的室内装饰风格是现代派的。大会堂的入口门厅不做吊顶，故意让空调等设备、管线袒露出来。

图17-4　联合国大会堂门厅

在秘书处大厦和大会堂的背后，紧临东河河面的多层建筑物是联合国安全理事会、经济与社会理事会及托管理事会三个部门的会场、会议室和办公室的所在，它架在原有的河滨路的上面。

上述三个主要建筑物位于整个地段的东南部。秘书处大厦前的空地称联合国广场。地段的其余部分有绿地、停车场。广场地下有可停1 500辆汽车的地下车库，以及修理车间、印刷所及其他附属设施。

图17-5　联合国大会堂内景

大会堂于1952年最后完工。

西方各国的议会大厦和政府建筑大都建于19世纪。联合国总部是20世纪建造的规模较大也是最重要的世界议会性质的政治性建筑物。设计这样的建筑要解决许多复杂的功能问题。联合国总部本身有数千名工作人员，又要接纳大量来自世界各国各地区的代表、随员、新闻人员和参观者。代表开会时要有多种语言的同声翻译，要迅速向外界发送信息，及时印制文件。在20世纪50年代的技术条件下，一个代表每发言1小时，需要400小时的处理工作量。单是恰当地处理和组织各种各样的人流、物流、信息流，就是非常复杂的任务。古代建筑如希腊神庙和哥特式教堂，外观十分繁杂而内里空间及其功能却很单纯。这个联合国总部建筑，其外形相当简单纯净，内部空间及功能却极度复杂。设想如果把联合国总部建筑的外壳揭开，我们就能看到它的内部如同许多复杂精巧的机器的组合，有点像把钟表的外壳打开后看到的复杂机件一样。

同历史上建造的同类性质的建筑相比，联合国总部建筑是十分新颖的。20世纪以前建成的那些议会建筑，如英国、法国、德国和美国的议院和国会，层数都不太高，都是砖石结构，墙体厚重，窗孔较小。联合国总部建筑同这些老建筑完全异趣，它以高、轻、光、透取胜。玻璃是光的，石头墙面也是光光的一片，没有任何装饰和雕刻。以前的议会建筑大都整齐对称，“表情端庄”，为的是让人们感到那种机构非常严肃、非常崇高，从而产生敬畏之情。现在这个世界性议会却不然，它采取错落的、灵活的、不规则的布局，给人以平易、朴素、随和及务实的印象。先前的议会建筑多少都有一些雕刻装饰，显示着手工业时代建筑艺术的成就；联合国总部建筑是另外一功，它通过采用机器生产的构件配件，显示出工业化时代的整齐、效率和民主制度的非威严气氛。

这个联合国总部建筑群不但与先前世纪的政治性建筑大不相同，而且与20世纪20年代国际联盟日内瓦总部建筑亦大异其趣，二者包含了不同的意蕴。

1927年，第一次世界大战后成立的国际组织——国际联盟为其总部征求建筑方案，勒·柯布西耶送去的方案遭到拒绝（参见9.2节）。当时国际联盟选择的是一个新古典主义的建筑方案。当年国际联盟拒斥勒氏的方案，20年后，联合国聘请勒氏为建筑顾问，经过第二次世界大战，事情竟有如此大的变化，这是为什么呢？

图17-6　日内瓦国际联盟大厦，1927年

不能说联合国总部建筑一定要采用现在那样的建筑形式。“形式跟从功能”并非意味着一种功能注定只有一种形式。形式与技术、材料的关系也是如

此。尽管现在联合国总部的建筑形式有很多优点，它也绝不是唯一的。实际上它完全可以被设计成具有另外的形式与风格的建筑。联合国当局为什么没有像国际联盟当局那样拒绝勒·柯布西耶，反倒礼聘他为顾问并且采用具有明显勒氏风格、印记的现在这种建筑方案呢？

应该说，主要不是勒氏变了而是世界变了。

简言之，从20世纪20年代到50年代，时间不算长，但世界发生了重大的变化，结果，世界范围内的社会文化心理和建筑风尚也出现了显著的改变。除了其他因素，政治因素在这期间对建筑风尚的改变，特别是对这种世界性议会建筑风格的改变，起了关键性的作用。

众所周知，德国在20世纪20年代是现代主义建筑的中心之一。但德国的右翼保守势力始终反对现代主义。1933年希特勒上台后，更敌视现代主义，包豪斯被迫解散。希特勒亲自提倡古典主义建筑样式，他的政府建筑大都选择严肃呆板、带有肃杀之气的简化的古典建筑样式，这是其一。其二，苏联在斯大林管理下，也极力排斥革命初期的前卫建筑思潮，斯大林也提倡古典建筑样式。苏联的苏维埃宫建筑设计竞赛就是一例。其三，国际联盟当局在二次大战来临之际，软弱颟顸，在国际事务中不起作用而终至溃散。建筑样式如何与它的失败并无实际联系，但在人们的感觉中，还是不免将国际联盟当局排斥勒氏建筑方案而选择保守的建筑风格同国际联盟领导层的因循保守和颟顸无能联系起来了。

图17-7　德国纽伦堡纳粹时期的体育场，1935年

这样一来，在这个特定问题上，采用什么建筑样式和风格便带上了政治色彩。传统建筑风格同法西斯、布尔什维克和国际联盟挂上了钩。另一方面，法西斯排斥现代主义建筑，美国则接纳从德国逃出的现代主义建筑代表人物，以现代主义建筑的支持者自许。按照“敌人拥护的我们要反对，敌人反对的我们要拥护”的逻辑，在第二次世界大战刚刚结束之际，新的联合国组织要在美国建造古典建筑样式的总部是拿不出手、上不了台盘的。在现代主义建筑大行其道之时，联合国领导层中即使有人不喜欢现代主义建筑，他也很难启齿，即便说出来也成不了气候。

像联合国总部这样大规模的复杂的建筑物包含这样那样的缺点是不足为奇的，实际上也在所难免。但有些问题是很奇怪的，例如，秘书处大厦的两片大玻璃墙正好朝东和朝西。纽约夏天气温相当高，朝西开大玻璃窗如何得了？当时就有人指出，东边有大玻璃，西边也同样处理，岂不是把常识都忘了么？显然这种做法是为了形象，代价是高额的降温费。

对于联合国总部的建筑形象，落成之后毁誉参半。有人认为它是纽约最美的建筑之一，有人则感到极度失望。最多的批评意见是认为它的形式太抽象，不具纪念性。这是由于人们觉得它太新颖而产生了陌生感。但无论人们怎样评价它，重要的事实是在20世纪50年代初，联合国总部采用这样的形式，表明现代主义建筑除了在商业性实用性的建筑类型中大行其道之外，又踏进了政治性纪念性的建筑领域。

在联合国秘书处大厦落成10年后的1960年，巴西新首都巴西利亚（Brasilia）建成了新议会建筑，设计人是巴西建筑师尼迈耶。巴西新议会建筑的风格与联合国总部有不少相似之处，但又有新的发展。关于巴西新议会建筑，我们将在21.2节再作介绍。

图17-8 莱威尔等，加拿大多伦多市政厅，1958—1968年

1968年，加拿大多伦多市新市政厅落成。为建这座新市政厅，1958年举行了国际设计竞赛。在众多的设计方案中，芬兰建筑师莱威尔（Viljo Revell，1910—1964）与另外三名芬兰建筑师（Heikki Castren，Bengt Lundsten，Seppo Valjus）合作的方案中选。1964年开始设计工作，加拿大建筑师J.B.帕尔金（John B.Parkin，1911—1975）参加设计，使方案适合多伦多的情况与要求。1963年动工，1968年完成。市政厅下部是一片3层高的裙房，其中布置市政府所属的各种对外办事机构。裙房之上耸立着两个圆弧形板片式大楼，一座为25层，高68.6米；另一座31层，高88.4米。两座圆弧形大楼相对而立，成环合之势，朝内的一面开大玻璃窗，向外的一面都是带有竖线条的实墙面。在两座大楼合抱的“院子”下面是一个低矮的圆形会议厅，它有一个圆形壳体屋盖。两座弧形大楼围着一个圆形会议厅，仿佛是“二龙戏珠”。整个市政厅造型简洁，以简单几何形体为主，不加雕饰，只是突出高与低、直与曲、直面与球面、光面与阴影的交叉对比。“二龙戏珠”似的构图别开生面，不落俗套，使这座市政厅既庄重又活泼，既有纪念性又亲切宜人，还有几分俏皮的姿态。总之，它给人一见难忘的视觉印象。

从联合国总部、巴西新议会、多伦多市政厅，以及世界各地另外几座具有新风格的政府性建筑来看，可以说现代主义建筑的创作原则、方法、形式和风格在20世纪50—60年代已经“升堂入室”，成了20世纪中叶世界建筑园地中最耀眼的品类。

第18章

密斯·凡·德·罗后期的建筑创作：钢与玻璃的建筑艺术

1930年，密斯继任包豪斯的校长，1933年，学校被法西斯政权解散。1937年密斯到美国任伊利诺伊州工学院（Illinois Institute of Technology，Chicago）建筑系主任，从此定居美国。

美国是世界上工业最发达的国家，房屋建筑中大量使用钢材。密斯到美国后，专心探索钢结构的建筑设计问题。他认为结构和构造是建筑的基础："我认为，搞建筑必定要直接面对建造的问题，一定要懂得结构构造。对结构加以处理，使之能表达我们时代的特点，这时，仅仅在这时，结构成为建筑。"从这一观点出发，他细心探索在建筑中直接运用和表现钢结构特点的建筑处理手法。

密斯到美国后不久，为伊利诺伊州工学院的校园扩建制定了规划设计。校园在芝加哥市区之中，是一块面积为44.5公顷的长方形地段，其中有行政管理楼、图书馆、各系馆、校友楼、小教堂等十多幢低层建筑。校园内所有建筑都用钢框架结构，多数建筑采用7.3米×7.3米（24英尺×24英尺）的平面格网，层高3.66米（12英尺），钢框架直接显露在外，框格间是玻璃窗和清水砖墙。密斯对构造细部作了精细的处理，但是总的看来，建筑外观呆板单调，整个校园如同工厂，缺少优美亲切的校园气氛。

1955年建成的伊利诺伊州工学院建筑馆（又名克朗楼，Crown Hall）长67米，宽36.6米，地面层高6米，馆的内部是一个没有柱子和承重墙的大空间，整个屋顶用四榀大钢梁支承，钢梁突出在屋面之上。学生的设计室以及管理、图书、展览场所都在这个房间四周，全在玻璃的大空间之内，仅在个别地点用不到顶的隔断墙略加遮挡。车间、储藏室、厕所等在半地下层内。

取消建筑内部的墙和柱，用一个很大的无阻挡的空间来容纳多种不同活动场所是密斯后来常用的手法。1954年密斯提出的芝加哥会堂（Convention Hall）方案是一个著名的例子。他的会堂方案是一个巨大的方块建筑，每边长82.3米（270英尺），用双向钢桁架做顶，沿周边有24个柱墩，内部是面积达4.65万平方米（50万平方英尺）的无阻拦的单一空间，可容5万人。然而这个方案没有实现。

图18-1　密斯，伊利诺伊州工学院建筑馆（克朗楼），1955年

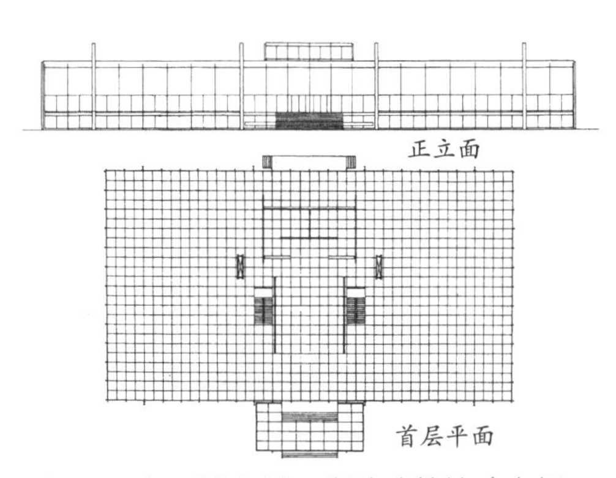

图18-2　伊利诺伊州工学院建筑馆（克朗楼）平面图、立面图

图18-3　伊利诺伊州工学院建筑馆（克朗楼）设计教室

图18-4　密斯，范斯沃斯住宅，1945—1950年

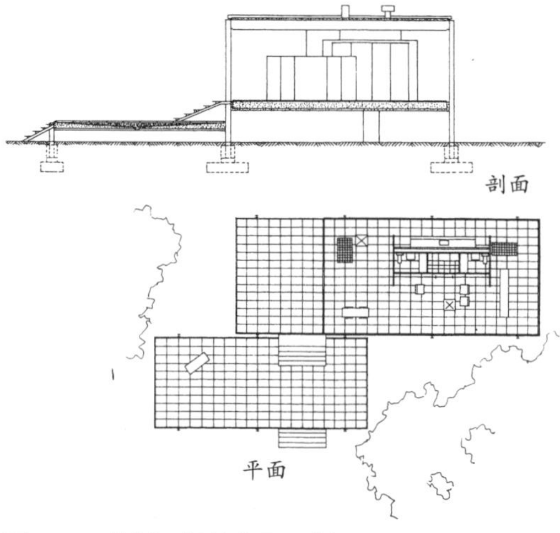

图18-5　范斯沃斯住宅平、剖面

范斯沃斯住宅（Farnsworth House，Plano，Illinois，1945—1950）是一座用钢和玻璃造的小住宅。它坐落在水边，长约24米，宽约85米，用八根工字钢柱夹持一片地板和一片屋顶板，四面是大玻璃。中央有一小块封闭的空间，里面藏着厕所、浴室和机械设备，此外再无固定的分割。主人睡觉、起居、做饭、进餐都在四周畅通的空间之内。密斯对这座建筑的构造细部作过精心的推敲，把它做成了一个看起来非常精致考究的亮晶晶的玻璃盒子。要是用做花园里的亭榭，它是相宜的，可是让一个单身的女医生住在里面，就不甚方便了。房子还没有完工，这位医生已经同密斯吵翻。

图18-6　密斯，芝加哥湖滨大道公寓大楼，1948—1951年

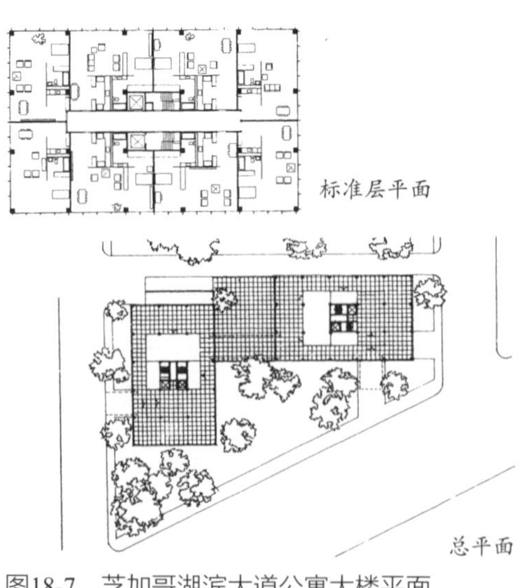

图18-7　芝加哥湖滨大道公寓大楼平面

1921年，密斯就提出了他理想的玻璃摩天楼的设想。在半个世纪后的美国，他的理想变成了现实。20世纪40年代末，密斯设计了用钢框架和玻璃建造的26层的芝加哥湖滨大道公寓大楼（860 Lake Shore Drive Apartment Building Chicago，1948—1951），后来又陆续有几处高层的居住或办公大楼。最引人注意的是1958年落成的纽约西格拉姆大厦（Seagram Building，New York，1954—1958）。

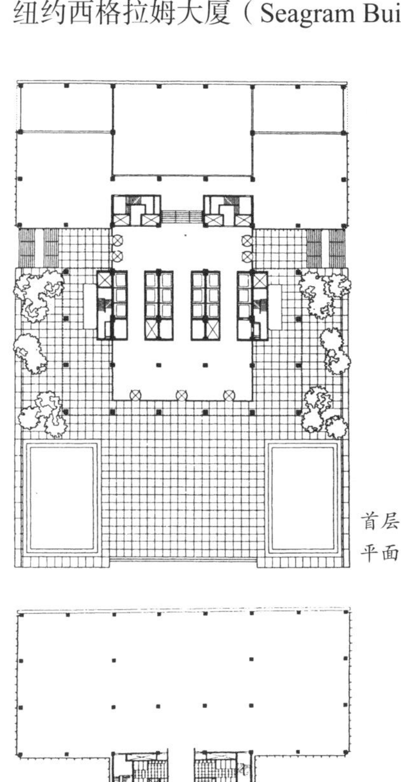

图18-8　密斯，纽约西格拉姆大厦，1954—1958年

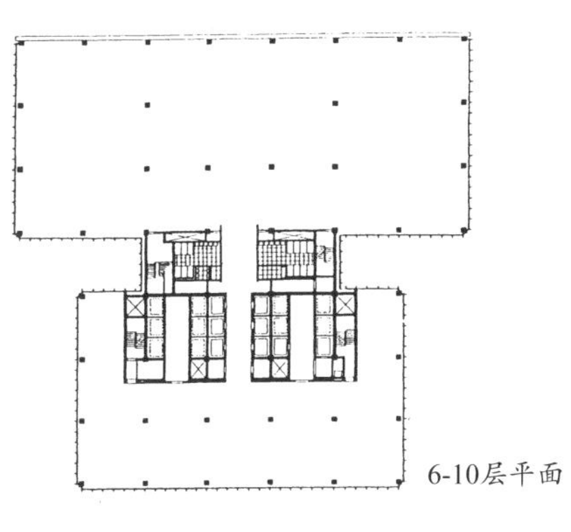

图18-9　西格拉姆大厦入口

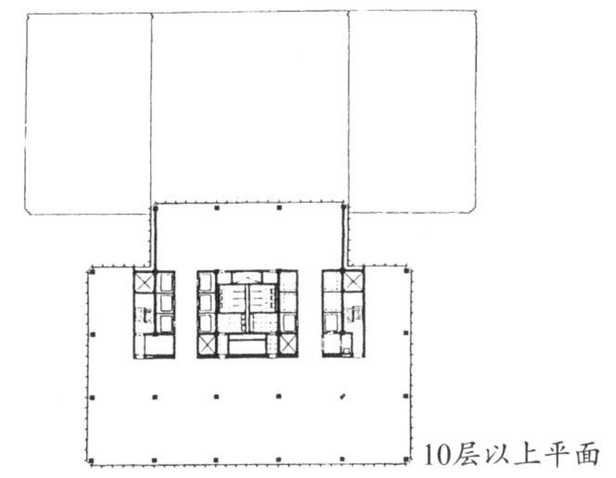

图18-10　西格拉姆大厦平面

图18-11　密斯，西柏林新国家美术馆，1962—1968年

西格拉姆公司是一家大酿酒公司，它聘请密斯为它在纽约曼哈顿区花园大道上设计一座豪华办公楼。主体建筑38层，高158米，它从街道边线退后27.4米，在前面留出一片带水池的小花园。建筑物的柱网很整齐，正面五间，侧面三间，柱距一律8.53米（28英尺）。首层层高7.32米（24英尺），上部各层一律2.74米（9英尺）。首层外墙向里缩进，形成三面柱廊。顶层为设备层，外观稍有变化，除此而外，每开间都是6个窗子，玻璃和窗下墙的尺寸也完全相同，直上直下，了无变化，外形极为简单。

在密斯设计的许多钢结构建筑上，曾在窗棂的外皮贴上工字断面的型钢，一方面是为了增加墙面的凸凹感，加强构图的垂直线；另一方面是为了象征性地显示钢结构。因为在高层建筑上，由于防火的需要，真正的承重钢结构都用混凝土包裹起来，看不见了。通常的做法是在防火层的外边再贴金属材料。西格拉姆大厦外表上的金属部分既不是钢也不是铝，而是铜。采用这种古已有之的色调温暖的金属材料，使西格拉姆大厦在一般钢或铝的高层建筑之中显得格调高雅，与众不同。

1962年，密斯开始为西柏林的一个新文化中心设计一座美术

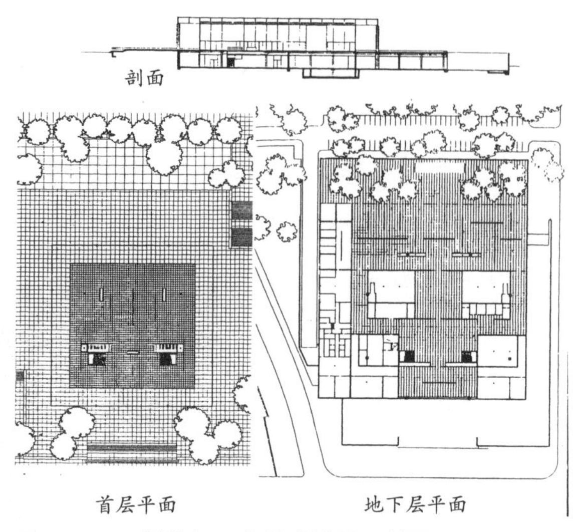

图18-12　西柏林新国家美术馆平、剖面

图18-13　西柏林新国家美术馆首层门厅

图18-14　自西柏林新国家美术馆地下层望下沉式庭院

馆，即西柏林新国家美术馆（New National Gallery，West Berlin），1965年密斯为它奠基，1968年落成。这座美术馆是正方形的两层建筑，一层在街道地面上，一层在地下。上层是一个正方形的展览大厅，四周全是玻璃墙，它立在基座上，上面是钢的平屋顶，每边长64.8米，四边支在八个钢柱子上，柱高8.4米，断面是十字形，每边两个。大厅面积为54米×54米，周围形成一圈柱廊，大厅内部除了管道、衣帽间、电梯部分外全部通畅。绘画挂在活动隔板上，便于随时更改布置。底下一层是钢筋混凝土结构，柱网较密，有较多的固定房间，其中有展览室、车间、办公室、储藏室等。底层的一侧有下沉式院子，陈列露天雕塑。

这座美术馆有围柱、基座、厚重的挑檐和方正的形体，在内部，格局基本上也是对称的，具有浓厚的庙堂气氛，因而被称为密斯的新古典主义作品。密斯于1938年离开柏林，30年之后他给这个城市留下了这座钢和玻璃的庙堂。

密斯一生实际建成的建筑物不多，他发表的言论也很少。但是正像他的“少即是多”的原则一样，他对现代建筑师的影响却很大。密斯的影响不在于他的理论。他早年虽然说过要注意功能问题之类的话，但他自己就不太注意这一方面。他的许多建筑也像范斯沃斯住宅那样，昂贵而不适用。密斯的贡献在于他长年专注地探索钢框架结构和玻璃这两种现代建筑手段在建筑设计中应用的可能性，尤其注重发挥这两种材料在建筑艺术造型中的特性和表现力。从1929年的巴塞罗那德国馆到1968年的西柏林美术馆，从单层小住宅到38层的西格拉姆大厦，他一直在继续这方面的探求。他对于实用问题越来越放松，唯美主义的倾向越到后来越明显。有人就高层建筑的空调设备和垃圾管向他提出问题，他的回答是：那不关我的事！可是，在运用和发挥钢结构和玻璃的造型特点这一方面，他确是达到了很高的水平。他把工厂生产的型钢和玻璃提高到和古代建筑中的柱式和大理石同样重要的地位，他运用钢和玻璃发展了建筑空间的处理手法。他的巴塞罗那德国馆虽然存在时间极短，可是它留下的几十幅照片却对世界各国的建筑系师生和建筑师产生了广泛影响。密斯的简洁明快的墙面处理，灵活多变的流通空间，把钢和玻璃同传统的砖木和大理石结合的经验，以及直截了当地对待结构的做法已经成为现代建筑师广泛应用的手法。

钢和玻璃是现代建筑中大量应用的材料，密斯抓住了钢结构和玻璃，也就抓到了现代建筑的重要课题，他影响比较大的主要原因在此。在工业越发达、钢材应用越多的地方，密斯的影响也越大，在美国和原联邦德国，曾经出现“密斯风格”的建筑（Miesian Architecture）就是证明。

密斯·凡·德·罗是一个对现代建筑产生广泛影响的具有独特风格的建筑家。1950年，他在一次讲演中说，“当技术实现了它的真正使命，它就升华为艺术”，密斯·凡·德·罗通过他的钢与玻璃的建筑，为在现代建筑中把技术与艺术统一起来做出了成功的榜样，这是他的主要贡献。

第19章

工业化胜利的建筑符号

联合国总部秘书处大厦建成之后，光洁轻薄、平平整整的板式和方墩式的幕墙大楼在美国大城市商业区的大道上雨后春笋似的涌现出来。这种建筑新景观首先出现在美国是由三方面的条件促成的。

第一，美国经济在第二次世界大战时期有一个大发展。许多大公司积聚了大量财富。战争期间，建设重点在军需方面，民用建筑压缩，战后建设重点转向民用方面，出现了民用建筑的兴旺时期。小企业盖小房子，大企业盖大房子，财大气粗的大银行、大公司纷纷在最重要的商业干道边建造新的高楼大厦。它们是大公司大银行的总部，是生财的不动产，又是公司实力的证据。美国摩天楼的历史证明，高楼大厦是企业的形象与符号，引人注目的建筑有难以估量的广告效应。

第二，二战之后，工业化生产的各种轻质幕墙达到实用化的阶段。二战之前，美国的高层建筑的外墙虽然并不承重，但外表仍砌有砖石。二战之后发展起来的轻质幕墙，窗间墙取消了，窗下墙和窗子一起在工厂中制备。窗下墙高度降低，外表除用玻璃外，还常用铝板、钢板、搪瓷钢板等多种金属或化学材料。工厂预制的幕墙板安装在楼板的边缘上，省工省时。轻质幕墙的自重较轻。带隔热层的铝材幕墙比砖砌墙轻80%—90%。战前建造的纽约帝国州大厦的砖石外墙厚度为25—45厘米，战后的金属幕墙的厚度只有5—20厘米。墙厚减少意味着使用面积的增加。资料表明，由此增加的收益，10年后可以抵过幕墙的造价。幕墙的造价比砖墙高，1950年美国厚30厘米的砖墙单位面积造价为17.01美元，铝材幕墙单位面积造价为27.73美元。但对于许多房产主来说，使用幕墙仍是合算的。在20世纪50年代，采用幕墙建造大楼是一种新时尚。

第三，建筑师在幕墙的建筑处理上积累了相当多的经验，公众也有了接受的准备。在建筑师之中，对金属和玻璃的幕墙作精细研究并取得很大成就的首推密斯。早在1919—1920年，密斯就推敲过用玻璃做高层建筑外墙的造型研究。1922年他写道：“在建造过程中，摩天楼显露出雄伟的结构体形，只有此时，巨大的钢架看起来十分壮观动人。砌上外墙以后，那作为一切艺术设计之基础的结构骨架就被拼凑的无意义的琐屑形式所埋没……不要用形式来解决新问题，我们应当按照新问题本身的特性来发展新的形式。”本着这种精神，密斯长期执着地推敲和探索金属与玻璃的建筑物的造型艺术。20世纪40年代，他在伊利诺伊州工学院的校园内设计过多座单层或多层的钢与玻璃的建筑物。1948年他设计了芝加哥湖滨大道上的两座用钢与玻璃做外墙面的公寓大楼，实现了他早年的构想。密斯的设计探索，对20世纪50—60年代美国和世界许多地方幕墙大楼产生了很大影响，成为一种仿效的原型。说密斯的创作推动了20世纪50—60年代幕墙建筑的发展，并不为过。

图19-1　纽约利华大楼，1950—1952年

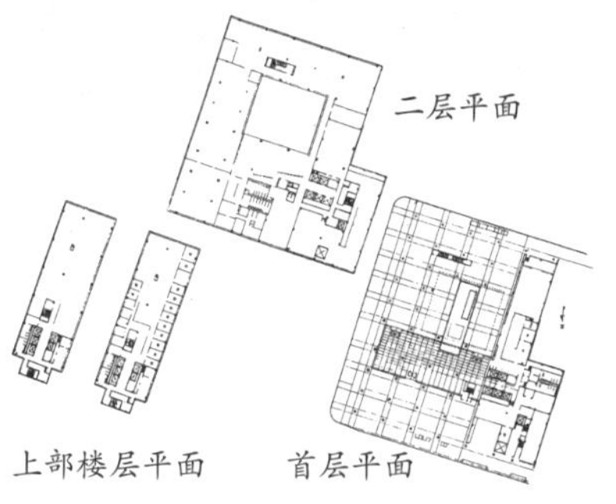

图19-2　利华大楼平面

图19-3　利华大楼底层空廊

密斯于1921年第一次画出全玻璃外墙的高层建筑方案，而第一个真正的全玻璃外墙高层建筑是1952年落成的纽约利华大楼（Lever Building，New York，NY，1950—1952）。利华公司是美国生产肥皂和洗涤剂的大企业。大楼位于纽约曼哈顿区花园大道上。地段长61米，一端宽47米，另一端宽59米。大楼共24层，1、2层布满用地，第1层有敞空的柱廊，环抱一个小天井。从第3层起到第24层缩减成一片长条形板片，平面尺寸为47米×16米。前此纽约的高层建筑大都把所在地段塞得满满的，而利华大楼地段上的建筑容积率却空前之低。这种布置方式并非由于缺少资金，而是公司的一种姿态。你看，在这地价极其昂贵的大街上，公司留出空廊和天井，让路人自由停留观赏，人们会感到利华公司注意营造良好的街道空间，考虑行人的方便，它的老板不是寸利必得的贪婪之徒，而是热心公益的博爱家……利华公司此举在公众心目中留下了好的印象。

利华大楼的边柱稍稍收进，四面外墙完全由不锈钢的窗框和双层玻璃组成。玻璃窗不能打开，每一扇的尺寸是2.18米×1.36米，颜色为蓝绿色，窗下墙外皮为蓝色的铅丝网玻璃。从下至上，四面外墙都是由细挺的不锈钢窗格和蓝绿色玻璃组成的二方连续图案。

利华大楼落成后轰动一时。此前刚刚落成的联合国秘书处大厦有两面玻璃墙，而它有四面玻璃墙，怎能不叫人刮目相看！这座全玻璃大楼当时常常成为时装模特拍照的背景，一层柱廊和小天井中不时举办各种展览。从大楼揭幕到1958年，平均每年有4万多人前往参观。当时纽约其他大楼的租金是每平方英尺5美元，利华大楼则是6美元。公司方面说，自从迁入新楼后，公司职员离职的也少了。一位公司经理说："好的建筑设计可以代替霓虹灯广告。"大楼落成时备受赞扬，落成25周年之际，美国建筑师学会还没有忘记它，又给它颁发奖状，真是出尽了风头。

利华大楼由美国SOM（Skidmore，Owings & Merrill）建筑设计事务所承担设计，具体负责的建筑师是G.邦沙夫特（Gordon Bunshaft）。

同其他金属材料相比，铝材的优点是重量轻、抗腐蚀性好。二次大战中，美国铝产量大大提高，战后积极推广于民用建筑。20世纪50年代初美国铝材的价格，以重量计高于普通钢材，但比不锈钢和搪瓷钢板便宜，因此铝材幕墙应用普遍。1949年美国生产的铝窗框占全部窗框的5%，1953年增长为25%。二战前，美国铝材用于建筑部门的占6%，1955年增至23%。

位于匹茨堡的美国铝公司（Aluminus Co. of America，Alcoa）为在建筑中推广铝的应用，以身作则，在自己的总部大楼中大量用铝。大楼建于1951—1953年，高30层，在这座大楼中一切可用铝的地方都使用铝。大楼外墙上，边柱与墙面齐平，柱子之间划分为3.66米×1.83米的格子，每格覆一块铝墙板。为增加刚度，每块墙板压上两个凹进的方锥形，上部开一个1.27米×1.39米的窗洞，洞的四角呈圆弧形。洞口安装双层玻璃，外层一片为隔热玻璃。铝墙板的外表涂一层浅灰色的硅酮，后面有空气层和泡沫水泥的隔热层，内墙面为粉刷板。

图19-4　W.K.哈里森和M.阿布拉莫维兹，匹茨堡美国铝公司大楼，1952年

图19-5　美国铝公司大楼墙面

Alcoa大楼没有完全摆脱现场湿作业，但施工速度还是加快了。

大楼的天花板、散热器、空调管道、门、家具也尽量采用铝材。公司老板说：“我们一向认为自己是古板保守型的公司，可是现在，你瞧，我们在这个最有实验精神的大楼里工作，我们现在的心理是年青、大胆、尝试，公司里到处都有创新精神，这要归功于这座铝制建筑。”

Alcoa大楼的建筑师就是负责联合国总部建筑设计的W.K.哈里森和M.阿布拉莫维兹。因为有了示范的建筑实物，1953年年底，美国有52座建筑物采用铝材外墙。到1960年，美国采用铝材外墙板的多层和高层建筑物超过1 000座，大多采用这个美国铝公司的产品。

芝加哥内地钢铁公司（Inland Steel Co.）在19世纪末就为芝加哥的高层建筑提供钢材。1957年它在美国钢铁企业中排名第八位。1956年公司决定为自己建造一座总部大楼，公司董事长宣布：“我们决心建造一座让钢铁和我们这个城市感到骄傲的建筑物。”他要设计者SOM建筑设计事务所把大楼搞得像“英国裁制的极考究的服装”——这件服装的材料是不锈钢。

图19-6　芝加哥内地钢铁公司大楼，1956—1958年

内地钢铁公司大楼（Inland Steel Building）楼体分为办公与服务两个分开的体量，中间以短连结体相接。办公楼部分高19层，七对柱子凸出墙外，楼层形成53米×18米的无阻挡的室内空间。服务楼部分高25层，容纳楼梯、电梯、卫生间、储藏室和各种管线，服务楼不开窗。大楼外皮全用不锈钢。除了外柱，窗棂也凸出墙皮，由底层直达屋顶。因此大楼外面有粗细不同的垂直线条贯通上下，为墙面增加了精致的凸凹感和层次感。

不锈钢的建筑外皮虽然昂贵，但大楼本身

就是芝加哥内地钢铁公司的特大特醒目的产品展示。这座大楼1958年落成。

1955年，由戴维·洛克菲勒任董事长的纽约大通曼哈顿银行（Chase Manhattan Bank）决定兴建自己的银行大楼，地址在纽约金融区华尔街与百老汇大街之间。大楼地面以上60层，是一个高248米、长105米、宽35米的巨型长方板块。建筑物的两行外柱凸出于墙面，包着铝板。窗下墙上黑下白，也是铝板。窗棂也凸出墙面，由底层直通到60层屋顶。大楼只占去用地的一小部分，其余70%留做广场。这个“宽肩膀”的板块建筑每层面积为2 750平方米，总面积达11万余平方米。大楼地下5层，最底层为金库，其面积有足球场那样大，位于地下27米处的岩层之中，被认为是世界上最大最深和最牢固的金库。大楼施工用4年半时间，地下部分施工占去两年多。大通曼哈顿银行是洛克菲勒中心以后25年中兴建的最大商业办公建筑物，被称为“金钱大教堂”（Cathedral of Money）。

不久，世界其他大城市的中心区也先后建造了许多轻质幕墙高层建筑物，如巴黎的德方斯区，罗马的EUR新区，德国的柏林、汉堡和杜塞尔多夫，加拿大的多伦多，巴西的里约热内卢，日本的东京，以及中国香港都有与美国相似的高楼大厦。

这一时期（20世纪50—60年代）世界各地轻质幕墙大楼的外形有显著的相似之处。它们大都是轮廓整齐的简单几何形体，或板式或方墩式；立面上，除了底层和顶层外，几乎全是上下左右整齐一律的几何图案。尽管颜色和细部存在差别，但大的风格是一致的。这是那个时期高层建筑的世界时尚。时尚有暂时性，时隔20—30年之后人们常常批判那种形体简单的平头建筑物，说它们呆板、冷冰冰、没有个性、缺少人性等，因而是不美的、难看的建筑。可是当它们流行的时候，人们大都认为它们是合理的、新颖的因而是美的、好看的建筑。在当时，如果哪一座轻质幕

图19-7　纽约大通曼哈顿银行大楼，1957—1961年

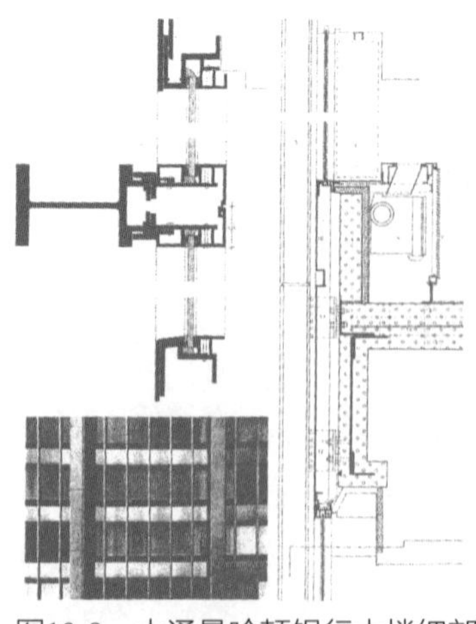

图19-8　大通曼哈顿银行大楼细部

图19-9　纽约百事可乐公司总部大楼，1958—1959年

图19-10　纽约汉诺威制造商信托公司大楼，1953—1954年

图19-11　纽约联合碳化物公司大楼，1957—1960年

图19-12　芝加哥湖滨景色，20世纪60年代

墙大楼不肯要平屋顶，硬要在上面加一个尖塔或尖顶，它就会被许多人视为顽固、不合理而被认为是时代的落伍者。一种时尚流行的时候，公众心理上有从众性，这是难以避免的。

这样的高层建筑的造型时尚流行开来是多种多样的原因促成的，但密斯在其中实在是功莫大焉。这种大楼的建筑风格被人们称作“密斯式”不是没有根据的。

这样的轻质幕墙建筑的出现还有更深广的含义。早在 1924年，密斯在《建造方法的工业化》一文中写道，我们“必须而且能够发明一种可以工业化生产和施工的既隔声又隔热的建筑材料。它应当是轻质的，不仅能够而且必须采用工业化方法来生产。所有的建筑部件将在工厂中制造，现场的工作仅是装配，只需很少的工时……那时新建筑就自己出现了”。密斯不仅把这些看作是技术的进步，而且认为是“时代的意志”的表现。1950年他在一篇散文诗似的讲演词中说：“认为建筑艺术将会消亡/将被技术所替代/这是思想混乱的看法/事情与此相反/当技术实现了它的真正使命/它就升华为艺术/……建筑艺术写出了各个时代的历史/……建筑依赖于自己的时代/它是时代的内在结构的结晶，显示出时代的面貌/……只有到那时，我们才有/值得称为建筑的建筑/建筑成为我们时代的标志。”

密斯早年预想的建筑在20世纪中叶实现了。

资本主义国家的大公司、大银行是社会的支配力量，它们的公司大楼、银行大楼等，其意义和重要性同历史上的宫殿、教堂相当；现代公司大楼的建筑风格的意义和作用同先前的宫殿、教堂也是相当的，是今天的时代风格的重要一端。那些熠熠闪亮、轻光透薄的装配式幕墙高楼表现了工业革命以来经济发展和技术进步的成就，它们传达的是工业化胜利的信号。正如密斯所说的，“它是时代内在结构的结晶/显示出时代的面貌”。那些建筑物的确是20世纪中叶工业化胜利的时代标志。

第20章
勒·柯布西耶后期的建筑创作

20.1 建筑风格的微妙变化

第二次世界大战爆发后，一些欧洲现代主义建筑师到美国去了，勒·柯布西耶没有走，他留在法国，战争期间他蛰居乡间，与底层人民交往。大战结束后，他又重新干起了建筑这一行。战后法国建筑有大量重建任务，但勒氏并没有被委以重建法国的重任，只获得零零星星的任务。

联合国筹建总部建筑时，勒氏被聘为10名国际建筑顾问之一，他的设计思想对联合国总部建筑产生了明显的影响，但具体的设计任务是由美国建筑师承担并完成的。

从战争结束到1965年勒氏去世的20年间，勒氏的建筑思想和作品与战前时期相比，虽然有相通的一面，但是改变的一面更为突出。在20世纪30年代后期，勒氏的某些作品已经显露出转变的迹象，到了战后，他的主要的作品在形式和含义上与早期明显不一样。

格罗皮乌斯后期没有引人注目的作品；密斯后期不改初衷，一条路走到底；赖特后期作品有明显的手法主义的倾向；勒·柯布西耶与他们三位不同，他似乎来了一个大转变。早先他热烈称颂现代工业文明，主张建筑要适应工业社会的条件来一个革命。战后，他的技术乐观主义观念似乎不见了，他后来强调的是自然、是过去，原先的理性被一种神秘性所顶替。他从注重发挥现代工业技术的作用转而重视地方民间的建筑传统，在建筑形象上，从爱好简单几何形体转向复杂的塑形，从追求光洁平整的视觉形象转向粗糙苍老的趣味。

从1946年开始，勒·柯布西耶为马赛市郊区设计一座容纳337户共1 600人的大型公寓住宅。大楼用钢筋混凝土结构，长165米，宽24米，高56米。地面层是敞开的柱墩，上面有17层，其中1~6层和9~17层是居住层。户型变化很多，从单身者到有8个孩子的家庭的，共23种。大部分住户采用跃层的布局，各户有独用的小楼梯和2层高的起居室。采用这种布置方式，每3层设一条公共走道，减省了交通面积。

大楼的第7、8两层为商店和公用设施，包括面包房、副食品店、餐馆、酒店、药房、洗衣房、理发室、邮电所和旅馆。在第17层和屋顶上设有幼儿园和托儿所，

图20-1　勒·柯布西耶，马赛公寓大楼，1946—1952年

图20-3　马赛公寓大楼底层和柱墩

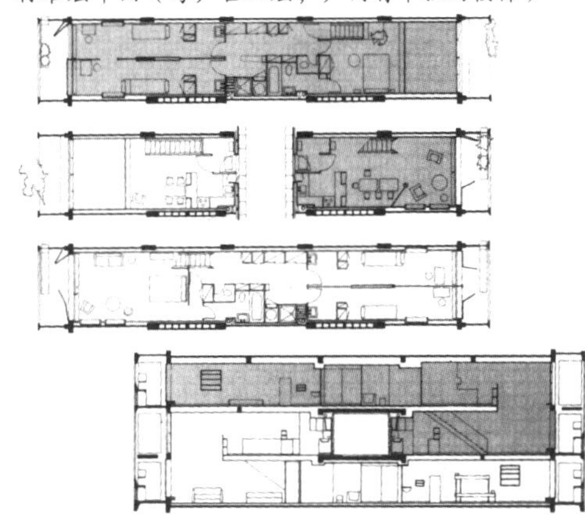

图20-2　马赛公寓大楼平、剖面

屋顶上有儿童游戏场和小游泳池。第17层与屋顶之间有坡道相通。此外，屋顶上还有成人的健身房，以及供居民休息和观看电影的设备。沿着女儿墙还布置了300米长的一圈跑道。这座公寓大楼解决了300多户人家的住房问题，同时还满足他们日常生活的基本需要。

勒·柯布西耶认为这种带有服务设施的居住大楼应该是组成现代城市的一种基本单位，他把这样的大楼叫作“居住单位”（L’unite d’Habi-ration）。他理想的现代化城市就是由“居住单位”和公共建筑所构成的。他从这种设想出发，为许多城市做过规划，可是一直没有被人采纳。直到二次大战结束，才在一位法国建设部长的支持下，克服种种阻力，在马赛建成了这座公寓大楼——“居住单位”。1955年在法国的南特市（Nantes）又建成了一座。1956年，西柏林举办国际建筑展览会，在那里也建造了一座可容纳3 000名居民的“居住单位”，但总的来看，这种居住建筑形式没有得到推广。

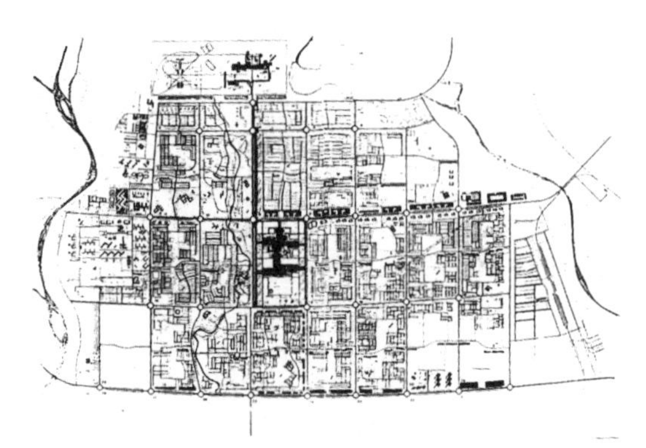

图20-4　勒·柯布西耶，旁遮普邦首府昌迪加尔规划，1951年

可是勒氏在马赛公寓大楼上对建筑形式的处理却引起了广泛的注意，主要是他在拆除现浇混凝土的模板后，对墙面不再做任何处理。20世纪20年代勒氏喜欢用白色抹灰将墙面做得很平很光。而现在，他却让粗糙不平的、带有麻点小孔和斑斑水渍的混凝土面直接裸露出来，如同施工未完的模样。这种墙面给人以粗野的不修边幅的感觉。钢筋混凝土是工业生产的材料，现在勒氏运用它时不突出工业和机器的特征，而故意保存人手操作留下的痕迹，他后期追求朴实厚重又原始粗犷的雕塑效果。

图20-5　昌迪加尔政府区模型

1948年印度旁遮普邦要建造一座新首府，该邦的官员到欧洲物色设计师。经人推荐，勒氏被选择为旁遮普邦新首府昌迪加尔（Chandigarh）的规划师和建筑师。1951年初，勒氏拟定城市规划方案，以纵横正交的路网将城市大体上划分为整齐的方块，正中为商业中心，政府区位于市区顶端。这个规划融合了东方古代规整的城市格局与勒氏早年的城市规划构想。勒氏继而设计了政府区中的议会、秘书处楼及法院等建筑物。政府区的建筑物分布较为分散，各幢建

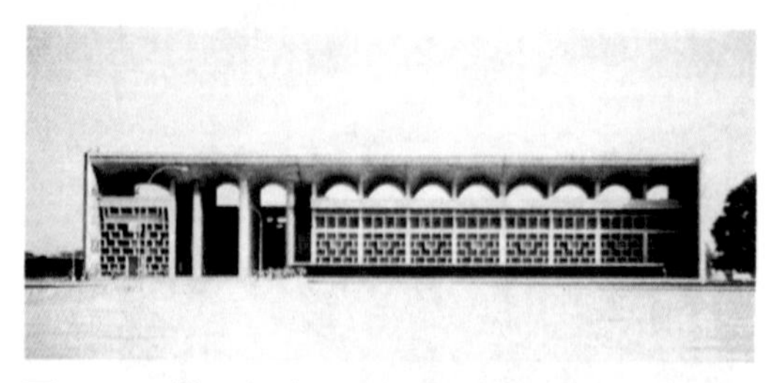

图20-6　勒·柯布西耶，昌迪加尔高级法院，1951—1956年

筑物相距较远，如相向而立的议会与法院之间距离达450米，不能形成亲切的建筑环境。

在昌迪加尔的政府建筑中，最先建成的是高级法院（1956），它的外形轮廓比较简单。为了降温，勒·柯布西耶把建筑的主要部分用一个巨大的钢筋混凝土顶篷罩了起来。这个顶篷长一百多米，由11个连续的拱壳组成，横断面呈V型，前后向上翻起，它既可遮阳，又不妨碍穿堂风吹过。大顶之下有四层空间，第一层有门厅及并列的八间小法庭和一间大法庭。

法院入口没有门，只见三个高大的柱墩，直通到顶，形成一个开敞的大门廊，空气流通，气势雄伟。法院的主要立面上有混凝土制的尺寸很大的遮阳板。正立面的遮阳板组成类似中国的博古架的巨大图案，它的上部逐渐向前探出，似乎是为着与向上翘曲的屋顶呼应。

整个法院建筑的外表也是裸露的混凝土，上面保留着模板的印痕和水迹。这种处理使建筑显得粗犷，虽然是新建筑，却好像经过千百年的风雨侵袭而老化了。大门廊之内，横亘着一座勒·柯布西耶惯用的室内坡道，墙壁上点缀着大大小小的不同形状的孔洞。这座建筑的其他墙面上也有一些无规律的孔洞或壁龛，有的涂上红、黄、蓝、白之类鲜艳的颜色。怪异的体型，超乎寻常的尺度，粗糙的表面和不谐调的色块，给建筑带来了怪诞粗野的情调。从某些角度看，这

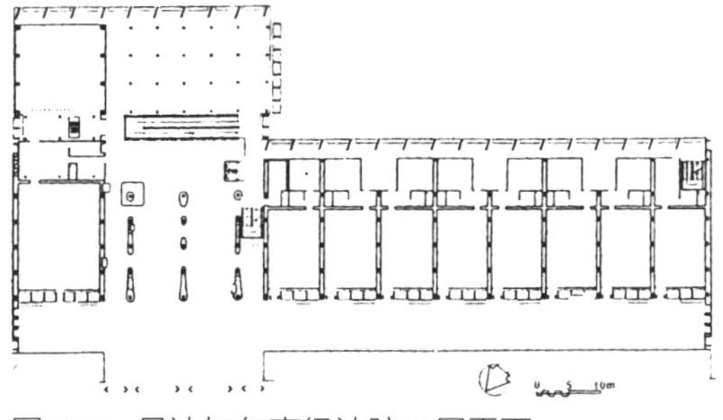

图20-7　昌迪加尔高级法院二层平面

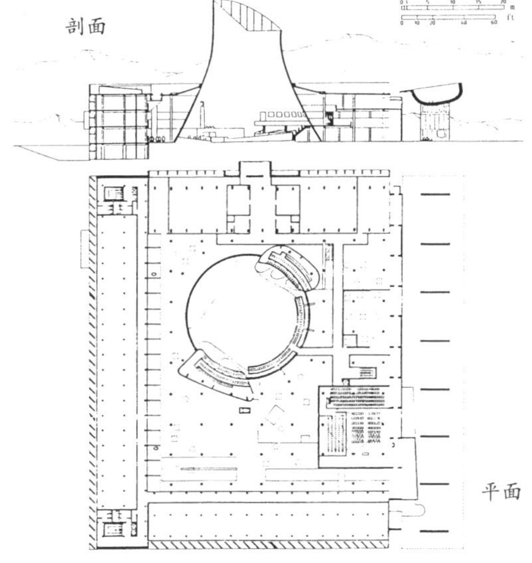

图20-8　勒·柯布西耶，昌迪加尔议会大厦平、剖面

图20-9　昌迪加尔议会大厦局部

座建筑与其说是法院，倒不如说更像监狱。

1963年落成的议会大厦形式亦甚奇特。正面是由片墩顶着的向上翻起的前廊，具有纪念性，议会主体是方形建筑，内部有一个大柱厅，柱子林立，在稍偏的部位有圆形的会场。会场的顶部为大型圆锥筒，高高地凸向天空，顶端斜切一刀，是为天窗。这个圆锥筒壁呈抛物面，类似于发电厂的冷却塔。勒氏的原意是圆锥筒可以起拔风和进光的作用。在屋顶上圆锥筒的边上还有一个较小的方锥体。议会建筑的里里外外全是裸露的不加修饰的粗混凝土，形体既怪，表面又粗粝苍野，人们由此认为这样的建筑属于粗野主义（brutalism）。

勒氏在设计印度的建筑作品时注意了那里的热带气候，很注意遮阳和通风问题，他又研究了印度的建筑古迹，如莫卧儿王朝的建筑和天文观测建筑，从中汲取某些建筑形体和处理手法，与自己的建筑构思和他后来制定的“模数”结合。勒氏后期的建筑观念中，机器的因素减少了，宇宙天命的观念增强了，在昌迪加尔政治中心区的广场布置和议会屋顶形象的设计中，他常常提到太阳和月亮的运行与建筑布置的关系。他不再向往工业文明，却时时流露出对古代和原始情调的崇尚。昌迪加尔的建筑作品显现了他晚年复杂的思想和心态。建筑表现所引起的联想本来是多义的、模糊的、不确定的，勒氏在印度的作品更是如此。1963年昌迪加尔议会大厦落成时，当时的印度总理尼赫鲁致辞说，那座建筑是“新印度之庙宇”，“第

图20-10　昌迪加尔议会大厦屋顶上的圆锥筒和方锥体

图20-11　勒·柯布西耶，昌迪加尔省长官邸（模型），1950—1953年

图20-12　勒·柯布西耶，法国的拉土亥特修道院，1953—1959年

一次表现了我们的创造天才，表达出我们新近获得的自由……不再受过去传统的束缚……超越老城镇老传统的累赘”。而勒·柯布西耶的初衷却是努力回到东方的传统。二者的意念和理解非常不同。

20.2 朗香教堂

勒氏战后的作品中最重要、最奇特、最惊人的一个是他的朗香教堂。对它我们多用些笔墨。

朗香教堂（The Pilgrimage Chapel of Notre-Dame-du-Haut，Ronchamp）位于法国孚日山区（Vosges Mountains）群山中的一个小山头上，从入口一面看，它有一个深色的向上翻起又带有一个尖角的屋顶，从这一面看有点像一条船的船帮。“船帮”之下是一面后倾的白色实墙体，上面开着大小不一、零零点点的凹窗，另一端有一个圆乎乎的白色胖柱体，胖柱体与后倾的墙体之间有一缝隙，这里安置着教堂的大门。另外三个立面同这个主立面形式很不相同，而且每一个都不一样。初次看到朗香教堂的一个立面，很难想象出另外三个立面是什么模样。四个立面各有千秋，它们像是一些粗粝敦实的体块，互相挤压、互相顶撑、互相拉扯、互相挣扎，似乎在扭曲，在痉挛。它们是如此奇特，跟谁都不像，真正的独一无二，不易理解、不可理解。朗香教堂兴建于1950—1955年，正值20世纪中叶，但是除了那个金属门扇之类的小物件外，几乎再没有什么现代文明的痕迹了，它很像远古留下来的什么东西。

图20-13 勒·柯布西耶，朗香教堂，1950—1955年

勒·柯布西耶本人不是某一宗教的虔诚信徒，与他联系的教会方面的神父（Father Alain Couturier）也很开明，不用宗教的框框指导和束缚建筑师的工作。他让勒·柯布西耶放手创作，只要做出一个能表现宗教意识的健全的场所就可以了。勒氏后来说他对“建造一个能用建筑的形式和建筑的气氛让人心思集中和进入沉思的容器（vessel of intense concentration and meditation）”感兴趣。

在创作朗香教堂前，勒氏同教会人员谈过话，了解宗教仪式和活动，了解信徒到该地朝拜祈祷的历史传统，并找来介绍该地的书籍仔细阅读。过了一段时间，勒氏第一次到现场，这时他已形成某种想法了。勒氏说他要把朗香教堂当成一个“形式领域的听觉器件（acoustic component in the do-main of form），它应该像（人的）听觉器官一样的柔软、微妙、精确和不容改变”。勒氏在山头上画了些简单的速写，记下他对那个场所的认识，他记下这样的词语：“朗香？与场所连成一气，置身于场所中，对场所的修辞，对场所说话。”他解释说：“在小山头上，我仔细画下四个方向的天际线……用建筑激发音响效果——形式领域的声学。”这就是说，勒氏把教堂当作信徒与上帝沟通信息的一种渠道，这是他的建筑立意。

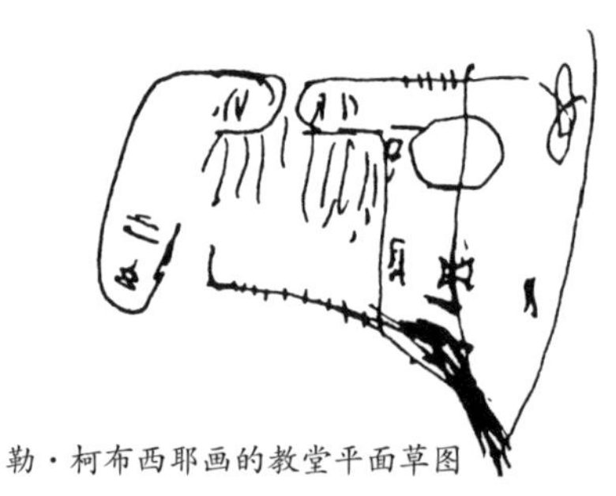
勒·柯布西耶画的教堂平面草图

此后勒氏用草图勾画出教堂的大体形状。经过天主教艺术委员会的认定后，开始具体设计和推敲工作，并在模型上不断改进。勒氏说，要使建筑上的线条具有张力感，“像琴弦一样！”经过研究者的研究，朗香教堂各个部分的形式许多做法都与勒氏平时长期观察记录所得有密切关系。朗香教堂的屋顶与勒氏1947年在纽约长岛的沙滩上拾到的一只海蟹壳有关。在勒氏自己题名《朗香创作》的档案中曾有言：“厚墙·一只蟹壳·设计圆满了·如此合乎静力学·我引进蟹壳·放在笨拙而有用的厚墙上”。朗香教堂的墙面和窗孔开法同1931年勒氏在北非旅行时见到的民居有关。朗香的三个竖塔上开着侧高窗，天光从窗孔进去，循着井筒的曲面折射下去，照亮底部的小祷告室，光线神秘柔和。

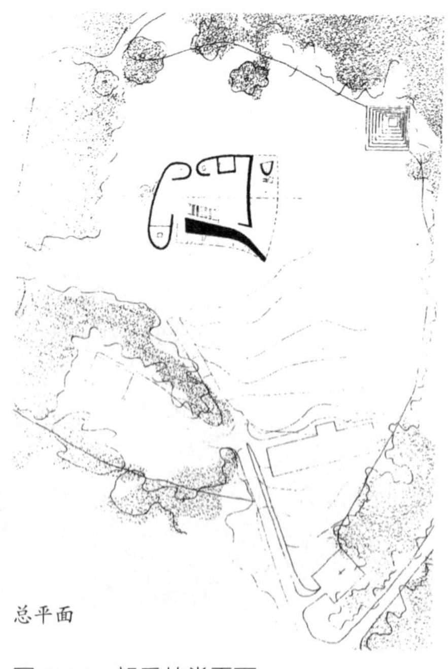
总平面

图20-14　朗香教堂平面

原来1911年勒氏在罗马附近参观古罗马皇帝亚德里安行宫时，看到一座在崖壁中挖成的祭殿就是由管道把天光引进去的，勒氏当时画下了这个特殊的采光方式。这次在朗香的设计中，他有意运用了这种采光方式。在《朗香创作》卷宗中，在一个速写旁勒氏写着："一种采光！我1911年在蒂沃里古罗马石窟中见到此式——朗香无石窟，乃一山包。"朗香教堂的屋顶，东南最高，其余部分东高西低，屋顶雨水全都流向西面一个出水口，再经过一个泄水管注入地面的水池。这个造型奇特的泄水管也有其来历。1945年，勒氏在美国旅行时经过一个水库，他当时把大坝上的泄水口速写

图20-15　朗香教堂东南角

图20-16　朗香教堂东北角

图20-17　朗香教堂大门

图20-18　朗香教堂内景

图20-19　朗香教堂南墙窗洞内景

图20-20　H.肖肯关于朗香教堂的种种联想

下来，图边还写着："一个简单的、直截了当的造型，一定是经过实验得来的，合乎水力学的形体。"朗香教堂的泄水管同那个水坝上的泄水口类似。

这些情况说明，像勒·柯布西耶这样的建筑大师，其看似神来之笔的设计原来也有其特殊来历。当然，一点一滴都要考证其来历是无关主旨的事，以上诸点只是表明朗香教堂的建筑创作是在何等深广厚实的资料积累上创造出来的。

从勒氏战后的建筑作品中可以看出，他的建筑风格前后有很大的变化，表现了一种与原先很不一样的建筑美学观念和艺术价值观。概括地说，可以认为勒氏从当年崇尚机器美学转而赞赏手工劳作之美，从显示现代化派头转而追求古风古貌和原始情调，从主张清晰表达转而爱好模糊混沌，从明朗走向神秘，从有序转向无序，从常态转向超常，从"瞻前"转向"顾后"，从理性主导转向非理性主导。显然，这些都是十分重大的转变。

建筑风格的转变显示了勒·柯布西耶内心世界的变化。

二次大战中，他留在沦陷的法国，亲睹战祸之惨烈，他原来所抱的对科学、机器、工业的幻想破灭了。1956年他在《勒·柯布西耶全集：1952—1957》的引言中写道：

我非常明白，我们已经到了机器文明的无政府时期，有洞察力的人太少了。老有一些人出来高声宣布：明天——明天早晨——12个小时之后，一切都会上轨道……但是，人们都像走钢丝的人一样，他只得关心一件事：到达终点，达到被迫要达到的钢丝绳的终点。人们过日子都是这样，一天24小时，劳劳碌碌，同样存在危险。

更早一些时候，1953年他在《勒·柯布西耶全集：1946—1952》的引言中还说过更悲观更消极的话：

哪扇窗子开向未来？它还没有被设计出来呢！谁也打不开这个窗子。现代世界天边乌云翻滚，谁也说不清明天将带来什么。一百多年来，游戏的材料具备了，可是这游戏是什么？游戏的规则又在哪儿？

勒氏死后，学者们研究他晚年的思想，发现他从悲观、非理性又走向神秘信仰，这在他晚年所做的诗和绘画中显现得更为明显。

1965年8月27日，勒·柯布西耶在法国南部马丹角（Cap Martin）海中游泳时遇难，有人认为是心脏病突发所致，也有人说他是故意要离开人世。

第一次世界大战后，勒氏为现代主义建筑写下了激昂的宣言书——《走向新建筑》，第二次世界大战后，他转变方向，开始新的征程，没有发表理论上的鸿篇巨制，但是他的作品仍然又一次给世界上众多的建筑师以强烈的影响和深刻的启示，单以运用混凝土铸造新的纪念性建筑来说，就对丹下健三、P.鲁道夫等人和后来的安藤忠雄的作品有深深的影响，这种影响至今仍然未衰。

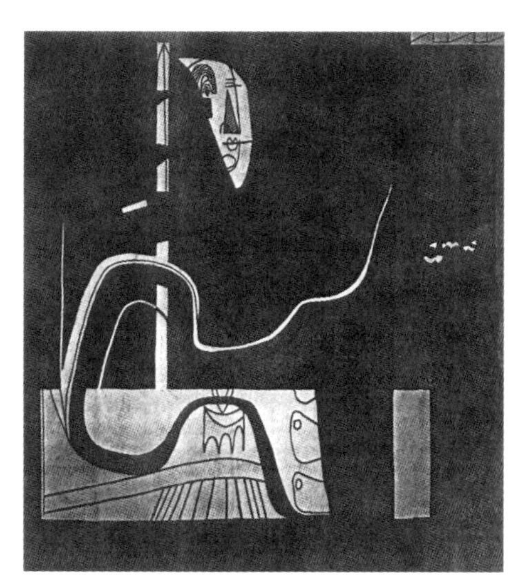
图20-21　勒·柯布西耶20世纪50年代的绘画

密斯·凡·德·罗在钢与玻璃的建筑中启示了几代人；勒·柯布西耶则在混凝土建筑方面为全世界建筑师做出榜样。他是20世纪世界上为数不多的有重大影响的建筑大师之一。

第21章

阿尔瓦·阿尔托与尼迈耶后期的建筑创作

21.1 阿尔托的启示

芬兰建筑师A.阿尔托在第二次世界大战前的建筑作品，本书11.4节已有介绍。二次大战结束时阿尔托47岁，至1976年逝世时止，又有许多重要作品问世，引起世界建筑界的关注，获得很高的评价。美国建筑家文丘里（Robert Venturi）在其所著的《建筑的复杂性和矛盾性》中对现代主义建筑有激烈的批评，但他对阿尔托却给以很高的评价："在现代建筑大师中，对我说来，阿尔托最有价值。"在20世纪的建筑师中，阿尔托确实占有很重要的地位。

阿尔托一生做了上千项设计，建成的有二百多项。他的设计态度十分认真。1939年纽约举办世界博览会，芬兰为此进行芬兰展馆的设计竞赛，阿尔托送去两个方案，他的妻子又送去第三个方案，结果三个方案都获得一等奖。这一届纽约博览会和1937年巴黎博览会的芬兰展馆都是阿尔托的获奖作品。20世纪30年代末，阿尔托在国际建筑界已小有名气，二战之后，他的建筑方向益加引起广泛的注意，作品更加卓越成熟。他于1957年获英国皇家建筑师学会金奖，1963年获美国建筑师学会金奖。1963—1968年，他被推选为芬兰科学院院长。他逝世以后，各国建筑师多次在他的家乡举行阿尔托建筑创作研讨会，纪念和阐扬他的建筑业绩。阿尔托不仅是芬兰的卓越建筑师，更是世界级的建筑大师。

阿尔托生于1898年，比勒·柯布西耶晚11年，比密斯晚12年。在20世纪20年代，他可以算做这两位现代建筑的第一代大师的追随者；但正如我们在11.4节所介绍的那样，阿尔托的建筑作品不久便显示出了自己的特点，更重要的是他形成了自己的建筑观点，由此引出他的许多具体建筑处理手法。

首先，他对现代技术与建筑的关系提出了不同于现代主义建筑运动一度流行的观点。他承认现代技术是重要的、有价值的，但认为仅仅抓住技术、标准化是片面的，还要强调技术是为人服务的，不能颠倒。1938年他在一次讲演中说："当工厂生产的建筑材料、标准部件和装配技术增多时，不同的组合方式也应增多，布局的灵活性应该提高”“建筑材料和建造方法不能单方面直接影响建筑艺术”。又说：“在一定意义上，建筑艺术也创造它自己的材料和方法。”（Lecture at Nordic Building Conference in Oslo，1938）就是说，人和物之间的关系是双向的，不能单单让物支配人。1955年，阿尔托在一次讲演中说：“我们认为我们应该做机器的主人，但事实上我们成了机器的奴隶。这个矛盾是现代建筑中的主要问题之一……显然，经过一段时期的现代形式主义（a period of modern formalism）之后，建筑面对着新的任务。建筑师，比起作家来，更能让人高于机器。无论如何，建筑师有一项明显的工作：我们要使物的机械性质变得人性化。”还在1955年，他就告诫说：“我们时代的机械化的增长，加上人的种种行为，使我们距离真正的自然越来越远。我们看见道路修建损害了自然，仔细观察，可以看到我们自己的行业也同样在损害自然。”他主张在物质主义和人性主义之间寻求平衡。（Between Humanism and Materialism，Lecture in Vienna，1955）

关于建筑的功能，阿尔托在1940年发表的一篇文章中写道：

功能观念和功能在建筑形式上的表现，大概是我们时代建筑现象中最有生气的事情。但是建筑功能——以及功能主义是很难解释清楚的……在过去10年中，现代建筑主要是从技术的角度讲功能，重点放在建筑活动的经济方面。提供好的遮蔽物要花很多钱，比满足人的其他需求都花钱，因此把重点放在经济方面是必需的……这是第一步。但是建筑涵盖人的生活的所有方面，真正功能好的建筑应该主要从人性的角度看它的功能如何。我们深一步看人的生活过程，技术只是一种工具手段，不是独立自为的东西，技术功能主义（technical functionalism）创造不出来真正的建筑。

关于理性在建筑中的作用，阿尔托认为：

已经结束的现代主义建筑的第一阶段中，不是理性本身有什么错，而是没有把理性贯彻到底。不是要反对理性，在现代建筑的新阶段中，要把理性方法从技术的范围扩展到人性的心理的领域中去……新阶段的现代主义建筑肯定要解决人性和心理领域的问题。

阿尔托谈他自己的经验说，他接受帕米欧疗养院设计任务时，自己因病入院，由此体验到一个长时间住院的病人的需求。他发现普通房间是为能站着活动的人设计的，而躺着的病人有不同的需要，例如卧床病人眼睛长时间盯着天花板，病室天花板的设计就应不同于普通房间。病室的灯光不要让卧床者感到刺目难受，颜色要柔和。为了病室安静，墙面要使用吸音材料。室内洗脸水池常因放水而有噪声，不放水时，又因拧不紧龙头而有滴水声，令病人心烦。阿尔托说他注意到这些小地方，就为病室设计了特别的洗脸水池，使池壁与水流的夹角保持适宜角度，即使滴水也不致有声响。此外，对门窗、散热器等的布置都细致考虑。他说这就是将理性原则贯彻到底，做出了合乎人性人情的建筑物。（The Humanizing of Architecture，1940）

阿尔托讲他设计一个工学院校园时，让汽车只能在校园周围的路上行驶，不准入内，“汽车不能没有，但要它走单设的道路，在特定的范围内行驶，好让教授们在从住所到教室的途中不必横穿汽车道”。这就是将机械时代的环境加以人性化的例子。

如果说，密斯的言行表现的是德意志民族的理性、精确和彻底的精神，勒·柯布西耶的言论和作品反映出法国式的激情和夸张，那么，阿尔托的思考和行为方式则代表了北欧人的冷静、温和、内向和不走极端的性格。他从20世纪30年代末开始思考现代主义建筑观念所包含的缺点，然后提出修正的意见，他将现代主义作了阶段的划分，认为第一阶段已经过去，新阶段的现代主义建筑应该克服早期的片面性。他本人也是这样做的。

第二次世界大战之后，阿尔托的建筑作品散布于许多国家。1946—1948年他受聘在美国麻省理工学院教建筑学。在那里他为学院设计了一座高年级学生宿舍（Baker House，Student Dormitory，M.I.T. Cambridge，1947—1948），稍后设计了芬兰珊纳特赛罗小镇中心（Town Hall，Säynätsalo，1949—1952）、赫尔辛基文化宫（House of Culture，Helsinki，1955—1958）、德国不来梅市高层公寓（Neue Vahr High Rise Apartment，Bremen，1958—1962）、德国沃尔夫斯堡文化中心（Cultural Centre，Wolfsburg，1958—1963）、芬兰塞纳约基图书馆（Seinäjoki Library，1963—

1965）、芬兰奥泰尼米学生宿舍（Student Hostel，Otaniemi，1962—1966）和奥泰尼米工学院主楼（Main Building，Institute of Technology，Otaniemi，1960—1964）、芬兰沃克申尼斯卡教堂（Vuoksenniska Church，Imatra，1956—1959），以及赫尔辛基芬兰大会堂（Finlandia Hall，Helsinki，1962—1975）等主要作品。

在阿尔托的建筑作品中，我们可以看出，除了注重合乎人性之外，还有另外两个特点：即建筑与自然契合及富有个性的自由的建筑造型。人性、自然与自由造型三者互相联系。

1938年，阿尔托说："自然，而非机器，是建筑的最重要的模式。"（Nature，not the machine，is the most important model for aichitecture.）这句话明确地说明他不赞同"住宅是居住的机器"之类的说法，阿尔托还说过"建筑是人的活动与自然界的中间物"。抱有这样的态度，阿尔托的建筑作品虽然是与自然本身不同的人造物，但却是亲近自然、力求与自然融合而非与自然脱离关系的孤立物。阿尔托崇敬自然而非崇敬机器，这一点使他与早期现代主义建筑的代表人物区别开来。这里所说的自然，包括建筑所在地的气候、地形、河流湖泊、山峦树木等自然要素和自然资源等。

阿尔托主张自由的建筑造型，反对任何约束、限制和现成的法式。他在1938年的文章中写道："任何形式上的约束，不管是根深蒂固的传统样式，还是由于对新建筑误解而引出的表面的标准样式，都妨碍建筑与人的生存努力融合在一起，从而减少建筑的意义和可能性。"阿尔托甚至对过分系统的制度化的思维表示反感："几乎所有的制度化本身都会破坏和扼杀生命的自主能力。"

阿尔托作为一个建筑巨匠，十分注重形式的塑造，他说："形式是神秘的，无法界定，但形式能带给人愉快的感觉。"他愿意听凭直觉来处理建筑形式。他说："做建筑设计的时候，社会的、人性的、技术的和经济的需求，还有人的心理的因素，都纠缠在一起，都关系到每个人和每个团体的活动规律，它们之间又互相影响和牵制，这就形成一个单靠理智不能解决的谜团，这种复杂性阻碍建筑成形。在这种情况下，我采用下述的非理性做法：我暂时把各种需求的谜团丢在一边，忘掉它们，一心搞所谓的抽象艺术形式。我画来画去，让我的直觉自由驰骋，突然间，基本构思产生了，这是一个起点，它能将各种各样互相矛盾的要素和谐地联系起来。"阿尔托解释说，这样的构思看似抽象，实际上已把各种有关的知识和条件融汇在其中了。

阿尔托不让某种理论的目标和原则限制自己的建筑造型，他重视想象，自由的想象。在谈及他如何设计弯木家具时说："为着达到建筑的实用目的与卓越的美的造型相结合，人不能总是以理性和技术为出发点，也许根本就不能以此为出发点。应该给人的想象力以驰骋的空间。我设计弯木家具时，先画出仅仅是单纯好看的形象，往往10年以后才转化为实用的形式。"有人指出，阿尔托做建筑设计时，一开

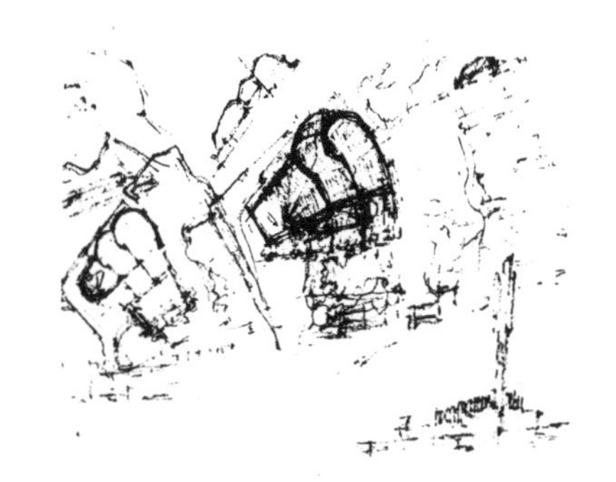

图21-1　阿尔托的设计草图

始的草图是用软铅笔画的“梦境似的轮廓”，随后一步步地具体化，徒手画出平、立、剖面，然后做成模型，加以修改，最后才有精确的图纸。

阿尔托的建筑作品常常超越规矩的格网的限制，超越模数制。建筑的体量和空间往往错落布置，有时是大而明显的错落，有时只是极小的偏离错位。常常在比较规整的形体中插进曲线、曲面、

图21-2　阿尔托的砖墙面试验

图21-3　阿尔托，十字架教堂，1957—1959年

图21-4　十字架教堂内景

四分之一圆、弓弦形、扇形，以及自由摆动的曲线。他认为简单的立方体和矩形不能表达人的感觉和情感的多样性、复杂性。他从感觉出发，而不是从先验的体系出发来塑造建筑。阿尔托总是避免简单的重复和呆板整齐的构图。他的建筑作品如同乐曲一样，每一座都有几个主题和旋律同时存在，一座建筑物同时采用多种质地和色泽的材料、不同的形体组合、不同大小和不同明暗程度的空间。许多地方，常常出现怪念头似的处理，有的形体如拓扑学中的形式，又好似音乐演奏家的即兴发挥。这些做法使阿尔托的建筑作品每一个都有独特性或个性，经常使人为之一震。但它们却不是胡来的东西，在看来丰富多变的形象中又有内在的和谐统一，与众不同、超常却不是杂乱无章，也绝非奢华浪费。

图21-5 阿尔托，珊纳特赛罗镇中心，1949—1952年

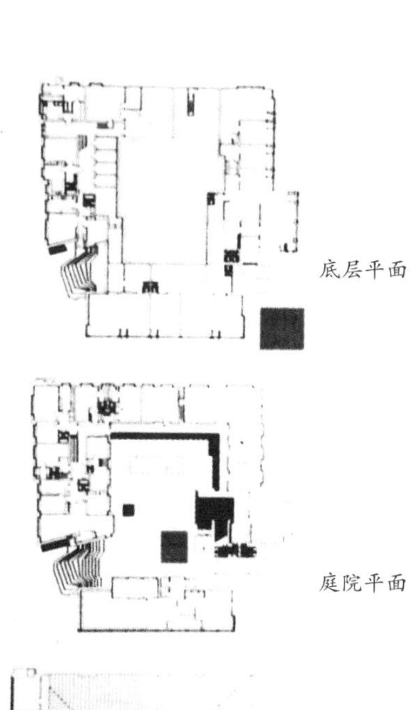

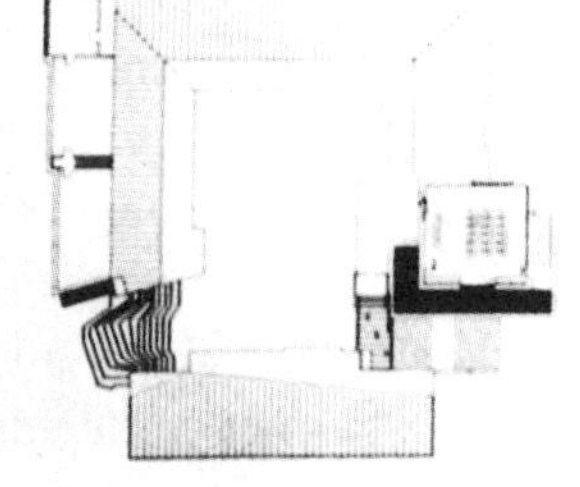

图21-6 珊纳特赛罗镇中心平面

图21-7 珊纳特赛罗镇中心会议室

图21-8 珊纳特赛罗镇中心内部通道

1952年完工的珊纳特赛罗小镇中心是阿尔托的代表作之一。该镇是一个小岛，这个镇中心包括镇公所和公共图书馆，它位于松林间的坡地上。阿尔托将建筑物围成一个四合院，院子的东南和东北各有缺口，院子的地平略高于院子外面，所以入口处做了台阶，东南口的台阶本身也呈不规则形状，这既与地形有关，也显得活泼俏皮，两种考虑之中显然以后者为主。因为

要把那些台阶弄直排齐是一点也不困难的，但如果那样做的话，马上就会显得呆板僵硬，远不如现在这样潇洒自然而多姿。

镇中心的房子围成院子，是由于阿尔托认为建筑围成的院子如同一个港湾，院子虽是室外空间，却让人有受到庇护的安全感。这个镇中心的院内地平高于院外，周围的房屋在院内看是一层，在院外看是两层。底层用做商店，需要时可改为政府办公室。这个四合院式小建筑群里最高的体量是镇委会会议室，它偏在东北角上，会议室在楼上，中间有二十多张委员的桌椅，除主席台外，墙根设有长长的木椅，是旁听者的位置，镇上人口很少，似乎人人可以随便来听会。镇中心的房子大多为平顶，但会议室上是高高的斜屋顶，像是一面坡，但坡到底部又略略翻起，并且是两头稍高，中间形成一道天沟，使雨水从沟中的雨落管流下。这个屋顶的形状与众不同，耐人寻味，更重要的是那高而尖的形体突出于其他屋顶之上，老远就能被瞧见，有识别性，起标志作用。尖角指向天空使院子的空间形象得到提升，有别于一般农户小院。院内地平稍高，周围只有一层高，这样北方冬天的太阳照射进来，阴影较少。

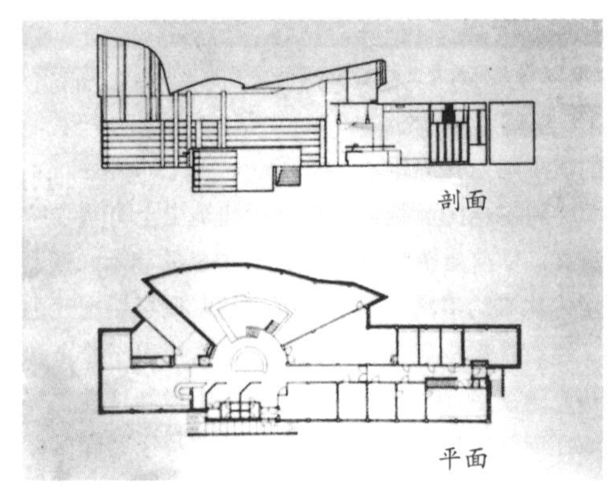

图21-9　阿尔托，塞纳约基图书馆平、剖面

镇中心的房屋表面为红褐色砖块。在北国松林雪野之中，这种砖建筑显出苍健稳重之象。在整体上，墙面处理是很简洁的，但仔细观看，墙体常常有一些凸出或凹入，有的端头做成钝角或锐角，面向院子的玻璃窗外边有的地方加上木质细柱。这些并非功能的需要，从实用的角度上看可以说是多余的，它们是形式处理，正如阿尔托所说的，“人不能总是以理性和技术为出发点”，这些形式处理所费不多，但“能带给人愉快的感觉”。阿尔托对建筑物中的许多小东西，如门把手、楼梯扶手、灯具等的形式十分注意，都加以精心的设计。阿尔托的建筑作品，从大的轮廓到小的配件都精致耐看，品位很高。

图21-10　阿尔托，奥泰尼米工学院主楼，1960—1964年

在阿尔托的建筑作品中，常常看到他将扇形的建筑体量与矩形体量组合在一起，这样做打破了矩形体量的僵直感，给建筑带来生气。如塞纳约基图书馆。德国沃尔夫斯堡文化中心和不来梅市高层公寓

也是代表性的例子。沃尔夫斯堡文化中心有五个扇形讲堂，阿尔托将它们由大到小拼成一个大扇形，建筑富有韵律感。不来梅市的22层的公寓有一个宽达47米的扇面，大小不等的供单身及新婚者居住的一室户不规则地呈放射状布置在扇形体量中，每个房间都有良好的日照和视野，而整个建筑物显得潇洒不凡。1964年落成的奥泰尼米工学院主楼，在相对整齐的教室建筑群中插入一个高大的带斜面的扇形体量，其中布置了两个大阶梯教室。大扇形体量侧面是大三角形的红褐色砖墙，锐角指向天空。斜坡面上是梯级形的天窗，天光射入天窗，再由弧形反射面折射向下。结构采用一边高一边低的钢筋混凝土门式刚架。这个扇形体量同它里面的功能与结构是统一的。扇形体量收拢的地方有一小块缺口，正好布置一个小的扇形的室外会场。这一切都安排得妥帖自然、无懈可击。而在整个较矮的教室建筑群中，这座屹立在平面关键部位上的高大扇形体量，给人以一见难忘的视觉效果。它高大、稳重、指向天空，很有古代埃及金字塔的气势，但又绝不是仿制品，绝不沉滞呆板，它的绿色斜屋面和成排的天窗告诉人们，它是生机盎然的实用建筑。这个造型独特的尖角指向天空的扇形建筑体量，使整个建筑群的天际轮廓变得异常奇妙动人。

图21-11　奥泰尼米工学院大阶梯教室

图21-12　阿尔托，赫尔辛基芬兰大会堂一角，1962—1975年

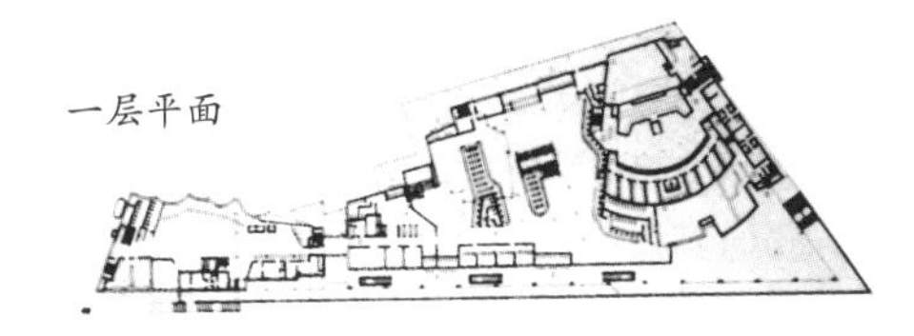

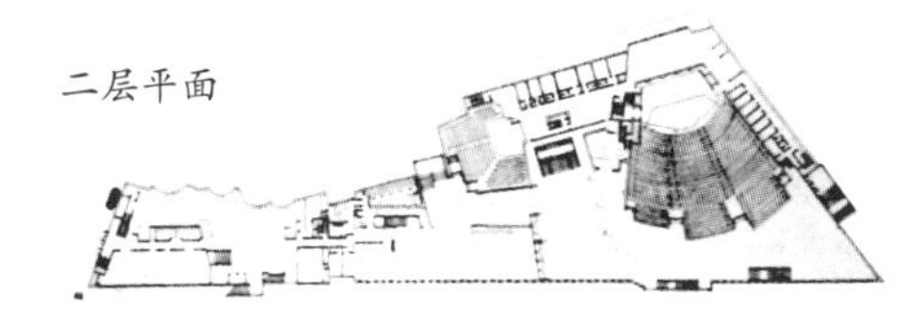

图21-13　芬兰大会堂平面

赫尔辛基芬兰大会堂建于1962—1975年，施工时间很长，是阿尔托晚年的作品。其中有一大一小两个会场和附属设施，既做议会开会之用，又可做音乐演出场所。芬兰大会堂的一侧沿水面岸边布置成几乎是一条直线；而它的另一侧则曲折多变，是人们进入会堂的地方。整个建筑大体呈白色，素

静雅致，而建筑轮廓变化多端。大会堂落成次年，阿尔托辞世。

阿尔托的建筑创作在现代建筑史上有重要的意义，早期他接受20世纪20年代现代主义的启示，走上现代建筑的道路，但是他很快就发现早期现代主义建筑观念中包含的片面性，迅速提出了修正和补充的观点。现代建筑在他的手中得到“软化”。他在理性中加进人性，加进人的精神需要和多样性，因而他的建筑作品总是那么丰富、柔和、特别而雅致。阿尔托本人是个温雅娴静的人，人们说从来不见他与别人争吵，他不埋怨别人，不作花言巧语。有人问他有何理论，他总是回答“I build”（我盖房子）。他过着平静的生活，不参加政治活动。他的建筑作品与他的为人一样，简朴之中有丰富，精细之中有温暖，运用技术而带情感，合理而有诗意。

图21-14　芬兰大会堂大厅一角

阿尔托实际上开启了现代主义建筑运动的一个新阶段，他的作品启示了后来人。

21.2　尼迈耶——拉丁美洲现代建筑的探索者

巴西建筑师尼迈耶20世纪50—60年代的建筑创作集中于巴西新首都巴西利亚的政府建筑方面。

巴西自19世纪就有在内地营建新首都的倡议。1955年，政府决定建造名为巴西利亚的新首都。1957年巴西建筑师做出新首都的规划，开始营建。1960年开始迁都。

巴西利亚（Brazilia）的布局大体上以东西走向和南北走向两条正交轴线为骨架。东西轴线由四条干道构成，东头为政治中心。东西轴线是政治和纪念性轴线，南北轴线为居住轴线。巴西利亚的总平面图近似一只大鸟或喷气式飞机。城市的东、南、北三面有人工湖环绕，湖边是高级住宅区。

巴西利亚的布局和城市设计受勒·柯布西耶20世纪50年代为印度昌迪加尔所做的规划设计的影响。昌迪加尔的规划理论上似乎很有道理，但实际建造和生活中暴露出不少问题，除了社会和经济方面的缺陷外，从建筑学的角度来看，最大的缺点是房屋之间的距离过大，尺度不符合人的活动规律，环境空间失常，显得空旷和冷漠，失去了人的聚居场所应有的亲切气氛。这些很为人们所诟病，而被视为城市规划和建设的失败之作。这些缺点，在不同程度上也存在于巴西利亚的规划建设之中。

尼迈耶承担了巴西利亚许多重要建筑物的设计工作。他设计了那里的三权广场（Three Powers Square）周围的议会大厦（Congress Building，1958）、总统府（Planalto Palace，1958）、最高法院（Supreme Coult，1958）、总统官邸（Alvorada Palace，1957）、国家剧院（1958）、巴西利亚大学（1960）、外交部大厦（1962）、司法部大厦（1963）、国防部大厦（1968）、巴西利亚机场（1965）及巴西利亚大教堂（1970）等。

这些建筑物，由于它们的性质和地位，需要有一定的纪念性品格。尼迈耶在设计这些建筑物的时候，不重复历史上和别的地方已有的纪念性建筑造型，努力创造新的纪念性建筑形象。

议会大厦位于东西轴线的东端，即鸟形城市平面的“鸟头”部位。尼迈耶塑造的议会大厦形式非常奇特，它有一个扁平的会议楼和高耸的秘书处办公楼。扁平的会议楼正面长240米，宽80米，3层，平屋顶。屋顶上有两个锅状形体，一个正置，其中是众议院会场；另一个倒扣着，里面是参议院会场。扁平会议楼后面是27层的高楼，它本身又分成靠得很近的两个薄片，都是矩形板片，中间留着“一线天”。这个高层双片办公楼以窄边与会议楼相接。会议楼和办公楼本身都是简单的几何形体，光光溜溜，没有凸凹和装饰。这个议会建筑群的构图特色在于形式的对比：高与矮的对比，横与竖的对比，平板与球面的对比，正放的锅形物与倒扣的锅形物的对比，前者的稳定感与后者的动摇不定感之间也形成对比，此外还有大片实墙面与大片玻璃墙面的虚实对比。这些对比效果是那样的鲜明、强烈和直率。这个议会建筑几乎没有细部可供人鉴赏，突出的只是大的对比效果。这里的广场尺度超常地大，议会建筑周围空空旷旷。在热带强烈的阳光照射之下，在辽阔的环境之中，这个议会建筑显得原始、奇特和空寂，有几分神秘感，让人联想到古代美洲的祭台建筑。

在总统府、总统官邸和最高法院等建筑中，尼迈耶都采用长方形带周围柱廊的形式。围廊很宽大，可以遮挡直射的阳光。屋顶平而薄，柱子各有新意。那些柱子是变截面的，包含直线和曲线，造型简洁而潇洒。在外交部和司法部两座建筑物中，尼迈耶又设计了另外两种柱廊。合起来，他创造了新颖的“尼迈耶柱式”（Niemeyer order）。

20世纪60—70年代，尼迈耶在法国、意大利和阿尔及利亚等地设计了一些建筑物，其中有巴黎法国共产党总部（1966），米兰蒙达多利出版社大楼（Mondadori Building，Milan，1968），阿尔及尔动物园以及以色列海法大学的建筑（University of Haifa，Israel，1964）等。这些建筑大多是在一个比较规整的大形体之中，包容一些造型自由活泼、带曲线和曲面的体量，有的还在近旁加有不规则的下沉式庭院。

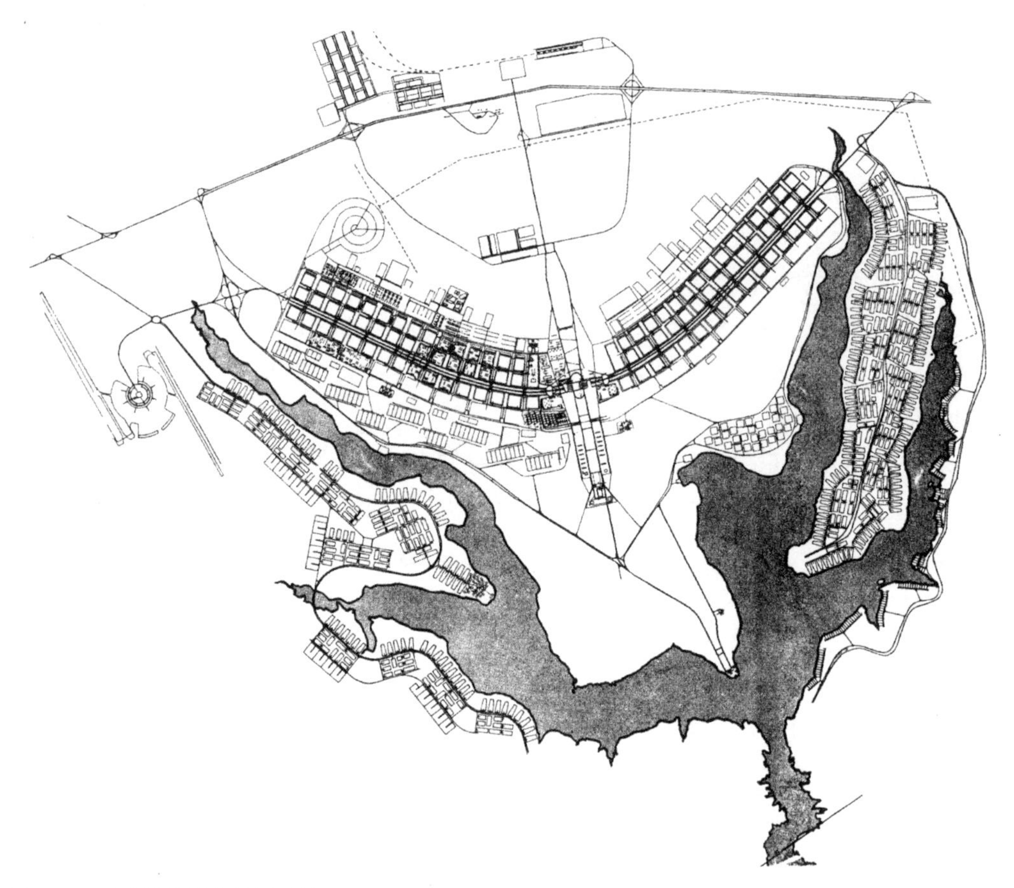

图21-15　巴西利亚城市总平面

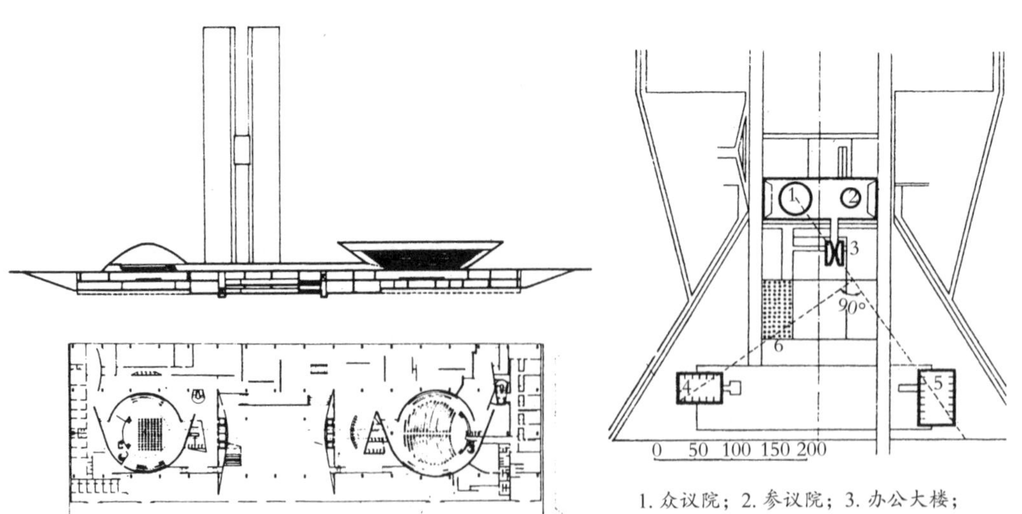

图21-16　巴西议会大厦平、剖面和三权广场平面

图21-17　尼迈耶，巴西议会大厦，1958年

尼迈耶强调建筑作品的创造性。1973年他在一次谈话中说："巴西已从原来勒·柯布西耶所给予的伟大影响下脱离出来，发展了一种新的不同的建筑风格，主要是由于地方的气候、习惯和感情的不同……我们的目标是要有创造性，而不要一再重复相同的建筑答案……一个建筑师必须不断创新，不但刷新原有的水准，而且要突破结构和建筑设计任务书的规定。"

总的看来，尼迈耶的建筑作品既具有20世纪中期现代主义建筑的普遍性，又带有拉丁美洲的特殊性。热带的气候和地理特点反映在他的建筑上。而尼迈耶的建筑作品的自由流畅的造型又使人联想到拉丁美洲舞蹈（探戈舞、桑巴舞等）的动作，这些正是拉丁美洲人民性格和气质的反映。

格罗皮乌斯于20世纪40年代与学生们谈到尼迈耶的建筑作品时说，尼迈耶"像一只天堂鸟"，意思是指他的作品造型轻快、自由、活泼。尼迈耶主要使用钢筋混凝土材料，在他的手中，这种坚硬的材料柔化了，他用钢筋混凝土塑造出有抒情意味的建筑物。他为巴西利亚设计的政府建筑体现出庄严性和纪念性，这是现代主义建筑尚不擅长的领域，尼迈耶在这方面作了新的尝试。但巴西利亚的建筑，无论在巴西国内或国外，既有人赞赏，也有人指责。赞赏者说它显示了巴西的未来，为此感到振奋；指责者由于它们的抽象性和陌生感而觉得它们令人莫名其妙。尽管尼迈耶本人非常关心人民的命运和疾苦，但有人说他的建筑作品脱离了普通人的审美观念和习惯。

第22章
德国建筑师夏隆

汉斯·夏隆（Hans Scharoun，1893—1972）1915年大学毕业，从事建筑与城市规划工作，曾任大学教授。第一次世界大战后，夏隆参加德国的建筑革新运动，是1919年成立的德国艺术工作委员会的成员，1926年参加“环社”（Der Ring）的活动。在1927年由密斯主持的斯图加特住宅展览中有夏隆设计的一座住宅。他的作品是现代主义与表现主义的混合。二次大战期间他留在德国，作品风格不受纳粹当局的欢迎，只能从事一些小的建筑设计。

二次大战后他的作品斯图加特“罗密欧与朱丽叶公寓”（Romeo & Juliet Flats，Stuttgart，1954—1959）引起人们的重视。这所公寓曲折多变，有九个不同的朝向，平面上几乎不见直角形，形状奇特新颖。他设计的原联邦德国驻巴西大使馆（在巴西利亚），造型变化多端，其遮阳设施明显地带有表现主义的意味。

夏隆的最负盛名的作品是他为柏林爱乐交响乐团设计的柏林爱乐音乐厅（Philharmonic Hall，Berlin，1956—1963）。

夏隆设计演出建筑的思路是认为观众厅是最重要最基本的部分，建筑师要由此出发，由内及外来处理整个建筑物。在处理观众厅的时候，他特别注意两个问题：一是尽可能消除传统演出建筑中那种明显划分演奏区与观众席的做法；二是尽力使观众席的各部分受到同等的重视，努力消除不同区位的尊卑差别。

夏隆说：“重点是音乐，从一开始设计，音乐就是主角……乐队和指挥如果不是处在几何中心，也应该处于空间和视觉的中心地位，让听众围绕在他们的周围。这样就避免了音乐‘生产者’与音乐‘消费者’之间的隔离状态……要让观众厅里有一种亲近感……人、音乐和空间在新型关系中相会。”

“观众厅布置仿效自然景观。我把观众厅看作一处山谷，乐队在中间，四周的座席如同山坡上的葡萄园畦，大厅屋顶如同天穹，产生好的音响效果。音乐不是从一端送过来，而是从中心低地向四周发散，均衡地到达每一位观众那里。”

柏林爱乐音乐厅的前厅安置在观众厅的正下面，由于观众厅的底面如同一个大锅底，其下的前厅的空间高矮不一，其中还布置着许多柱子、楼梯和进口，因而这个音乐厅的前厅的空间形状极其复杂，路线非常曲折。初次来此的人会产生扑朔迷离、摸不清门路而又丰富诱人的印象。及至进入观众厅内，看到的又是如同山谷中葡萄园似的景象。听众席化整为零，分为一小块一小块的“畦田”似的小区，它们用矮墙分开，高低错落，方向不一，但都朝向位于大厅中间的演奏区。由于化整为零，一般大观众厅中常有的庞大的大尺度被化解了，确实呈现出亲切、随和、轻松、细巧、潇洒的气氛。

爱乐音乐厅的外形由内部的空间形状决定。周围墙体曲折多变，屋顶的形状由内里的天幕似的天花板确定。整个建筑物的内外形体都极不规整，难以描述。

图22-1　夏隆，柏林爱乐音乐厅，1956—1963年

离爱乐音乐厅不远的地方，在广场的另一端，是密斯生前设计的最后一个作品——柏林新国家美术馆。两座建筑物形体风格大不相同。密斯的美术馆方方正正、正儿八经、一丝不苟，像一位正襟危坐的绅士；而夏隆设计的音乐厅如

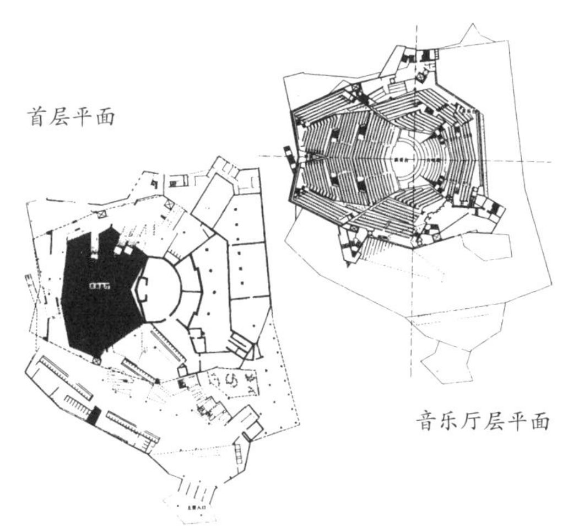

图22-2　爱乐音乐厅平面

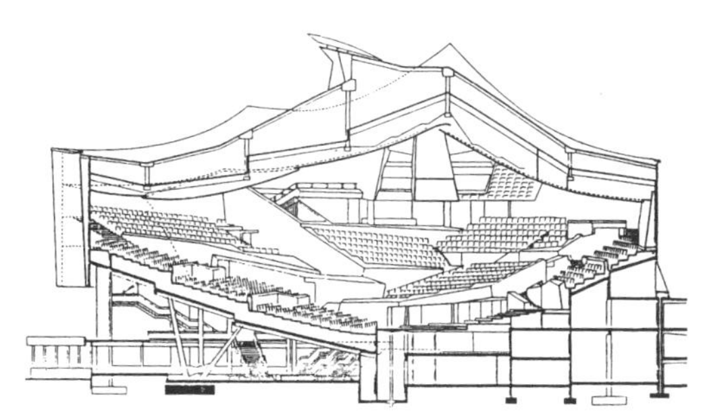

图22-3　爱乐音乐厅剖面

图22-4　爱乐音乐厅演奏区与听众席

图22-5　演出之中

同一个马马虎虎、随遇而安、不修边幅的胖子。在广场的另一边，与前两座建筑物鼎足而立的是国家图书馆，它也是夏隆的作品，规模很大，形体也很特别，平面和立面都凸凹自由，极不规整，也是随遇而安超出常规的模样。

爱乐音乐厅的近旁有一座较小的“室内乐音乐厅”，是按照夏隆的原有方案，由别人在他逝世后完成的。室内乐音乐厅与爱乐音乐厅好似一双姐妹。

夏隆的这几座建筑作品，既有表现主义的倾向，又被认为是有机建筑的例子。它们的形体跟着内部空间布置走，里面什么样，外形就什么样，不按照某种特定的构图模式或规则加以规整和修饰，因此，可以说是“随遇而安”。这样的建筑可以有新鲜活泼、令人惊喜的效果，但也不是每一次都能成功。柏林爱乐音乐厅的外形也受到一些人的批评，认为它零乱委顿，不及内部吸引人。由于形式过于复杂，太不规则，所以施工难度极大，需要每隔60厘米就出一个剖面图。音乐厅原来要建在另外一个地点，入口设在东北角，后来因故改在现在的地点，环境条件改变了，但音乐厅的建筑设计未做相应改动，原封不动搬到新的地点，入口位置就显得很奇怪。可见“有机建筑”也有并不有机之处。

无论如何，夏隆设计的柏林爱乐音乐厅，以其独具匠心的观众厅设计造出了一个极为卓越的音乐演出和欣赏的环境，从而成为20世纪音乐厅建筑中的一项杰作。这座建筑是世界著名音乐指挥大师卡拉扬执棒的柏林爱乐交响乐团的音乐厅。在这里，美妙的流动的音乐与卓越的“凝固的音乐”相结合，可谓天作之合，相得益彰。

第23章
意大利建筑工程师奈尔维

这里，我们要介绍的是一位从事结构设计的土木工程师，称他为建筑工程大师，是因为这位土木工程师在建筑结构方面做出了十分卓越的贡献，不仅如此，他在建筑造型方面也有着非常优异的业绩。他就是P.L.奈尔维（Pier Luigi Nervi，1891—1979）——20世纪世界公认的结构工程权威和运用钢筋混凝土的大师。奈尔维虽是结构专家，生前却获得许多建筑学术机构授予的荣誉，其中包括英国皇家建筑师学会金奖（1960）、美国建筑师学会金奖（1964）和法国建筑艺术院金奖（1971）。1960年奈尔维被推选为美国艺术与科学院的荣誉院士，后又成为法国学术院外籍院士（1979）等。

奈尔维1891年出生于意大利北部城市松德里奥，在波洛尼亚大学攻读结构工程。第一次世界大战期间在意大利军事工程部门服务，此后长期从事建筑结构的设计与研究。1961—1962年奈尔维在美国哈佛大学讲学，其内容见于后来出版的《建筑中的美学与技术》（Aesthetics and Technology in Building，1966）。奈尔维从一个结构工程大师的角度谈论他对建筑和建筑艺术的看法，很值得建筑师加以了解和重视。

奈尔维认为，一般人的那种“建筑既是技术又是艺术”的说法不够准确，他说建筑是技术和艺术的综合体（sythesis）。他认为，建筑师的主要任务是把多种不同的因素综合起来。诚然，建筑师不可能深入掌握各个学科和工种的细节，但需要对它们有个总的了解，如同乐队指挥要对各种乐器的性能有所了解一样。不同工种的技术专家在建筑师的指导下，从开始设计到出施工图，都互相结合，达到美学与力学、艺术与结构的深刻统一。奈尔维认为，不按照最简单最有效的方式处理结构，不考虑材料的特定性能，就不会有好的美学的表现。新的建筑材料，特别是钢和钢筋混凝土，不同于过去的石、砖、木，应该从新材料的技术特性中产生新的形式。可以期望从新的材料特性和社会进步带来的新的建筑任务中产生新的伟大建筑，但它们不可能从美学的教条中产生出来。

奈尔维说，他从技术专家的角度评估建造方式，从普通人欣赏艺术的角度考察过去和现在的建筑，得出的结论是：技术上完美的建筑物可能在艺术上缺少表现力；但艺术上公认为是好的建筑物，在技术上也一定是完善的卓越的。好的技术对好的建筑来说是必要条件，但不是充分条件。

奈尔维说，建造（to build）一事意味着运用固体材料造出合乎特定功能需要的空间，使里面的人和物不受外界的袭扰。结构不论大小，必须稳定、持久、适合建筑的目的，并以最小的代价获取最大的效果。奈尔维指出，快要倾倒的墙和房顶不能使人产生平静的美的感受。房屋应有相对于用途而言的适当的装修，采用适当贵重的材料。历史上建筑有特征的细部形式原来都是由技术需要而产生的，但取得了美学的表现力。奈尔维说，“正确地建造（building correctly）”既是技术的、客观的课题，又是主观的与表现力有关的事情。

图23-1　奈尔维，都灵展览馆屋顶，1950年

奈尔维特别推崇用现浇钢筋混凝土造房屋，他认为那是人类获得的最柔顺、最丰富和非常完善的建造方法，它有独特的可塑性，是人造的“超级石头”，可以做成任意形状，又有结构整体性。他指出，钢筋混凝土做的梁不必像木梁、石梁和钢梁那样方方正正，而可以随着内部剪力和弯矩的分布曲线做出各种有表现力的外形。力学决定明确的受力方向，但形式的细部还由个人来选定，有着丰富变化的可能性。奈尔维设计过许多富有表现力的变截面柱子，它们受力明确有效，而施工时又都可以用直条模板。施工方便也是他的一条原则。奈尔维说，他做结构设计，总是寻求最经济的方案。所谓经济的方案，他说，就是用最少的材料把各种荷载直截了当地传到基础上去。

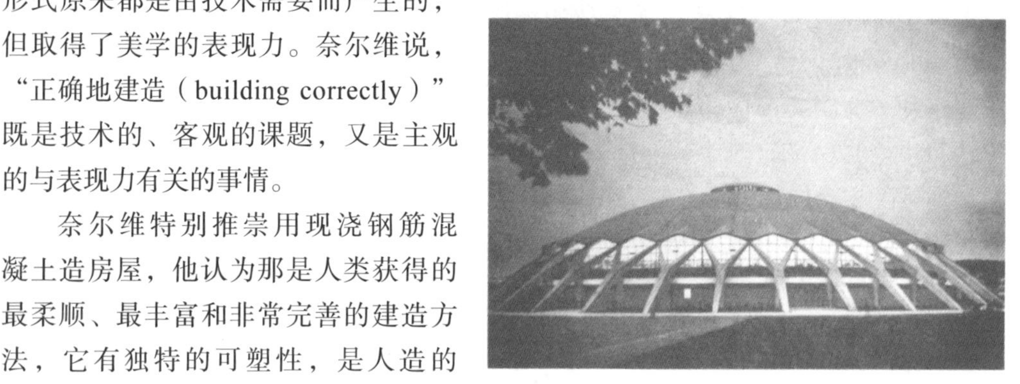

图23-2　奈尔维（结构设计），罗马小体育宫，1959年

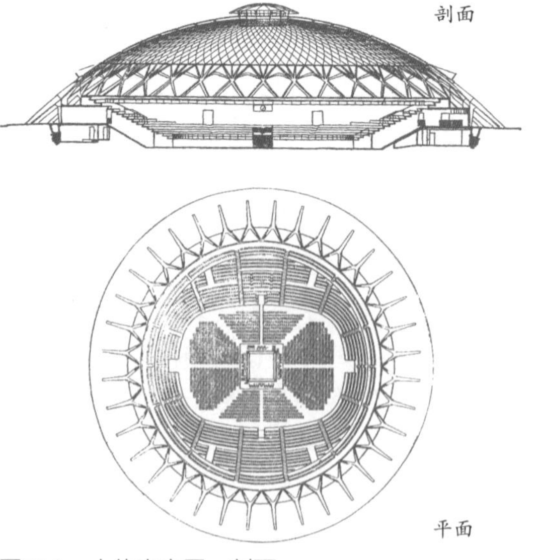

图23-3　小体育宫平、剖面

1957年，奈尔维为1960年罗马奥运会设计的小体育宫（Palazzetto Dello Sport, Rome，建筑师A.Vitellozzi）是一个非常光辉的作品。这个5 000座的圆形体育馆的直径为66米，由36根现场浇筑的Y型支墩支承。这些Y型支墩各有一条向下伸出的腿和一条斜伸的腿，它们把屋顶的重量传到埋在地下的钢筋混凝土圈梁上。圆穹形屋顶本身由1 620块预制菱形钢筋混凝土槽板组成，菱形槽板按上下不同部位分为19种规格，板厚2.5厘米，边上带有卷边，伸出预埋钢筋，拼合两块板的卷边合成凹槽，灌入混凝土，1 620块预制槽板便连接成整体圆形薄壳屋顶。这个圆屋顶总厚度12厘米，施工时间为40天。它是奈尔维常用的兼有预制和现浇两种优点的整体装配式结构的一个例子。

小体育宫屋顶的菱形肋在内部自然地组成美观的图案，很像一朵大向日葵。当年有一位建筑评论者以为那里是庞大的装饰，奈尔维纠正说，“美并非来自装饰，而是出自结构自身”。

1959年，奈尔维设计的“意大利61”国际劳动博览会会馆方案获选。它是一个边长163米的正方形大厅堂。会馆预定1961年5月1日开幕，施工时间只有10个月。奈尔维将整个大厅的163米×163米的平屋面划分为同样大小的16个方块，每一块由一根位于中心的柱子独立支承。柱身底部为十字形，由下而上逐渐改变截面，到顶端成圆形，圆顶之上安置20根向四面八方放射开来的钢悬臂梁，这些钢梁承托着一块方形屋顶板，边长40米。柱子、钢梁和屋顶板合起来像是一个个巨大的方形蘑菇，又像一把把方形雨伞，其高度达35米。整个大厅在结构上划分为16个完全相同的单元，为施工时的流水作业创造了条件。16个屋顶单元之间做成条形天窗，会馆内部也有了天光。预定博览会结束后，这座建筑用做技工学校。这是一个独具匠心的大型厅堂建筑。

图23-4　小体育宫天顶

奈尔维曾与意大利著名建筑师G.庞蒂（Gio Ponti，1891—1979）于1956年合作设计了一座高层建筑——米兰的皮瑞里大厦（Pirelli Building）。庞蒂是一位多才多艺的建筑师，他的设计范围很广，从瓷器、家具、小五金到房屋都有涉及。他的作品既注重功能实用，又精致优美，被认为具有诗意。庞蒂曾谈到他如何设计教堂：“教堂建筑的要点不在建筑而在宗教”。由此可见，他极重视设计对象的内涵意蕴。

皮瑞里大厦是作为意大利橡胶大企业皮

图23-5　奈尔维，罗马劳动博览会会馆，1959—1961年

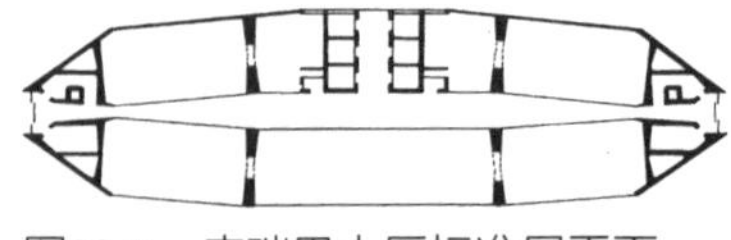
图23-7　皮瑞里大厦标准层平面

图23-6　奈尔维、庞蒂，米兰皮瑞里大厦，1956—1958年

瑞里公司的总部而设计的，共32层，高130米。20世纪50年代世界新建高层建筑多为方柱形或板片式，这种形式成为流行的风尚。皮瑞里则与众不同，平面呈船形，墙体出现几个折面。大楼采用钢筋混凝土结构。高层结构设计重点之一是抗水平力，为此奈尔维在高楼中心部位设置了两个剪力墙，在大楼的两个端头各设置一对钢筋混凝土的三角形井筒，楼板便由剪力墙和井筒支承。剪力墙和井筒的厚度越往上越薄，在立面上也显现出来。结构体系共同工作，有极大的刚性和侧向稳定性。在设计过程中曾做了1∶15的试验模型，证明结构性能优良。奈尔维认为模型试验比理论计算更重要，因为试验结果包括次要构件的共同作用，更符合实际结构的情况。奈尔维和庞蒂两人同年生同年离世，他们合作设计的皮瑞里大厦在结构和建筑两方面都堪称杰作。大厦形体修长秀美，如同一个棱柱形的结晶体。建筑与结构高度统一，科学与美学、逻辑性与表现性融合一体。大厦优美动人，令人一见不忘。

早期的钢筋混凝土结构设计曾沿用金属结构的设计概念，经过许多人的摸索实践，到了奈尔维，找出了按照这种材料的本性进行房屋结构设计的途径，这是现代结构巨匠奈尔维的重要贡献。

第24章
美国建筑师埃诺·沙里宁

埃诺·沙里宁（Eero Saarinen，1910—1961）是芬兰著名建筑师伊利尔·沙里宁之子，为简便计，我们称这父子两人为老沙里宁和小沙里宁。

小沙里宁1910年出生于芬兰，1923年随家庭移居美国。1934年他从耶鲁大学建筑学院毕业，先在父亲的建筑事务所工作，1950年自己开业。

1948年，小沙里宁参加美国密苏里州圣路易斯市杰斐逊国土开拓纪念碑（Jefferson National Expansion Memorial Competition，1948—1967）设计竞赛，他的设计是一个高190米，跨距也是190米的抛物线形单孔大拱门，拱门的断面呈倒三角形，表面是不锈钢钢板。杰弗逊是美国第三任总统，美国独立宣言的主要起草人，在他任职期间美国政府购买了路易斯安那地区，使当时的美国领土几乎扩大一倍。这座纪念碑就是为了纪念此事的。小沙里宁的设计方案大胆新颖，拱门形式含有美国由此向西部开拓扩张之意，因而获得第一名。拱门于1967年建成，称为杰弗逊纪念拱门（Jefferson Memorial Arch）。小沙里宁由于做出这个构思独特的方案而闻名，不过拱门建成时他已辞世。

图24-1　埃诺·沙里宁，圣路易斯市杰弗逊纪念拱门，1948—1967年

1956年落成的密歇根州通用汽车公司技术中心（General Motors Technical Center，Warren，Michigan）是小沙里宁早期的代表作品，那是一个很严整的现代主义的建筑，墙面平整光洁，钢柱细巧挺直，有明显的密斯式风格。

但是，此后小沙里宁的每一项新作，都呈现新的特色，他不求风格的连续性，不断创造令人耳目一新的形式。

1956年开始设计的纽约肯尼迪机场环球航空公司航站楼（Trans World Airlines Terminal，Kennedy Airport，New York，NY）就是一个在当时令人惊愕的航站建筑。

TWA航站楼在设计阶段就引起美国和其他国家建筑界的注目。人们感兴趣的主要原因是它那奇特的内外造型。航站楼主要部分为单层，平面近似于一个由多条弧线组成的等腰三角形，三角的底边呈弧形，中央是主入口和大厅。中心部分的屋盖由四片大型钢筋混凝土薄壳片组成，总宽约100米，前后深约70米。薄壳屋顶前后共由四个Y型柱墩支承。四片薄壳连接处是条形玻璃天窗，只在中央一点互相连接。左右两壳片稍稍向两旁翘起，正面薄壳的前端向下伸出，这样一来，航站楼的外观很像一只大鸟，正面两个Y型柱墩如同鸟的双足，两边的翅膀已经张开，大鸟似乎正要离地飞去。没有壳体结构做不出像鸟翼的屋盖，而没有小沙里宁的特别构思，也不会有这个像是振翼要飞的建筑。

航站楼内房间的划分布置服从于鸟状的外形。大厅中，屋顶、墙体都扭曲旋转，除了窗棂外，几乎看不到有什么直线和平面。给人的印象是一切都在流动，又好像进入了鸟的腹腔之内。

将TWA航空公司航站楼做成鸟似的形体，意图何在呢？对此，小沙里宁有所表白。他说，对这座航站楼曾提出两点要求："第一，在已经建成的众多航空公司的航站楼中，公司要求造出一个有自己特征、让人记忆深刻的有国际水准的航站，使它在众多同类建筑中显得突出……第二，在建筑艺术方面，这座航站要表现出航空旅行的令人激动的感受。因此，我们认为不要把航站楼做成封闭的、静止的空间，而要一座一切都表现运动和过渡状态的建筑物。""选定了基本形式以后，我们把这一意图贯彻到建筑物的各个部分。建筑的内部空间及一切元素，从招牌、电话间、栏杆到柜台

图24-2　埃诺·沙里宁，纽约肯尼迪机场TWA航站楼，1956—1961年

图24-3　TWA航站楼内景一角

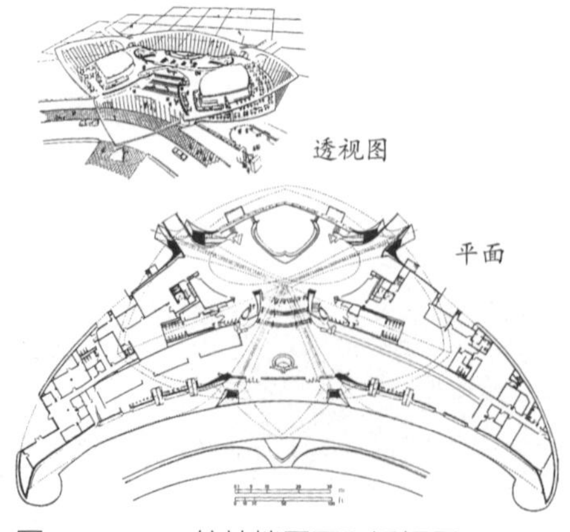

图24-4　TWA航站楼平面和透视图

的形状，都有统一的造型特征。”（Aline B.Saarinen，Eero Saarinen on His Work，1968）这座TWA航站楼落成后，反响热烈，有人形容它是“喷气航空时代的高迪式巨型雕塑”。

这个“高迪式巨型雕塑”的航站楼建造起来很不容易，先做出模型，才画出图纸（当时还没有电脑辅助设计）。施工过程中又补画了数百张施工图。由于壳片形状扭曲，故采用地图等高线的方法标定曲面形状。浇灌屋顶混凝土时，设置了5500根钢支柱，逐个精细地校正它们的高度。壳体屋盖本身重6 000吨，壳片厚度不等，一般厚16—26厘米，边缘部分最厚，达到1米。有人形容建造这个航站楼的过程等于是“塑造一个占地两英亩的大雕塑”。在TWA航站楼之前，小沙里宁曾为麻省理工学院设计过一座小礼堂兼教堂（Kresge Aditorium and Chapel，M.I.T.，1953—1955），采用了三角形拱壳。奈尔维曾批评说，“结构理想已受到浪费放肆的侵袭，毫无合理之依据”。（Architectural Record，NOV.，1958，Robin Boyd's article）在这一方面，TWA航站楼可以说是有过之无不及了。

图24-5　埃诺·沙里宁，耶鲁大学冰球馆，1958年

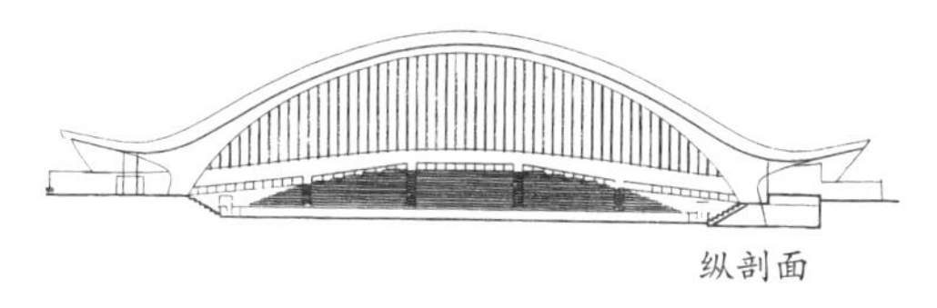

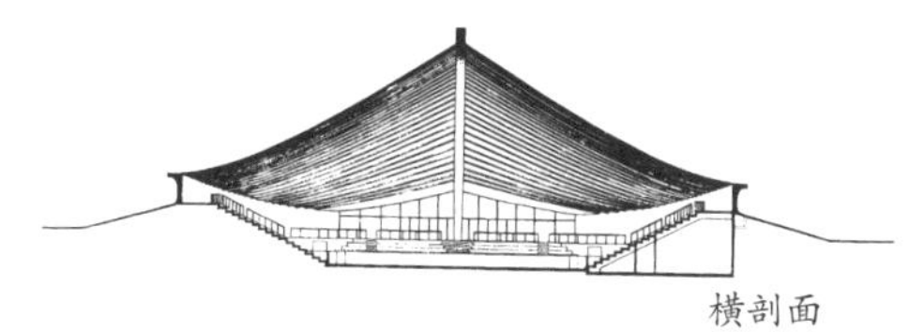

图24-6　耶鲁大学冰球馆剖面

小沙里宁于1958年设计的耶鲁大学英格尔冰球馆（David S.Ingalls Hockey Rink，New Haven）和华盛顿杜勒斯国际机场航站楼（Dulles International Airport，Washington，D.C.，1962）都采用悬索结构。冰球馆形似海中甲壳动物。杜勒斯机场又是另一种构思，它有两排巨大的稍向外倾斜的钢筋混凝土柱墩，悬索张拉在相对的柱墩顶上，建筑立面因一系列大柱墩而显得简洁而有气派。如果说TWA航站楼具有诙谐性和商业气，杜勒斯航站楼便显出礼仪性和官方性质。华盛顿机场设计中首次采用用专门车辆将旅客送往登机坪的方式。

图24-7　埃诺·沙里宁，华盛顿杜勒斯国际机场航站楼，1962年

1958年，小沙里宁为耶鲁大学设计了

图24-8　杜勒斯国际机场航站楼内景

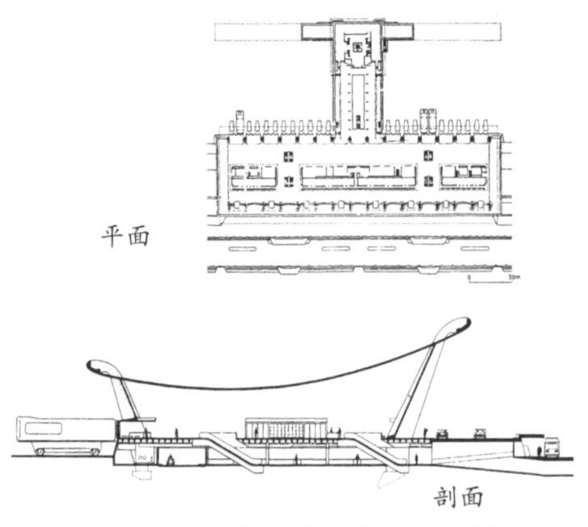

图24-9　杜勒斯国际机场航站楼平、剖面

一组学院建筑（Ezra Stiles College and Morse College，Yale University，New Haven，Connecticut，1958—1962）。这组建筑位于耶鲁大学一座仿哥特式体育馆的对面，地段不规则。小沙里宁认为新建筑要与老的华丽的体育馆相配，不要看起来像它的“穷亲戚”，他说：“这是不能用我们现在常用的方式解决的特殊任务。现代主义建筑体系和局部要素（材料、手法）都与我们要达到的目标有矛盾。重复性、规律性、统一化、标准化——这些是我们现代建筑语言的基本原则，显然与我们追求的多样化和个性不一致。”因此，他在耶鲁大学的新建筑物上摒弃光滑的、轻的、薄的现代建筑材料，也摒弃矩形的盒子式的形体。新学院建筑采用曲折多变的多边形，房间形状很不统一，有许多凸凹，尺寸细小零碎，外墙大部分用石砌墙。不过这种石砌墙是预制的，先在模子内填入6—20厘米大小的粗石块，灌进水泥沙浆，再冲洗掉表面的灰浆，露出不规则的石块。预制的石墙板高度达2.8米左右，墙面效果接近美国和欧洲的老农舍的石墙面。楼内装修用砖、抹灰和柞木等老式材料。于是这一组新房屋便具有了老式乡间建筑的风貌，形体曲折凸凹，内外地面有高有低，走在这组房屋的狭巷中，很像是到了意大利山城的街巷之中，这正是小沙里宁在这一次设计任务中所寻求的非现代化效果。

小沙里宁独立开业后，每一次建筑设计都推出各具特色、不同凡响的建筑作品，他的名声越来越大，任务越来越多，后期任务中不乏美国驻英国大使馆这样的重要任务。有人认为他的名气已经超过了他的父亲。不幸的是他于1961年猝然去世，时年51岁。他的许多作品是在他身后陆续落成的。一位才华出众、奋力攀登的建筑新星英年早逝，令人惋惜。

从前面介绍的有限的几个作品已经可以看出小沙里宁是一位力求创新的建筑师。他左冲右突，不停地探索新的建筑方向、新的形式、新的结构方式和新的表现方式。有人指出，小沙里宁没有形成自己的一贯的成熟的建筑风格，这是实际情况，而不断探索也恰是他的创作特点。他不停顿地前行，在短短二十多年时间中创作了众多形式风格不一而都达到很高水准的建筑作品，这在世界建筑师中也是不多见的。

小沙里宁的成就与他的天分、勤奋和家庭熏陶有关，而他的不断创新、努力变法的创作特征，又与他所处的时代有关。

图24-10　埃诺·沙里宁，耶鲁大学校舍一角，1958年

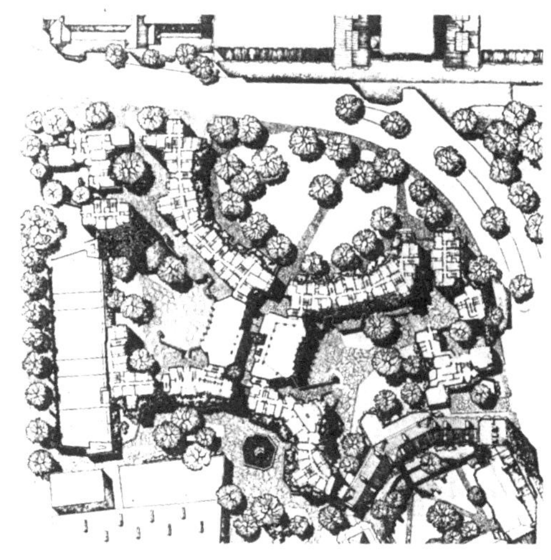
图24-11　耶鲁大学校舍平面

赖特、勒·柯布西耶、密斯等是第一代现代建筑大师。小沙里宁等一批出生于20世纪头一二十年的人，直接或间接受到第一代大师的影响，可以算做第二代现代建筑师。这第二代新人登上建筑舞台的时间是20世纪50—60年代。这时欧洲和美国的社会、经济和文化状况已与20世纪20—30年代有了重大的差别。第二代建筑师虽接受了第一代人物的观念和榜样的影响，但过不了多久，就自觉或不自觉地体察了的代的变化，感觉到社会对建筑师的新要求，特别是社会审美观念的新需求。从“艺术贵在创新”的角度出发，他们自觉或不自觉地感悟到需要走出第一代人物的影子，要有所创新、有所发明、有所前进。小沙里宁敏锐地觉察了这一趋向。例如，小沙里宁前后两次为耶鲁大学设计建筑物，冰球馆和学院楼都处在老建筑物的近旁，为什么第一个不顾及与老房屋调和，后一个却大讲呼应协调呢？原因是后者的设计正当建筑文化潮流开始变化之时，两种思潮先后体现在他的两件作品之中。他很快突破上一辈人物的成规，不断转变，从而受到人们的欢迎。小沙里宁于1961年因脑瘤去世，次年美国建筑师学会将最高荣誉的金奖追授予他。

第25章
美国建筑师菲利浦·约翰逊

自20世纪30年代初以来，菲利浦·约翰逊（Philip Johnson，1906—2005）一直是美国建筑界的一个风头人物。60年来，美国建筑潮流的改变在他身上都有鲜明的体现，可以说约翰逊是半个多世纪中美国建筑潮流的风向标。

1906年，约翰逊出生于美国俄亥俄州克利夫兰市一个富有家庭。1923年他在哈佛大学学的并非建筑，而是哲学与希腊文。1930年从哈佛大学毕业，获文学士学位。经人推荐，他于1930—1936年担任新成立的纽约现代艺术馆建筑部主任。

1930年，约翰逊与美国历史学家希契科克（Henry—Russell Hitchcock）一起在欧洲旅行，对当时西欧新出现的现代主义建筑产生了兴趣。他后来回忆说："我们相信有了它（指现代主义建筑）整个世界将变得更好些。这并不是说我们具有当时德国式的社会主义目标，我们只是想，一种纯净的艺术，即简单、无装饰的艺术可能是伟大的济世良药，因为这是哥特式以来头一个真正的风格，因此它将变成世界性的，且应作为这个时代的准则。"

1932年，约翰逊在现代艺术馆组织了一次现代建筑展览，向美国公众介绍欧洲的现代主义建筑运动。这次展览对于推动美国建筑文化的转变有不小的影响。展览结束后，约翰逊和希契科克合作出版了一本书：《国际式——1922年以来的建筑》（Henry-Russell Hitchcock and Philip Johnson，The International style，Architecture Since 1922，New York，1932），介绍新建筑潮流。从此，"国际式建筑"的叫法不胫而走，常常成为现代主义建筑的同义语。同年，约翰逊又与他人合作出版了《现代建筑师》（Moden Architects），1934年又出版了《机器艺术》（Machine Art）。"国际式建筑"这个名称只是指出那个时期现代建筑形式上的共性。它反映出约翰逊等人当时主要是从形式上观察和理解欧洲新建筑的。

稍后，约翰逊参加政治活动，意欲竞选俄亥俄州参议员，结果失败。1939年，33岁的约翰逊再度回到哈佛大学，开始正规地研习建筑学。他当时比同班学生大十五六岁，比有的年轻教师岁数也大，阅历也多，他自己说，学习期间常有"斗争"。当时格罗皮乌斯正在哈佛大学执教，但约翰逊说他并没有受格氏什么影响，倒是从也在哈佛执教的布劳耶（Marcel Breuer）那里受益良多。1943年约翰逊从哈佛大学建筑学院毕业，获硕士学位，然后自己开业。他从未在别人的建筑事务所中工作过，他自豪地说：“我从未受雇于人。”因为他很早就是一个青年富翁。

1946—1954年，约翰逊再次到纽约现代艺术馆任建筑部主任，此后在纽约开业。

1947年约翰逊在现代艺术馆举办密斯的个人展览，事后出版《密斯·凡·德·罗》（Mies van der Rohe，1947）一书，这时，约翰逊对密斯推崇备至。1945年密斯开始为女医生范斯沃斯设计位于湖水边的全玻璃小住宅，但是直到1950年才告落成。与此同时，约翰逊也为自己建造了一座全玻璃住宅，与前者大同小异，并先一步落成（1949）。因此人们常认为约翰逊的玻璃小住宅是密斯那个作品的翻版。约翰逊则因此而引人注目，扩大了自己的名声。20世纪50—60年代，约翰逊设计过一些住宅和小型公共建筑，有明显的密斯风格的影响。人们此时送给约翰逊一个绰号——“密斯·凡·德·约翰逊”。

图25-1 P.约翰逊，自宅，1949年

图25-2 P.约翰逊，休斯敦市潘索尔大厦，1976年

1967年约翰逊与J.伯吉（John Burgee）合伙，开设约翰逊-伯吉建筑事务所。常有一些大公司大财团委托他们设计大型建筑物。

明尼阿波利斯市投资者综合服务中心大厦（IDS Building、Minneapolis.Minnesota，1973）主楼高51层，又有16层的旅馆，多层的银行与商店，一共占满一个方形的街区。建筑群中心部分辟做带玻璃顶的庭院，这种布置很有吸引力，成为人们喜爱的聚会点。IDS大厦高层建筑的平面为船形的八边形，它的四个斜边呈锯齿状，虽然屋顶是平的，但锯齿形及垂直线条使这座高层建筑的轮廓和光影富有变化，改变了此前流行一时的板状和块状大楼的习见形象。

1976年落成的休斯敦市潘索尔大厦（Pennzoil

Place，Houston，Texas）是在一块方形地段上的两座36层玻璃幕墙大楼，两个楼的平面都是切去一角的矩形，两楼相错对峙，中间留出一道窄缝，缝宽3米左右，形成“一线天”的景象。大楼下边前后各有一个三角形平面的大门厅，门厅上为斜坡玻璃顶，坡度45度，最高点距地面约30米。潘索尔大厦表面为古铜色玻璃幕墙，顶部是45度斜面的一面坡屋顶。这个并立的姊妹楼，加上许多大斜面和尖挺的锐角，造型简洁又富有变化。IDS大厦和潘索尔大厦可以说是在密斯式纯净简单的高楼原型上加以变化而获得的建筑造型。

从20世纪50年代末起，这位以赞赏和跟随密斯而著名的约翰逊渐渐萌生了“非密斯化”的建筑观念。1958年5月，约翰逊在耶鲁大学的一次讲演中说：“我们对国际式的简单已感到相当厌烦了”。他指出，许多建筑师都开始寻求“更有味道的形式”。过了不到一年，他于1959年2月在耶鲁大学举办的约翰逊个人作品展的开幕式上更明确地宣称，他要从“空前的密斯派”转为“非密斯派”，他说：“我现在的立场是竭力地‘反密斯式’。我认为，这是世界上最自然的事情，恰如我并不十分喜欢我的父亲一样……在建筑历史上，年轻人理解甚至模仿老一辈伟大天才的事总是很自然的，密斯正是这样一位天才。但我也变老了……我现在的方向很清楚：传统主义（traditionalism）。这并非复古，在我的作品中没有古典的法式，没有哥特式的尖叶饰。我试图从整个历史上去挑拣出我喜欢的东西。我们不能不懂历史……我的探求纯然是历史主义的，不是复古而是折衷的”。

图25-3　P.约翰逊等，纽约 AT & T大楼，1984年

此后约翰逊的建筑作品有许多就加上了一些历史上的建筑形式元素，其中最有名的一幢是纽约AT＆T总部大楼（美国电报电话公司大楼）。

AT＆T大楼于1984年落成，主体37层，高183米。立面为三段式，基座部分高37米。入口前有一道柱廊，柱廊正中为一大拱门，高约30米。立面中段部分开着宽窄略有变化的小窗，并有上下贯通的竖线条。顶部是三角形山花墙，上面有一个圆凹口。大楼外墙面是磨光花岗岩。这座大楼的外形完全离开20世纪50—60年代盛行的密斯式幕墙形象，

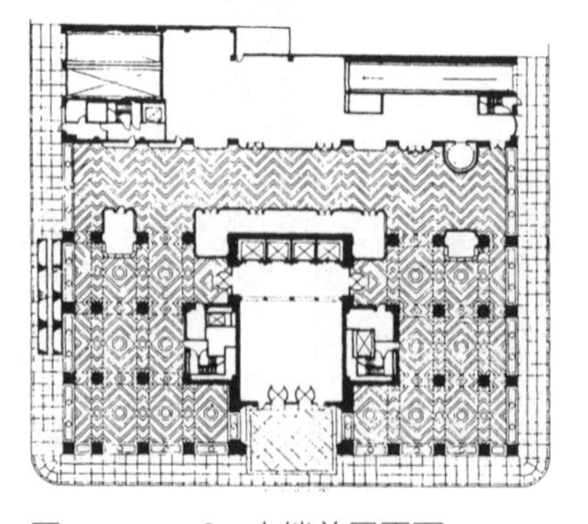

图25-4　AT＆T大楼首层平面

转而带上欧洲文艺复兴建筑的许多特征。大楼的设计方案于1978年在报纸上披露后立即引起轰动。约翰逊说，他与合伙人伯吉设计这个建筑时怀有“一种伟大的保守主义者的感情”。他又说，在纽约，“所有20世纪20年代的和更早的20世纪转折时期的建筑物都有可爱的小尖顶：金字塔形的、螺旋形的、锯齿形的，各式各样，有金色的、棕色的、蓝色的，它们有样子，好辨认……我想再次追随那些建筑，所以很自然地在AT＆T大楼底部模仿巴齐礼拜堂（按：指Pazzi Chapel，位于意大利佛罗伦萨，意大利文艺复兴建筑巨匠伯鲁乃列斯基的作品，1420年建成）；中间部分模仿芝加哥论坛报大楼的中段；顶部……我说不准确，反正不是从老式木座钟上学来的。”

AT＆T大楼的出现引起了建筑界内外的各种评论。有人称之为“祖父的老座钟”“老式抽斗柜”。也有人热烈赞赏，认为它是“自克莱斯勒大厦以来纽约最有生气和最大胆的摩天楼”。据统计，AT＆T大楼建成之前，世界各地报刊发表的对其设计方案的评论文章即已超出300篇。有人指出，它是勒·柯布西耶的朗香教堂之后最具轰动效应的一座建筑物。

图25-5　AT＆T大楼底部拱廊

图25-6　P.约翰逊，美国加州水晶教堂，1980年

1985年落成的德克萨斯州休斯敦大学建筑系馆有一个大坡屋顶，厚墙上开着拱门和连拱窗，是老式地方建筑的翻版。它也是约翰逊的“伟大的保守主义者的情感”的产物。

但约翰逊自称是保守主义者之后，并不完全与“国际式”或密斯风格断绝关系。1980年建成的加利福尼亚州水晶教堂（Garden Grove Community Church，California）是一座很大的通体玻璃墙的教堂，那菱形的光面的几何形体实在还是非常“密斯式”的。在纽约第三大道上，离密斯的西格拉姆大厦不远的地方，约翰逊设计了一座椭圆形平面的玻璃大楼（53rd at Third New York，NY），1985年落成。这座巨大的光亮的玻璃大厦仍然是密斯式的。

1960年，约翰逊在一次讲话中宣称：“我没有任何信仰！”接着又说：“我的理

图25-7　水晶教堂内景

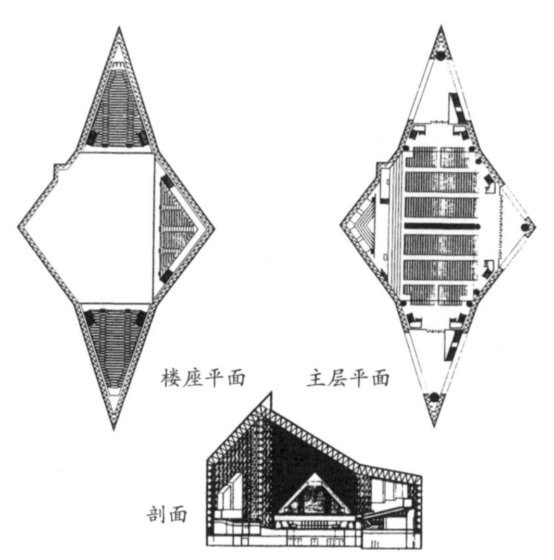

图25-8　水晶教堂平、剖面

论是让我们松弛一下吧……应该利用我们建筑领域中十足的混乱、十足的虚无主义和相对主义来创造奇趣。”在另一场合，他还说过这样的话：“人过七十，大可作乐。”

约翰逊早年半路改行，做了建筑师，他的作品是很多的。但是仔细考察，可以看出作为一个建筑师，他的基本功和职业技巧水平不高。除开刻意模仿现代建筑和古代建筑中的样板的少数几座建筑作品之外，他的建筑常常显露出生硬、空泛和呆板的神情，缺少细致耐看的艺术处理和艺术韵味。约翰逊的作品不以精深的艺术处理见长。

比较起来，他倒是一位能言善辩的建筑家。他的论文过百，著作不少，尤其见长的是他辨察建筑风向的敏感性，而且能先人一步把问题指出来。他早年在别人之前宣传“国际式”建筑，大力宣扬密斯的方向和成就，后来又领先一步公开“反密斯式”。彼一时也，此一时也，而彼时和此时他都能看清苗头，抓住时机，走在前面。有人说他好像是现代主义建筑这条船上的一只老鼠，在船只快要沉没之前，早早地跳到岸上去了。这个比喻过于刻薄，然而也说明了约翰逊的机敏。对于约翰逊的观点言论变化的背景，我们以后还会论及。无论如何，约翰逊后期的言论和作品是20世纪后期世界建筑潮流转变的重要信号。

约翰逊于1978年获美国建筑师学会金奖，次年又获普利兹克建筑金奖，两者都是西方建筑界极高的荣誉。

第26章

华裔美国建筑师贝聿铭

贝聿铭（I.M.Pei）1917年出生于中国广东，1935年赴美国留学，入麻省理工学院学习建筑学，1940年毕业，1946年获哈佛大学建筑学硕士学位。1954年入美国籍，1955年创立贝聿铭建筑事务所，专心从事建筑创作，数十年来创作了大量优秀作品，享誉世界。1979年获美国建筑师学会金奖及美国文学艺术科学院建筑金奖，1983年获普利兹克建筑金奖。贝聿铭是20世纪中期世界建筑大师之一。

贝聿铭接受建筑教育的时期正值第二次世界大战，格罗皮乌斯和密斯等人正在美国大学执教。贝聿铭在哈佛大学直接受到格罗皮乌斯和布劳耶等的指导。待到贝聿铭步入美国建筑界的时候，正是现代主义建筑在美国走红的时期。从贝聿铭所受的教育和他前期的作品来看，他可以算是现代主义建筑的第二代传人。贝聿铭承认此点并为此感到自豪。

第二代人继承和保持第一代人的特点是不言而喻的，但既为第二代，也必定同上代有所区别，有所变化。在哈佛大学求学时期，贝聿铭就提出与格罗皮乌斯不同的见解。贝聿铭说，格罗皮乌斯倡导重视技术和经济的观点固然正确，但忽略了文化和历史对建筑的影响。贝聿铭修正前辈的偏颇之处，在自己的创作中重视文化因素和历史因素的作用，在观念上比较全面。在创作方法和处理手法上，贝聿铭同许多第二代建筑师一样，朝着灵活多样、变化丰富的方向进行探索。贝聿铭在这方面取得了突出的成绩。

贝聿铭的建筑作品具有以下一些特色。

（1）丰富和发展了几何形体的建筑构图，具有简洁明快的现代建筑特征，但又包含多样变化和细致的处理。贝聿铭的作品除了一般的方块和长方形体外，还增加了平行四边形、菱形、三角形、圆形、半圆形、扇形、方锥形、五边形等。各种几何形体在贝聿铭的手中，以千变万化的方式结合起来，造出种种前所未见的建筑形象，给人以鲜活和惊喜之感。

贝聿铭设计的康涅狄格州梅隆艺术中心（Mellon Fine Arts Center，Wallingford，Connecticut，1972）包括一个840座的剧场和一个艺术教育中心。剧场采用扇形体量，艺术教育中心有一处三角形的玻璃顶公共空间和一些艺术教室。艺术中心的这些不同体量都包容在一块长方形的地段中，形象既简单又复杂。说它简单是它的各部分都是基本几何形体，墙面素洁，棱角分明；说它复杂是由于那些平板、斜面、曲面、直角、尖角纵横交错，有分有合，若即若离，虚空和实体互相勾绕，互相渗透，造成扑朔迷离的动人景象。贝聿铭设计的波士顿肯尼迪图书馆（J.F.Kennedy Library，Boston，Massachusetts，1979）也是一个多种不同几何形体的巧妙组合。它有9层的三棱形主体，内含会议室、办公室、档案室、接待室等；又有一个由玻璃墙围成的高31米的立方体，里面是悬挂着一面大国旗的默思大厅；此外还有一个低矮的圆形体量，里面包含两个观众厅，每个300座；此外还有一个平行四边形的过渡体量。如果说梅隆艺术中心是不同体量的疏松空透的组合，那么肯尼迪图书馆则是各种几何形体互相穿插契合的紧凑组合，但两者都具有变化万端、出人意想的戏剧性效果。两座建筑物的内部空间也同样是穿插渗透、千变万化，令人惊叹。

因此贝聿铭的建筑作品，其造型虽然有明显的几何性，却绝不呆板，反之，它们变化万千，每一幢都有引人入胜的新意。

（2）注意根据环境特点，进行有个性的建筑设计。贝聿铭在回忆他如何设计达拉斯市新市政厅时说："当我们在达拉斯市被当局接见时，他们问我们如何解决市政厅的问题。我们说，我们希望在构思任何方案以前，能对市政厅所在区域的环境以及该区与其他区之间的关系作彻底的调查研究""那次调查研究的结果表明，达拉斯市不仅需要一个新的市政厅，而且还需要为市民提供一个公共空间，一个步行广场和花园，借此提高附近地区的生活质量，使衰落的街区走向振兴。"贝聿铭设计的该市政厅不仅是一座行政建筑物，不仅是该市的一个象征，而且是地区更新的"起搏器"。

北京郊区的香山饭店在贝聿铭众多作品中是非常特异的。他考虑香山饭店所在地点的特殊性，不照搬西方的建筑形式和风格，而吸取中国南方民居和传统园林的特色，采用院落组合的方式。平面蜿蜒曲折，客房围绕院子布置，最高不超过四层。外墙用抹灰墙面，开窗较小，不突出玻璃的效果。这些做法使这个现代饭店很好地融入香山风景区的原有景观之中。

美国国家大气研究中心（National Center For Atmospheric Research，Boulder，Colorado，1966）位于美国西南部科罗拉多州的群山之中，那里的景色荒凉粗犷，山势雄伟磅礴。贝聿铭先采用惯用的城市建筑的语汇试做方案，都不满意。为了获得构思灵感，他去当地调查，在当地宿营，体验环境气氛。终于从印第安人早先的岩居遗存中得到启示，将研究中心做成现浇钢筋混凝土承重墙的体块式建筑，造型沉重雄浑，错落有致。这个研究中心的玻璃窗面积只占墙面的1／10，其体态、颜色、质感、尺度都与城市建筑不同，而与巍巍群山非常匹配。

在已有的建成区中建造新建筑，需要处理好新旧之间的关系。完全不顾旧环境，如在无人之地建房子是不对的；但一味屈就，给新房子披上旧装束也不是上策。对于这个问题，贝聿铭有一段话很有道理：“我们希望做出一个属于我们时代的建筑，另一方面，我们也希望做出可以成为另一个时代的建筑的好邻居的建筑。”这是既瞻前又顾后的辩证态度。

（3）在建筑造型中构造性与雕塑性并重。建筑形象的创作常可分为两大类：第一类，外形清晰地表露出房屋的结构和构造，关节清楚，机理分明；第二类，外观上看不出房屋的结构体系，内外联系不清楚。第一类可称为构造型（constructive），第二类可称为雕塑型（sculptural）。在两类之间有过渡性的或二者兼而有之的种种做法。密斯的女医生住宅可归入构造型，勒·柯布西耶的朗香教堂是雕塑型的。前者可比之为钢琴演奏，音节清晰分明；后者可比之为提琴旋律，连续带过。贝聿铭的作品有的是构造型的，如纽约展览中心（Exposition and Convention Center，New York，NY，1986）；有的是雕塑型的，如埃佛森艺术博物馆（Everson Museum of Art，Syracuse，New York，1968）；又有一些作品是兼有两者的特点，两种造型并用。纽约大学高层公寓（University Plaza，New York，NY，1967），正面有大玻璃窗，墙面划分显示内在结构和空间格局，条理清晰；而大楼的端部有大块浑水墙，又加上一些凸凹和抹角。整个建筑有轻巧的部分，又有浑厚稳重的部分，两种处理互相映衬。前述的肯尼迪图书馆也是构造型与雕塑型并用的突出例子。

（4）精致的细部处理。成功的建筑作品既在于总体的处理又在于细部的处理。在比较简洁的几何形体的现代建筑上，细部的数量少了，质量就更重要。贝聿铭设计时总是对细节十分注意，反复推敲，直到满意为止，并且要做到“有些与众不同”。（见王天锡：《贝聿铭》，中国建筑工业出版社，1990年）纽约大学高层公寓高30层，主要立面窗框整齐一律，与20世纪50—60年代一般高层建筑相似。然而贝聿铭在窗下墙上做一横凹槽，增加一条阴影，整个立面因此变得轻巧不少。贝聿铭的一些建筑作品转角挺直明确，但有时在旁边加一条线角，立刻减少了僵硬之感。华盛顿国家美术馆东馆的玻璃天顶与一般天顶相同，但贝聿铭在玻璃板片之下又敷设一层细致的铝质网片，射进来的天光因此变得柔和起来，玻璃顶也增加了层次感并给人以精巧的印象。贝聿铭的细部处理与日裔美国建筑师雅马萨奇有相近之处，两人都表现了东方人特有的细腻精致的审美情趣。

华盛顿国家美术馆东馆（The East Building of the National Gallery of Art，Washington，D.C.）是贝聿铭创作盛期具有代表性的作品之一，他的建筑创作的一些特点在它上面有充分而完美的体现。下面我们对东馆再作一些介绍。

华盛顿国家美术馆老馆位于华盛顿政府中心区大林荫道的东端，与国会大厦斜对。老馆1941年落成，是一座严谨的新古典主义建筑。东馆位于老馆的东面，在东西向的林荫道与斜向的宾夕法尼亚大街之间的一块梯形地段上。作为老建筑的扩建部分，处在大林荫道上，国会大厦又近在一旁，创作的难度可想而知。贝聿铭后来对记者说："那的确是一块极引人注目的地段，但利用起来非常困难……它类似一个三角形，带有陡峭的尖角，在那里设计建筑物绝非易事。"困难之一是"新馆不能置老馆的轴线于不顾。而把一个不对称的新建筑恰当地配置在老的对称的建筑旁边很不容易"。

对一个建筑师来说，东馆的设计既是荣耀的任务，也是严峻的挑战。贝聿铭的做法是在梯形地段上划一道对角线，这样就形成一个等腰三角形和一个较瘦的直角三角形。等腰三角形左右对称，它的中线正好与老馆的东西轴线重合，是它的延长线，新老馆之间有了紧密的轴线关系。这个等腰三角形的部分是东馆的主体。旁边的直角三角形部分与主体既分又合，用做艺术研究中心。这条梯形地段上所划的对角线如神来之笔，巧发奇中。贝聿铭说："这是最重要的一着，就像下棋，你走了一步好棋，你就可能全胜；如果一着失误，可能全盘皆输。我想在我们的设计中，第一步是走对了。"

图26-1　华盛顿国家美术馆老馆，1941年

图26-2　贝聿铭，华盛顿国家美术馆东馆，1978年

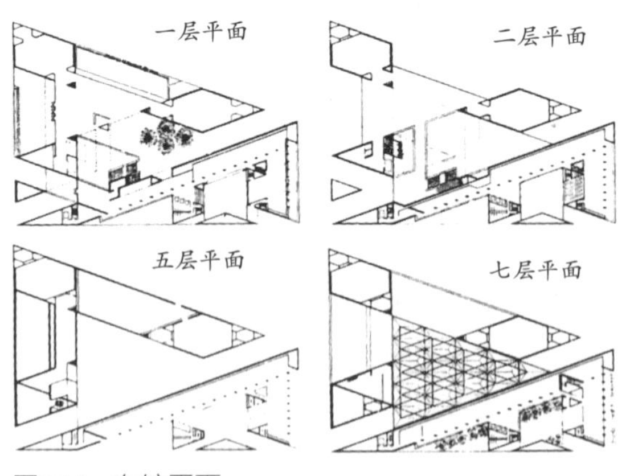

图26-3　东馆平面

图26-4　东馆鸟瞰

地段一分为二，成了两个三角形，于是三角形就自然成了整个建筑布局的基本要素。贝聿铭说，“这一次我们的设计基于三角形，因为地段划分为两个三角形。这提出了许多难点，也提供了令人兴奋的创作机遇。”难点一个个被解决，一座令人振奋的建筑作品产生了。

东馆的设计和造型没有拿老馆的新古典主义风格做样板，没有去仿效它。如果那样做的话，也能获得不少人的赞许，而且比较省心省力。但那样一来，仿造的成分增加，创造的成分就减少了。贝聿铭的做法是让“新馆成为老馆的兄弟”。既是兄弟，又相差37岁，就不必做得完全相同，只需在某些方面有一些共同特征，即具有“家族相似性”就可以了。

新古典主义的老馆设计于20世纪30年代，它认真地采用欧洲古典建筑的柱式规范，有特定的柱型、檐部、细脚、花饰。贝聿铭没有照搬旧章程，他说：“我们没有那种细部元件。我们的新馆非常光滑，表面简洁，完全是不同的建筑格调。在新馆中，各种体量及其表现，还有各个体量表面之间的关系要比老馆丰富得多。老馆在很大程度上依靠那些细部如线脚、壁柱之类的东西，新馆是纯粹的形体的表现。这差不多就像塞尚以前的绘画与塞尚的绘画之间的区别。”

塞尚以前的绘画与塞尚绘画之间的区别是传统美术与现代美术的差别，老馆与东馆在建筑上的差别也正是如此。现代建筑没有很多线脚和壁柱。贝聿铭说：“当你的表面变得简洁了，形体就变得重要起来，各种形体的表现势必成为评价我们建筑的尺度——新馆成功吗？建筑师是否创造出在阳光之下饶有趣味的体量组合？这是建筑评论家瞩目的地方。”

从外观上看，东馆是一个有高有低、有凸有凹、有钝角有锐角的体块组合。墙面有实有虚，实多于虚。等腰三角形的主体的三个角上体量升高，出现三个突起的棱柱体。直角三角形部分与等腰三角形主体间有一条缝隙。直角三角形体量的临街立面上，又有凹进的三角形凹槽。所以东馆的各个立面上都可以见到多个三角形或平行四边形的棱柱体，看到许多凹缝或凹槽，看到许多锐角或钝角的墙面转折。这些角度不同的墙面或凹空在阳光下呈现出明显的宽窄不同层次不同的明暗变化。所以东馆的造型虽是几何块体的抽象组合，却绝不呆板枯燥，反而有生气、有趣味，给人以新鲜活泼的现代感。

东馆的室内空间形象比外观更加新鲜活泼，引人入胜。贝聿铭自己说：“当你进入东馆时，我想你绝不会说那是古典空间。首先它不是轴线对称的。古典空间的透视几乎只有一个灭点，但在东馆你能看到三个灭点。这就创造出比古典空间丰富得多的空间感觉……我们在空间探讨方面进入另一个层次，涉足一个前人极少探讨的领域。”贝聿铭知道，有三个灭点的内部空间弄不好很容易失控和产生混乱，但在东馆

图26-5　东馆大厅

图26-6　东馆底层展厅

内人们感到空间丰富多变，甚而会使人产生迷幻之感，但并不会感到杂乱无章。

东馆内外的细部处理非常考究细致。设计好，施工精良，处处显露出精细、讲究和完美的追求。东馆的直角三角形部分在外部有一个尖角，只有19度，仿佛刀刃一般，这是建筑历史上从所未见的。这个19度的尖角的表面是大理石板，内部是钢结构。没有设计者精致的构造设计，就不会有现在那样挺直锋利的形象。

东馆和老馆虽然形式风格大不相同，但又有一定的联系和共同点。除了有一条共同的轴线外，新馆的大部分檐口高度与老馆接近或一样。石料的颜色、质地和花纹也相同，原因是它们都来自田纳西州同一个石矿。那个石矿实际上早已关闭，这次是为了东馆而重新开采的。贝聿铭甚至找到40年前为老馆选定石料的建筑师，让他再去石矿为东馆选定石料。因此新馆老馆的“皮肤”材料是完全一致的。正如前后相差几十年但用同一匹布料制作的服装一样，虽然样式有了变化，但却是异中有同，如同同一家族的成员。

贝聿铭曾在另一次谈话中说：“一个美术馆应该是一个有趣的地方，可以让人愉快地逗留其中，展品看累了可以轻松一下再看，这就是这座建筑为什么设计成那样的原因。”说到东馆的位置时他又说：“那是个非常令人兴奋的地方，我们的美术馆应该与那个地点匹配。”应该说，贝聿铭的这两个目标都实现了。

华盛顿国家美术馆东馆是贝聿铭众多作品中非常卓越的作品之一，也是20世纪中期世界建筑精品之一。

法国巴黎的卢浮宫博物馆扩建工程也是贝聿铭的引人注目的创造。事先，法国文化部为挑选设计师征询世界各大博物馆的意见，结果15个博物馆中的14个推荐的是贝聿铭。贝聿铭的方案是将扩建部分完全置于卢浮宫的地下，总面积达4.6万平方米。这样对卢浮宫及周围环境最少破坏。贝聿铭的方案在卢浮宫大庭院中设置了一个大玻璃金字塔作为地下部分的人口及采光设施，近旁另有三个小玻璃金字塔。大金字塔高21.6米，边长35米，墙体清明透亮，没有沉重拥塞之感。贝聿铭说："玻璃金字塔不模仿传统，也不压倒过去，反之，它预示将来，从而使卢浮宫达到完美。"起初有不少人反对金字塔的做法，但扩建工程于1988年竣工后，立即获得广泛的赞许。

图26-7　贝聿铭，巴黎卢浮宫扩建工程，1988年

图26-8　大玻璃金字塔外观

图26-9　卢浮宫扩建工程地下大厅

第27章
悉尼歌剧院与巴黎蓬皮杜艺术文化中心

27.1 悉尼歌剧院

澳大利亚悉尼市为建造歌剧院于1956年举行国际设计竞赛。当时尚不著名的丹麦建筑师伍重（Jörn Utzon，1918—2008）的方案获选。

悉尼歌剧院（Opera House，Sydney）位于悉尼港伸入海中的一块窄小的地段上。伍重将用地稍加扩充，成为90米宽的一个小"半岛"，从外观上看，"半岛"建成宽大的高台，高台上耸立起许多风帆似的大壳片。壳片共有十对，分为三组。最大的一组有四对，三对向前，一对向后。这组壳片前后长120米，底部最宽处53.6米；最高的一对壳片顶点距半岛地平面64.5米，距海平面68.5米。这一组壳片覆盖着一个2700座的音乐厅，音乐厅之下，还有一个550座的小剧场。在这一组壳片的旁边是另一组，也是三对壳片向前，一对向后，它们覆盖着一个1550座的歌剧厅。高台的后

图27-1　伍重，悉尼歌剧院，1957—1973年

端，即通向市区的部分，有宽阔的大台阶，人们可由此登上平台，进入剧场。在高台进口部分的一侧，又有第三组两对壳片，一对朝前，一对朝后，下面覆盖着餐厅。

悉尼歌剧院还包括其他许多厅堂空间，诸如展览厅、图书馆等文化设施，它们都被包容在高台之内。悉尼歌剧院总建筑面积为8.8万平方米，可容7 000人同时在其中活动。名曰歌剧院，实际上是一个综合性的大型文化艺术中心。

图27-2　悉尼歌剧院鸟瞰

伍重早年曾在F.L.赖特和A.阿尔托的事务所中工作过，受到这两位建筑艺术大师的熏陶。他又曾在世界各地参观旅行，墨西哥古代建筑遗址中的高台给他留下强烈的印象。20世纪50年代他到中国旅行，对北京紫禁城建筑的高大基座和飘逸的曲面屋顶很感兴趣，引发了类似的构图想象。悉尼歌剧院的造型体现出高台大顶的构思。

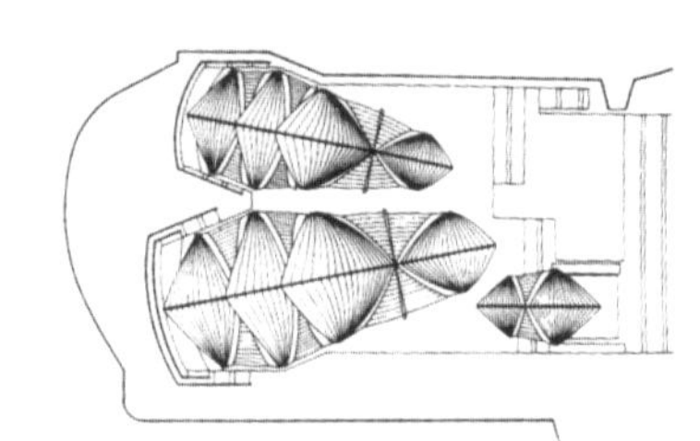

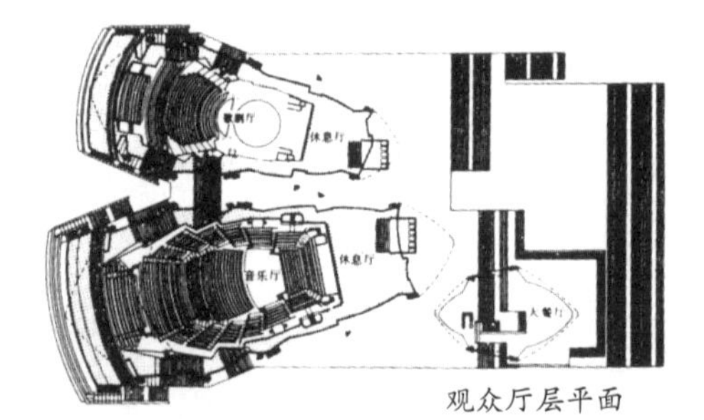

图27-3　悉尼歌剧院平面

20世纪50年代壳体结构被广泛运用，许多建筑师都在发掘壳体结构的艺术潜能。伍重也这样做了。他将巨大壳片的底脚安置在高台顶面上，歌剧院所有的厅堂房间全都纳入基台和壳体之内。人们从外部观看这个歌剧院，所见只有高大的屋顶和基台，通常意义上的墙和柱不见了。歌剧院中的歌剧厅和音乐厅各有自己的棚顶。歌剧院外部造型与里面的功能没有直接的联系，剧院的大形式另有来由，长时期来叫得很响的“形式跟从功能” 和“由内而外”的观点被消解了。当然这也不是什么新发明，事实上，建筑中形式和功能的关系是复杂和多样的，绝非固定地由一个方面单向地决定另一个方面那样简单。

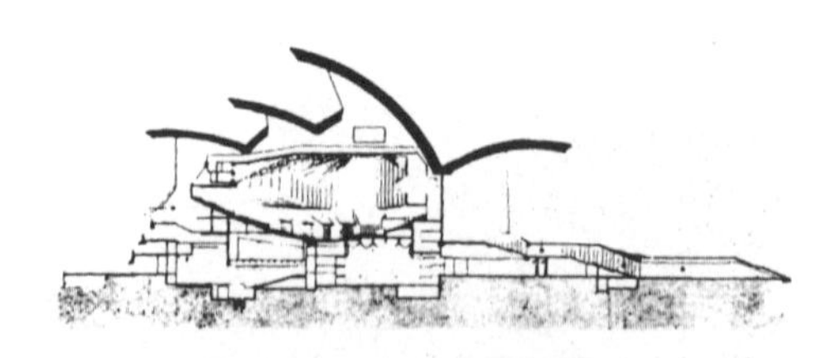

图27-4　悉尼歌剧院音乐厅剖面

伍重的方案之获选有赖身为评委的埃诺·沙里宁的青睐。差不多同时，埃诺·沙里宁本人正在设计纽约肯尼迪机场的环球航空公司航站楼，它也是用巨大壳片覆盖的建筑物。但伍重方案的壳片实施起来却十分复杂。经英国著名工程设计单位阿茹普（Ove Arup）事务所长时间的研究，结论是原造型太复杂，不能当作壳体结构来设计和施工。建筑师于是修改设计，令所有大小壳片都具有同样的曲率，使各个壳片都如同从一个直径为75米的大圆球上切取下来的一样。然而这仍不能作为壳体处理，还须将每一个三角形的壳片分割成一端宽一端尖的弯曲肋条，再将每一肋条分段预制。方案决定后，工程师们又花去一年半的时间进行技术设计。施工时，将重量由7吨到12吨不等的肋段组成肋条，再将许多肋条沿横向如折扇一般拼联成一个三角形壳片，左右两个同大的壳片在顶上合起来成为一对壳片。最高的一对壳片顶点高度相当于二十多层的楼房，施工难度可以想见。所有壳片的总面积约1.6万平方米，表面砌置100万块面砖，防止面砖因气温变化而移动也曾是不小的技术难题。歌剧院壳片屋顶施工历时3年。剧院临海的端部有一些很大的玻璃墙，墙厚1.9厘米。这些玻璃材料来自法国，四家玻璃公司绘制了200张技术图纸，共有700种不同规格。玻璃墙的设计、研究、试验历时2年。

图27-5　悉尼歌剧院音乐厅内景

自1957年伍重提出建筑方案到1967年，有一组工程师不断为技术难题苦思冥想。整个歌剧院的施工过程艰难曲折，前后花了17年才告完成。1957年造价预计700万美元，但由于设计原因而不断突破，最终共花费1.2亿美元。在此过程中政府曾因缺钱而募集公债。澳大利亚各政党之间因此互相攻讦，伍重被中途辞退，由澳大利亚本国建筑师完成内部设计工作。

经过种种曲折，悉尼歌剧院终于在1973年落成。这座歌剧院环境优美，造型特异，可谓前无古人。在悉尼市港湾的碧海绿树的映衬下，它如同洁白的贝壳、海上的白帆，又好像美丽的出水芙蓉，在海天之间，沉静而具动态，有诗情，有画意，有象征性，引人遐思。它以良好的使用功能，更以卓越的优美造型而普遍受到本地、本国和外国人民的喜爱。澳大利亚朋友说中国有万里长城，他们有悉尼歌剧院，它是大洋洲之花。悉尼市确实因为建造了这座独一无二的歌剧院而提升了城市的知名度。

27.2　巴黎蓬皮杜艺术文化中心

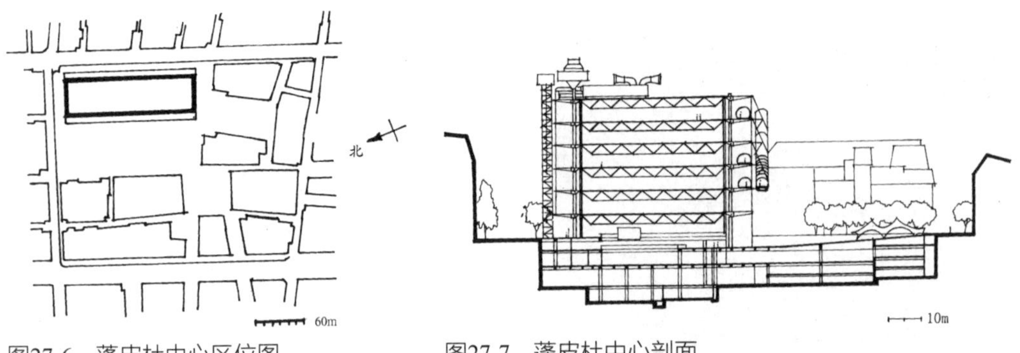

图27-6　蓬皮杜中心区位图　　图27-7　蓬皮杜中心剖面

1969年，法国总统蓬皮杜决定在巴黎中心地区名为波布高地的地点兴建一座综合性的艺术与文化中心。1971年，法国当局举办国际竞赛，征求建筑方案。49个国家送去了681个方案，由法国和外国专家组成的评选团从中选取了意大利建筑师皮阿诺（Renzo Piano，1937—）和英国建筑师罗杰斯（Richard Rogers，1933—）合作的方案。工程于1972年开始动工，1977年初完工。这时蓬皮杜总统已经去世。这座文化建筑被命名为国立蓬皮杜艺术与文化中心（Le Centre National d'Artet de Culture Georges Pompidou，Paris），简称蓬皮杜中心。

蓬皮杜中心所在地距卢浮宫和圣母院只有1千米左右，周围是大片老旧的房屋。蓬皮杜中心包括四个主要部分：①公共图书馆，建筑面积约1.6万平方米；②现代艺术博物馆，面积约1.8万平方米；③工业美术设计中心，面积 4 000平方米；④音乐与声学研究中心，面积约5 000平方米。加上各种附属设施，中心的总建筑面积为103 305平方米。除音乐与声学研究中心单设外，其他都集中在一座长166米。宽60米的六层楼房内。该楼一面紧靠城市街道，另一面朝向一个空场，可容700辆汽车的停车场位于地下。

大楼由28根圆形铸钢管柱支承。管柱将建筑物分成13个开间。管柱直径850毫米，上下相同。两列柱子之间用钢管组成的桁架梁承托楼板，楼层的跨度为48米。巨大的桁架梁不是直接与钢柱固接，而是同安在柱身上的短悬臂梁的一端连接。这些悬臂梁也用铸钢制成，长8.15米，当中有穿孔，套装在钢柱上，由销钉卡住。它一端向里侧伸出1.85米，另一端朝楼外伸出6.3米。悬臂梁可以稍稍摆动，形成杠杆式构件。悬臂梁朝外伸出的端头由水平、垂直和斜向的拉杆相互连接。大楼的外墙在柱子后面，因此大楼的柱子、悬臂梁以及网状的拉杆在立面上非常显眼。

采用如此复杂的结构是由于：第一，柱距48米，跨度太大，加一段悬臂梁可以减少桁架梁本身的长度。而且，杠杆式的构件外端受着向下的拉力，可以减少桁

图27-8　蓬皮杜中心临街景观

图27-9　蓬皮杜中心临街面一角

图27-10　蓬皮杜中心自动扶梯管道

架梁中的弯矩。第二，建筑师原来想把整个楼板做成可以上下升降的（这个想法没有实现）。第三，利用向外挑出的悬臂作为外部走道、自动扶梯和设备管道的支架。用这一套结构布置方式，使每一楼层都成为长166米、宽44.8米、高7米的大空间，除去一道在建造过程中被强加的防火隔断外，里面没有一根内柱，没有固定墙壁，也不做吊顶。所有部分不论是图书馆还是讲演厅，也不管是办公室还是走道，统统用活动隔断、家具或屏风临时地大略地加以划分，灵活性是足够大的。按建筑师原来的意图，卫生间也想做成可以移来移去的活动装置，但最后未能实现。

更加特别的是，建筑师把各种设备管道尽可能地放到了大楼的立面上。在沿街立面上，不加遮挡地安置了许多设备和管道：红色的是交通和升降设备，蓝色的是空调设备和管道，绿色的是给排水管道，黄色的是电气设备，五颜六色，琳琅满目。在面向空场的立面上，突出地悬挂着一条蜿蜒而上的圆形透明大管子，里面装有自动扶梯，那是把人群送上楼的主要交通工具。

蓬皮杜中心的设计人是怎样想的呢？罗杰斯在解释为什么追求建筑物的灵活性时说：“我们把建筑看成像城市一样的灵活的永远变动的框子。人们在其中应该有按自己的方式干自己的事情的自由。我们又把建筑看作像架子工人搭成的架子。……我们认为建筑应该设计得能让人在室内室外都能自由自在地活动。自由和变动的性能就是房屋的艺术表现。”罗杰斯说，为此要“超越业主提出的特定任务的界限”。在评定方案时，图书馆专家投了反对票，博物馆负责人则希望设计出尺度近人的有墙面和天花板的陈列室，这种要求被建筑师拒绝了。他们说："我们遇到了许多我们不喜欢的要求""我们对业主的要求保持了相当的距离"。大楼使用以后，人们看到，把多种不同部门和性质相差很远的活动都纳入统一的大空间之内，常常造成凌乱和互相干扰的情况。统一的7米的层高对演出活动来说嫌低，对少数人办公和研究来说又嫌太高。外来的人常常会在临时布置的迷宫似的家具和屏风之间走错路线。有人形容说，每天闭馆时，大楼内杂乱狼藉的景象可以同球赛刚结束时的美国体育馆比肩。这座国立艺术文化中心实际上如同一个文化超级市场。

图27-11　蓬皮杜中心室内一瞥

蓬皮杜中心落成时，它的外观引来许多人批评。英国《建筑评论》的主编写文章说它"像一个全副盔甲的人站在满是老百姓的房间里。悬挂在外面的圆圆的亮亮的自动扶梯甬道，叫人想到是腿上和臂上的护甲"。杂志主编的结论是："一个蓬皮杜中心造成令人兴奋的景象，可是一想到如果我们的市中心主要由这等模样的建筑物组成，你就会感到那将是多么令人厌恶的情景！"

无论是外观还是内部，蓬皮杜中心的大楼都很像一个工业建筑或工程构筑物。作为一个艺术与文化中心，它没有人们熟悉的艺术性和文化气息，作为一个国家建筑，它也缺乏通常人们所理解的纪念性。

蓬皮杜中心尚未完工，蓬皮杜总统逝世了。继任的法国总统德斯坦在过问这项工程时，要求把那些挂在立面上的管网移开。但两位建筑师以经费不多为由不肯照办。事后罗杰斯抱怨说他们曾遇到政治压力，他为当时已经用掉80%的工程预算感到幸运。两位建筑师把蓬皮杜中心处理成那个样子是出于他们的一种建筑观念。皮阿诺和罗杰斯阐述他们的意图时说："这座建筑是一个图解，人们需要很快理解它。把它的内脏放到外面，就能使大家看见人在那个特制的自动楼梯里怎样运动。电梯上上下下，自动扶梯来来往往，对我们是非常重要和基本的东西。"两位建筑师的思想中，不仅把蓬皮杜中心当作"图解""框子"和"架子"，而且，如皮阿诺所说，还把它当作"一条船"，罗杰斯还特地声明，那不是"一艘客轮"而是"一条货船"。他们说，悬挂在立面上的自动扶梯是当作登上大船的舷梯而搞的。

探讨一座较为重要的建筑物和它的设计人的活动时，需要联系到它所体现的建筑观念和当时的社会历史背景。蓬皮杜中心的建筑和它的建筑师代表的是当时出现在英国的一个建筑派别——"阿基格拉姆"的建筑观念和设计主张。

"阿基格拉姆"是20世纪60年代伦敦一些建筑院校的学生和年轻建筑师的一个小团体，他们没有系统的成书的理论，而惯于用一些电报式的词语来表达他们对建筑的想法。它的名称“阿基格拉姆”意思就是“建筑学电报”的简写：Archigram=Architecture+Telegram。这个小团体的成员们在当时强调现代建筑学应该与“当代生活体验”紧密配合，他们举出的当代生活体验，一方面包括当时科学技术的最新成就，如自动化技术、电子计算机、宇宙航行、大规模生产技术、新型交通工具等；另一方面又包括发达国家的生活方式的新特点，诸如大规模旅游、环境公害、高消费等。他们把当代生活的高消费性和变动性、大规模的流通与运动等概念引入建筑学，作为建筑设计的目标和指导思想。

“阿基格拉姆”的观点反映了科学技术进展和社会生活的新特点对建筑的影响。这个流派触及了问题，但是停留在认识事物的感性阶段，因而他们的设想和建筑方案大都是虚夸的、幼稚的和脱离实际的。例如，他们设想把未来的城市装在可以行走的庞大的机器里面，用一些自动机器满足人的日常生活需要，从而取消住房等。在形式方面他们更是故作惊人之笔，标奇立异，耸人视听。把设备管道故意暴露在建筑物的外表——所谓“翻肠倒肚式”（bowelism）就是“阿基格拉姆”同仁喜爱的手法。当时他们很少有机会从事实际建筑工作，于是忙于拟制未来建筑和城市的方案，热衷于举办展览，这就使他们在空想的道路上越走越远，终于提出了“非城市”和“无建筑”的口号。“阿基格拉姆”作为一个团体存在的时间很短，然而它的成员们的激情和建筑狂想却对许多国家年轻的建筑师和学生们产生了广泛的影响。出生于20世纪30年代的皮阿诺和罗杰斯接受了“阿基格拉姆”的观念，并将它贯彻于蓬皮杜中心的建筑设计之中。

20世纪60年代，西欧各国青年中酝酿着对统治集团的对立情绪，到1968年终于爆发为占领校园和政府机构、公开向统治集团造反的革命风暴。建筑评论家C.詹克斯在他早期的著作《建筑中的现代运动》中指出，20世纪60年代英国许多建筑流派的出现是“政治力量变动”的表现。

1976年6月，罗杰斯在英国皇家建筑师学会讲演时，列举了资本主义社会的许多

图27-12　Ron Herron，“行走城市”设想，1964年

弊病，他说："现代的社会经济制度使三分之二的人类营养不良，没有适当的房屋可住。"他指出："尽管我们有良好的意愿，我们的建筑师却把社会的需要撇在一边，只是去加强现存制度。因为我们的生活来源仰仗于现存制度，这是一个悲剧。"罗杰斯们主张"超越业主提出的特定任务界限"，在他的心目中包含着不肯温驯地听命于业主命令的反抗意识。把水管和电缆放在国家性建筑的门脸上，当一国的总统要求移开时，又把这种要求当作讨厌的政治压力而借故拒绝。这不是单纯的为艺术而艺术，这些举动的后面包含着对正统观念的挑战，对权威的轻视以及对当权者的对抗。俄国学者普列汉诺夫曾经写道："离奇古怪的服装，也像长头发一样，被年轻的浪漫主义者用来作为对抗可憎的资产者的一种手段了。苍白的面孔也是这样的一种手段，因为这好像是对资产阶级的脑满肠肥的一种抗议。"

当然，这类挑战和对抗是消极的，它不会产生什么积极效果，对资本主义社会毫无危险，相反倒是有趣和有用的点缀。因此，统治者不但不去加以制止，还会给以扶持。

建筑牵连的方面常常十分复杂，对于像蓬皮杜中心这样的建筑不能简单地用好或坏加以肯定或否定。总体说来，蓬皮杜中心不是一个在通常意义上获得很大成功的国家性文化建筑，但它是现代建筑史上值得重视和研究的一个对象。

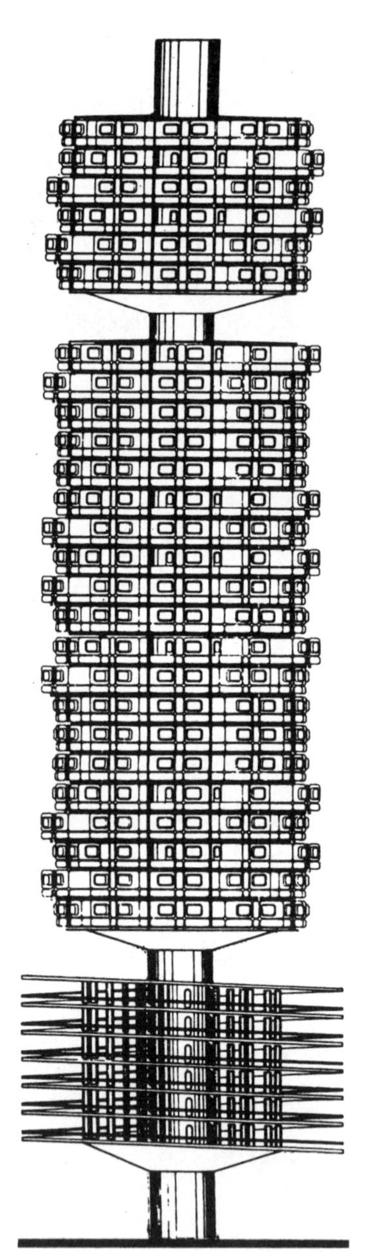

图27-13 W.Chalk，"插入式大楼"设想，1964年

第 4 篇

质疑、探索、嬗变

第28章
对现代主义建筑的质疑与批评

第二次世界大战结束后的一段时期中，现代主义建筑潮流走向世界，在世界主要城市中都有它的踪影，在建筑学府和报刊上独占鳌头。现代主义建筑在世界建筑中成为主导。然而随着时间的推移，对现代主义建筑怀疑、指责的声浪也渐渐兴起。

现代主义建筑从一开始就受到许多人的责难。例如包豪斯学派就一直受到保守人士和纳粹党徒的围攻和迫害。第二次大战以后，从对立方面来的攻击基本停止了；新的指责主要来自现代主义阵线的内部，来自现代主义建筑的第二代和第三代人士。

CIAM（现代建筑国际会议）内部的争论以及这个组织宣告解散就是一个例子。

二次大战中断了CIAM的活动。1947年，CIAM在英国布瑞基瓦特（Bridgewater）召开战后第一次即这个组织成立以来的第六次会议。10年的间隔，世界发生了巨大的变化，从经济、政治到文化思想，各方面的情势都不同于战前。建筑师们关心的热点也发生了变化。第六次会议确定CIAM的目标是创造既满足人的物质需求，又满足人的情感需求的形体环境。1951年，在英国霍德斯东（Hoddesdon）召开的CIAM第七次会议又强调“要满足人民对纪念性、愉悦、自豪和兴奋等情感上的需要”。CIAM成员间观点上的分歧日见明显。在1953年于法国普罗旺斯（Aix-en-Proven-ce）举行的ClAM第九次会议上，以史密逊夫妇（Alison and Peter Smithson）及阿尔多·凡·艾克（Aldo van Eyck）为首的一些年轻成员对老一辈的城市观念提出系统的批评，他们说，为城市定出四大功能的“功能城市”观念是简单化的理论，是无视人心理感情的僵硬的“理性主义”产物。他们要求找出建筑和城市的形体环境与社会心理需要之间准确的关系。这次会议决定由史密逊夫妇、艾克和贝克玛（Jacob Bakema）等草拟将要召开的CIAM第十次会议的主旨报告。这个报告草拟小组被称为“第十次会议小组”。

第二次世界大战结束后，许多地区面临着房荒，重建城市的任务十分紧迫，这一形势与第一次世界大战后是相同的，但是社会思想方面情况则很不一样。第一次大战后，在战争带来的灾难面前，社会上许多人对科学技术和工业抱有希望，相信科技和工业可以治愈战争创伤，带来进步和幸福，那时候到处弥漫着技术乐观主义，这一点在勒·柯布西耶战后写的《走向新建筑》一书中有鲜明的反映。第二次大战后，欧洲的社会心理大不同于一次大战后。再次遭受战争浩劫的人失望了，科学、技术和工业使战争更为残酷、更为惨烈，人们不再寄希望于科学、技术、工业等物质手段，反过来，更多的人认为最重要的还是人本身，是人的思想、人的精神、人的尊严、人的价值、人的本性。更多的人把注意力从物质世界转向精神世界，包括存在主义在内的种种人本主义哲学思想广泛流行。

重视人和人的感情的倾向在“第十次会议小组”提出的报告中表现出来。报告提到，“人能够容易地认同自己家里的炉灶，但认同自己的家所在的城镇就不太容易。归属感是一个基本的感情需要——与此相关有一系列的事情。由归属感——认同感可以产生有丰富含义的邻里感。贫民区中的狭巷在这方面是成功的，宽阔的重建地区却常常失败”。如果说20世纪20年代初勒·柯布西耶认为现代人有机器感，号召建筑师从汽车、轮船、飞机中吸取启示是科学主义思想的流露，那么，“第十次会议小组”的论点则充溢着人本主义的思想。

1956年，CIAM在南斯拉夫的杜布罗夫尼克（Dubrovnik）召开第十次会议。勒·柯布西耶在致会议的信中写道：“那些在1916年前后，在战争和革命年代出生的、现年40岁左右的人，以及在准备战争和政治经济危机时期即1930年前后出生的、现年约25岁的人，是能够感受当今时代的问题的关键人物，他们通晓内情，具有紧迫感，又掌握必要的方法，他们能够达到自己的目标。他们的上一辈已经离开舞台的中心，感受不到现今形势的直接冲击，他们做不到这一点了。”这一年勒氏年届七十，他讲了这些鼓励后进的话，显示了老一辈的睿智和谦和，同时也表明新老两代建筑师观念上的差距已经很大。

第十次会议是CIAM的最后一次正式会议。CIAM组织于1959年在荷兰奥特洛（Otterlo）的一次集会上正式宣告解散。

此后，更多的人对20世纪20年代现代主义建筑的观点和原则提出批评，且渐渐出现了系统的带根本性质的批判。例如建筑评论家P.布莱克（Peter Blake）在1958年的美国《建筑论坛》杂志上发表系列文章，对流行一时的许多现代主义建筑的口号和原则加以质疑。如他提出，“形式跟从功能——真是那样吗？”布莱克指出，现代主义建筑师自认为要创造出不同于过去木头和石头的建筑，于是热衷于在建筑上体现机械化。但是群众却说你们应该想着艺术性，要适合普通人的口味，不要只顾理性规律，不要把什么房子都搞得太像工厂了。布莱克提出，现代主义建筑师强调功能主义，实际上只是对机器形体的崇拜。可我们应该让机器适应人，而不是要人适应机器。他主张重新审查功能主义的建筑观念。

建筑评论家哈斯克尔（D.Haskell）也指出建筑师的创作与普通人的情感需要存在差距。他说，群众一般都喜欢有些装饰的、带象征意味的、有些浪漫性甚至有些表演性和戏剧性的建筑，并不喜欢高度理性的像工程设备一样的建筑物。他提出“问题已从适应机器生产转向适应群众消费的深层心理学问题”。

也是在1958年，P.约翰逊改变立场，宣布要同他素来崇拜的现代主义建筑大师分道扬镳了。他说：“我们同那些现已七十岁出头的老家伙的关系应该结束了”。次年，他又宣称：“国际式溃败了，在我们的周围垮掉了。”

1961年，纽约大都会博物馆举行讨论会，主题是“现代建筑：死亡或变质”。这一年作家雅可布斯（J.Jacobs）出版《美国大城市的死与生》（The Death and Life of Great American Cities），激烈批评美国的现代主义建筑与城市建设。

1966年，文丘里出版他的名著《建筑的复杂性和矛盾性》，他号召“建筑师再也不能被正统现代主义的清教徒式的道德说教所吓服了”。文丘里对现代主义建筑的一系列理念进行了针锋相对的批驳。

越往后去，否定现代主义建筑的声音越来越高。1974年英国建筑师J.斯特林（James Stirling）在耶鲁大学讲演，他说，“99%的现代建筑是令人厌烦的、平凡的、无趣的，放在老城市里通常起破坏作用，一点也不调和。”

1974年9月P.布莱克又在美国《大西洋月刊》发表文章，指出现代主义建筑有九大空想。3年后他将自己的看法写成一本书，书名是《形式跟从惨败——现代建筑何以行不通》（Form Follows Fiasco—Why Modern Architecture Hasn't Worked，1977）。这里用“Form follows fiasco”是有意套用“Form follows function”的句式，语含讥讽。

布莱克说他的这本书基本上是一篇起诉书，起诉现代主义建筑运动散布的“闪光的谬误”，同时也指向“包括自己在内曾经吞下并且宣传那些谬误的人们”。布莱克说他是少有的既从事实际建筑工作又写批评文章的人之一，他此前曾设计并建成约50座现代建筑。1960年他曾出版过《建筑大师：勒·柯布西耶、密斯和赖特》，细致地介绍和宣扬这几位大师的观点和作品。因此，布莱克的新书是“杀回马枪”“提出了从来没有提出过的问题”。布莱克的《形式跟从惨败——现代建筑何以行不通》的影响实际上不及文丘里的《建筑的复杂性和矛盾性》，但提出的问题比较多。文丘里的观点在后面还将论及，这里就布莱克对现代主义建筑的质疑作一些介绍。

布莱克这本书提出现代主义建筑有11个幻想（fantasy，亦可解做空想、怪念头、想入非非、白日梦）。首先提出的是“关于功能的幻想”（the fantasy of function）。

布莱克说，无人能确切指出谁第一个讲“形式跟从功能”，一般认为是H.格林诺（Horatio Greenough，19世纪美国学者）最早说的，后来沙利文（L.Sullivan）把它作为建筑设计的一项宗旨，虽然沙利文并不将它作为自己的指导方针。M.布劳耶曾说：“沙利文做出这道菜，可自己不吃它。”布莱克说，这句话真成了现代主义建筑的一个教条。布莱克指出，“全世界有大量的旧房子，用于新的功能，比它过去还适用，也比当代新搞的、设想是跟从功能或表现功能的新房子还好”。如文艺复兴时代的意大利邸宅今天做美术馆、旧仓库改做建筑师事务所，都很好用。许多现代建筑师向业主推出现代住宅，而自己却住在并非特别为自己的功能需要而造的老房子里。最早觉察到形式与功能可以脱离的是密斯，他提倡“万用空间”（universal space），就是造出能用于各种功能的屋子。因为建房时不能清楚预见未来的需要，故房屋要有灵活性。

布莱克写道：“形式跟从功能并不是现代建筑的必要条件。很多时候，它无非是对功能的有学问的猜测而已；很多时候（或好或坏），形式跟从的其实是贷款利率的高低；还有的时候，现代建筑的形式其实是反功能的。”

布莱克批评的第二点是所谓“开敞平面的幻想”。现代建筑用框架结构，造成一系列连通的空间，用透明或不透明的隔断稍加阻隔，即open plan 或open space，进一步又搞出 one-room house 或one-room apartment（一大间的住宅或公寓），除去卧室和卫生间，其他起居室、厨房、餐室、书房等全打通。这些成了现代建筑师美学上的追求，但这类建筑缺少私密性，打扫整理也不方便，所以并不会用。勒·柯布西耶的马赛公寓是“惊人的大雕塑，但作为居住建筑是滑稽可笑的玩意儿。”后来许多办公室也采用开敞的布局。布莱克认为，工作人员坐在用柜子和屏风隔成的奇形怪状的空挡中，男男女女都得少说话，较少私密性，而又浪费面积。布莱克说“浪费的无用的空间是供给富人和管理者的奢侈”。而“很少有建筑师搬到他们创造的短命的办公空间中去。他们自己还是挑选有实墙的房间，要真的门和真的窗子，要自然的空气和光线，他们知道这才是最好的。他们的开敞的布置是为听不到嘈杂声的聋哑人、看不见风景的盲人、自备新鲜空气的人准备的”。

布莱克质询的第三点是“对纯净的幻想”。1910年维也纳的卢斯（A.Loos）曾发表文章《装饰与罪恶》，布莱克说，此后在现代主义建筑中装饰真成了犯罪，反过来，光板板（puritan plainness）成了美德。早期现代主义建筑都有很光很平的白色墙面，看来光洁精确，好像是机器制造的板片，实际上却是砖块（至少有五千年历史）砌的，外面加以粉刷，许多早期现代建筑是用人手费力地做出来的。布莱克说，直到今天（指20世纪70年代）现代建筑要求的平整、光滑、锋利和无装饰的效果“还是梦想”，因为自然界会把光光的东西弄脏、弄皱、弄裂，分解和腐蚀它们。布莱克指出，勒·柯布西耶搞了25年的纯净形象后，后来改用粗野主义风格（new brutalism），采取任意的、粗鄙的、不精确的面和形体。贝聿铭做的华盛顿国家美术馆东馆，外表用了大量大理石板，热胀冷缩，会使缝中粘接剂挤出来，幸亏制出特制的化学嵌条，别人则没有贝聿铭那么幸运。另外许多建筑师如A.阿尔托、J.斯特林等都“撤退”了，改用砖、瓦、石、铜等传统材料。布莱克说，20世纪初现代主义建筑的许多信条其实只是“预感”，很多是错误的，其中一条便是认为工业能制造新材料，可以让建筑师“搞出新的、纯净的、平平光光的、精确的视觉语言”。尽管有许多失败，但许多人都视而不见。

布莱克又说，美国许多材料制造商，把自己的新产品吹得神乎其神，后来却使建筑师吃官司。而建筑杂志却不敢报道新产品失败的事，如果那样做了，产品制造厂会抵制杂志，撤去广告等。布莱克说，自己的杂志曾刊登某种玻璃有问题的消息，结果几家大玻璃公司撤销广告，并联合其他厂商也这样做，致使杂志办不下去了。

布莱克还批判现代主义建筑的“技术幻想”，说现代主义建筑一开始就为着跟上工业发展。“现代主义运动如果没有现代技术是不可思议的，正像基督教如果没有十字架一样。在19世纪，这个信念不是没有道理的，但后来进步不大。一百年来，美国真正标准的模数制建筑材料就是砖和木构件。型钢是大量生产的，但有几百种规格。美国预制住宅房屋其实是失败的，原因是没有全国统一的尺寸和质量标准，各企业各搞一套；大量生产构件要有稳定的市场，而南方北方需求不同，全国运输也费钱，离预制厂150英里就不合算。”“过去三四十年，美国有人鼓吹预制住宅，是有趣的智力练习，和大多数实际建房没有什么关系。美国（以及大多数国家）的房屋实际上不是由建筑师和营造商控制其生产的，真正起作用的是投资者。”20世纪70年代初，美国钢铁公司在佛罗里达州奥兰多建立一个复杂的房屋预制工厂，用这种方法建造了两个旅馆，每个有1 500个预制盒式房间。在这之后把预制工厂拆掉，第三个旅馆改用传统方式建造，结果每平方英尺的造价降低30%。布莱克说，他自己于1970年在纽约州建造住宅区，用砖混结构，除了塑料天窗和机械设备外，几乎全是一百多年前的老办法，结果造价低于预算。他说，如果采用预制装配方式，造价要高出预算25%—50%。布莱克说，1975年世界人口达到40亿，在45年中几乎增加一倍，如此增长，房子不可能靠工厂预制，还是要靠众多的双手造房屋。密斯后来也用砖，勒·柯布西耶后来看到他20世纪20年代的房屋出毛病，也改用手工的砖和混凝土，布劳耶后来则多用石材。

布莱克说，对现代技术的幻想是现代主义建筑运动的一块基石，要做出“像机器一样的房屋”也是出于这一信念。但今天更多的人愿意用手工造房子，而不用成问题的和昂贵的预制方法。“如果这一信念化为乌有，现代建筑运动的根基就垮了，其他一切也站不住了。”

布莱克在书中继续批判的还有“摩天楼幻想”“理想城市的幻想”“关于交通的幻想”“对分区的幻想”“对大量建造住宅的幻想”，此外还有“形式的幻想”及“对建筑的幻想”。

在“形式的幻想”一节中，布莱克说，在20世纪20年代现代主义的先锋人物极难找到大任务，勒·柯布西耶在当建筑师的头10年中，总共盖了不到两打的小住宅，密斯更少，格罗皮乌斯主要是教学生，20世纪20年代这些人花了很多精力设计了一些家具。20世纪的家具革命是由五六个建筑师搞起来的，他们是勒·柯布西耶、布劳耶、密斯、阿尔托、里特维尔德（G.Rietveld），后来有小沙里宁、C.伊姆斯（Charles Eames，1907—1978）等。他们设计的家具与他们的建筑配套，宽大轻巧。里特维尔德的家具和房屋都有蒙德里安式的构图。你可以欣赏蒙德里安的二度空间的绘画，可为什么要坐在那样的立体构图上呢？这种风格的统一有些故意勉强，它们不顾人体的需要。勒·柯布西耶的钢管椅子可以作为珍贵的收藏品，但坐起来不怎么样。

在“对建筑的幻想”一节中，布莱克说，“现代主义建筑运动有闪光的信条、让人激动的口号，更重要的还有自以为是的信心，其实，还是一种宗教，与用蛇算命和精神分析治病一样地非理性。像所有的宗教迷信者一样，对于批评他们的人采取耐心恩赐的态度：你害怕吗？这是由于你不知什么对你有好处。那些教派中人知道真理，他们向男男女女填鸭式地灌输新的视觉语言，直到人家窒息作呕。由于建筑不能被埋葬，他们的错误（以及成就）在他们死后还存在，永垂不朽。但现代主义建筑已经失去了从前的欺骗性，年轻建筑师和学生们对它不再感兴趣，他们越来越多地转向传统建筑，寻找替代物……成了反对派”。

布莱克认为“事情很清楚，走过了一百年，现代主义的教条已经变得陈腐了。它曾经兴盛过，也有过光辉的时刻。现在也不必吃后悔药……我们此刻接近一个时代的终点，另一个新时代的开端……将会有更多的没有建筑师参与的建筑，没有证据表明，今天有建筑师参与的建筑比没建筑师的建筑优良……我们是在现代建筑运动的信条下成长的，我们曾经表示要在自己的职业生涯中始终服从它，但是现代建筑运动已经走到尽头了”。

也是在1977年，美国建筑评论家查理斯·詹克斯（Charles Jencks，1939—）出版了《后现代主义建筑语言》。此书的第一部分题为“现代建筑之死亡”，詹克斯认定现代主义建筑已经死了，他还指出死期是1972年某月某日下午，因为那个时候美国圣路易斯城原来由建筑师雅马萨奇设计的公寓楼被市政当局拆除炸毁。

自此，现代主义建筑死亡说在美国热闹起来。1979年美国著名的《时代》周刊出版建筑专号，宣称“20世纪70年代是现代建筑死亡的年代。它的墓地就在美国。在这块好客的土地上，现代艺术和现代建筑先驱们的梦想被静静地埋葬了”。新闻记者沃尔夫撰文说，美国近几十年的现代主义建筑是欧洲包豪斯那一伙人侵入美国的结果。他赞扬P.约翰逊与现代主义大师脱离关系，拿出了伪古典主义的美国电报电话公司大楼的设计方案。沃尔夫说，约翰逊曾跪在欧洲现代派面前，“40年之后，终于站起来了”。

从这些材料看来，一些美国人士勾画出这样一条历史线索：现代主义自欧洲“侵入”美国，后来取得胜利，然而盛极而衰，终于死去。于是美国建筑师站起来了，开始“自行其是”，一个新时代来临。

第29章
20世纪后期西方社会文化场景

布莱克在他的《形式跟从惨败——现代主义建筑何以行不通》中对现代主义建筑提出了广泛的质疑和批评，其中有不少情绪化的愤激和夸张之词，但是他也的确指出许多现代主义建筑存在的问题和缺陷。“形式跟从功能”就是一个过分简单化的命题。在建筑创作中，除了功能之外，结构、材料、地理条件、资金条件、气候条件，还有人们的文化传统、习俗、审美风尚，以及具体建筑物的特定的表意要求等，都与建筑形式有关，一种功能还可以有不同的形式。因此，单说“形式跟从功能”显然是不完全的。再如，20世纪前期，许多建筑家对新技术和新建筑材料的影响和作用的估计有过高之处，也是实际情况。当时许多人对城市和城市规划的复杂性认识不足，提出的理论有纸上谈兵的倾向，拟制的城市规划方案自然也就落空。布莱克的质疑和批评有错也有对，需要具体分析。

需要指出的是，现代主义建筑起初是作为若干自发的流派出现的，后来形成一种散漫的运动，再后来被认作建筑历史上的一个时期，但它从来没有统一的纲领、统一的行动和统一的组织。人们所说的现代主义的或“正统现代主义”的种种观念、观点和原则，并非来自某个权威性机构的文件。人们通常所指出的建筑中的现代主义的内容其实散见于20世纪早期，主要是20世纪20—30年代几位著名的主张改革创新的建筑家的言论与著作，以及一些流派发表的宣言，此外则是若干建筑史家和建筑评论家对现代主义建筑所做的解释和阐述。这些材料之中，勒·柯布西耶的《走向新建筑》、格罗皮乌斯所写的关于现代建筑和包豪斯的几篇文章、密斯的几篇短小文章是最重要的来源。建筑史家的较早的著作中较著名的有吉迪翁的《空间、时间与建筑》（Siegfried Giedion，Space，Time and Architecture，1941），R.班海姆的《第一机器时代的理论与设计》（R.Banham，Theory and Design in the First Machine Age，1960），N.佩夫斯纳的《现代设计的先锋者》（N.Pevsner，Pioneers of Modern Design，1949）等，都是有关现代主义建筑的重要文献。这些材料以不同形式在不同程度上传达出现代主义建筑的各种观点和原则。但是相互之间、前后之间就有出入，就有矛盾，可以说是各说各的话。作为建筑师，许多人的话语和提法其实并不严格，处于当时的论战环境中，更难免有偏激片面之处。勒·柯布西耶的

《走向新建筑》原是在杂志上发表的文章，后来集合成书，其前后矛盾、概念不清的地方是很多的。密斯的《关于建筑与形式的箴言》（1923）中写道：“我们不考虑形式问题，只管建造问题”，但事实上他从来没有忘记过对形式的追求。赖特的许多话既形象又生动，但不具普遍意义，如他说油漆是对木料的暗杀之类。由于这些情况，对许多问题长期以来聚讼纷纭是不奇怪的。现代主义建筑和建筑中的现代主义不是一成不变的东西，不是铁板一块，不是封闭的自足的体系，也不是永远适用的普遍原则。不同看法的争论有利于修正错误，丢去不合时宜的部分，发展和丰富自身。

许多人反对现代主义建筑死亡说。贝聿铭明确说现代主义建筑没有死，而且认为“现代建筑运动仍然道路宽广”。更多的人认为现代主义建筑要发展变化，适应新时代的条件和需要。从本书前面介绍的一些建筑师的创作来看，他们已经这样做了。

现代主义建筑死亡说的出现和现代建筑需要发展变化当然不是偶然的，也不仅仅是建筑界内部的事情。出现死亡说和现代建筑演变的根本原因在于西方社会半个多世纪以来发生了广泛的重要的变化。社会经济有了变化，社会意识形态和文化有了变化，与这两方面都有关系的建筑实践和建筑思想也就相应要起变化。

从社会文化心理的角度看，20世纪60年代中期以后，以下几方面的变化相当显著：

（1）物质生活水平提高以后社会消费方式出现了新的特点。经过战后几十年的发展，西方主要国家生产力有了很大的提高，进入所谓富裕社会。就国民收入来看，美国与原联邦德国的情况如表29-1、表29-2所示。

由此可见，1980年美国和原联邦德国的经济水平远远高出1929年。20世纪20年代的德国是战败国，20世纪20年代末美国开始经济大萧条，都处于物质匮乏的境地；与之相比，20世纪80年代的美国和原联邦德国，物质极大丰富了。其他发达国家，在二战后经济水平也有不同程度的提高。1945年，全世界行驶的汽车为5000万辆，1986年达到3.86亿辆。在物质匮乏的时候，一般人要解决的是有无问题；物质丰富的时候，基本需要已经满足，人们消费时不仅注重使用价值，还更注重精神价值，在物品的功能和效率之外，还要求满足自己的精神需求，对于许多产品要求款式、造型的多样性，要求具有较高的艺术质量。例如，现在的手表使用质量一般都无问题，人们选购的时候重点放在造型和款式上面。汽车销售也有类似的情形。1994年法国《费加罗报》载文谈汽车的“设计革命”：“汽车外观设计已成为促进汽车销售的主要因素。自从各种汽车在质量、舒适和安全方面取得进步以来，特别是自从汽车性能降到次要地位以后，它们的差别主要在于款式。但是，汽车的式样只不过是购车者的风格、愿望和需要的反映。设计只是顺应社会和生活方式的变化……在过去的20年中，消费者的生活方式和购买方式已发生了变化。设计师们也已经注意到了这些变化。”

表29-1 美国与原联邦德国的国民收入增长情况

	1929年	1950年	1960年	1980年
美国	873.55亿美元	2410亿美元	4170亿美元	22990亿美元
	100%	275.9%	478.4%	1621.39%
原联邦德国	759亿马克	745亿马克	2300亿马克	13109亿马克
	100%	98%	303%	1727%

表29-2 美国与原联邦德国的人均国民收入增长情况

	1958年	1970年	1980年
美国	2115美元	4285美元	10094美元
	100%	202.6%	477.2%
原联邦德国	838美元	2748美元	11759美元
	100%	327.9%	1403%

日本学者堺屋太一著的《知识价值革命》（金泰相译，东方出版社1986年版）指出，体现在商品价值构成中的物质和精神因素的比重渐渐发生变化，产品中包含的知识与智慧的价值今天比过去高，他称之为“物质效用递减律”。生产者为适应消费者对有特色有个性的产品的追求，不再搞大批量少品种的生产，而转向小批量多品种的生产。产品的流行周期越来越短，变化越来越快。

在20世纪中期，由于物质匮乏，生活水平提高无门，人们转而注重精神价值；今天，人们则是在物质饱和感的基础上追求精神价值。

（2）工业文明的负面影响引起失望和怀旧情绪。工业发展带来的负面作用日益引起人们的忧虑。严重的工业污染、能源危机、生态危机、人口爆炸、土地沙漠化等威胁到人类的生存。1972年，著名的罗马俱乐部提出研究报告，呼吁“停止增长”。1981年，该俱乐部主席佩奇（Aurélio Peccei）发表《世界的未来——关于未来问题的100页》，佩奇写道："人在控制了整个地球之后，并未意识到这些行为正在改变着自己周围事物的本质，人污染自己生活所需要的空气和水源，建造囚禁自己的鬼蜮般的城市，制造摧毁一切的炸弹。这些'功绩'具有临终前抽搐的力量……总而言之，物质革命使现代人类失去了平衡。"

当人们为能源危机担忧的时候，1973年秋天中东战争爆发，石油输出国组织将石油价格提高了70%，同时还实施石油禁运，第一次石油危机随之爆发。石油危机给工业化国家的汽车制造业、运输业、旅游业以至整个工业带来一片乌云。美国失业率上升，物价上涨，工业生产下降。第一次石油危机的影响还未消除，1979—1980年的第二次石油危机接踵而至。这两次石油危机带有政治性，但其背后包含着资源的有限性、可枯竭性等根本问题。矛盾促使人们转变经济观念，注意合理利用和节约能源，探索可持续发展的途径。

很自然地，许多人想起前工业社会的旧日好时光（old good days）。回到过去是不可能的，但保守和怀旧情绪到处出现。佩奇在《世界的未来》中说："必须致力于提高人类质的水平，强调基本文化的价值，即广义的伦理学准则和传统文化的价值。"

20世纪前期，进步和反传统受到赞美；20世纪后期，保守和"反反传统"成为美德。怀旧的情绪弥漫到各个角落，投射在许多事物上面。1987年12月，英国王储查尔斯王子对英国战后的新建筑和建筑师进行尖锐攻击，他认为"英国建筑师对伦敦造成的破坏比第二次世界大战的闪电战中希特勒的轰炸机所造成的破坏还要严重"。王子"用伦敦最有名的名胜古迹之一圣保罗大教堂为例，来阐述他认为在建筑方面什么是正确，什么是错误的观点。他说，圣保留大教堂和它的辉煌的殿宇已经被'拥挤的摩天大楼'所破坏。相反，他赞扬了威斯敏斯特教堂。他呼吁修建更多出自英国丰富的建筑传统并与大自然和谐一致的建筑物"。这是大的方面，在小的方面，玩具业也表现出怀旧的趋势。德新社在报道1992年纽伦堡国际玩具博览会时写道："今年博览会上许多玩具反映了对'生态'的关心，并显示出怀旧和民俗的新潮。"一些厂商说，"10年前，我们制作时兴的娃娃生意很好，但今天顾客们只想要怀旧商品""尤其是德国买主竞相购买引起怀旧之情的圣诞树装饰物”。

（3）人文主义和非理性主义思想兴盛。20世纪前期，很多人相信理性，相信科学，科学主义的哲学思想行时。20世纪后期，情形有了变化。人文主义和非理性主义思想凸现出来。存在主义哲学的兴盛是一个标志。

接连发生的两次世界大战，不断出现的经济危机、社会危机、政治危机，使长久宣扬的理性、人道、自由、平等、博爱成为泡影。资本主义现代化加深了人的异化，人变成了机器的附庸，失去了自由。一个美国作家写道，两次世界大战使“千百万生灵化为一堆堆尸骨，一簇簇破布和乱发，或者化为一阵阵烟雾。这到底意味着什么？没有人能明白告诉我们。但是至少有一点是清楚的，那就是出了什么事了。使人们对生存的意义，怜悯的意义以及对作为自我，作为一个人自身生存的意识的重要意义提出了问题”。一位法国哲学家批评“只重视有严格程序控制的人造机器而轻视能够自行决断的人”的倾向，强调要“从生命的复杂性去思考生命”。罗马俱乐部也呼吁“把重点从物理性问题转到人本身的问题上”。

各种各样的人本主义哲学重视人本身的研究。在西方资产阶级上升时期，人本主义——人道主义和理性主义相联系，那时的资产阶级用理性反对迷信，用人道反对神道。但是后来人道与理性分离，现在的人本主义越来越带上反理性主义的色彩，它把古典的理性主义的人道主义看成是虚伪的人道主义。以法国哲学家萨特（Jean-Paul Sartre，1905—1980）和加缪（Albert Camus，1913—1960）为代表的存在主义哲学是现当代反理性主义人本主义哲学的重要代表。

存在主义者认为，人是被无缘无故地抛到这个世界上来的，是被遗弃的和孤立无援的。人根本不能认识世界，也不能认识自己。人凭借感性和理性获得的知识是虚妄的，人越是依靠理性和科学，就越会使自己受其摆布从而使人自己“异化”；人只有依靠非理性的直觉，即通过烦恼、孤寂、绝望等非理性的心理意识直接体验自己的存在。萨特写道：“存在主义……其目的在于反对黑格尔的认识，反对一切哲学上的体系化，最后，是反对理性本身。”存在主义者宣称，在社会生活、科学、哲学和艺术领域中，非理性将战胜理性，他们认为现在的时代是非理性时代。

存在主义在战后广为流传，20世纪50—60年代是西方最时髦的哲学，20世纪70年代以后稍见衰微，但它所宣扬的非理性主义并不因一个流派的兴衰而有所减退。

（4）艺术和审美风尚出现新的变化。社会生活和社会文化心理发生了变化，社会审美风尚和情趣也跟着有所变化，这就呼唤着新的艺术形式和表现方法。

在如前所述的情况下，当代西方社会许多人缺少或没有信仰，他们以自我为主，没有崇高感，对英雄行为没有兴趣。对于艺术，基本倾向是寻求更多的刺激、更激烈的变换和变形、更大程度的紧张。于是玩世不恭、嘲讽、揶揄、游戏、悖论、做鬼脸、出怪相、玩艺术、反美学渐渐成为时尚，不和谐、不完整、不统一的艺术形象取代对和谐、完整、统一的追求。

20世纪后期，美术界出现了“波普艺术”（popart）、“行动绘画”（action painting）、“拼贴艺术”（combine painting）、“偶发艺术”（happening art）、“照相写实艺术”（photographic painting）等等名目的艺术品种。美国艺术理论家罗森堡（Harold Rosenberg，1906—1978）解释说，现代主义对形和色的追求，如蒙德里安的绘画等，在二次大战后已退出历史舞台。现代主义美术已不能表达更深邃的当代思想情感。他说，行动绘画、偶发艺术已经不是为了追求“美”“纯粹”等艺术目的，作品不再是某种事物的“画像”，而是物体和行为的再现，它本身就是自然，“创作过程才是真正的现实”。行动绘画的目的“不是美的创造，而是美的废除”。艺术家从“审美的圈子”中跳出来才有意义。偶发艺术“以不具任何意义的行为和事物表现这个世界存在的面貌”。罗森堡说，应该在美术、非美术和反美术之间画上等号等。

再看看文学方面的情况，比较突出的有荒诞派戏剧。1950年5月11日在巴黎上演了尤金·尤奈斯库（E.Ionesco，1912—）的独幕剧《秃头歌女》，标志着荒诞派戏剧的诞生。剧中写的是两对英国夫妇莫名其妙的胡言乱语。马丁夫妇到史密斯夫妇家做客，四人重复谈论一个死了的熟人毕生，说着说着，好像死者的妻子和亲戚们也都叫毕生，面目特征也一样，于是弄不清到底谁死了。而马丁夫妇两人开始竟互不认识，再三回忆，发现两人是乘同一班火车的同一节车厢来伦敦的，而且又发现两人现在同住一条街上的同一旅馆，而且睡在同一张床上，这才恍然大悟两人是夫妻。两人又谈到都有一个女儿，但对女儿的特征各执一词，结果他们到底是不是夫妻也闹不清了。剧中人的 身份颠三倒四，语言前后矛盾，舞台上挂的钟，一会儿打29下，一会儿又敲17下。戏就这样莫名其妙地结束了。《秃头歌女》原名叫《简易英语》，排练时一个女演员错把“金发女教师”念成“秃头歌女”，剧作者当场拍案叫绝，马上把剧本改名为《秃头歌女》，名字与剧本内容毫不相干。荒诞派名剧《等待戈多》于1953年1月5日在巴黎上演，此剧是塞缪尔·贝克特（Samuel Beckett，1906—1989）的成名作。剧中主角是两个衣衫褴褛的流浪汉，在旷野的一条路上等待戈多，但戈多是谁，他们也闹不清。两人只是前言不搭后语地谈着，中间来了主仆二人，待了一会儿又离去，又来了个男孩子宣告说戈多今晚不来了，明晚准来。这便是第一幕。第二幕几乎是第一幕的重复，不同的是光秃秃的树上长出几片树叶，又一次路过的主仆二人一个变成盲人，一个变成哑巴。而直至幕终，戈多始终没有来。有人曾问剧作者，“戈多”究竟意味着什么？贝克特说：“我要是知道，早就在戏里说出来了。”

这种荒诞不经的戏剧开始时把观众弄得糊里糊涂，引起争论，但不久就扩大了影响。《等待戈多》在短短的几年里被译成数十种文字，在欧、美、亚许多国家同时上演，1961年还获得国际出版大奖。1969年贝克特获得诺贝尔文学奖。1970年，《秃头歌女》的作者尤奈斯库被选为法兰西学院院士。

荒诞派戏剧常常没有什么故事情节，没有传统戏剧要求的剧情发展、高潮和结尾，被认为是“反情节”的。传统戏剧一般都致力于塑造多姿多彩的人物角色。荒诞派戏剧人物猥琐渺小，孤苦无助，灵魂空虚，没有生气，无所作为，被称为“反人物”。荒诞派戏剧的语言颠三倒四，支离破碎，重复啰唆，文不对题，前言不搭后语，自相矛盾，莫名其妙，被称为“反语言”。这些不合逻辑的、非理性的艺术特点恰好被用来表现人的处境的悲惨。荒诞、无望，说明人已“异化”为非人，如同机械和行尸走肉，生活空虚、无聊，人与人之间隔膜、孤绝、无法沟通。（有关荒诞派戏剧的材料引自郝振益、傅俊、童慎效著《英美荒诞派戏剧研究》，译林出版社1994年版）

西方的艺术和美学在20世纪前期曾经猛烈地突破传统，到20世纪后期又出现了新的变化，一方面出现了表面上向传统回归的趋向，另一方面有进一步反传统、反艺术、反美学的趋向。多种趋向错综复杂、异彩纷呈。

了解以上种种情况和现象，有助于我们理解当代西方建筑的演变和趋向。

第30章
美国建筑师雅马萨奇

米诺儒·雅马萨奇（Minoru Yamasaki，1912—1986）是日裔美国人，其英文名是日文名ミノル·ヤマサキ（山崎实）的音译。

雅马萨奇于1912年出生在美国西北部海港城市西雅图，他的父母都是从日本来到美国的移民。这种第二代日裔美国人有个专门的称号，叫niesai——二世。雅马萨奇的身世对于他的思想和活动有重大的影响。

雅马萨奇的父亲来自日本本州富山县的一个农业大家族。雅马萨奇虽然生在美国，长在美国，自幼接受美国学校教育，可是作为“二世”，他在家里和父母生活在一起，仍然大量接受日本民族文化的熏陶。根据笔者在美籍华人家庭中所见，因为父母一般是在成年以后才到美国去的，这种家庭内部大都说中国话，吃中国饭，和国内亲友保持密切联系，所以他们的子女有天然的便利条件，容易成长为跨文化圈的人：既掌握西方文化，又了解东方文化。美籍日本人的情形同美籍华人很类似，雅马萨奇也成了一个跨文化圈的人。1960年他在英国皇家建筑师学会作题为《一种美国人本主义建筑及其与日本传统建筑的关系》的讲演，他自己说：“我本人是生长在美国的第二代日本移民，因此我可能是讨论这个题目的合适人选”。雅马萨奇在自己的创作中也发挥他文化背景的这一特点，努力把东方的，主要是日本的传统建筑的某些特质融入他设计的美国现代建筑之中，由此形成他与西方建筑师不同的建筑观点和建筑风格。

30.1　对现代主义建筑观点的温和修正

雅马萨奇大学毕业正赶上美国经济萧条时期，建筑工作找不到，只好在纽约一家日本人开的瓷器店里包装瓷器，晚上到纽约大学选修硕士课程。两年以后，由于业余帮人画图而被人看中，在一个建筑师那里当画图员。此后他在几个事务所中工作过。在20世纪30年代失业严重的时期，他不但总能找到工作，而且薪水还不断提升，这是因为他的工作业绩和水平令雇主满意。从大学毕业到1949年雅马萨奇自己开业为止的15年中，他在多个建筑事务所做过各种各样的工作，反复经历建筑设计和实际建造的全过程。他有非常扎实的基本功和丰富的实践经验，这些表现在他的建筑创作之中，也反映在他对建筑教育的看法中。雅马萨奇认为，大学建筑系只能教给学生一些基本的专业知识和技能，大学教育不要太长，学生要尽早到建筑师事务所的实际工作中去学习锻炼。他说："学建筑不能单靠书本和上课。年轻建筑师需要沉浸在实际工作之中，最好就是在事务所的气氛中"。"参加到实际设计过程中，看着一座建筑物从初步构想到实际建成是最有启发性的……把房子建起来，洞察与它有关的问题和各种可能性，懂得构造方法和细部的复杂性，经受失误和考验，这种经验只有在事务所中才能获得。"

建立自己的建筑事务所后，雅马萨奇完成的第一个大型建筑物是密苏里州圣路易斯市机场候机楼。它于1951年开始设计，1956年落成，是战后时期较早的新型候机楼之一。设计之始，雅马萨奇调查过华盛顿、费城、匹兹堡等处原有的机场建筑，针对它们的缺点提出了新的设计方案。圣路易斯机场候机楼有三个相连的大型钢筋混凝土十字形拱壳。薄壳结构是战后兴起的结构形式，薄薄的壳体能够轻盈地覆盖大跨度空间。雅马萨奇采用十字形拱壳有一种含义，即让人们由此联想到纽约旧有的中央火车站的十字拱顶，从而产生"城市人口"的印象。有多少人真会产生这样的联想，我们无从印证，然而壳体结构那新颖轻巧的造型无疑给人以新奇、高效率、同空中旅行相配合的现代化的印象。拱体支点间的距离是38米左右，壳边微向外凸出，拱壳相接处形成楔形空档，正好做成天窗。建筑内外素洁明亮，没有附加的装饰，而结构本身的曲线和曲面给候机楼带来优美动人的韵味。专家们还认为候机楼的建筑设计找不出什么缺点。这座建筑给雅马萨奇带来许多荣誉，使他在美国建筑界有了一定的知名度。

雅马萨奇设计的圣路易斯机场候机楼体现了现代主义建筑的原则，它的成功是现代主义的成功，推崇现代主义的当时的美国建筑界的主流派也给予它相应的荣誉。历史地看，早20年或晚20年，圣路易斯机场候机楼都不会获得当时那样的好评。

雅马萨奇本来可以在开了个好头的道路上照直走下去，可是他产生了新的念头，他觉得现代主义有缺点有毛病。20世纪50年代中期，当P.约翰逊还在讲"现代建筑一年比一年更优美，我们建筑的黄金时代刚刚开始"的时候，雅马萨奇就在美国《建筑实录》（1955年8月）上发表文章，认为当时的建筑状况并不十分美妙，而是存在着不小的问题。他说："现在存在的问题是：过分夸大建筑的重要的基本性质，如功能、经济和独创性；过分尊重建筑界的大师名人；过分轻视历史。"雅马萨奇把存在的问题归结为四大谬误，即功能谬误、经济谬误、创新谬误以及英雄崇拜谬误。针对这些谬误，他提出了批评和自己的见解。

（1）关于功能问题。雅马萨奇认为适用坚固当然是认真建造房屋的先决条件，然而只考虑功能，只满足使用功能，还不能算是有了建筑。什么是建筑呢？他认为，"人将他追求的高尚品格注入他建造的环境中去，反过来使自己在追求愉悦的过程中得到鼓舞，这才是建筑"。雅马萨奇的着重点在于精神品格之有无。他的看法是现代主义的倡导者过分强调功能这一项而忽视了精神品格。雅马萨奇解释这种偏向的起因是现代主义以前的建筑师们太忽视功能，由此引起了后来的逆反心理。雅马萨奇反对功能决定论，他说许多人竟不理会这一事实：功能上可行的方案为数颇多，而使人动心的建筑设计方案却很难得。

（2）关于经济问题。雅马萨奇承认建筑师有责任在社会经济的总格局之内进行工作，"然而以经济性为借口支持差的和缺乏想象力的建筑无疑是不负责任的罪过"。他拿日本传统建筑用木头和纸为材料也造出过优良的建筑做例证，说明精神格调高的建筑并不一定非用贵重材料。他反对以造价低为借口替低劣的设计质量打掩护，"到底是缺少资金还是缺少意志和精力，值得研究"。

（3）关于创新问题。雅马萨奇说他不反对创新和独创，他说创新"打开通向新的道路的门扉，激发新的建筑思路，缺少了它，无论是建筑还是别的创作都将枯死"。但他反对无节制地为新而新的倾向。例如拒绝使用某种旧有材料，"仅仅因为过去已经使用过"，其结果是"无异于拿着一个贫乏单调的调色盘竟想去描绘我们鲜亮的新世界"。他形容许多人"听从创新指挥棒的摆布"。

（4）关于"英雄崇拜"。雅马萨奇承认勒·柯布西耶、密斯等现代建筑大师的贡献与成就，然而他反对跟在大师后面永远学步。"如果永远停留在他们的建筑思想的轨道里，建筑的未来就被限死了"。他抨击许多人"无意识地跟在似乎是最安全的既定观念后面"，其结果是出了一批批"小赖特""小密斯""小柯布西耶"。雅马萨奇说："我们一味模仿密斯、赖特和柯布西耶，他们做不出的东西，我们就更不可能去做了"。他认为，"别人的影响是重要的，也是需要的，然而不应该单纯模仿"。

雅马萨奇所谈的前三个问题牵涉现代主义本身，最后一个问题指责当时美国建筑界随大流的情况。雅马萨奇的这些议论，论据既不充分，推论也不严谨，这在建筑师中是常见的，不应苛求，重要的是他发出了不同的声音，提出了问题。

20世纪20年代西欧现代主义建筑思想中有一条重要的原则，就是摆脱历史上已有的建筑样式的束缚，放手创造新建筑。

在怎样对待历史遗产的问题上，雅马萨奇在20世纪50年代提出了同20世纪20年代现代主义不同的意见，他认为到了改变态度的时候了："我们应该从心目中只有自己、不顾历史的时期中走出来。今天我们要再次重视过去的文明，那时的建筑曾达到精神和情感的高峰，而我们自己却还没有达到。审视过去建筑所包含的各种品质，可能给我们带来对建筑的新的顿悟"。

即使在20世纪50年代中期，这种看法也不是雅马萨奇所独有的。1953 年耶鲁大学建筑学院曾举办展览会，展示从文艺复兴时代直到当时欧美城市艺术的状况，批评美国城市在现代失去了古典传统。耶鲁大学的刊物上也载文批评现代主义废除一切与过去联系的东西。这些情况无疑对雅马萨奇有所启发，而对他的建筑思想影响更大的是他在世界各地的参观旅行。

几乎在每一次演讲或所写的文章中，雅马萨奇都谈到他在世界许多地区参观历史上的建筑所得到的感受。对比过去时代留下的优秀建筑实例，他深感其中许多优良品质正是现代建筑所缺少的。他说："过去几十年建筑设计的趋势是避开历史和传统，企图创立全新的建筑风格。我到各地旅行之后，彻底相信建筑和人类其他努力一样，应该也能够以过去创造的经过思考的精致建筑和城市为参考。如此方能创造出令人满意的现代环境。"

我们从他的一些记述中可以看到他对历史遗产所抱的态度和他本人从中得到的启示。雅马萨奇对意大利文艺复兴时代留下的建筑和城市十分推崇。讲到罗马，他说："我在那些窄巷和广场上徘徊，追想当年文艺复兴时期的盛况，那些欢快的建筑形象使我惊喜，其雍容华贵之状尽善尽美。建筑的处理、石料的颜色、水的嬉戏、空间的穿插——把罗马变成一个快乐的、令人神往的生活场所。"

他将文艺复兴时代的城市与现代城市加以比较后指出："有一条根本的原理，文艺复兴时代的人民和建筑师很理解，而我们才开始学习，这原理是：城市和建筑是一种环境，人的大部分时间在其中度过。我们要实现幸福生活的梦想，这个环境起着重要的综合性的作用。""文艺复兴时代的罗马人、佛罗伦萨人和威尼斯人都抱有这样的看法，他们创建的城市就是证明。在威尼斯的街巷中可以听到有人引吭高歌，而我们城市街道上的音乐则是卡车和汽车的轰响。""今天我们的文明在许多方面超过了文艺复兴时代，我们的科学技术成就高出历史上的任何时期，然而我们城市中的建筑却远远落后于文艺复兴时代。为了实效，为了最大的短期利益，我们把美放弃了。"

在印度，雅马萨奇被泰姬陵的建筑和环境所倾倒，他用热情洋溢的语言赞颂它：

泰姬陵是一个受控制的环境。围墙、建筑物和河流把城市景象屏蔽掉。脱离阿格拉城的酷热多尘的街道和人群，走进陵园的第一道门，就望到在灿烂阳光中挺立的泰姬陵，令人激动。

我在那里坐了好几个钟头，寻思有什么可以改动的地方，但我的结论是既不能添上点什么，也不能减去什么。白色穹窿顶和尖塔形成的轮廓线，映衬在蓝色天空中，十全十美。我们真需要有这一类的处理，以克服长方形体和平屋顶的单调性。

印度建筑的细部微妙美丽，泰姬陵尤其出众。精美的镶嵌丰富了墙体却又不妨碍总体上简洁有力的形象。”“就建筑的比例、优美的细部、观念的卓越来说，我认为它是无与伦比的。

雅马萨奇大有今不如昔之叹，他认为今天的建筑呈现着无政府主义的局面，而“在美国大多数城市中心区，能把各种景观联系起来的是那些较老的建筑物”。

雅马萨奇虽然对许多古建筑和老建筑给予很高的甚至极高的评价，认为现代人要从中汲取教益，但他也有选择性。他肯定古希腊建筑，推崇意大利和英国文艺复兴时代的建筑，赞美东方的一些建筑，但明确否定古埃及建筑，不赞赏中世纪的哥特式教堂以及法国君权时代的宫殿——他反对这些建筑中显示的绝对权力、神权、对普通人的威慑力和君王们的轻浮奢华。

作为一个日本血统的人，雅马萨奇感受最深的还是日本的传统建筑，日本的艺术传统是他的建筑美学思想的一个重要根源。

雅马萨奇多次回到日本，作为成熟的建筑师，他对日本传统建筑一再进行细致入微的访察。

近代以来，许多西方人士对日本建筑发生兴趣，其中不乏建筑师，也有研究日本文化的学者。西方建筑师对具体的建筑观察较细，然而疏于对日本传统建筑文化底蕴的研讨；研究文化的专家，对建筑本身又隔着一行，更难以从现代建筑实践的角度加以评价。雅马萨奇得天独厚，兼有两者的长处。他的一些分析和描述，既细致又深入，充满感情地讲出了自己的心理感受，相当精彩。他描述日本神庙建筑给他的印象：

有一次，我从城市街道的喧哗骚乱之中走进一所日本寺院，感到惊喜万分。

你走到寺庙门口，脱去鞋子，在昏暗的庙堂中穿行。远处有一点亮光，你朝着亮光走去，发现那是花园中的一片卵石铺地，红色石子耙梳成美丽的图案。好一片平和景象！你在那里停留片刻，心旷神怡。走出幽暗的大殿，又来到另一处院落，佳树名花点缀其中，枫树映衬着蓝天，真是美极了！再过片刻，你又转入另一个院子，有水池，有蝴蝶花，有石头，你多么欣喜呀！

雅马萨奇形容人们“从城市的喧嚣转入寺院围墙里的寂静是一种伟大的解脱……人们的激动心情转化为内在的平衡”。

雅马萨奇曾细细描述他在一个日式餐馆中的感受：

那家餐馆在街道旁边，外面是一道精巧的木栅栏墙，是日本城市建筑的典型立面。只有走进大门以后才觉出那是一个特别的地方，一种平和同愉悦混合的感觉立刻把你笼罩起来。

脱去鞋子，在铺席的地板上安静地走出低矮的门厅，转过身，经过一小段幽暗的过道，进到一间令人叫绝的可爱的房间。那里的每一样东西：建筑布置、家具、窗外景色等等，对我说来都奇妙异常。在墙角，带框套的壁龛使精美的插花更显得突出，在糊纸扯窗的柔和光线下格外动人。壁龛里挂一幅山水立轴……龛前的矮桌是房间内唯一的家具。看到这样的房间，不能不为我们在美国忍受的杂乱无章叹气。

朋友打开扯窗，这是一个温暖的五月的夜晚。有一瞬间，我希望他别打开窗子，担心一般城市的景象如屋顶、电线杆、拥塞的街景会破坏我们这个房间里宁静的美……然而出乎我的意料，我们向下望去，见到的竟是一个一米多宽的小小花园，石头、苔藓、树枝配合优美。我又惊又喜，能在这么小的空间里获得如此精美的视觉愉悦，在我是全新的神奇的体验。

雅马萨奇用下列语言表达他对日本传统建筑的赞赏：

在日本最好的大型传统建筑中，运用视觉上的惊喜效果达到最高水平。在一些宫殿和寺院中，你在惊喜之余，甚至不敢相信依靠建筑手段竟能产生如此强烈的惊悦之情。

我好像进入了仙境，进入悦人的安逸梦乡……我真想永远停留在这静美之中。我相信在日本的静美环境之中，我将更有创造性，带着美好的情绪过日子。

雅马萨奇概括日本传统建筑的优良特点有这样几点：对自然的关注，对材料性能的透彻了解，精致的细部处理，精细的建造工艺，使人产生惊喜效果的室内外环境，令人感到亲切的尺度等。

因此，日本传统建筑给人以平和的印象，少了敬畏之感。然而雅马萨奇最看重的是日本传统建筑给人的宁静感和愉悦感，他写道：“使人保持神智健全需要给他提供宁静的建筑环境，以克服由政治动乱、交通、人口膨胀和机器冲击带来的杂乱。在宁静之中加进愉悦的成分——有趣的轮廓线、喷泉、室内外空间变化等引起的愉悦感，但是把一切统一起来的还是宁静。要在形体上表达出一个信念：人要在高尚的宁静中生活。”

日本传统建筑给了雅马萨奇许多启示，促成了他的建筑哲学，他说：“我自己明白，是我对日本建筑某些内在品质的崇敬对我的建筑思想产生了正面的影响，我的建筑设计是建立在这个建筑思想之上的。”

每个建筑师都有一种建筑思想或建筑哲学指导他的设计工作，差别在于有的人比较自觉，比较明确，另一些人不太自觉，不很明确。前一种人对建筑创作的方向、目标、方法、途径等所谓理论问题非常关心，大动脑筋，形成自己的观点，在实践的同时，写文章，讲演，宣传自己的主义，雅马萨奇即属于这一种人。有一段时间，他在这方面做得很认真。

他的出发点是匡正时弊。在20世纪50年代，他就感到美国建筑当时的状况很不合他的理想，除现代主义的那些谬误外，还有无政府主义式的混乱。他说：“存在混乱已不容置疑，各种各样的观点正在涌现，乱七八糟地充斥在我们城市的街道上。建筑设计的试验洪流带出形形色色异想天开的造型，多数是毫无道理的。他们一个赛一个，如果集中在一起——如同在迈阿密海滩或布鲁塞尔世界博览会中那样——只能造成完全的混乱。”

混乱能否克服？雅马萨奇认为可以克服，办法是要树立一种合适的正确的“内在的哲学思想”：“做各种尝试和试验在一切领域都是需要的，这样才能带来生气。但如果缺乏内在的哲学思想的协调作用，试验就会陷入无政府主义状态。”

据雅马萨奇看来，这个建筑哲学的主要内容是关于现今的建筑应该具备哪些必需的精神品质。而要弄清这一点，需要回顾历史。他说：“要消除无政府主义，唯一可能的途径是好好研究我们需要的建筑除了结构稳定性、实用性和与社会经济体制协调以外，还需要具备哪样的基本品质。”雅马萨奇所谓的“基本品质”，显然是指建筑对人的精神起作用的方面。换句话说，是从人的精神需要的角度，对建筑创作提出的要求。而这种要求，雅马萨奇说，是从人性的角度提出来的，我们珍视哪些人性品质，我们就要求建筑也具备哪些精神品质。按雅马萨奇的观点，这种品质中最基本的有六项：“在人性的各种品质中，我们最为珍视并要努力实现的是：爱（love）、文雅（gentleness）、愉悦（joy）、宁静（serenity）、美（beauty）和希望（hope）。要创造表现我们生活方式，又满足此种生活方式的需要的建筑，就必定要承认这些基本的人性品质。”

假定我们承认并肯定这六项是基本的人性品质，可是怎样才能使建筑也具有对应的品质呢？或者说，用怎样的方法和手段把这些值得珍视的人的精神品质“注入”物质的建筑物中去呢？为此，雅马萨奇又提出了他称之为在建筑中要实现的“六条目标”：

（1）通过美和愉悦提高生活乐趣；

（2）使人精神振奋，反映出人所追求的高尚品格；

（3）秩序感，通过秩序形成现代人复杂活动的宁静环境背景；

（4）真实坦诚，具有内在的结构明确性，这是实现建筑目标自然需要的；

（5）充分理解并符合我们的技术手段的特点，如此才能在重建环境的任务中保持节约，才能使我们的建筑建立在进步的基础之上，并成为其象征，当今的社会进步是工业化带给我们的；

（6）符合人的尺度，也许这是最重要的一条，如此人才会感到环境安全愉悦，人才能与环境亲密联系。

雅马萨奇认为这是从人性出发，又是“为了提升人的精神”，所以他把他提出的这种建筑哲学叫作“人本主义建筑哲学”。雅马萨奇的原文是philosophy of humanism in architecture。humanism在中文中有多种译法：人道主义、人文主义、人性论、人本主义、博爱主义等，在不同学科和不同场合可选择不同译名。雅马萨奇强调建筑要把人作为中心，故用人本主义。很多学者把当代哲学和美学归纳为科学主义与人本主义两大类。雅马萨奇的观点属于后一类，译为人本主义也较合适。

雅马萨奇说他提倡的人本主义建筑是有师承渊源的。按他的说法，古代希腊的建筑固然有人本主义，而其盛期则是欧洲文艺复兴时代。雅马萨奇除赞颂意大利文艺复兴建筑外还特别提到英国的文艺复兴建筑。在英国皇家建筑师学会的讲演中，他称人本主义建筑发端于英国，说英国那个时代的建筑“表现出来早期时代的尊严、自豪感和人性，是今天英语国家的一笔伟大遗产”。这种人本主义建筑早先从英国传入美国，但是不幸，没有得到发展。

雅马萨奇又一再说：“我们居住的美国是自然条件最美的国家之一”“我们是世界上最富饶的国家之一，也被认为是最强大的国家”。总之在他看来，20世纪中期的美国，天时、地利都好，政治、经济、技术俱佳，在美国发展出“民主的”“以人为中心的”“为着全体人民的”人本主义建筑的繁荣局面已指日可待。

雅马萨奇的人本主义建筑思想的另一个来源自然是日本传统建筑。不过尽管他对日本传统建筑那般醉心，作为在美国开业实践的建筑师，他又清醒地知道不可能照搬前工业文明时代的具体建筑做法。因此在他的看法里，保留了现代主义对现代工业、现代科学技术的肯定的观点。

将欧洲文艺复兴时代的人本主义同日本传统建筑的某些美学特征以及现代的建筑科学技术手段有选择地融合在一起，再加上“适合民主社会”的口号，这就是雅马萨奇为20世纪后期的美国人构想的一种新的人本主义建筑哲学的主要内容。

这样说是指雅马萨奇观点的实质，并不包含任何的贬义，相反，我们认为他提出的一套主张是诚心诚意地想使美国的建筑环境变得好一些。作为开业建筑师，他思考的已经够多够细的了，在理论问题上，不应再苛求他。说民主的、为着全体人民的云云，是出于他天真的信念。

与雅马萨奇同时代的其他美国建筑师，就我们所知，似乎没有多少人承认和接受他的这一套观念。因此，实际运用如何，我们只有看他自己的作品了。

30.2 融合古今东西的建筑创作

1955年，雅马萨奇第一次周游世界回来，接受了底特律市威恩州立大学一座会议中心的设计任务，他说："我试着把（在旅行中）获得的建筑体验表现出来。我的目标包括创造优美的天际轮廓线、丰富的质感和形式，以及通过内部空间布置和细致的庭园风景，创造一种平和宁静的感觉。"

会议中心的整个地段约63米×70米，东、南两面有其他房舍，西、北两面为道路，西边有一小片树林。会议楼的位置偏在用地的西北角，面向街道，用地东面与西面辟做庭园。

我们先看会议楼。会议楼包括几个大小不等的会议室、办公室、休息处以及衣帽间等。雅马萨奇将这些都布置在一个二层的方块形体之中。它东西长32米，南北长27.5米，有一条南北中轴线，外观上左右对称，南北两个入口都在中轴线上。楼内正中是休息空间，高达二层，两旁布置各种房间。会议楼南北入口外观上左右严格对称，与20世纪20—50年代西方流行的现代建筑不对称的构图模式迥异，而表现出向古典建筑构图的回归。

图30-1 雅马萨奇，美国威恩州立大学会议中心，1955年

会议楼的结构在中央休息空间两边分为独立的两部分。楼面和屋面都用钢筋混凝土折板，锯齿向下，上铺平板，两头由钢柱支承。折板结构的断面形成一个个倒置的三角形，它们的两端也处理成一个个尖出的船头形。在东西两侧立面和中央休息空间内，它们形成晶棱似的花边。支承楼面和屋面的钢柱子表面用大理石包覆，共有四条柱列，二条在中央休息室内，二条在东西立面上。它们构成两层的柱廊，与锯齿形的折板端头配合，带来活泼有趣的装饰效果。

在南北立面上，正中是玻璃与金属框架，两边是大片灰华石墙面，两头以柱子终结。透过正面的玻璃入口可以望见中央休息空间的玻璃顶。屋顶在南北立面上挑出，如同檐口，楼板侧边如同墙面上的腰带。会议楼的这两个立面左右对称，中央突出，虚实相间，有板有眼，完全遵循着古典建筑立面构图的章法。

会议楼立在一个台子上，台面高出庭院约2米，很像中国和日本宫殿建筑的台基。

会议楼之外剩下一块L形的面积，雅马萨奇在这里布置一片L形的水池。长的一边约58米，短边约30米，宽度约18米。池中错落地市置着三个矩形平板，好像水中的岛屿，分别为4米×8米、12米×12米和8米×12米。“岛”与“岛”之间及“岛”与“岸”之间搁放了几块更薄更窄的板子，相当于桥。这些“岛”上铺着洁白的石粒，边缘是条石。水中另外散置几块深色的石块。前面说过会议楼的台子高出庭院地面约有2米，台子上有一道梯子伸下来，人们可以从台上走到水池中的“岛”上来，领略庭园风光。这里的水池其实极浅，“岛”和“桥”也是薄片，中国人说“桥与水平，游人凌波而过，水益是汪洋，桥更觉其危”，这里虽然没有“危”的感觉，还是平添了许多令人愉悦的元素。

过去西方庭院中花树水池的布局常常弄得与建筑一样，轴线明确，左右对称，非常规整。中国和日本庭园的布局则是不规整的，即所谓“构园无格”。雅马萨奇布置的这个庭园与西方传统相反，带有明显的日本和中国庭园的风格，不过同时又有现代风格派美术的影响。试拿这座庭院的平面图同荷兰画家蒙德里安的作品作一比较，很容易看出两者之间的联系。

图30-2　雅马萨奇，底特律雷诺金属公司销售中心，1959年

总之，雅马萨奇设计的这个会议楼及庭园既体现了西方古典传统，又有西方现代风格，还加进了东方的手法。

会议中心落成后，立即获得公众的赞赏。在揭幕典礼上，与会者起立向雅马萨奇欢呼。威恩州立大学校长致辞时说，在他见过的大学校舍建筑之中，“这个会议中心是唯一能引人驻足仰望的一座，它能启示人们向上奋进”。捐资兴建这个会议

图30-3　雅马萨奇，1962年西雅图世界博览会联邦科学馆

中心的麦克格雷戈尔基金会的建筑委员会主席说，原定造价80万美元，后来用掉117.2万美元，但是“雅马萨奇将美给了我们，这是可能得到的最好的纪念”。各家建筑杂志也给予好评，《建筑论坛》刊文形容这个会议中心“如此优美雅致，洒满阳光，好似梦中的宫殿”。

这是一个融合古今东西的建筑作品，若非雅马萨奇这个日裔美国建筑师，一般西方建筑师是不容易产生这样的建筑构思的。

美国人早在1962年就举办了“21世纪世界博览会”，地点在美国西北部的西雅图市。美国政府在这次展览中设有联邦科学馆（Federal Science Pavilion）。这个展馆的设计任务归雅马萨奇。

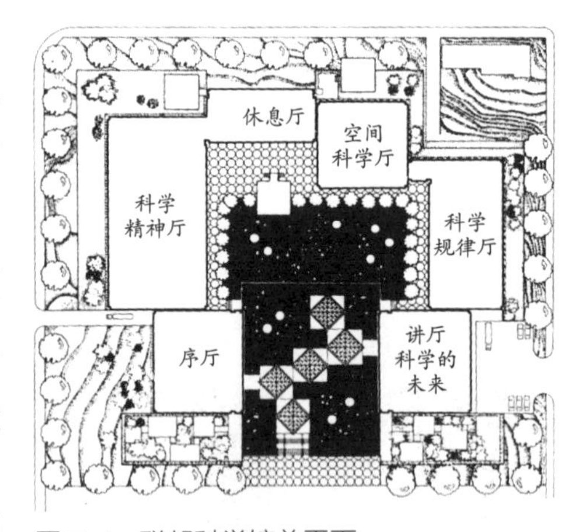

图30-4　联邦科学馆总平面

雅马萨奇为西雅图博览会设计了一个内向的展览建筑。在名为“21世纪”的博览会中，他的建筑没有丝毫未来的象征，相反，倒是面向历史，采用了许多东方和西方过去的建筑形式。

西洋古典建筑向来采用集中紧凑的布局，公共建筑尤其如此。雅马萨奇设计的这

图30-5　联邦科学馆休息厅与演奏台

图30-6　联邦科学馆水院和双层廊道

座科学展览建筑一反这种西方传统，而采用了院落型布局。他将科学馆的序厅等五个展室和一个休息厅分别置于六个长方形体的房屋内，这些房子高矮、长短、宽窄略有差别。然后将它们围合成一个院子，一个三合院。各个展室按参观顺序首尾相连，而又参差错落。院子空间的边界也随之凸凹不齐，有了变化。各个展厅的主要立面也面向院子而以背朝外，很像中国传统的院落房屋。

对于现代西方人来说，这样的展览建筑是很不寻常的。不但如此，雅马萨奇还将内院的一大部分辟成水池。左右两面，水池直逼展厅，南边伸到入口，形成了一个水院。

人们进到展览馆，首先踏上水上的一串“曲桥”。桥由五个方块错接而成，分上下两层。来此参观的人由入口处上桥，或走上层、或走下层，经几个曲折，进入西边的序厅，然后顺序参观各厅，最后绕到东面出来，再上桥，经过几个曲折，然后从大门出去。

这样布局，对我们中国人（还有日本人）来说是不陌生的，水院或水景园在中国南方园林中常常见到，在北京，颐和园里的谐趣园是脍炙人口的典型水院；至于曲桥，中国人更熟悉，上海城隍庙、杭州的花港观鱼都是人们喜爱的例子。现在雅马萨奇将这一类布置方式运用到美国西雅图21世纪博览会中来，自是别开生面的做法。展厅围绕水面，人在建筑之中可见波光云影，在曲桥上通行，仿佛凌波而过，一折一转，引导你左顾右盼，兴味盎然。人、建筑和水结合得紧密而巧妙。西方人于此可以领略到一些东方园林建筑的情趣，即使不明白它来自东方文化，仍然会感到惊喜和愉悦。

然而西方人在这座科学馆建筑上也能辨识出他们的历史：这里有欧洲中世纪哥特建筑的形象符号。雅马萨奇在这个展览馆采用钢筋混凝土预制构件——墙板和屋面板。墙板每块宽度为1.5米，高度从9.6米到15.6米。这些白色预制板表面有一些凸起的肋（ribs），它有助于增加板的刚性。雅马萨奇将这些肋做成一种图案，拼装起来组成连续的尖券图形，一望而知是从欧洲哥特式教堂建筑特有的形象简化而来的。

展览厅墙面因为有这些凸出肋纹而减少了光盒子的沉闷感，这里有了装饰，有了阴影层次，墙体变得轻巧秀丽起来。在某些部分，如休息厅那里，墙板是漏空的，只有肋条，更是轻灵剔透，使院子周围的立面增加了变化。不止是形象本身很美，它们在美国还有特定的含义，美国的老大学名学府过去都按哥特式风格建造自己的校舍，风气所及，出现了“学院哥特式”（Collegiate Gothie Style）的名称。其原因是，在欧洲中世纪教会和修道院曾是学术研究的机构，近世的大学就是从教会所属培养神职人员的“大学堂”嬗变而来的。雅马萨奇选用简化的哥特建筑图形做装饰纹样有符号学的意义，它指明了这个建筑同学术研究的关系。

这座建筑的主要立面朝向内院，它是内向的，体量也不高大。大概是为了让远处的人也容易发现它，雅马萨奇给这个建筑群加上了高耸的标志物：五个瘦骨嶙峋的哥特式骨架从院内水面升起。它们落脚在水院中的曲桥之上，正好形成类似中国园林中的亭廊桥组合，而其作用恰像威尼斯圣马可广场上那高耸的钟塔一样，一方面标示出建筑群体视觉空间的高度，一方面又成了远近可见的标志物。

西雅图博览会科学馆方案在设计阶段曾遇到美国建筑界相当强烈的批评，几乎要夭折，幸而有当地居民热烈支持才得以实现。雅马萨奇在社会公众中的声誉一直比在建筑师圈子中高。

1959年，雅马萨奇受委托设计两座建筑，其一是1959年印度国际农业展览会中的美国馆，另一个是沙特阿拉伯达兰机场候机楼。两座建筑都是美国出资建造，由美国官方选聘建筑师。雅马萨奇之所以被选中，显然同他主张尊重历史和尊重东方文化有关。雅马萨奇自己也很喜欢这两项任务，因为它们提出了如何将现代建筑与地区传统文化结合的问题，雅马萨奇说他欢迎这种“挑战性”任务。

图30-7　雅马萨奇，1959年印度世界农业博览会美国馆

美国农业馆用地颇不整齐，是一个L形的地块。雅马萨奇的构思是美国馆宁可表现亲切友善的姿态，也不要虚夸的自我炫耀。他决定根据地形狭窄不整的条件，将展馆化整为零，做成多幢单层展厅，形成建筑与院子交替变化和丰富的空间序列。入口处有一片水池，观众走上水面的曲廊，几个曲折之后进入第一展厅，这里的资料告诉观众美国的农业状况原来与

印度相同，后来才发展为世界最高水平。从这个展厅出来，是露天的农机演示场，场地一边设立几个有篷的摊位，再现美国各州农业赛会的景象，并加上印度收获节日的喜庆气氛。再往前去有一座典型的美国农家谷仓，附近有供儿童玩耍的小游乐场。在场地转折处，观众再进人食品加工业展馆。从食品馆出来，观众进入另一个院子，这里有表演美国民间歌舞的小场地，又有另一片水池，水中又是曲桥，最后观众进入一个展馆，看到农业科技发展的前景。参观结束，观众再次走上一道水上曲桥，然后从出口处离馆。

这个展览馆的布局因地制宜，室内和室外结合交替，气氛不断变化。入口和出口分别放在L形场地的两端，而首尾都有水池曲桥。这些曲桥上都立有高架，上置金黄色葱头形圆穹顶，一个连一个，两处水院共有32个圆穹顶。这些饱满的圆穹顶在阳光下金光灿灿，引人注目。

公元12世纪以后，印度建立伊斯兰王国，在16—17世纪的莫卧儿王朝时期，印度伊斯兰建筑达到盛期，印度人民创造了世界建筑历史上最美的瑰宝之一——泰姬陵，雅马萨奇本人在讲演和文章中多次盛赞这座陵墓。这一次设计农展馆时，他从这座陵墓建筑中撷取了它的葱头形穹顶，作为印度传统建筑文化的符号和象征，加到水池曲廊上边。它们一下子就让人联想到泰姬陵，一下子就想起印度的传统文化，一下子就意识到这是在古老的印度国土上的建筑。它们出现在美国农业展览会的建筑上，分明表达出展示国对东道国的尊重和善意。

沙特阿拉伯达兰机场候机楼于1959年开始设计，1961年落成，它是美国政府为取得某个空军基地土地使用权而出资兴建的项目。当时，达兰机场主要是国际航线的中转站，国内航运当时尚不发达。但国王要求建筑处理上对于国内航空业务和国际航空业务应予以同等的重视，这是出自民族感情的要求。

航空站完全是现代的建筑类型，必须采用现代材料和技术，在20世纪50—60年代现代主义建筑思潮盛行的时候，建造一个完全新而“洋” 的航站建筑，不会招致很多的异议，何况出资和设计者就是美国人。然而雅马萨奇没有这样做，从他的建筑思想出发，对于在阿拉伯世界建造的房屋，他在采用新材料新技术解决新功能的同时，绝不肯无视当地自然和人文环境的特点，而要努力探索使其带有当地的特色。这大概也正是有关当局从千万美国建筑师中挑选雅马萨奇担任建筑设计任务的初衷。

图30-8 雅马萨奇，沙特阿拉伯达兰机场候机楼，1959—1961年

雅马萨奇采用钢筋混凝土建造这座单层的候机楼，并用一种独特的结构体系，即由一个柱子支托一片屋顶形成一个结构单元。柱子由下而上逐渐增大断面，到上面一分为四，成为四根斜伸的肋；肋上托着屋面板，总的形状如同一朵方形的喇叭花。整个候机楼就由这样的结构单元组成。柱网间距12米，方形屋面板与柱网成45度角，四块屋面板之间的空档，做一个方锥形的屋顶，有的上面做成天窗。整个候机楼成一长方形，长向13个开间，共156米，宽向4个开间，为48米，高13.5米。一端为国内航线候机部分，占2个开间，另一端为国际航线候机部分，占7个开间。两部分之间有4个开间，不做外墙，成为庭院和通道。国内和国际两个入口都面向庭院，处理上不分轩轾，满足了国王提出的要求。随着国内业务的发展，国内航线候机部分可延伸扩建。

图30-9　达兰机场候机楼夜景

如何让这座用钢筋混凝土预制构件组合的现代化航空建筑具有阿拉伯风格呢？雅马萨奇的做法相当巧妙。他在设计结构单元的形式时已经考虑好了：两个相邻的柱子和两道肋合起来正好形成阿拉伯地区伊斯兰建筑上常用的“∩”形拱券，在墙板上又做出阿拉伯式的图案。这些拱和墙板立即带来了浓郁的阿拉伯文化的联想。采用画龙点睛式的手法，使这座现代建筑具有了明显的阿拉伯风格。喷气式飞机取代了神话中的飞毯，候机楼带有阿拉伯宫殿的遗风，这里充满了“天方夜谭”的情调。

建筑落成后，国王认为它是到那时为止唯一有阿拉伯特色的新建筑，候机楼的形象因此还印到纸币上去了。

20世纪50年代末60年代初，西方建筑界还没有引入符号学的深刻理论，而雅马萨奇在实践中已经运用画龙点睛式的建筑符号使现代建筑具有地区和民族文化的特征。雅马萨奇可谓是后来类似做法的先行者。

一个建筑师，在不同的时期，他采用的建筑形式、建筑风格会有某种变化。雅马萨奇最早的作品属纯正的现代风格，后来追求装饰性，稍后又倾向于以某种建筑符号体现地区特色，后来我们又看到他有一阵子倾心于一种新古典主义，或者可以称作现代古典主义。1961年，他承担设计的两座建筑—— 一个大学教学楼和一个保险公司，都是现代古典主义的例子。

古典主义在美国曾经流行过很长的时间，建造了许多“罗马复兴”和“希腊复兴”的建筑，其中包括联邦和州的议会、政府，各地的海关、银行、邸宅乃至监狱等。这个风气盛行于19世纪，并延伸到20世纪前期，华盛顿的林肯纪念堂、国家美术馆等建筑就是证明。直到第二次世界大战以后，这个风气才敛退下来。然而社会对古典建筑的欣赏和爱好没有也不可能完全消失，在适当的场合，适当的时机，人们还愿意在建筑中重见那些风格。雅马萨奇既然尊重历史，尊重普通人的爱好，自然会在一些建筑设计中借鉴和运用各个地区的建筑传统。他在美国的建筑任务中，重新借鉴和运用美国人曾经长期喜欢的欧洲古典建筑风格是很自然的事情。出于对人本主义的强调，雅马萨奇在创作中更侧重借取希腊建筑遗产。

1961年，普林斯顿大学校长邀请雅马萨奇为该校“威尔逊公共事务和国际事务学院”设计新楼。那位校长希望新楼的建筑“有利于提高攻读政治学的学生们的精神境界”。雅马萨奇认为，这就意味着学院建筑要有庄重感、有纪念性，而不是像许多大学建筑物那样仅仅强调实用功能。

这所学院原计划建在旧楼的边上，雅马萨奇觉得那位置不够敞露，最后校方决定新旧两楼倒换位置，将旧楼拆迁到旁边，而让新楼占据广场的主要位置。这次雅马萨奇采用了集中式布置，并且在四周加上柱廊，于是总的形体同古代希腊的围柱式神庙很类似。不过希腊神庙的入口设在短边上，而威尔逊学院的主要出入口设在长边上，像华盛顿林肯纪念堂一样。

这座围柱式学院楼正面有21个开间，侧面9个开间。总共有58根柱子。柱高8.4米，柱子断面为正方形，由底向上，略略变细，到了顶部，相当于古典柱式中柱头的部位，再扩大成倒方锥体形状。整个柱子细长秀美，简洁朴素。柱头以上有一楼层，四周开着又窄又密的一圈窗子，里面是办公室，而从外面看去，仿佛简化了的檐部。总之，尽管具体形式和细部同古典建筑相去甚远，但大形体、总神态和希腊神庙的联系是相当明显的。这座洁白的学院建筑屹立在绿荫重重、喷泉飞溅、水雾迷蒙的校园广场一侧，确实给人以肃穆、纯洁、宁静、秀雅之感。

位于明尼苏达州明尼阿波里斯市的西北国民人寿保险公司是同威尔逊学院性质完全不同的商业建筑，它高六层，底层是营业用房。然而雅马萨奇也把它设计成同希腊神庙形制多少有些相似的建筑。它的长边有20个开间，长度为84米，短边有8个开间，33.6米。它的一端是开敞的柱廊，占4×8个开间，主要入口在柱廊内。其他三面，墙砌在柱子之间。柱子横断面也是方形，与威尔逊学院楼不同的是柱身直上直下，笔直挺立，到顶部才扩大为倒方锥形。柱头上顶着深深一片檐板，再上是一个后退的楼层。保险公司下部也有基座。

图30-10 雅马萨奇，普林斯顿大学威尔逊学院，1961—1965年

竖向的三段划分：基座、柱（墙）和檐部很明确。嵌在柱子之间的外墙面设计得很别致，靠近柱子边的是竖直的条窗，中间是墨绿色的蛇纹石（一种高贵大理石）墙面。石块砌筑很细心，将石头纹理拼接成美丽的对称图案。柱子是洁白的，条窗为暗色，间以墨绿的蛇纹石拼花墙板，整个墙面节奏清晰，色彩明丽，用料高贵。靠马路的一侧设有一道水池，倒影涟漪，情趣益增。

雅马萨奇这两座建筑算不算复古主义呢？它们同19世纪美国的“希腊复兴”有什么区别呢？

我以为雅马萨奇设计这两座建筑时心目中是以古希腊的神庙建筑作为借鉴对象的，他绝非无中生有。但是他没有照抄照搬，这一点是他与19世纪希腊复兴主义者不同的地方。希腊复兴主义者的做法是从总体到细部都极力套用希腊建筑那一套，以模仿为能事，并且追求惟妙惟肖。他们只是在不得已的情况下，才做某些变通处理。林肯纪念堂是这样的，费城吉拉德学院（Girard College，1833—1847，参见4.2节）更是如此。如果我们将雅马萨奇的威尔逊学院同吉拉德学院相比较，可以看到雅马萨奇是在创作一个新建筑，而吉拉德学院的设计者瓦尔特则是把一个新学院的功能（12间教室）硬塞进一个古希腊（或罗马）神庙的躯壳中去。雅马萨奇是以我为主，在希腊建筑遗产中作主动的、有选择的、有限度的借鉴；瓦尔特则是想方设法，要使自己的作品的外观同古希腊（或罗马）神庙的外观一个样。换句话说，瓦尔特追求的是一个“似”字，雅马萨奇则不拘泥于“似”字，他在似与不似之间做文章。从这个意义上说，瓦尔特是复古主义者，雅马萨奇不是，吉拉德学院是仿制品，威尔逊学院是创作，或者说是一个有蓝本的创作。

虽然如此，但是拿历史上某一种建筑形制为蓝本进行现代建筑创作，解决今天的问题终究有其局限性。无论有多少变通，也只能用于少数特定的场合。正因为如此，雅马萨奇的现代古典主义建筑在他的全部作品中只占很少的比例。在设计高层和超高层建筑时，他也就离开这条道路另辟蹊径了。

30.3　纽约世界贸易中心

纽约与新泽西州隔河相望，合设一个港务局，它们早就计划在纽约建造一个综合性的世界贸易中心以振兴纽约和新泽西两州的外贸事业。中心里面应有大量的办公面积供美国和世界各国的进出口公司、轮船公司、货运公司、报关行、保险公司、银行以及商品检验人员、各种经纪人租用，各种各样的商业贸易人员在这里能面对面地商谈业务，方便地获取信息，迅速办理业务。这个中心还有一批服务设施如购物中心、旅馆、餐馆等。在中心里工作的人员超过3.5万名，加上来此办事、购物、参观的人，每天要容纳近10万人活动，建筑面积总共达120万平方米。

图30-11　雅马萨奇，纽约世界贸易中心，1962—1976年

事实上，港务局物色建筑设计人员是很谨慎的，他们对40多家建筑师事务所作了深入的调查，最后才决定聘请雅马萨奇担任世界贸易中心的总建筑师。

雅马萨奇事务所用了1年时间进行调查研究和准备方案，前后共提出100多个方案，雅马萨奇说他们做到第40个时方案已经成熟，其后60多个方案是为了验证和比较而做的。

世界贸易中心（World Trade Center）位于纽约市曼哈顿岛南端西边，在赫德逊河岸上。这一带是纽约市最初发展的地区，著名的华尔街就在近旁。中心用地面积为7.6万平方米，由原来14块小街区合并而成，原有的房屋无保存价值全被拆除。雅马萨奇在这块约略成方形的地段中布置六幢房屋。最高的两幢各为110层，其余有两座9层建筑，一座海关大楼和一座旅馆。楼房沿地段边缘布置，中心留做广场。

当时世界上原来最高的摩天楼是纽约的帝国州大厦，主体85层，加上顶部的塔楼共102层，是20世纪30年代完成的。第二次世界大战以后，一直没有打破那个高度纪录，直到雅马萨奇设计的这两座110层的大楼建成，才把世界第一高楼的桂冠摘了过来。早先，在1961年，有人为世界贸易中心拟制方案时提出过72层的方案，雅马萨奇接手以后，认为世界贸易中心的“基本问题……是寻找一个美丽动人的形式和轮廓线，既适合下曼哈顿区的景观，又符合世界贸易中心的重要地位”。雅马萨奇和他的助手为确定未来建筑的高度，反复观察帝国州大厦的视觉效果，结论是再增加高度并无问题。对普通人来说，40层和100层并无很大差别，关键在于建筑的细部尺度，尤其是与人靠近的底部的尺度，要与人体和人的视觉经验有所联系，而不致使人感到自己如同蝼蚁，如果下部做得空灵一些，也不致产生对人的压迫感。另外，要设法提供让人能看到建筑物全貌的角度和位置。雅马萨奇说，人既然能够建造摩天楼，人也能理解摩天楼。

世界贸易中心两幢110层高楼的平面和形体完全一样。它们的边长都是63.5米，地面以上高435米（一说405米或411米）。如果合起来，做一个层数更多（例如150层）的建筑，在技术上完全办得到，但雅马萨奇做了两个一样的形体，它们不远不近地并肩而立，其高宽比约为7比1，从下而上笔直挺立，没有变化。但两个放在一起，成双成对，若即若离，好似亭亭玉立的一对双胞胎姐妹。这种姊妹楼的构思是不是多少又透露出东方人的审美情趣呢？

图30-12　世界贸易中心格栅式墙面

图30-13　世界贸易中心底部

世界贸易中心110层大楼的结构有不少新意。20世纪50—60年代，高层建筑的趋势是外墙不承重，所以称幕墙。世界贸易中心又采用外墙承重。它由密集的钢柱子组成，两根钢柱的中心距只有1.016米，密密的栅栏似的钢柱与各层楼板组合成巨大的无斜杆的空腹桁架（vierendeel truss），四个面合起来又构成巨大的带缝隙的钢质方形管筒。大楼中心部分也是由钢结构做的内管筒，其中安设电梯、楼梯、设备管道和服务房间等，内外两个管筒形成双套筒结构（tube in tube）。各层楼板支托在内外筒壁间的钢桁架上。钢桁架与内外筒壁的结点上还装有可以吸收振动能量的阻尼装置。这样的体系有强大的抵抗水平荷载的能力，这对于超高层建筑物来说有决定性意义。就用钢量来作比较，帝国州大厦为207千克／米^2，曼哈顿大通银行大楼（60层）为220千克／米^2，世贸中心层数最高，而用钢量仅为178千克／米^2，可见它的结构体系的优越性。

世贸中心大楼的“承重外墙”，同雅马萨奇一贯主张高层建筑开窄窗的做法正好吻合。大楼外柱的中心距离为1.016米，柱子本身的宽度为0.45米，窗子的宽度只有0.566米，而窗子高度为2.34米，是又窄又长又密的窗子。世贸中心大楼外墙上的玻璃面积只占表面总面积的30%，远低于当时的大玻璃或全玻璃高层建筑。因为窗子极窄，柱子即窗间墙很密，所以在世贸中心大楼上的人，没有“高处恐惧感”，笔者在第110层的瞭望层中参观，见许多人把身体贴在窗玻璃上向外观望和拍照，非常自如。在80多层的办公室中，由于玻璃窗不大，感觉不出已经置身于距地300多米的半空之中。

世贸中心大楼的柱子、窗下墙以及其他表面都覆以银色的铝板。由于玻璃面积比率小，而且窄窗后凹，所以从外部望去，玻璃的印象很不突出，看过去最显著的是一道道向上奔去的密集的银色柱线。从透视角度看去，玻璃面甚至完全消失，大楼像是金属实体。阴云天气，大楼呈银灰色，色调柔和；太阳光下，则洁白鲜亮，熠熠闪光；黄昏夕照之下，两座大楼随着彩霞的色彩慢慢转换光色，从赫德逊河上望去，直似神话中的琼楼玉宇，引人遐思，不由惊叹20世纪人类的建筑本领达到了何等的高度！

图30-14　世界贸易中心首层大厅

我们已经了解了雅马萨奇有代表性的一些建筑作品，分析了这位建筑师在创作这些建筑作品时的构思和主要的手法。最后，我们应该谈一谈对这位日裔美国建筑师的总的认识。

雅马萨奇是明星级建筑师。1959年一位记者采访他，就指出“他（雅马萨奇）现在赢得了宝贵的挑选任务的自由”。雅马萨奇这时也声称不愿做大规模建造的住宅，原因就是大规模建造的住宅区中的住宅没有特别的艺术和审美的要求，而他，这时候已经可以把建筑艺术和美的追求当作自己的主要目标了。他说：“有人指责我对建筑的社会问题缺少兴趣，不过我认为已有非常多的人，成百成千的人对社会问题有兴趣，而很少人想到创造真正的美。而美是值得为之奉献毕生精力的。”事实上，在他的建筑设计事务所中，他和手下的人员也有分工。他说：“我经常让一位工作人员进行空间分析，做基本平面，他干几个星期。这期间我就考虑‘我将为这座建筑做些什么’。到一定时候，我坐下来，想法一下子就出来了。”这里的“想法”，不单是艺术问题，也包括建筑设计的方方面面，但是无疑主要是从艺术和审美的角度提出来的。

雅马萨奇的建筑观点是比较全面的，他很注意实际问题的妥善解决，不过他的作品的主要特色和成就还是在美和艺术方面。

雅马萨奇在20世纪50—60年代的美国是一位明星建筑师，在世界建筑界也有短暂的小名声，但够不上大师级。

雅马萨奇建筑创作的特色，归纳起来，最主要的是重新重视和借鉴历史上的建筑遗产，特别是西方和东方的古典传统，这个借鉴表现为吸取东西方古典建筑的大的布局和构图方式，运用到新的建筑中来，有时也撷取某些建筑遗产中的具体形象和细部纹样，经过简化、变形等提炼功夫，用于新建筑之上。他不是大抄大搬历史的程式，更不是全抄全搬的仿做，毋宁说雅马萨奇是以现代主义为“体”，以历史遗产为“用”，因此他不是19世纪那种复古主义者。他的建筑作品整个说是现代建筑，只是在某一方面和某些细部上吸收和运用传统而已。就现代主义的原则而论，雅马萨奇的所作所为是一种修正，因为他并没有全面地背离现代主义。这种温和的修正，在20世纪50—60年代尚不多见。像雅马萨奇那样在20世纪50年代即在文章和讲演中公开亮出自己的主张并对勒·柯布西耶那样的大师加以抨击的建筑师，其时实属罕见，所以有人把雅马萨奇视做后现代主义的先驱者。我认为，说他是后现代主义的先驱是不恰当的，但是，雅马萨奇确实带头背离现代主义某些盛极一时的规则，在现代主义那艘大船上凿了几道裂缝，不过他的本意只是修正现代主义而已。

从雅马萨奇的言论和作品来看，他的审美观念来自现代主义美学、欧洲古典美学和东方传统美学，是三方面影响的混合。雅马萨奇从欧洲古典美学的影响中树立统一、和谐、完整的审美观念；从现代主义美学的影响中树立艺术与技术统一、美与效用结合、注重表现时代性和讲求简洁清新的观点；从东方传统美学中汲取了美与善统一、强调艺术的教化作用等观点，而作为日本血统的建筑师，特别从日本艺术中培养了对精巧、细致、宁静、含蓄等造型格调的偏爱。所有这些特色，在雅马萨奇的建筑作品中都有所表现，形成了他个人特有的建筑风格。如果用几个字来概括的话，他的个人建筑风格的突出之点在于对简洁、和谐、有序的追求以及日本式的精致细巧的格调。

如果建筑的美也有阳刚与阴柔之别的话，雅马萨奇的建筑艺术明显归入后一类。他从观念上就反对强有力的建筑形象，这也导致他的建筑形象几乎不具有纪念性的品格。雅马萨奇的多数建筑作品的形象失之单薄、纤弱，缺少力度。拿歌唱作比拟，雅马萨奇仿佛是一位采用美声唱法的歌唱家，而且他用的是细声细气带点女气的美声唱法。

在20世纪50—60年代的美国，雅马萨奇得到的赞誉大多来自社会公众、一些公司的董事会以及政府机构。他在建筑师圈子中受到有限度的支持，同时也遭到不少的怀疑和讥讽，诸如说他“向群众口味投降”，是“建筑美容师”，作品如同“首饰盒子”等。

在20世纪50—60年代，人们常把雅马萨奇同另一位美国建筑师斯东（Edward Stone，1902—1978）相提并论，他们两人确有不少相似之处。除了斯东以外，雅马萨奇似乎很少有同道，至少在知名建筑师中罕有路线相同者。雅马萨奇曾经希望他的建筑观点被广泛接受而成为医治美国建筑混乱状态的良药，这个希望不切实际也完全落空了。雅马萨奇和斯东没有形成一种流派，也没有什么追随者，他们其实只是孤立的个人，没有形成气候。进入20世纪70年代后，雅马萨奇渐渐销声匿迹，1986年初病逝。

30.4 纽约世界贸易中心的损毁

2001年“9·11事件”之后，各国专家调查研究的结论指出，纽约世界贸易中心双楼的损毁主要是由于汽油燃烧的高温使钢结构丧失强度造成的。

第一架波音767飞机的重量超过120吨，以每小时630公里的速度冲向北楼，专家计算其对大楼的冲力为3260牛顿，而大楼结构设计是可以抵抗飓风横扫大楼时高达5840牛顿的冲击力，所以大楼不是整个地被飞机撞倒。但是飞机冲力集中在大楼的一个点上，能把那里的外墙柱撞断。波音767翼展47.6米，在撞上北楼第96层的北墙面时，将北面35根外墙柱撞断，飞机冲进楼层，但这一层楼的另外一百五十多根外柱和中心当时还未破坏，暂时支撑着96层以上的楼体重量。

飞机撞上大楼时，飞机中还剩有近3.1万升汽油，大部分储藏在机翼油箱里。大量汽油带入楼层中，引起爆炸和大火。大楼的钢构件上包有防火的隔热层，但是波音767飞机撞击大楼时的强烈震动，把一些钢构件上的隔热层震掉了。研究表明如果没有那些隔热层，大楼的钢结构会在10~15分钟内就坍塌。实际情况是北楼在遭袭1小时40分钟后坍塌，南楼在撞击后56分钟塌毁，两座大楼所以能在受撞击后支撑一段时间，说明大部分的隔热层发挥了作用。

“9·11事件”使世界贸易中心内三千多人丧生，但有九千多人活了下来。英国《新科学家》杂志说“塔楼的设计拯救了数百人”。

对于摩天楼历来有赞成和反对两种意见。“9·11事件”发生后，反对的意见顿时高涨。我国建筑师界也出现新一轮抨击超高层建筑的声浪，主要是认为超高层建筑不安全。有文章以纽约世界贸易中心为例，说超高层建筑“不堪一击”，不合中国国情等，要求北京、上海等地拟建的超高层建筑赶紧下马。

太高的楼房发生灾难时，人员逃生确实比低层建筑困难，正因为这样，建筑工程专家一直都在研究和改进超高层建筑的防灾、减灾和灾难发生时疏散逃生的措施。上海金茂大厦高421米，经过认真周密的论证和设计后于1998年建成的。这座大厦设有高度自动化的探测和快速消除灾害苗头的设施，及疏散逃生的多项措施。业界曾在金茂大厦中召开高层建筑防灾的国际会议。

四十多年前建造的纽约世界贸易中心在设计时已经考虑了火灾、飓风、地震等破坏力量，但是实在没有想到恐怖分子劫持飞机带着大量燃油向它正面撞击。世界著名的英国结构设计专家N.福斯特明白指出：“建筑师根本无法设计出能应付恐怖事件的大楼。飞机被恶人操纵而成为会飞行的炸弹，而且飞机也越造越大。”

一位外国建筑师指出：“伸向蓝天是人类的志向，我们会继续向高处发展。工程师会从错误、灾难和悲剧中认真吸取教训，我们要努力使这个世界变得越来越安全、越来越美好。然而无论是摩天楼还是日本茶室，在受到恐怖袭击时都无法躲过灾难。”

第31章
美国建筑师路易·康

路易·康（Louis I. Kahn，1901—1974）1901年出生于爱沙尼亚的一个犹太家庭。1905年随家庭移民美国，住在费城。1920—1924年在宾州大学学习建筑学。毕业后在一些建筑事务所工作过，1928—1929年到欧洲旅行学习，此后在费城与他人合伙或单独开业，在宾州大学、耶鲁大学等大学建筑系先后担任教授。1971年获美国建筑师学会金奖，次年获英国皇家建筑师学会金奖。

20世纪50年代以前，路易·康平淡无奇。1950年，康原来的一位合伙人乔治·豪（George Howe）担任耶鲁大学建筑系主任，在他的推荐之下，康得到耶鲁大学美术馆扩建工程的设计任务。美术馆扩建部分落成后，路易·康开始小有名气。1957年康到宾州大学任教，受托设计校园内的理查德医学研究楼（包括植物和微生物实验室）（Richard Medical Research Building），1964年完工。该楼给路易·康带来很大的名声。此外，萨尔克生物研究所（Salk Institute of Biology Research，La Jolla，CA，1958—1965）、肯贝尔艺术博物馆（Kimbell Art Museum，Fort Worth，TX，1966—1972）和耶鲁大学英国艺术中心（Yale Center for British Art and Studies，New Haven，CT，1969—1974）等也是路易·康的为人称道的建筑作品。印度经济管理学院（Indian Institute of Management，Ahmedabad，India，1961—1974）和孟加拉国首都达卡的政府建筑（Sher-E-Banglanagar-National，Capital，Dacca，Bangladesh，1961—1974）是路易·康在南亚的建筑作品。

图31-1　路易·康，肯贝尔艺术博物馆，1966—1972年

图31-2　肯贝尔博物馆内景

31.1 路易·康的建筑哲学

有人认为路易·康与赖特是美国有史以来最重要的两位建筑师，这一评价也许是过高了，但无论如何，说明康的影响是不小的。

图31-3 路易·康，耶鲁大学英国艺术中心，1969—1974年

康的影响既来自他的建筑作品，而更重要的是来自他的建筑思想。前面我们已经谈到20世纪50—60年代的美国，社会文化思潮出现变化，对现代主义建筑观念的质疑已经出现。布莱克和其他一些建筑界人士已经对现代主义建筑施行攻击，在这种情况下，建筑师和建筑系学生们关心建筑创作的方向和方法问题，并提出了到底如何看待建筑等问题。这个时候路易·康出现了。他不正面批评现代主义建筑，而是从根本理念上提出一套看法，回答人们关心的问题。尽管他的话语以艰深难懂著称，他还是受到了欢迎，被认为是一名“建筑思想家”“建筑哲学家”。事实上，在康的建筑作品受人注意之前，康的建筑思想已先出了名。

作为一名建筑思想家，路易·康并没有写出系统的建筑理论著作，他的建筑思想多数是以讲演、谈话的形式发表出来的。他在宾州大学建筑系任教时，“每周两次的设计课，常常成为马拉松式的座谈。有时是教员们的神仙会，有时是教授和学生的畅叙。有时，大家带上吃食，拥到住地较近的某位教授家中，就建筑或其他题目，一直聊到半夜；有时，康带着教师和学生占下校园附近某个快餐馆，也是一扯五六个小时……康的话题往往深入到建筑艺术的根源、含义等哲理颇为精微深奥的内容。言词晦涩难懂，是康的特点。人们常常听不懂他所讲的，企求他讲得明白一点。康间或也抱怨英语的词汇贫乏，因而无从准确表达他的思想”。路易·康的建筑理论，“在语义上更类乎宗教式的谶语偈言，意义总令人猜不透，目标也始终若隐若现，像诗一样动人，然而也像诗一样依凭于读者的审美经验而被译读成种种各异的面目”。

“这个房屋它要成为什么？”（What does the building want to be？）这句话是路易·康的建筑哲学的出发点。他常说“一朵玫瑰它要成为一朵玫瑰”（a rose wants to be a rose），以此来说明前一句话的含义。在这些话语的后面，是认为万事万物本身都有一个“存在意志”（existence-will），每一事物的存在意志决定了这个事物的特性（existence will determines the very nature of things），而存在意志也就是事物的本质。康认为每种建筑都有其存在意志或本质，而且早就存在着，做一种建筑设计，首要的是揭示、探索、认识这一种建筑的存在意志或本质。做学校设计的时候，最重要的是探索、认识学校的本质。康说："我认为学校是一处适于学习的空间环境。学校起源于一个人坐在树下与一群人讨论他的理解，他并不明白他是个教师，他们也不明白自己是学生……很快空间形成了，这就是最初的学校……也可以说，学校的存在意志，在一个人坐在树下的情况发生之前即已存在。"康强调建筑师做设计，要明白"让思想回到起点上去是好的。因为一切已有的人类活动的起点是其最为动人的时刻。在这儿有其全部精神和源泉，我们必须由这里汲取我们今日所需的灵感。把这一灵感的意义赋予我们所做的建筑，我们就能使我们的各类机构变得出色。"要把学校做得好，应该是"有精神的学校，存在意志的精髓，建筑师应当在他的设计中加以传播。即使设计与预算不相适应，我认为也必须这么做"。反之，"要求划一的各种教室，排着存物柜的走廊，以及其他所谓功能性用房和设施，的确由建筑师安排得精到利索，学校当局所提出的面积数和预算限额，建筑师都照办不误。这些学校看上去不错，但从建筑艺术上看是浅薄的，因为它不反映那个坐在树下的人的精神"。

路易·康认为并非所有的房屋都可列入建筑艺术之列（All building is not architecture）。他说建筑艺术（architecture）没有实形，只有建筑艺术作品是看得见的。建筑艺术作品是呈献给建筑艺术之神的祭品（Thus the work of architecture becomes an offering to Architecture）。

关于什么是艺术和建筑艺术，康作了一些不易捉摸的解释。他说艺术不是"需要"的产物，也不是需要与娱乐会合的结果。艺术是灵感和表达本来就存在的东西的愿望的产物（It is a product of the inspiration and the desire to express what was always there）。

康认为，在"设计"之前，存在着"序"，"序"先于设计（there exists an order which precedes design）。"序"包容一切性质，包括人的性质（This order comprises the whole nature，including human nature）。康的用语中，"形式"指事物自己想要呈现的形式（Kahn used the"term"to denote what a thing wants to be），他有时也用"前形式"（pre-form）的概念，在他的观念中，形式有"存在意志"，它决定事物的本性。（Every form has an existence-will，which determines the very nature of things）通过设计，存在意志得以满足，设计意味着转换，通过转换，内在的"序"实现了。（This existence-will is satisfied through design，which means a translation of the inner order into being.）康的看法与一般的认识相反，他说"形式启发设计"（form inspires design），又说设计从"序"那里得出意象（designs derive their imagery from order）。他认为并非你想要如何如何，而是你对事物的序的感受告诉

你设计什么。（It is not what you want，it is what you sense in the order of things which tells you what to design）

康提出，人有“组构”（institution）的意念，它来自太初（These institutions stem from the beginning）。最终，建筑艺术是人的“组构”意念的表现。（Above all，architecture is an expression of man’s institution.）在成为房屋之前，建筑师所做的每一件事首先是对人的“组构”意念的回应。（Everything that an architect does is first of all answerable to an insitution of man before it becomes a building.）

康讨论“静寂与光亮”的问题，认为它们是艺术作品（包括建筑作品）的关键。他说静寂（silence）不可度量，是成为什么的愿望，是新需求的源泉。它与光亮相遇。光亮是可度量的，它依凭意志和法则，依凭已有事物的度量，是所有已有事物的形象赋予者。他又说，设计空间就是设计光亮（To design space is to design light）。康强调自然光的重要，他认为，“自然光是唯一的光，因为它有情调……它使我们得以与永恒相接触。自然光是唯一能使建筑艺术成为建筑艺术的光”。

路易·康的建筑思想是颇为深奥的，他的这些深奥的思想是从哪里来的呢？康在谈到音乐家莫扎特时曾经说道：“是社会造就了莫扎特吗？非也。”（Did society make Mozart？No！）但是，依我们看来，路易·康本人的思想并非天生的，而是在某些西方唯心主义哲学思潮的影响下形成的，20世纪中期西方建筑文化转变的需要，促使他在那些哲学思潮的启示下，提出了自己的一套建筑观点。

路易·康的建筑观点的哲学基础主要源自德国哲学家叔本华(Authur Schopenhaur，1788—1860）和胡塞尔（E.Husserl，1859—1938）等人。

叔本华提出世界上的一切都是意志的表现和产物，整个世界的本质和内容都是意志。叔本华写道，意志是“每一特殊事物的内在本质和核心，也是全部事物的实质和核心，它既表现于盲目的自然力中，也表现于人的自觉的行为中”。被叔本华称为“自在之物”的意志也称为“存在意志”或“生存意志”或“生活意志”。叔本华认为，人的理性和建立在理性基础之上的科学以及传统哲学不能达到自在之物，即不能达到意志。要知道意志是什么，只能通过非理性的直觉。叔本华的直觉论是反理性主义的神秘的理论。

胡塞尔是德国现象学哲学的创始者。现象学方法被广泛运用于数学、社会学、伦理学和美学等学科中。胡塞尔的现象学提倡“面向事物本身”（back to the things themselves）和“本质的还原”的方法。胡塞尔所说的事物（sachen）不是人们通常理解的客观存在的客体，而是指呈现在人的意识中的东西，他所谓的面向事物本身就是要回到意识领域，从意识领域找寻世界的根本，因为在他看来，意识领域是唯一真实的东西。胡塞尔所说的本质，指事物的一般的、共性的东西，是使某物成为某物的东西。但胡塞尔提出本质的还原并不是一种逻辑的方法，而是一种直觉的方法，他把本质的还原又称为“本质的直觉”。他指出本质是贯穿于各种情况中共同的一般的东西，他把本质看作事物的原型。人可以通过意识中的“自由想象的变换”，将属于同一类型的各种事物与一个本质（原型）进行比较。胡塞尔认为意识有积极能动作用，即意识的“构造”活动，构造是意识的一种“形式能力”“规范能力”，也是先验的东西。

论者认为，胡塞尔现象学名为现象，其实是注重本质，现象学追求的目标是客观的，但达到这一目标的方法是主观的。这是一个矛盾。胡塞尔的观点以晦涩和多变著称。

路易·康自己有德语文化的背景，这与他的家庭出身有关。康的母亲伯莎·门德尔松出身于门望甚高的门德尔松家族，她的祖父是有名的犹太哲学家，她本人擅长音乐，是歌德和席勒的崇拜者。自幼年起，康即受到浪漫主义艺术和德国哲学的熏陶。路易·康父母在美国落脚于费城老城区一片讲德语的犹太人居住区。康的母亲是“邻里中有名的‘聪慧女士’。她的文学修养、音乐天赋，相当深刻地引导路易·康走上特定的人生之路”，康与其母“母子之情甚笃。即使成年之后工作十分繁忙，他也经常与其母亲抽空长谈。这位聪敏的母亲在路易·康的成长中也是一位良师益友”。康的家庭背景使他能直接吸收德国哲学家的思想观点。康抱怨英语词汇贫乏，不能很好地表达他的观点，实际上是康本人的英语水平妨碍他把自己脑海中的德国哲学话语以英语表达出来。

路易·康以叔本华和胡塞尔等人的哲学为基础的建筑观点同现代主义建筑观点极不相同，许多地方是截然相反的。只要将康的建筑观点同勒·柯布西耶在20世纪20年代出版的《走向新建筑》中的某些观点加以比较，便可以看出两者的差别和对立。例如：

勒氏：“在建筑中，古老的基础已经死亡了。我们只有在一切建筑活动中建立起逻辑的基础，才能再发现建筑的真理。”

康：“今天，虽然我们生活在现代建筑的园地中，与今日的建筑相比，我感到与这些奇迹般的往昔建筑艺术有更密切的关联。这经常是我脑海中的一个参照系。我对建筑艺术说，我干得怎样，哥特建筑？我干得怎样，希腊建筑？”

勒氏：“钢筋混凝土给建筑美学带来了一场革命。”“瓦顶，那个十分讨厌的瓦顶，还顽固地存在下去，这是一个不可原谅的荒谬现象。”“建筑被习惯势力所窒息。”

康：“……你对砖说：‘你想要什么，砖？’砖对你说：‘我爱拱券。’如果你说：‘拱券太昂贵了，我可以用一根混凝土过梁放在门窗洞口上。你怎么认为，砖？’砖说：‘我爱拱券。’”

勒氏：“机器，人类事物中的一个新因素，已经唤起了一种新的时代精神。”“结论：每个现代人都有机械观念。这种对机械的感受是客观存在而且被我们日常活动所证明。它是一种尊敬，一种感激，一种赞赏。”

康：“为给某物以实形，必须向自然请教，这就是设计的起点……形式是对自然的认识。”

路易·康并非在一切观点方面都与勒氏不同，实际上，他们之间有许多共同之处，他也称勒·柯布西耶是自己的老师。但在几个重要的方向性问题上，他们是对立的。勒氏强调要创新，康主张回到起点；勒氏强调逻辑性，康强调直觉的重要；勒氏强调机器的价值和工程师的榜样作用，康强调向自然请教……在康那里，功能主义被否定了，新材料新结构不再具有重要意义，建筑物的效能和经济性提不上日程，建筑创作的时代感从视野中消失，机器美学被贬斥。路易·康并不正面批判现代主义建筑，也并不全盘否定现代主义建筑的成就和特征；然而，路易·康从意志哲学和现象学哲学的立场和观点出发，却将现代主义建筑的基本方向从根本上予以消解了。

现代西方哲学存在科学主义思潮和人本主义思潮两大类。现代主义建筑立足于科学和技术，它的基础是科学主义的哲学思潮。意志论和现象学等属于人本主义哲学思潮。路易·康的建筑思想的出现和它受到人们的重视，告诉我们在建筑思想理论领域中，到20世纪后半叶，在科学主义盛行数十年之后，人本主义的建筑观点和方向重新受到重视和欢迎。

31.2 路易·康的建筑作品

讨论过路易·康的建筑思想之后，我们继而考察路易·康的建筑创作实践，重点是他的几个代表作品。

理查德医学研究楼需要灵活可变的空间和很多的抽气管道，路易·康将楼梯和竖直管道分别纳入单设的体量之中。建筑物由此划分为两种空间：主空间与服务空间（the serving and the served）。整个建筑物化整为零，实验办公部分是有玻璃窗的塔楼，楼梯间和管道间是一个个砖砌的体量，高直而封闭。这样，理查德医学楼避免了常见的庞大单调的体块形状，而形成虚实相间的簇群。封闭的砖砌体量具有纪念性品质。医学研究楼各部分之间形成宽窄不等的间隙，形成亮面与暗面、光与影、宽与窄、实与虚变相映衬的生动场景。医学研究楼的设计开始于1957年，大楼落成于1965年，在简单体块流行的当时，是一座别开生面、富有个性、令人耳目一新的建筑创作。一位建筑史学者发现康在1929年游历欧洲时，作过一幅意大利小镇建筑的水彩画，画的是几座簇拥在一起的竖直砖砌房屋，由于造型相近，因此认为这些房屋可能对康设计医学研究楼有启发作用。

图31-4　路易·康，费城理查德医学研究楼，1957—1965年

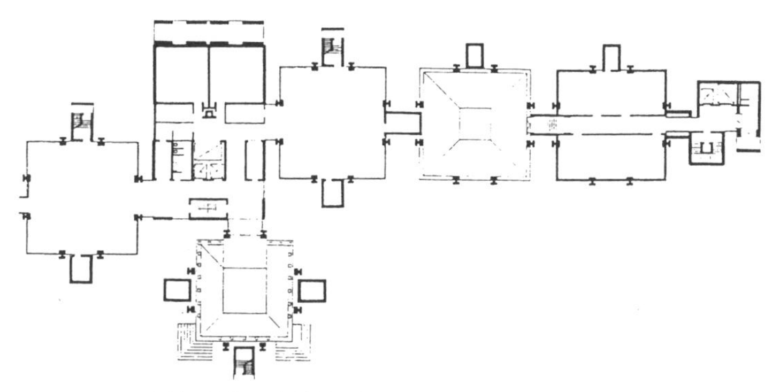

图31-5　理查德医学研究楼平面

理查德医学研究楼的设计和造型是独具匠心的，但是它作为一座实验研究用房屋并不完全成功。康重视建筑艺术中光的作用，但实验楼的窗子没有遮阳设施，办公空间狭小，实际并不灵活等。（本书作者于1986年访问该楼时，楼内工作人员指出很多不方便的地方，由于办公室太狭窄，工作人员的桌子抵窗安放，许多设备和书籍堆放在楼道内。）不过，这些使用上的缺陷在路易·康看来无足轻重。因为他说过："我相信建筑师的第一个行动是把交给他的任务书加以改变。不是要满足任务书的要求，而是将它纳入建筑艺术领域中来，即纳入空间领域中来。"他把建筑艺术放在第一位。

萨尔克生物研究所（Salk Institute for Biological Science，La Jolla，California，1959—1965）是路易·康另一个著名的建筑作品，位于美国加利福尼亚州圣地亚哥市附近的太平洋崖岸上。萨尔克医生是小儿麻痹疫苗的发明人，1959年他把生物研究所的设计任务交给路易·康。萨尔克医生要求建筑表现出医学科学的人文含义。

路易·康做该研究所的规划设计时，思想回溯到历史上学者聚集的场所，如中世纪的修道院和其他学者们的隐居之所。他将研究所分为三组建筑群：一为交流会议部分，一为生活部分，一为研究工作部分。三者分列于崖岸的不同部分，但萨尔克研究所实际上只建造了研究工作部分。

研究所的主体是两个平行的相同的长方形实验楼，楼高三层，每一层都是一个巨大的无阻拦空间，便于灵活使用，楼层之间有桁架梁形成的夹层，管线设备安置于夹层之中（服务空间）。实验楼的长轴指向大海，两楼之间的长方形庭院的长轴也指向大海。为了使庭院旁的建筑体量不致太大，路易·康将三层实验楼的第一层降到地平线以下，第一层的两侧有下沉的小院子供给天然光线。两座实验楼面临庭院的一侧都伸出一系列供研究人员使用的小办公室，它们与实验楼之间有过道相连。办公室为四层高，每间办公室前有斜出的墙片，使得人在办公室内也能眺望大海。

图31-6　理查德医学研究楼近景（右边是封闭的服务空间）

狭长的庭院，两端开口，两旁是四层的小办公室。庭院地面铺灰白色的灰华石，形成整齐的网格。庭院的正中，即建筑群的中轴线上有一条窄窄的水沟似的水面，指向远处的大海。两旁的办公室的墙面是光洁的混凝土板，颜色与铺地灰华石一致，办公室开窗的部分是暖色的木质窗墙。从庭院深处向大海方向望去，办公室的斜出墙板像屏风似的站立在庭院两边，颜色与地面相同，融为一体，庭院中没有一棵树一块草地。给人的印象是对称，抽象，空寂，面对蓝色的天空和远处的大海，庭院与宇宙自然连通，使这里充满宗教和哲理的气氛，又具有原始质朴的上古情调。

图31-7　路易·康，萨尔克生物研究所，1958—1965年

“我试图发掘‘秩序’的含义”“我尊重始端”，路易·康的这些信念在萨尔克生物研究所的规划和设计中明显地体现出来。康尊重历史，尊重遗产，而在具体形象上并不模仿古物。萨尔克研究所的建筑元素和细节处理完全是现代的。现代之中显现古代，这是康的高明之处。

图31-8　萨尔克生物研究所庭院

路易·康早年在宾州大学建筑系受过良好

的古典建筑的教育。古典建筑严谨、对称、和谐的纪念性品格常常贯穿于他的建筑作品之中。从20世纪60年代初起，康先后得到印度、巴基斯坦和孟加拉国的建筑设计任务，印度经济管理学院和孟加拉国议会大厦都是很大的工程项目，康擅长的纪念性建筑设计主张在那里得到充分体现。达卡原属巴基斯坦，1962年康受委托设计那里的政府建筑群，后来达卡成为新独立的孟加拉国的首都，建设工作一再拖延，1982年政府建筑群中的核心建筑落成，这便是孟加拉国议会大厦。

图31-9　路易·康，印度经济管理学院，1961—1974年

图31-10　路易·康，孟加拉国议会大厦，1962—1982年

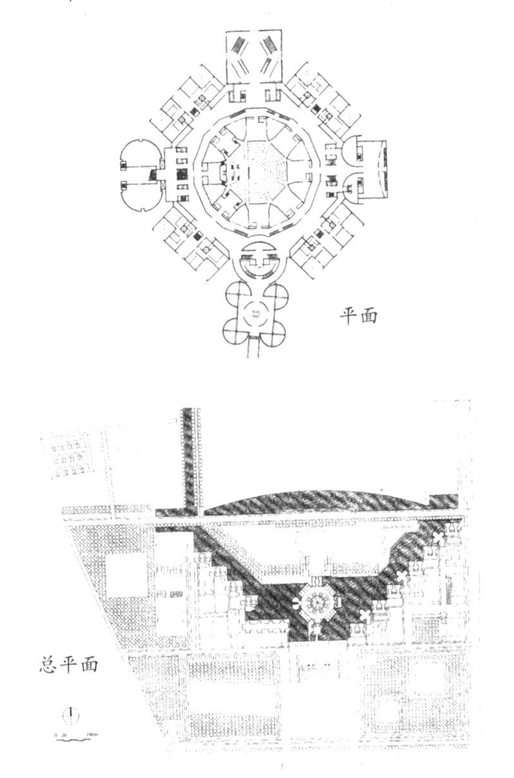

图31-11　议会大厦平面

图31-12　议会大厦过道

议会大厦是重要的社会机构，按照康的观点，形式要表达机构的意义。康认为要表达社会各团体的协调，目标的一致，以及成为社会各方面的核心，圆形是最恰当的形状。他将议会会场平面做成近似圆形，四周布列着方形、矩形、圆形等体量，有主轴，有次轴和斜轴，等级层次分明。整个议会大厦的平面如同严整的装饰图案。有论者指出，康在设计这座议会大厦时，可能想到曼荼罗（梵文Mandala的音译，意为坛场）和印度的泰姬陵，还可能参考了古罗马的卡那卡拉浴场和意大利文艺复兴时期帕拉第奥设计的圆厅别墅（Villa Rotonda，1552），甚至还参考了巴黎歌剧院（1825—1898）平面的某些部分。康从东西方建筑遗产中吸收他需要的成分，融合进他自己的创作中去。

图31-13　议会大厦会场

议会会场高约30米，有300个座席，会场周围是一圈交通通道，再外圈是祈祷室、门厅、休息厅、办公室、图书馆等。如上所述，它们有的是方块，有的是长方块，有的是圆柱体，从四面八方与中心体量连接，在外部形成许多不同的缺口和凹缝。议会大厦外部是灰色混凝土实墙，上面用白色大理石的条带划成方格。外墙上这里那里有一些三角形、圆形、长方形的洞口，大而且深，在热带阳光照射下，产生浓重的阴影。议会大厦周围是池水，大厦仿佛是建在水中的城堡，虽有纪念性，却又显得神秘怪异。路易·康称孟加拉国议会大厦是“一个有许多雕琢面的宝石”。

20世纪50年代勒·柯布西耶在印度昌迪加尔设计建造了一座议会大厦，20世纪60年代路易·康又为达卡设计了这座议会大厦。两位西方建筑巨匠，在印度相继设计建造的两座议会大厦有一个共同点，就是二者都偏离了现代主义建筑的一般做法，在实践另一种思路。

路易·康对于设计任务总是十分认真，十分执着，他可以说是一个完美主义者。1965—1968年，他受托做宾州狄拉华县的一个修道院的设计，他在3年之中提出了13个方案。1967年康受托为耶路撒冷一座犹太教堂做设计，7年中提过3轮方案。他受托设计肯贝尔艺术博物馆时，第一年竟然一笔未画。这不是工作拖拉，而是创作态度严肃认真的缘故。康不擅生意经，致使他的事务所经济拮据，债台高筑。

图31-14　议会大厦祈祷室

图31-15　议会大厦远眺

1974年3月17日，他从印度返回费城途中，在纽约火车站因心脏病突发不幸去世，时年73岁。

20世纪后期，在新的社会文化气氛中，正统现代主义建筑的一些观点显得过于狭隘僵硬，需要有观念和理论上的突破。与布莱克等人专施批判攻击不同，路易·康做的是建设性的工作，他告诉人们突破口在哪里以及突破的方法。后现代主义建筑师中有许多人只是拼拼凑凑，做表面文章。康的思想尽管有唯心主义的成分，却比他们深邃，他的作品包含深厚的文化底蕴，因此他被人们称作“建筑诗哲”。

现象学哲学属于主观唯心主义，这种哲学与路易·康的建筑创作究竟有什么关系呢？它在多大程度上帮助了路易·康的建筑创作活动呢？依我看，现象学哲学的“面向事物本身”“现象的还原”等观点要人丢开通常的思维方式，把通常的判断“悬置”起来，加上括号，存而不论。这些现象学的观点引导路易·康摆脱现代主义建筑的原则和方向。至于认为一切事物都有其“存在意志”，建筑师做今天的建筑设计都必须回到初始，寻觅那先验的“序”等，则是荒谬的。事实上路易·康自己就没有也不可能真回到原初，他不过回到历史，从历史上的优秀建筑遗产中汲取前人的经验而已。此外，他的建筑作品的成功之处更多地依赖于他扎实全面的基本功和职业技巧，以及丰富的阅历和实践经验。他本人的某些说法并无根据，有的还是真诚的臆说。

1980年的一项调查表明，在美国人的心目中，在世界知名建筑师中，路易·康名列第二位，仅次于勒·柯布西耶。

第32章
意大利现代建筑与阿尔多·罗西

32.1 意大利现代建筑概况

第一次世界大战前夜在意大利产生的未来主义建筑思潮在意大利本土并不曾广泛传播，也没有留下有影响的实际建筑作品。这主要有三个原因。

原因之一是意大利比德国更早地成了一个法西斯独裁国家。意大利独裁者墨索里尼于1919年发起法西斯运动，1922年进军罗马，意大利比德国早11年实行独裁统治。墨索里尼上台前曾利用过激的社会思潮为自己服务，但上台后严密控制思想舆论，包括未来主义在内的激进派别都受到扼制，无法立足。

原因之二是意大利长期是个农业国家，工业化进程迟缓，社会经济在发达国家之中名次最后，现代主义的思想文化难免受到阻滞。

原因之三，也是最重要的一点，是意大利有深厚的古典文化艺术的积存。意大利是古代罗马建筑的发源地。当中世纪欧洲盛行哥特建筑时，这种建筑样式和风格就不曾在意大利广泛推开。后来，从意大利兴起的文艺复兴运动使意大利在数百年间再次成为世界文化艺术的重心。因此，人文主义和历史主义的传统在意大利非常深厚，绝非昙花一现的未来主义思想所能动摇。此外，南方民族的艺术浪漫气质在各门艺术中也留下了自己独特的印记。

1926年，在德法等国建筑改革运动的启示下，一批刚从米兰工业大学毕业的年轻建筑师组成倡导改革的小组，成员七人，故名“七人小组”（Gruppo 7）。成员包括戴拉尼（G. Terragni，1904—1942）、弗莱代（G. Frette）、菲吉尼（L. Figini）、拉尔科（S. Larco）、波里尼（G. Pollini）等人。七人小组虽提倡创新，但与未来主义者和包豪斯不同，并不完全拒斥传统。七人小组主张运用材料时应该忠实简洁，但他们说，“我们并不要与传统决裂。传统本身就在变化，也出现了不易为人察觉的新因素。新的、真正的建筑应是逻辑和理性结合的产物”。七人小组办展览、写文章鼓吹自己的观点，他们的活动构成20世纪20—30年代“意大利理性主义建筑运动”（Movimento Italiano per I’Architecttura Razionale，MIAR）。

意大利理性主义建筑运动在法西斯统治下进行活动，又带上意大利特有的经济

图32-1 戴拉尼，科莫市“法西斯之家”，1936年

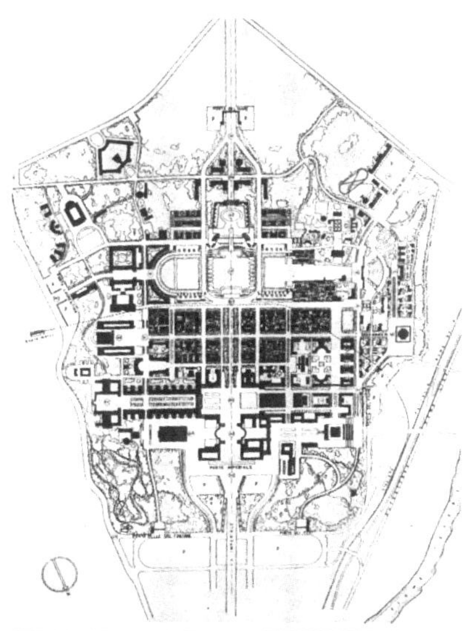

图32-2 罗马EUR区规划，1937—1942年

文化的印记。它的主张和作品与20世纪20年代以包豪斯为代表的正统现代主义建筑有许多差别，可以说是处于现代主义建筑潮流的边缘。

戴拉尼是意大利理性主义建筑运动的重要人物。他于1926年大学毕业，1939年被征召入伍，1942年在前线死去，他的建筑活动只有13年。他设计的意大利科莫市“法西斯之家”（Casa del Fascio，1935—1936，后易名为“人民之家”）是意大利理性主义建筑的代表作。它原是科莫市法西斯党的一个办事和集会的场所，位于一个广场的一边，对面是教堂。这座建筑物采用钢筋混凝土框架结构，是带内院的方块状房屋，内部功能安排很细致。主要立面的一端有一片实墙面，上面原有文字和浮雕，其余为廊子，立面上产生强烈的虚实、明暗的对比和开敞活泼的效果。整个建筑比例匀称典雅，据认为同当地（地中海边）的农村房屋有某种联系。“法西斯之家”建成之时引来种种不同的评论。英国建筑史家R.班汉姆（Reyner Banham）说：“对于那些认为古老的伟大法则对于现代建筑仍然有用的人来说，它是古老法则仍然有用的证据；对于那些认为现代建筑同社会进步有关的人来说，它表明机器美学能带来冷峻的潇洒。”意大利建筑史家B.赛维把这座建筑视为整个意大利建筑史上少数杰作中的一个。

墨索里尼统治时期，意大利许多官方建筑和公共建筑常常采用大大简化了的古典建筑样式，罗马大学当时建造的许多房屋即是如此。1942年罗马世界博览会场地（简称EUR）的规划与建筑严肃简洁、宽阔壮观，似乎要与古罗马的风格攀比，但又流露出空洞冷漠、夸大呆板的表情，倒算得上是一种法西斯建筑风格。

图32-3　罗马EUR区的意大利文化宫，1937—1942年

第二次世界大战结束后，意大利成为共和国，20世纪60年代初经济渐渐发展，成为工业占优势的国家。意大利建筑呈现多元繁荣的局面。有世界风行的密斯风格的高层建筑，但更多的是带有意大利特色的现代建筑，它们带有明显的人本主义精神，设计者对建筑艺术高度重视，对形式处理有极高的标准。1950年落成的罗马火车站（建筑师Calini、Montuori）、1959年落成的米兰皮瑞里大厦（Pirilli Building，建筑师Gio Ponti）和1961年落成的罗马文艺复兴百货大楼（Rinascente，建筑师F.Albini）都是有代表性的例子。

图32-4　卡洛·斯卡帕，威尼斯老屋改做博物馆，1961—1963年

威尼斯建筑师卡洛·斯卡帕（Carlo Scarpa，1906—1978）的建筑设计以善于将新建筑与旧建筑结合而著称。他做的老房子改建设计尤为人们称道，如将威尼斯地区的老邸宅改造为博物馆（如Querini Stampalia Foundation，Venice，1961—1963；Castelvecchio Museum，Verona，1956—1964）。他常常巧妙地利用并置、反衬、重叠的方式，将新旧建筑片断组织在一起，形成有时间深度的有特殊情调的环境气氛，比全新或全旧或简单仿旧的建筑更有意味。卡洛·斯卡帕及其他许多意大利建筑师的作品，既有明白无误的现代性，又有容易识别的意大利格调，它们像意大利现代服装、皮件、纺织品、家具和工艺美术品一样，在世界上有很高的声誉，代表着当今世界一种高品质的设计水准。

32.2 阿尔多·罗西的建筑观点与作品

在当代意大利建筑界，阿尔多·罗西是一位国际知名的建筑师。

阿尔多·罗西（Aido Rossi，1931—1997）出生于意大利米兰，大学毕业后曾从事设计工作，做过建筑杂志编辑，当过教授。1966年出版著作《城市建筑》，提出自己的建筑和城市观点，当时引起各国建筑师的注目。罗西将建筑与城市紧紧联系起来，他认为城市是众多有意义的和被认同的事物（urban facts）的聚集体，它与不同时代不同地点的特定生活相关联。城市是在很长的时间中建造起来的，它包含着历史，城市的形态显示出使它成为那种样子的政治和社会的意识形态。城市在历史上形成的形式，在罗西看来，是建筑师设计工作的基础，这种形式展示着特定场所的识别性。罗西说："建筑具有可简约化的特点……（建筑）要有产生典型的形式的能力，这就特别需要了解过去。"

类型学（typology）是一种分组归类方法的体系。类型学在社会科学研究（例如考古学）中得到了巨大发展。罗西将类型学方法用于建筑学，认为古往今来，建筑中也划分为种种具有典型性质的类型，它们各自有各自的特性。罗西还提倡相似性的原则（analogical thought）。在他的看法中，建筑设计的首要工作是为特定的环境从历史上挑选适宜的建筑类型，将其与现在的需求结合，用简洁的几何形体做出现代的建筑。按照这种方法，做出来的现代建筑与历史上一定的建筑类型有相似性；按照这种方法，建筑设计不再强调显示建筑设计者的自我，而以与种种原型建筑的相似性来满足居民的"集体记忆"为要务。由此扩大到城市范围，就出现了所谓"相似性城市"（analogical city）的主张。

罗西的理论和运动被称为"坦登扎"（Tendenza），又名"新理性主义"。这里的"理性"一词与一般的理性概念不同，实际上是现象学的概念。在前面有关路易·康的31.1节中，我们提到过现象学哲学家胡塞尔的观念。胡塞尔主张"面向事物本身""本质的还原"的方法。胡塞尔所说的本质指事物的一般的、共性的东西，是使某物成为某物的东西，他把本质看作事物的原型。人通过意识中的"自由想象的变换"，将属于同一类型的各种事物与一个本质（原型）进行比较。罗西在20世纪60年代将现象学的原理和方法用于建筑和城市，提出了自己的建筑学理论。他在建筑设计中倡导的类型学，实质是要建筑师在设计中回到建筑的原型去。然而完全回归原型是不可能的，于是他提出了"相似性"的概念。

罗西将城市比做一个剧场，他写道：

我一直宣称场所比人民更强有力，固定的场景比流动的事件强固。这不是我的建筑的理论基础，而是一切建筑的理论基础。比如一个剧场，人民像是演员，舞台的脚光亮起来了，他们参加到也许并不熟悉的事件中去了，始终就是这样。舞台上的灯光、音乐正如夏季的阵雷，有许多对话，有许多面孔，而到时候，剧场就关门了。城市就像一个大剧场，有时候也会是空的。虽然令人伤感，每一个人都只完成他的一小部分，最终，不管是普通角色还是大演员，都无法改变事件的进程。（A.Rossi，A Scientific Autobiography）

因此他非常重视的是城市中的场所、纪念物和建筑的类型（locus，monument and type）。20世纪60年代，当许多人重新考虑如何组织城市空间的时候，他提出要重视场所、纪念物和建筑类型的观点。罗西倡导类型学，实际上是主张新建筑要在大轮廓上仿效传统建筑，“师其大意”而不必在细部上东施效颦。

图32-5 罗西，小学校舍

罗西理论的出发点和路易·康有不少相近之处，但两人的实际建筑作品却大相径庭。罗西很推崇18世纪法国建筑师列杜（C.N. Ledoux，1736—1806）和部雷（Etienne-Louis Boulée，1723—1799）两人的建筑作品。罗西在自己的创作中像那两位一样，爱用精确单纯的几何形体。圆柱体、方锥体、圆锥体、三角形体是他常用的造型要素，而它们的表面又是光光净净，窗子常常是平板上开出的整齐单一的孔洞。因此罗西的建筑作品以冷峻、淡漠、无表情而著称。他的著名作品——米兰郊区的加拉那泰斯2号公寓（Gallaratese 2，Milan，1969—1973）是宽12米、长182米的直直的一长条。底层北侧是窄的片柱，南侧是宽的片柱，宽片柱厚20厘米、宽3米，形成很长的柱列，只是在中部，改用四根直径达1.8米的圆管柱。公寓住宅的单面走廊上开的是1.5米的方形窗洞，排列整齐，只是在四个地方改用

图32-6 罗西，米兰加拉那泰斯2号公寓，1969—1973年

图32-7 罗西，柏林公寓楼，1987年

2.8米的方窗洞。整个公寓是平屋顶和白色的素墙面。尽管加了少许变化，但由于体量长度近200米，整个建筑仍显得冷漠单调，虽系公寓住宅，但给人的印象却如同兵营或监狱。

罗西的成名作之一，莫地纳墓地（Cemetry of San Cataldo，Modena，Italy，1971—1984），布局方正，有强烈的轴线，而骨灰堂建筑，无论是周边的长条，还是中央的方楼，也都处理得单调、冷漠、怪里怪气。

图32-8 罗西，威尼斯艺术节世界剧院，1980年

在一些特定的环境中，罗西的建筑创作能获得很好的效果。在1979年威尼斯艺术双年节中，罗西创作的“世界剧院”获得很大成功。

这个“世界剧院”（Teatro del Mondo，Venice Biennale，1979）是临时性建筑物。在威尼斯历史上，为庆祝节日常常建造浮在水上可以移动的亭榭，上面可以进行种种表演。另外，英国历史上有过环形座席的“莎士比亚剧院”，有的外轮廓做成矩形，上面有八角形尖顶。罗西就以浮在水上的亭榭和莎士比亚剧院为原型，在一条驳船上用钢脚手架和木板搭成一座浮动小剧院。剧场本身呈方形，每边长9.5米，高11米，两头附楼梯间，剧院上部缩为八角形，再上面为八角锥顶，锥顶上为旗杆，上有小圆球和钢制的小三角旗。小剧院内有250个座位。外表木板为黄色，顶部漆成天蓝色。浮动剧院在附近的船坞中建成，拖到威尼斯的河面上。它的形象笨拙稚气，如同儿童用积木搭成的玩具。在威尼斯它与众多古色古香的建筑有几分形似，有几分神似，好玩可爱，给威尼斯双

图32-9 世界剧院近景

年节增添了节日气氛。作为节日点缀的临时性建筑物，它是成功的。

罗西的城市理论不只是他一个人的观点，实际上，对现代主义城市观点的批评早在第二次世界大战结束不久就萌发了。以雅典宪章为代表的现代主义城市建设理论带有明显的理想主义的甚至是空想主义的色彩。城市功能分区的主张无视城市生活实际状况的复杂性，因而最先成为反对者攻击的突破口。现代建筑国际会议（CIAM）“第十次会议小组”（Team X）成员、荷兰建筑师阿尔多·凡·艾克（Aldo van Eyck）在1959年该组织的奥特洛（Otterlo）会议上发言时说：“每个时代都要有将各种元素组合起来的语言——这是一种工具，用以处理这个时代提出来的人的问题，同时也用来处理一切时代共有的问题——从原始时代以来它们都是共同的。是时候了，我们应该将旧有的东西放进新的东西中来，要重新发掘人性中的古老的品格，那些永恒的东西。”1967年，艾克又写道：“在我看来，过去、现在、未来一定是作为某种连续的东西存在于人的内心深处。如果不是这样，那么我们所创造的事物就不会具有时间的深度和联想的前景。人类几万年来都在使自身适应外部世界，在此期间，我们的天赋既没有增加，也没有减少。”奥地利建筑师R.克利尔和L.克利尔，也主张城市要保持旧貌，并且在这条道路上走得更远、更固执。

R.克利尔（Robert Krier，1938—）和L. 克利尔（Leon Krier，1946—）两人是兄弟，都出生于卢森堡，后来加入奥地利国籍。R.克利尔

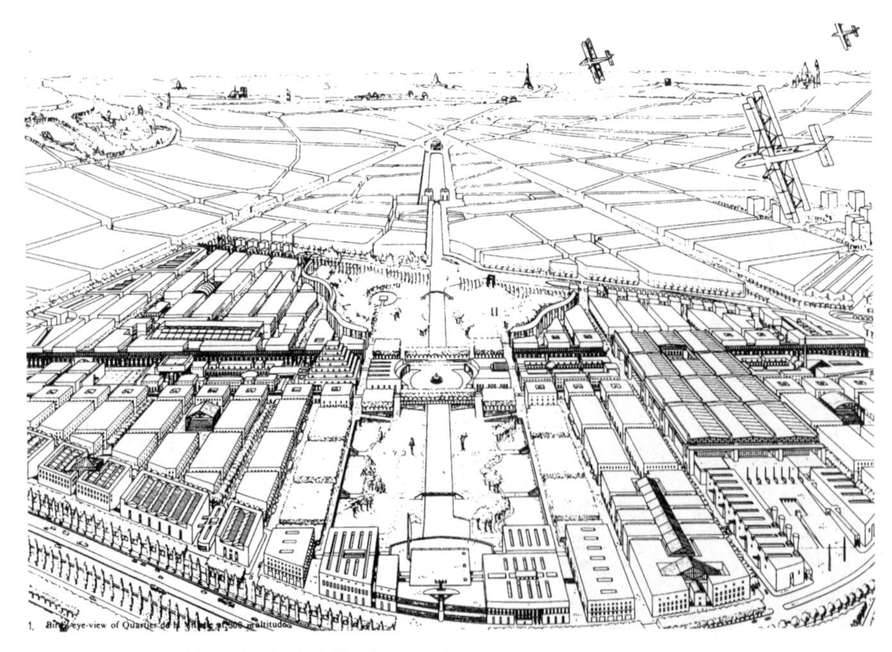

图32-10　L. 克利尔，城市建筑构想，1976年

于1975年出版《城市空间的理论与实践》（Stadtraum in Theorie und Praxis），对当今城市的现状做出评估，他不反对技术本身，但反对技术对人的控制。他批评勒·柯布西耶及其他正统现代主义建筑师的功能分区等理论，认为这种理论是妨碍活跃而和谐的城市的主要祸根，因为它们排除了人性要素。R.克利尔强调城市中建筑类型的重要性，至于具体的建筑的细节则是可以变化的。他主张严格地隔离汽车交通，将街道归还给人。R.克利尔关注为人所用的空间，用新的视角创造城市广场和街道，使之在城市肌体中发挥人性化的作用。他认为城市空间的功用是多重的、复杂的，也是变动的，不应该让一种空间只有一种功能。

L.克利尔反对人为的功能分区，但重视城市各种地区（quarters）中的城市活动。他说："反对城市单调化，实现民主的城市规划政策，第一步就是取消人为的功能分区的做法。"他也批评建筑师成了建筑工业的驯顺的奴仆，鼓吹建筑师要对社会和人的环境负责。他也倡导城市建筑类型的重要性，主张既重视个体要求，又注重城市公共领域的需要。他说："建筑必须在建筑历史的基础上重新确立……建筑类型的演化显示着人的需要和经验。"L.克利尔又说："建筑要成为一种艺术，建造就必须是一种工艺活动。（For architecture to be an art，building must be a craft.）要实现这一点，不能依赖工业，也不能依赖科学，这是文化和政治的目标"。

克利尔兄弟的观点在建筑界常常引起争论。他们憧憬的不是明天而是昨天，希冀恢复传统城市的格局和老的场所特性。他们对正统现代主义城市理论所做的批评是有道理的，但开出的药方却难以实现。他们实际上是企望再现前工业社会的城市场景，但既然时代变了，条件不同了，他们的目标也就注定难以成为现实。或许在某个城市的某些局部能够部分地实现其目标，但大规模的推广是不可能的。克利尔兄弟曾为多个城市提出规划方案，但也只是方案而已。

第33章
西方后现代主义文化思潮

20世纪后期，西方发达国家科学技术领域有新的飞跃，经济方面有很大的发展。一些国家向后工业社会过渡，进入富裕社会和信息社会。社会生产力和社会关系的变化引出社会上层建筑和意识形态方面的某些变化。哲学、社会科学、文学艺术等文化领域出现众多新的观念、新的理论和新的流派。其中不少观点同先前的现代主义思潮有明显的区别，甚至相互对立，发生冲撞。这些新观念、新理论被笼统地称作“后现代主义”（post-modernism）思潮。

关于后现代主义，西方学者有种种不同的解释。有人指出，早在1934年，有人即在著作中使用post-modern这个词汇。到20世纪60年代，后现代主义这个词渐渐被广泛使用，带上了同现代主义决裂的含义，并引起一场“后现代主义论战”。20世纪70年代末以后，西方思想文化领域处处都兴起“后现代转折”，后现代主义一词有广泛的综合性和包容性。

美国社会学家丹尼尔・贝尔认为后现代主义是随着“后工业社会”来临而兴起的。有人认为它是信息社会的产物，有人认为它是消费文化蔓延的结果，也有人认为后现代主义是晚期资本主义的征候等，说法不一。我国学者王岳川写道：“现代主义在西方文化近半个世纪的激荡之后，西方文化氛围和思维逻辑产生了巨大的变化。然而20世纪30年代以后，它的内部诸多流派的松散组合的离心力以及自我发难和颠覆，加速了现代主义运动的解体。后现代主义从现代主义的母胎中发生发展起来，它一出现，立即表现出对现代主义的不同寻常的逆转和撕裂，引起哲人们的严重关注。”“后现代主义绝非如有人所说的仅仅是一种文艺思潮。这种看法既不准确，又与后现代发展的事实相悖。后现代主义首先是一种文化倾向，是一个文化哲学和精神价值取向的问题。”

美国美学家伊·哈桑（Ihab Hassan）说：“后现代主义虽然算不上

20世纪西方社会中的一种原创型意识，但对当代世界却具有重大的修订意义。”

丹尼尔·贝尔认为后现代主义文化的特征是反理性、反文化。后现代主义取消艺术和生活的界线。不管形式如何，生活经验被当作艺术，艺术成了一种游戏。

有人指出，后现代主义艺术和美学的特点之一是它的平面感，也就是浅表感。这指的是作品审美意义深度的消失，因为它消除现象与本质，表层与深层、真实与非真实之间的对立，从本质走向对象，从深层走向表层，从真实走向非真实。

后现代主义艺术和美学的另一特点是断裂感，即历史意识的消失。多位西方学者认为后现代主义具有一种新的“精神分裂症”的时空模式。如后现代音乐只有一串若明若暗的音流在时间中零碎地闪现。在后现代小说中，只有零散、片断的材料的堆积，没有包含某种意义的组合和结局。现代主义美术作品采取“有意识的组合”（即蒙太奇，montage），而后现代主义美术搞无意识的偶然拼凑的大杂烩（collage）。后现代艺术也出现历史上的符号，但它切断了各种复杂的符号之间的联系，表现出“非连续”的时空观。

后现代主义艺术与美学的又一个特点是复制性。传统美学要求审美与日常生活有距离感，艺术不能等同于现实生活。现代科学技术能精确复制艺术品，使大量摹本代替独一无二的真本。人们从电影和电视、录像中看见相同的“现实”，但又不是现实本身，而是现实的影像。人被种种复制的形象所包围，艺术的本真性、独创性和独一无二性消失了。

哈桑在他的文章中列举出现代主义艺术与后现代主义艺术的特征，加以对照，兹将其中与建筑文化有关的条目摘录于下。

表 33-1

现代主义	后现代主义
浪漫主义/象征主义	荒诞、反理性/达达主义
讲求形式	反形式
讲求构思	随兴之所至
有序地	无政府式地
技艺娴熟/讲求理法	传统的艺术形式已枯竭/一片寂然
艺术精品/完美的艺术品	重艺术创作过程/重艺术表现/重即兴
保持距离	介入
创造性/完整性	反创造/解构
合	反
（作者）在场	（作者）不在场
集中性	分散性
讲求文体/讲求文体界限	注意文本/不同文本可混杂
重释义/重细读	反对释义/误读
重叙述/大历史式	反叙述/小历史式
妄想性	精神分裂症
讲求根源/起因	多种不同因素/相异性/轨迹
重形而上学（的哲理）	冷嘲热讽
确定性	不确定性

哈桑所列举的种种特征是从许多领域如哲学、人类学、语言学、文学等中归纳出来的。哈桑认为不确定性（indeterminacy）和内向性（immanency）是后现代主义最主要的两种倾向。由不确定性可衍生出模糊性、间断性、异端、反叛、曲解、变形、多元论、散漫性等，仅由变形一项又衍生出反创造、分解、解构、移置、差异、断裂、消失、零散、去中心、不连续等特征；内向性表示后现代主义不再具有精神超越性，它不再对精神、价值、终极关怀、真理、美善等超越性价值感兴趣，而是对主体的内缩，对环境、现实的内在适应。

后现代主义在琐屑的环境中沉醉于形而下的愉悦之中。它趋向多元开放的、玩世不恭的、暂定的、离散的、不确定的形式和一种匮乏的、破碎的“苍白意识形态”。一切都可以，一切都无意义。

现代主义与后现代主义两者之间的关系问题，也是众说纷纭，没有一致见解。

我国学者赖干坚认为：“作为思潮、运动来看，后现代主义与现代主义确实存在质的差异，后现代主义具有对抗、超越现代主义的特质，但是这并不排除后现代主义具有对现代主义延续、衍生的因素，而且种种迹象表明，后现代主义对现代主义的对抗、超越正是在前者对后者的延续性、衍生性的基础上进行的。”关于文学，赖干坚写道：“实事求是地看，现代主义文学和后现代主义文学之间并不存在一条鸿沟，它们之间的渊源关系远比现代派与浪漫派的关系来得密切。后现代主义文学的某些因素也存在于现代主义文学中。”他说：“后现代主义对现代主义的对抗、超越也并不完全意味着前者对后者的绝对割裂，这是一种扬弃、革新：一方面，后现代主义把现代主义对传统的反叛推向更彻底、更极端；另一方面，后现代主义以现代主义为前提，在世界观、美学倾向和创作原则等方面提出了新的主张、要求，因而赋予自身以新的特质（例如，历史的断裂感、世界的破碎感、混乱感，以空间代替时间，反形式、反秩序、反意义、反阐释等）。”

后现代主义作为20世纪后期一种社会思潮，一种文化形态和艺术倾向，不可能不影响和渗透到建筑文化中来。事实上，后现代主义建筑还是诸多后现代主义艺术品类中相当突出的一支，它们常常被视做后现代主义思潮来临的一种佐证。以上所引中外学者的论述都是针对人文社会科学方面的，但大体上也适用于建筑方面。

第34章 美国建筑师文丘里的建筑观点与作品

34.1 《建筑的复杂性和矛盾性》及其他

考察20世纪后期的世界建筑，尤其是这一时期的美国建筑，我们不能不对文丘里的建筑观点和作品予以注意，因为无论就正统的现代主义建筑来看，还是从正统的古典主义建筑来看，文丘里的建筑观点都是道出旁门、与众不同。

罗伯特·文丘里（Robert Venturi，1925—2018）1925年出生在美国费城，1950年从普林斯顿大学建筑系毕业，在那里，他曾受拉巴图特（Jean Labatut）教授的指导，拉巴图特是巴黎美术学院建筑教育体系在美国的最后代表者之一。后来文丘里曾在埃诺·沙里宁和路易·康的建筑事务所中工作过。他曾两次到意大利，一次是作为获奖者在罗马美国学院研修（1954—1956），后一次是作为该学院的驻院建筑师（1966）。从1958年起，他开始与人合伙开设建筑事务所，同时先后在宾州大学、耶鲁大学等校任教。1957年文丘里在宾州大学开设建筑评论课，他的讲课内容是后来出版的《建筑的复杂性和矛盾性》（Complexity and Contradiction in Architecture，1966）的基础。

文丘里的这本书由现代艺术博物馆（The Museum of Modern Art）于1966年出版。该馆的建筑与设计部主任德莱斯勒（A. Drexler）为此书写的前言说："文丘里这本书，和他的建筑作品一样，反对被多数人视为经典，或者至少被当作确定无疑的东西的那种见解。他以非同一般的直率态度面对实际进行探讨。实际情况是现在建筑师们常常陷入两难境地，不时遇到讨厌的事实，因而感到困惑。而文丘里就把两难境地和讨厌的事实当作建筑设计的基础"。

美国耶鲁大学艺术史教授V.斯卡里（Vincent Scully）对文丘里的书备极推崇。他在该书引言中写道："这本书是自1923年勒·柯布西耶的《走向新建筑》出版以来，有关建筑发展的最重要的一部著作""全部是新东西——很难看清，也难写清，因为是新东西，所以读起来不那么轻松流畅"。

我们知道，自20世纪60年代以来，已经有一些建筑师对现代主义建筑提出质疑，并在实际建筑创作中探索新的路径，但在文丘里之前，还没有人从理论上系统地、直截了当地批判现代主义建筑创始人的基本观点。在这方面，文丘里做得既坚决又不含糊。在该书第一章的“一个温和的宣言”中，文丘里写道：“建筑师们再也不能让正统现代主义的清教徒式的道德说教吓住了。”这句话无异是向建筑师们发出的造反号召。接着，他表明他赞成什么，反对什么。我们把文丘里的这段话引在下面，但排印格式稍加变动，即将他赞成的和反对的分别写在中线的两旁，但横向连读与原文没有差别。

表 34-1

我喜欢建筑要素的混杂，	而不要“纯粹”的；
宁要折衷的，	不要“干净”的；
宁要歪扭变形的，	不要“直截了当”的；
宁要暧昧不定，	也不要“条理分明”，刚愎无人性，枯燥和“有趣”；
宁要世代相传的，	不要“经过设计”的；
要随和包容，	不要排他性；
宁可丰盛过度，	也不要简单化、发育不全和维新派头；
宁要自相矛盾，模棱两可，	也不要直率和一目了然；
我容许违反前提的推理，	甚于明显的统一；
我宣布赞同二元论。	
我赞赏含义丰富，	反对用意简明。
既要含蓄的功能，也要明确的功能。	
我喜欢“彼此兼顾”，	不赞成“或此或彼”；
我喜欢有黑也有白，有时呈灰色，	不喜欢全黑或全白。

直线左边的观点是文丘里建筑美学的精髓。斯卡里赞叹道：“书里的论证像提起幕布一样，打开了人们的眼界。”

文丘里观点的一个出发点是认为建筑本身就包含复杂性和矛盾性。他说：“建筑要满足维特鲁威所提的实用、坚固、美观三大要求，就必然是复杂和矛盾的。今天，即便是处理简单的文脉环境中的一个建筑物，其设计要求、结构、机电设备以及表现要求，也是多种多样的，相互冲突的，其程度是以往难以想象的。城市和地区的规模和尺度又不断扩大，困难就越来越多。”文丘里批评正统现代主义建筑师对建筑的复杂性认识不足：“在他们试图打破传统从头做起时，他们把原始时期的东西和低级的东西理想化了，代价是不顾建筑的多样性和复杂性。作为革命运动的参加者，他们欢呼现代的功能是崭新的，却不顾及其复杂性。作为改革者，他们清教徒式地宣扬建筑要素的分离和排他性，不肯兼顾不同的需求……勒·柯布西耶，作为纯粹主义的发起者之一，大谈‘伟大的原初形式’（great primary forms），说它们是‘清晰明确……毫不含混’，除了少数例外，现代主义建筑师总是避免不定性。” 文丘里引用一位哲学家（August Heckscher）的话：“理性主义产生于简单和有序之中，但是在激变的时代，理性主义已证明是不适用的……自相矛盾的情绪容许看来不相同的事物并存共处，不协调本身提示一种真理。”这一哲学观点是文丘里建筑学说的理论基石之一。

由此，文丘里激烈否定密斯的“少即是多”的观点，因为这一观点排斥复杂性和矛盾性。文丘里说，建筑师跟着密斯走，就会“排斥重要的问题，导致建筑脱离生活经验和社会需要”。又说“简练不成导致简单化，大肆简化带来乏味的建筑”。针对密斯的“少即是多”，文丘里说“多不是少”（more is not less），“多才是多”（more is more），又说“少是枯燥”（less is bore）。

文丘里说他并不否认有效的简化，但他认为那只能是分析问题过程中使用的方法，不能当成目标。他说，向月球发射火箭需要极其复杂的手段，目标却很单纯，没什么矛盾。与此相比较，建筑所需要的手段并不复杂，但目标却很复杂，具有内在的不确定性。文丘里说，建筑形象“表情”的模糊不定反映建筑任务内容的模糊不定。诗由于不确定性而有诗意，建筑也是如此。

文丘里认为建筑师不应抱“或此或彼”（either-or）的态度，以为彼与此不可兼容，相反，应该采取“彼此兼顾”（both-and）即兼收并蓄的立场，承认矛盾，并将彼此对立的东西都包容下来。文丘里写道：

> “或此或彼”（either-or）已经成了正统现代主义建筑的一项传统特征。遮阳板就是遮阳板，不起别的作用。房屋的支承物很少兼做围蔽物。不肯在实墙上开窗洞，需要时，就中断整面实墙，安上大玻璃墙面。任务书中的功能故意夸张地分别放在不同的侧翼或分离的体量之中……这种人为的音节分明的建筑与包容复杂性和矛盾性的建筑完全异趣，后者兼收并蓄，搞“彼此兼顾”，而不是“或此或彼”。

文丘里引用他人的一句话说“必须接受矛盾”。认为建筑师在设计中要适应矛盾（contradiction adapted），并置矛盾对立的各方，即矛盾共处（contradiction juxtaposed）。各种矛盾的东西可以按等级分层次地加以处理。

兼收并蓄引起矛盾，基础是等级和层次。不同价值的要素有不同层次的含义。于是，要素可以有好的又有拙劣的，有大的又有小的，有围合的又有开敞的，有连续的又有分离的，有圆的有方的，有结构性的有空间性的。具有多种层次含义的建筑能产生不确定性和紧张感（ambiguity and tension）。

文丘里倡导在建筑设计中采取变形等权宜手段，容许偶然的和例外的处理，这些属于适应矛盾。在建筑中，将不同形状、不同比例、不同尺度及不同风格体系的元素和部件，并置或重叠在一处，由此引起强烈冲突、断裂、失调、不完整和不和谐的局面，这属于矛盾共处。文丘里说，适应矛盾相当于“温和疗法”，而矛盾共处相当于“震荡疗法”（shock treatment）。

从这些基本观念出发，文丘里对于建筑中的传统、法式、标准化、内与外的关系等问题提出了一系列与众不同的看法。

对于法式（order），他说人所制定的法式都有其局限性。“当情况与法式抵触时，就应当改变法式或废弃法式。在建筑中，破格和不明确是正当的”。又说，“建筑的含义由于破坏法式而增强”（Meaning can be enhanced by breaking the order）。

关于传统，他写道：“建筑中有传统，传统是一种更具普遍性而有特别强烈表现力的法则”。他批评现代主义建筑拒绝传统的态度，“人们赞扬先进技术，却排斥虽然俚俗但当下合用的建筑要素，这在我们的建筑和景观中已很普遍，这难道是合适的吗？建筑师应接受现有的建造方式和元素”。“建筑既要创造新东西，也应选用已有的东西”（The architect selects as much as creates）。“在建筑中采用传统的东西，有实用的根据，同时也有表现方面的理由”。

文丘里重新肯定建筑传统有价值，但并非倡导复古，并非要简单地回到过去，他只是主张兼收并蓄。“建筑师的工作是当旧的一套不顶用的时候，既采用旧部件又审慎地引入新部件，由此创造一种奇妙的整体。”他还认为“通过非传统的方式组织传统部件，可在整体中表达出新的含义。以不同寻常的方式运用寻常的东西，以陌生的方式组织熟悉的东西，建筑师可以改变环境文脉，从平庸老套中获取新鲜感。熟悉的东西在陌生的环境中给人以既旧又新的感觉”。

对于标准化，文丘里也采取类似的态度，即“以非标准的方式运用标准化”（employing standardization in unstandard way），用意是在标准化的条件下，努力增加灵活性，以避免标准化带来的机械感和僵硬感。

勒·柯布西耶在《走向新建筑》中写道：“平面从内到外，室外是室内的结果。”由内到外，内外一致曾是现代主义建筑的一项重要理念。文丘里反对这种观念，他说：“建筑物内部的主要目标是围合，是从外部空间割划出内部空间，内部不应是直敞的空间。”“内部与外部是有区别的”“内部与外部的对立是建筑矛盾的一个主要表现”。文丘里说，勒·柯布西耶的萨伏伊别墅其实是在方框平面中塞进许多复杂的东西。内部与外部并不一致。文丘里认为“设计应该是既由内而外，又由外而内，由此形成必要的紧张关系，有助于建筑艺术创作”。

由于重视建筑物内外的差别，文丘里把外墙看作是内外之间的转换点（the point of change）。现代主义建筑中常常追求墙体在视觉中的消失，文丘里则强调实墙的重要性。他说，甚至可以认为，建筑艺术就存在于划分内外的墙体之上，“承认内部与外部有差别，建筑艺术就会重新带上城市眼光”。

图34-1　文丘里，西雅图美术馆，采用“不协调的韵律和方向”，1990年

文丘里的书用一些实例向人们显示建筑中可以采用片断、断裂、二元并置等处理手法。这样做去，是不是会产生杂乱之感？文丘里说，这样一来，建筑师面对的是兼容并蓄的“难于统一的总体”，不再用排他的做法搞容易达到统一的整体。文丘里说，建筑师要负起解决困难的统一的责任。

图34-2　文丘里，美术馆扩建部分，“不同比例和不同尺度的东西的毗邻”

文丘里提出可以采用的手法有：

——不协调的韵律和方向；

——不同比例和不同尺度的东西的“毗邻”；

——对立和不能相容的建筑元件的堆砌和重叠；

——采用片断、断裂和折射的方式；

——室内和室外脱开；

——不分主次的“二元并列”。

文丘里说，建筑作品不必完善，“一座建筑物允许在设计和形式上表现得不够完善”。

图34-3　文丘里作品，“采用片断、断裂和折射的方式”

图34-4　文丘里著作插图，罗马一座门的处理

图34-5　文丘里著作插图，费城某建筑局部

图34-7　文丘里，一座小房子可供选择的立面，1977年

图34-6　文丘里：“大街上的东西几乎全都很不错”

建筑师“不要排斥异端”，要用“不一般的方式和意外的观点看一般的东西”等。

1972年，文丘里出版了他与 D.布朗和S.伊仁诺合著的另一部著作《向拉斯维加斯学习》（R.Venturi，D. Scott Brown，Steven Izenour，Learning from Las Vegas，1972）。在这本书中，他把他的建筑观点加以深化和扩充。过去，许多建筑师向往创造“英雄性和原价性的建筑”（heroic and original architecture），文丘里等人则提出创造丑的和平庸的建筑（ugly and ordinary architecture）的论点。他赞扬美国自发生长的城区中的普通房屋，说“大街上的东西几乎全都很不错”（The main street is almost all right）。他对美国西部内华达州在沙漠上建造起来的赌城拉斯维加斯的城市和建筑形态作了一番考察，认为那里的街道、建筑、标志物大有文章，值得效法。这本书表现出文丘里的城市建设观点，显示出向当时美国流行的“波普艺术”（pop art）靠拢的倾向。

图34-8　文丘里，普林斯顿大学生物楼，“装饰……只要巧妙就行，无须是有机的组成部分”，1986年

20世纪70年代后期，文丘里在一篇文章中提出自己给建筑下的定义。他说，每个时代每位建筑师，自觉或不自觉，清晰或不清晰，在心目中都有一个关于建筑的定义。文丘里自己的定义是“建筑是带象征性的遮蔽体”，或“建筑是带装饰的遮蔽体”。(Architecture is shelter with symbols on it，or architecture is shelter with decoration on it.）

文丘里又强调建筑物上的装饰是经过挑选的，附加上去的，只要巧妙就行，而无须是该建筑物有机的组成部分。他说，一座建筑物门面是古典的，后面可以是哥特式的；外部做成后现代主义的，内部尽可搞成塞尔维亚-克罗地亚风格。他批评现代主义建筑取消装饰和符号，将装饰与符号斥为折衷主义的东西。文丘里说，他的建筑定义表明装饰与遮蔽物不必是一个整体，这就使得建筑的含义可以超越建筑本身而扩展，又让建筑物的功能“自己照顾自己”，得到解放。

文丘里曾就下列六个方面作比较，阐释自己的理论观点：

（1）罗马与拉斯维加斯的比较。文丘里说，许多人赞美罗马，是从纯空间构图的抽象的角度出发，忽略了建筑的符号内容。他研究拉斯维加斯，发现那里的城市街道有其特质，有生气，有意义。他说，在拉斯维加斯，你如果单看建筑物之间的空间形式，就一无所获，在那里，建筑物不是界定城市空间的东西，而是空间的符号（象征）。如果你将众多的广告标牌视为视觉污染，那就什么也学不到。但它们是有意义的。夜幕降临，建筑形象消隐，映入眼帘的只有明亮耀眼的广告标牌，它们显示出赌城街道的真实状态。他指出，从拉斯维加斯人们可以学到，建筑中要运用多种传媒手段，以便令人印象深刻和有识别性。在汽车时代，一幅大广告比一千种形式更有效力。文丘里把拉斯维加斯视做当代商业城市蔓延发展的典型。他说，现代主义建筑从工业建筑中得到启示，现在我们应向商业建筑学习。他认为现代主义建筑是industrial vernacular architecture（工业方言建筑），现在要搞commercial vernacular architecture（商业方言建筑）。

（2）抽象艺术与波普艺术的比较。文丘里认为现代主义建筑与抽象艺术关系紧密，现在，建筑要从20世纪60年代兴起的波普艺术和20世纪70年代的照相写实主义艺术（photorealist）中获得启发。他说，写实的艺术提高和充实了拉斯维加斯的景观，建筑也应把写实艺术作为一种要素加以利用。

（3）维特鲁威与格罗皮乌斯的比较。古罗马的维特鲁威（Marcus Vitruvius Pollio，前1世纪）要求建筑应“坚固、适用、愉悦”（firmness，commodity and delight），到20世纪，则变成了“结构、任务要求和表现”（structure，program and expression）。以格罗皮乌斯为代表的正统现代主义建筑师认为处理好结构与功能就是好建筑，因为在他们看来，结构和功能好，建筑就自然而然有了表现力。文丘里说这种观点忽略了建筑艺术。

不过，文丘里指出，格罗皮乌斯实际做的与他宣扬的并不一致。包豪斯校舍的结构、玻璃墙、流通空间等仍经过细心的处理，使之看起来具有工业建筑的简单的几何形体，包豪斯校舍仍是一个有象征性的建筑作品。格罗皮乌斯仍然做了一位建筑师必定要做的事情，即选择一种形式语汇、一种法式、一种体系和一种理念，用它们达到自己的目的。文丘里说，文艺复兴时代的建筑师选用古典建筑语汇，现代主义建筑师选用工业建筑语汇，而现在应考虑选用当代商业建筑的语汇。

文丘里批评所谓的“晚期现代主义建筑”（late-modern architecture）仍拒用装饰，但为增强表现力便突出和夸大结构或功能要素的序列节拍。文丘里说，这种不用装饰却把整个建筑物加以变形，以取得装饰效果的做法，于功能有害，也不可取。文丘里说自己将功能与装饰分别处理，各行其道，反能充分满足功能需要。

（4）密斯与麦当劳快餐店的比较。文丘里说，密斯比其他人更专心地从工业建筑中寻求形式和启示。密斯到美国以后，把赤裸的工字钢提升到类乎古典柱式的地位。经过他的处理，工字钢像古典建筑中的壁柱一样用在民用建筑上，作为工业化的艺术符号。然而，文丘里说，这已经过时了，因为工业革命已经过去。现在建筑创作应该同别的什么革命，如电子革命联系起来。商业街道上闪耀变幻的灯光广告就具有象征性含义，按照文丘里的看法，麦当劳快餐店的标志是有意义的。他说，已经有好几代人在建筑中表现工业化和工业建筑，现在要变一变了。

（5）斯卡拉蒂与甲壳虫乐队的比较。斯卡拉蒂（A.Scarlatti，1660—1725）是意大利歌剧作曲家。甲壳虫乐队（Beatles）是20世纪50—60年代英国的一个四重奏爵士乐队。文丘里说，一个音乐爱好者在一个晚上既可欣赏古典歌剧又可聆听甲壳虫乐队的演奏，在音乐上兼收并蓄，在建筑上也能如此，既然能接受波普艺术，也就能欣赏波普建筑。音乐欣赏可以多层次多级别，建筑形象也可以如此。

文丘里认为，以往人们总是把建筑看成一个总体，因而只有一个唯一正确的主导的原则，如果不合此一原则就遭排斥。现代主义建筑宣扬美学上的整一、简单的形体和纯净的秩序，认为符合这样的标准才算好作品。格罗皮乌斯推崇“总体设计”（total design），搞“总体控制”（total control），于是排斥多样化、多层次，排斥通俗的建筑（popular architecture）。其实，对于一个平衡而有生气的建筑世界，多样化和多层次乃是不可缺少的。

（6）平常的建筑与奇特的建筑的比较。文丘里认为，大多数建筑组群之中，都包含不同级别的意义和象征，原创的、特殊的、常见的和普通的都有，如同一盘菜肴中有多种食物搭配一样。意大利城镇就是众多普通建筑簇拥着少数奇特的建筑。我们今天的时代已非英雄时代，也不是一个可以大肆浪费的时代，国家财政不会支持建造帕特农神庙（Parthenon Temple）那样的建筑物。今日社会重视的是种种社会问题、军备问题等，而不是建筑问题。在这种情况下，景观需要有所装点，却无须大搞纯建筑，可多用些符号性媒体、标志物和雕刻物，配上变幻的灯光，既能表意，又有装饰效果。

在1980年的一次谈话中，文丘里总结自己的主张说：“我主要是探讨复杂性、机巧的处理、嬉戏性、象征性、历史联想以及装饰的需要。”（An Interview with R. Venturi，Interior Design，Mar.，1980）后来，他又表示：“过去看一个伟大的建筑师，注重的是他的作品的一贯性和原创性（consistency and originality）；现在，我们注重多样和差异。作品的语汇不必是一贯的，也无须什么原则……可以与历史有关联，可以表现历史，也可以加上些变化。”文丘里说：“我们主张建筑做得丰富含混，无须统一明晰，应该包容矛盾，可以丰盛有余，不必和谐简省。”（R. Venturi，1982 Harvard Gropius Lecture，Arch.Record，Jun.，1982）在此之前的1980年，文丘里还说：“你无法把高雅艺术强加给每一个人……我们应该适应不同的文化口味。既演奏贝多芬，又

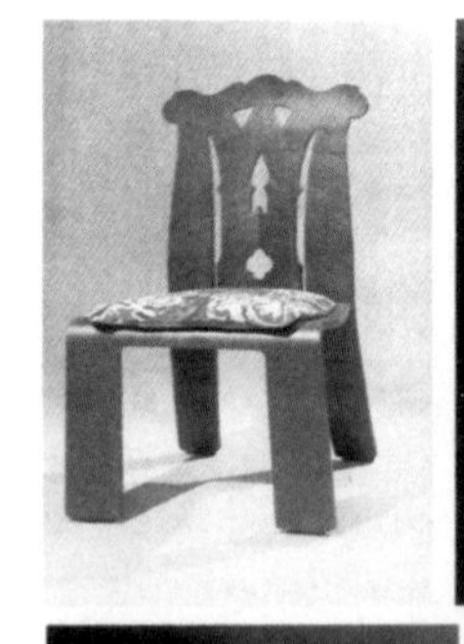

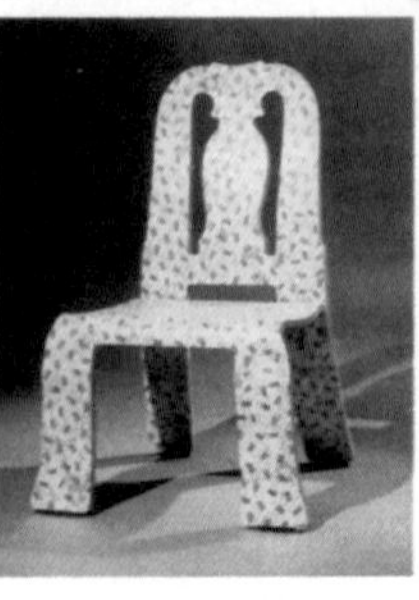

图34-9　文丘里设计的椅子

演奏‘甲壳虫’，既有拉斯维加斯的大马路，又有新英格兰地区的绿地。美国有多种文化，美学上就必然是杂融的。”

人们一般认为是文丘里奠定了后现代主义建筑的思想基础，但他不肯承认这一点。文丘里说，后现代主义建筑的想法早在1940年就由普林斯顿大学的一位建筑教授提出来了，他本人只因为写了两本书才同后现代主义建筑思潮联系起来。在上面提到过的1980年的那次谈话中，文丘里说："我愿意走明智的中间道路。我当初批评现代主义建筑时是个局外人，现在风向转到我的观点这边来了，可我仍然是个局外人。”文丘里又谦虚地不愿说自己是位理论家，而认为自己是搞实际设计的，他说他是因为那时的实际设计任务少才写书的。

进入20世纪70年代，欧美一些建筑家对现代主义建筑展开批判，有几位先生采取“一棍子打死”的做法，如C.詹克斯和P.布莱克，而文丘里却不这样。1980年讲话时他说，现代主义在它产生的那个时期是了不起的，后现代主义建筑是从现代主义建筑发展出来的。文丘里明确地说："责怪那个时期的东西是很容易的，如今已经成了一种时髦。不应该为了搞一种运动就把另一个运动看得一钱不值。”

此前一年，即1979年5月，文丘里在伦敦“建筑协会”（Architectural Association，AA）讲演时，甚至还说自己是一个现代主义建筑师："我是以一个建筑师而不是一个理论家的身份讲话的，而且我是一种现代主义建筑师，并不是后现代主义建筑师或新学院派建筑师。我们的作品是从刚刚过去的时期中发展出来的。我不能因为尊敬祖父那一辈就贬损父亲那一辈。有时我想，我的下一部书的题目是《现代主义建筑几乎都不错》（Modern Architecture Is Almost All Right）。就某种意义来说，我想我们自己是现代建筑的一部分，是从中发展出来的一部分”。文丘里的态度比较客观，比较实事求是。

美国建筑评论家戈德伯格说："文丘里先生1966年所著《建筑的复杂性和矛盾性》一书，在推动建筑潮流同单调、枯燥的现代主义建筑决裂的方向发展，该书所起的作用，比任何一件建筑作品所起的作用都要大得多。”这话是对的。理论本来比单个作品的影响要大一些，而合乎潮流需要的理论更是如此。戈德伯格又说，文丘里“极力避免沾现在十分时髦的那种狭义的历史主义者的边……现在有不少建筑在很大程度上是依据这种或那种建筑传统设计出来的，但文丘里的思想却永远是‘超脱’的”。

34.2 文丘里的代表作品

文丘里的建筑事务所（Venturi and Ranch），主要合伙人包括文丘里的妻子D.S.布朗（Denise Scott Brown）和建筑师诺琪（John Rauch），40年来完成了大小许多建筑项目。像通常一样，文丘里起先多做小的工程如小住宅、小公共建筑（设计过不少小消防站），后来名声大了，一些大学、博物馆也来请他设计。他设计的建筑都有鲜明的特色。有一些没有实现的方案，也因代表了文丘里的观点而受到人们的注意。

1963年建成的文丘里母亲住宅（Vanna Venturi House, Chestnut Hill, Philadelphia）完成于文丘里第一本著作出版之前，极有特色，它作为例子被文丘里收入《建筑的

图34-10　文丘里，费城老年公寓，1960—1963年

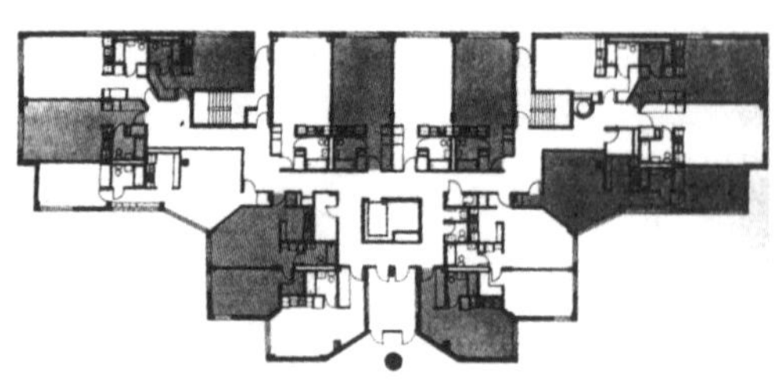

图34-11　费城老年公寓平面

图34-12　文丘里，母亲住宅，1963年

图34-13　母亲住宅入口

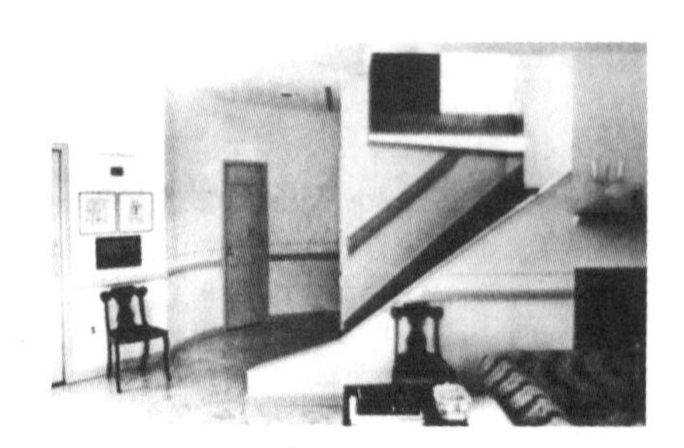

图34-14　母亲住宅内景

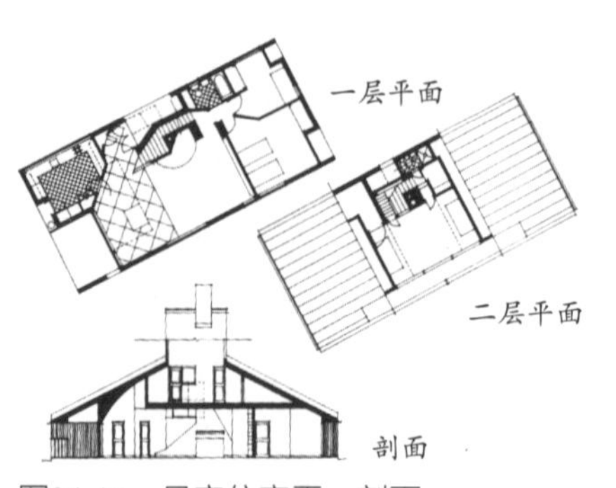

图34-15　母亲住宅平、剖面

复杂性和矛盾性》之中，用来阐释他的观点。这个小住宅有一个很显著的坡屋顶，显示出与一般现代小住宅爱用平屋顶的差别，表示出向美国民间大量坡顶住宅的靠拢。但文丘里并没有完全回复传统做法。住宅的立面正中有道豁口，下面是入口，而真正的门扇又歪在入口门廊的一边。门洞之上有横过梁，同时又凸出一道圆弧形线脚，大约暗示一道拱券。两旁的窗洞形状不一。进门之后，有壁炉、烟筒和楼梯，它们的关系也很奇特，可以说是纠缠在一起，楼梯本身宽窄不一。文丘里解释说，这个小住宅“既复杂又简单，既开敞又封闭，既大又小，许多要素在某个层次上说是好的，在另外一个层次上又是坏的，它的格局中既包括一般住宅的普遍性要素，又包括特定的环境要素。在数目适中的不同组成部分之间，它取得困难的统一，而不是数目很多或很少的组成部分之间的容易的统一”。关于该住宅的入口，文丘里写道：“入口空间是从大的外部空间到宅门之间的过渡。在那里，一道斜墙满足了重要的非同寻常的指向需要。”关于壁炉和楼梯的布置，文丘里说：“两个垂直要素——壁炉烟道与楼梯——在那里争夺中心位置。而这两个中心要素，一个基本上是实的，一个基本上是虚的，它们在形状和位置上互相妥协，互相弯倾，使得由它们组成的房屋中心达到二元统一。”“楼梯放在那个拙笨的剩残空间之内，作为单个的要素来看是不佳的，但就其在使用上和在空间系列的位置上来看，作为一个片断，它适应复杂的矛盾的总体，它又是好的。”1982年，文丘里在一次讲演中提及这个小住宅时说，这个住宅“古典而不纯，又有相反的一面，有手法主义（mannerism）的传统，又有历史的象征”。有人说这个小住宅像是儿童画的房子，文丘里回答说“我愿意它是那个样子”。

图34-16　文丘里，爱伦美术馆扩建部分的“米老鼠爱奥尼柱子”“通过非传统的方式组织传统部件，可在整体中表达出新的含义”

文丘里为俄亥俄州奥柏林学院的爱伦美术馆的扩建部分（Allen Art Museum Additions，Oberlin College，Ohio，1976）做设计。其中最引人注意的是他在一个大厅的墙角部位安置了一根木片包成的爱奥尼柱子，它矮矮胖胖，滑稽可笑。这个柱子被人称为“米老鼠爱奥尼”，是建筑上少见的一个逗乐物件。

宾州州立大学教工俱乐部（Faculty Club，Pennsylvania State University，1976）是一个用老式办法建造的木构建筑物，有板瓦屋顶、木板墙面和木制门窗，看上去好似一二百年前建造的一栋普通房舍。它体现了文丘里说的“甚至搞老一套也能获得新效果”。

普林斯顿大学巴特勒学院的“胡堂”（又称胡应湘堂，Gordon Wu Hall，Butler College，Princeton University）于1983年落成。它是一座红砖墙面的二层楼房，底层为食堂、娱乐室，上层为办公用房。在这座不大的房屋上，有美国大学传统建筑的形象，又有英国贵族邸宅的样式，还有美国老式乡村房屋的细部，这些特征都是通过一些老式建筑的片断或符号呈现出来的。而在入口的上方墙面上，又用灰色和白色石料组拼成抽象化了的如同中国京剧脸谱似的纹样，古怪而吸睛。这大概是由于该幢建筑物是本校校友华人胡应湘所捐赠的缘故。

文丘里设计过多座美术馆。1991年建成的伦敦国家美术馆扩建部分（The National Gallery Sainsbury Wing，London）是著名的一个。该美术馆老馆建于1838年，坐北朝南，面对著名的特拉发加广场。老馆是一百五十多年前的古典主义建筑，正中是有八根柱子的柱廊，两旁还有小柱廊，墙面上有壁柱和其他古典线脚。新增部分“塞恩斯伯里廊”位于老馆西边，在广场西北角，与老馆之间隔一条小巷。建造之前，馆方邀请六位世界知名建筑师参加设计竞赛，最后从中选定文丘里的方案。新馆平面外形约略呈长方形，东南角切去一部分，做成折线形，布置大门，大门面对广场。入门之后有纵深的门厅，门厅一边有宽阔的长楼梯通向二楼。这条长楼梯先窄后宽，给人以透视上距离较短的错觉。人们从楼梯上到顶端平台，向西一望，又见一串拱门，它们的宽度逐一缩小，又给人以视觉上的错觉，感到比实际距离更深远一些。这一串拱门边上有不同的处理，最近的拱门两旁有独立柱和半壁柱，其他拱门都用壁柱。这些处理造成层层叠进的空间效果，是文艺复兴时代常见的建筑手法，与陈列在该处的文艺复兴时期的艺术品相得益彰。

新馆的主要立面采用与老馆相同的波特兰石灰石料。墙体高度与老馆齐平。墙面上也做出壁柱和檐部线脚。但是从距老馆近的地方到距老馆远的地方，墙面上的古典装饰线脚逐渐简化，到了最西端则成了光墙面，这一段墙体上的壁柱也由密而

图34-17　文丘里，普林斯顿大学巴特勒学院胡堂，1983年

图34-18　胡堂入口

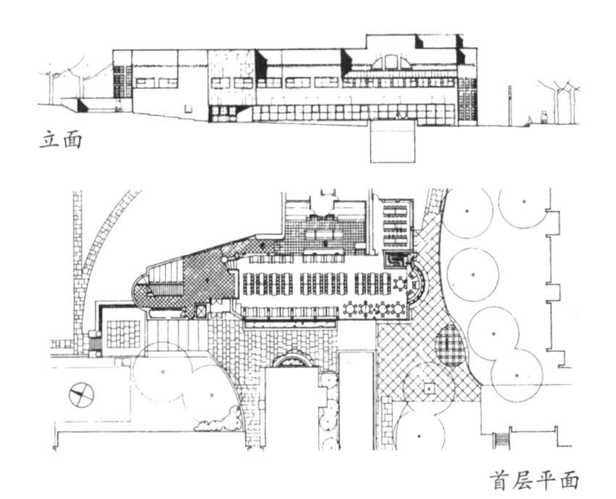

图34-19　胡堂立面和首层平面

图34-20　文丘里，伦敦国家美术馆扩建部分，1991年

图34-21　伦敦国家美术馆（右边为老馆，左边为扩建部分）

疏。开头用密置的方壁柱，其后距离逐步拉开，最终以一个带涡槽的特别的半圆壁柱结束。入口上方墙面有几个假窗，入口本身是极简单的光光的门洞。由于这些处理，这个新馆的主要立面虽然不太宽，但由东往西，“表情”有了变化，似乎在“变脸”，又好像电影的“淡出”。

总之，在这个美术馆的新增部分，我们看到了文丘里常用的处理手法：新老之间，既有继承，又有变异；既有呼应，又有矛盾；既统一又对立；既有严肃的一面，又有滑稽的一面。可以说，它是一个“表情”复杂、含义模糊、兼容并蓄、绝非单纯的建筑作品。这种创作方法不是认真复旧，又非完全创新，它是介于两个极端之间的创作方法。这种态度多少有些嬉戏之感。詹克斯称之为“积极的折衷主义”，庶几近之。

文丘里的建筑观点有其时代背景和社会背景。

第一，如他自己所阐明的，他的观点反映了商业高度发达的美国社会文化的侧重点。与先前的时代不同，它更少英雄主义，对崇高和正统兴趣不大，这个社会更注意消费，更注重广告效果，标新立异、引人注目是更加重要的事。文丘里要建筑师向拉斯维加斯学习绝非偶然。

图34-22　伦敦国家美术馆扩建部分内景——长楼梯

图34-23　伦敦国家美术馆扩建部分内景——拱门

第二，20世纪60年代兴起的波普艺术及其他大众艺术流派是文丘里建筑观念的重要基石之一。第二次世界大战以后西方美术界出现了若干新的趋势和流派。美国艺术理论家哈罗德·罗森堡（Harold Rosenberg，1906—1978）在20世纪50年代提出，早先的现代派美术已经过时，艺术又进入了一个新阶段。罗森堡认为，应该在美术与非美术、反美术之间画等号，生活就是艺术。他主张艺术家要从“审美的圈子”里跳出来，他说“传统的所谓美术是现代文化中的盲肠，亟待割除”。罗森堡认为，包括现代诸流派的艺术理论过分脱离大众，为少数有知识、有教养的人所垄断，由于现代派美术家过分强调艺术家的个性和天才，把艺术和艺术家神化，使群众对艺术可望而不可及，因此他主张改造艺术。在这样的背景下，二战后出现了许多新的美术流派。波普艺术意即群众的通俗艺术。波普艺术最初的表现是“集合艺术”（art of assemblage），它将各种现成的物品用拼贴（collage）的手法集合在一起，算是艺术作品。1961年纽约“集合艺术展”的导言中说：“这种物体并置的手法，在变得散漫无力的抽象艺术的简单的国际语汇失却魅力的情况下，用来反映社会价值的感受，是一个很适当的方式。”另一个艺术家卡普罗说，“超级市场中顾客们三心二意的、梦游似的步子，比现代舞的任何动作都富有韵律感”“洲际导弹比任何现代雕塑更新颖”“拉斯维加斯亮晶晶的、用丙烯装饰的不锈钢加油站，是最异乎寻常的现代化建筑”。罗伯特·劳森伯格（Robert Rauschenberg，1925—2008）说：

“我感到很遗憾，有人认为肥皂盒、镜子、可口可乐瓶是丑的。”他将生活中常见的什物结合在一起，粘贴在画布上。他的一幅作品上可以有正在发出响声的收音机、钟表，还有铁丝网的片断、木棍、霓虹灯等。这些艺术家认为，“集合”“拼贴”“并置”可以使物件丧失原来的功能，“把原来被忽略的美推到第一位”。

正像20世纪初西方现代派绘画与雕塑曾经给现代主义建筑以十分重要的影响和启示一样，20世纪50年代以后西方美术界更新的流派又一次给予建筑界以有力的影响和启示。文丘里的建筑观念就是在这样的影响和启示下生成的。

第三，文丘里的建筑观念在一定程度上反映了美国老百姓的喜好和性格。美国人向来有自由自在、不拘小节、诙谐乐观的性格，其所以如此，同美国人早早地来到新大陆，少受封建礼教驯化的生活经验有关。这种无拘无束、厌恶教条陈规、我行我素的性格鲜明地反映到文丘里的建筑观念中来，或者说，是文丘里在现代主义建筑受到质疑挑战、人们思想混杂之时将美国普通老百姓的情趣提升起来，以理论的形式纳入向来由社会上层精英分子把持的建筑艺术殿堂之中，并且形成一种趋势，应该说这是史无前例的。先前也曾有建筑家赏识民间建筑，但那是从高处向下俯视，把它们作为高雅建筑艺术的点缀，并且是以正统建筑艺术的眼光加以挑选的。文丘里与此不同，他把老百姓自发搞出来的建筑，特别是一些带有偶然性、意外性，凑合而成的建筑（文丘里书中附有许多这样的照片）举到世人面前，极力推许。将“下里巴人”之作提到“阳春白雪”的高度，这是先前罕见的。在这一点上，文丘里是又一个反正统主义的领袖。

文丘里本人不承认是后现代主义建筑的带头人，但实际上他起了这个作用，或者说，他是现代主义与后现代主义建筑之间的一个重要环节。后现代主义建筑以及解构主义建筑等许多流派都与他这个环节紧密关联。

文丘里不承认自己是一位理论家，而实际上，他的理论的影响力远大于他的建筑作品。文丘里“提起幕布”，向世人推荐一种过去被人们看不上眼的建筑，那是一种世俗型的“下里巴人”的建筑，也可以说是与当代波普艺术相当的“波普建筑”。文丘里长于辩论驳难，他的作品似乎主要是用来显示和证明其论点的，作品本身则疏于造型方面的推敲精研，因而至今还没有一座受到建筑界普遍赞誉的作品。而这种情形如果说是遗憾的话，那也有必然性，是他的理论自身所决定的。他不是说过建筑师可以创作丑和平庸的建筑吗？人们如果对他的作品提出意见，他还会说“我愿意它是那个样子”！

文丘里的理论观点有惊世骇俗的力量，而他的作品很可能像劳森伯格的杂物拼贴画一样，十分奇特，具有轰动效应，然而缺少持久的艺术吸引力。

第35章
查理斯·詹克斯:《后现代主义建筑语言》

1977年，美国建筑评论家查理斯·詹克斯（Charles Jencks）出版《后现代主义建筑语言》（The Language of Post-Modern Architecture），引起广泛注意。詹克斯在此书中宣告现代主义建筑已经死了，一种名为后现代主义建筑的潮流正在兴起。他把当代西方盛行的语言学和符号学的观念和方法引入建筑学，将建筑当作一种语言来对待，这一点在其书名中已经点明。

詹克斯说，出现了一种建筑艺术的危机，这种危机与建筑的社会生产体制有关，牵涉到当代的经济环境、业主与建筑师的关系、建筑设计事务所的规模、建筑任务的规模等，共有11项。他认为现代主义运动使建筑语言在形式和内容上都趋于贫困化，这是最主要的原因。

语言学研究在20世纪取得重大进展，20世纪50年代以后，又不断出现新的学说。以经验描述为基础的传统语言学研究方法被打破，形成从各种语言现象中寻求某种共同的语言结构的研究方式，引起了心理学、逻辑学、哲学和其他领域研究者的注意，语言哲学成为兴盛的学问。语言哲学家乔姆斯基（Avram Noam Chomsky，1928—）提出“转换生成语法”的理论。这种理论认为，人类每一种语言系统都具有深层结构和表层结构这两个层次，语言句法也包括基础和转换两个部分，基础部分生成深层结构，这种结构进入语义部分，使语言获得语义的解释，同时它又通过转换规则成为表层结构，语言由此成为有意义的语言符号系统。乔姆斯基的语言学理论对许多学术领域产生了广泛影响，有人把他称作“当代思想大师”。但对于他的成就的意义，学术界仍有争论。

语言哲学的进展在当代学术界引起所谓“语言学转向”，各个领域中的学者纷纷引入语言学的观念和方法用于本学科的研究。詹克斯是较早地将当代语言学观念用于建筑研究的人之一，因此，语言学中的词汇和概念，如“能指”“所指”“深层结构”“表层结构”“意义”“译码”“语义学”“语法学”“语用学”等，频繁地出现在他这本书中。此后，许多建筑文献中也大量应用语言学的词汇，一时蔚成风气。

詹克斯和文丘里一样，对密斯指责颇多。詹氏说密斯和他的追随者“只应用有限的几种材料，简单的直角几何图形……玻璃和钢已变成现代派建筑唯一广泛应用的形式”“在密斯和他的弟子们手中，这个贫困化的体系已成为迷信”“他（指密斯）

用工字钢梁，加上米色面砖和玻璃做墙面，用这一通用语言表述各种不同的功能问题，包括居住建筑、集会场所、教室、学生中心、商店和小教堂等。”“所以我们看到，工厂是教室，教室是锅炉房，锅炉房是小教堂……”詹氏说，密斯“漫不经心地把这些房屋要弄了一番”。詹氏指出，另外一些著名的现代主义建筑作品“经常有一个震撼人心的形象，精练有力的想象，但不表明什么意义”。华盛顿的赫肖恩博物馆（Hirschhorn Museum，Washington D.C.，1973）的主体是一个大圆桶式体量，很少孔洞，詹氏说“它象征一个混凝土工事，如诺曼底战场上的碉堡”。而有人说它“沉重雄壮”，这是由于“公众和杰出人士的译码不一致”。

詹克斯对现代主义建筑采取“一棍子打死”的做法。他说，“现代建筑于1972年7月15日下午3时32分在美国密苏里州圣路易斯城死去”。詹氏阴阳怪气地写道：“很幸运，我们可以精确地认定现代主义建筑的死期。它是被猛击一下后死去的。许多人不曾注意到这一事件，也无人为之出丧，但这并不意味着突然死亡的说法有所失实。”詹氏这里指的事件是美国建筑师雅马萨奇早先设计的圣路易斯城黑人居住区中的几座高层公寓楼被炸毁的事情。那几座住宅楼曾于1951年获得美国建筑师学会的褒奖，由于那个地方后来经常出现暴力事件，住宅楼作为不安全的房屋而被炸毁拆除。这本是社会性的问题，詹克斯却将它归咎于建筑设计。詹克斯在他的书中还建议将那几座房屋的残骸保留下来，以便“我们嘻嘻哈哈地从现代建筑的废墟中走过去，看到我们城市的消亡”。

詹克斯这种儿戏式的言论受到许多人的指责。后来，在1980年，他承认自己所谓现代主义建筑死于1972年某月某日的说这确实是为了“增添一点戏剧性”。但他仍然坚持现代主义建筑已经死亡的看法，并且把“死期”前推到1961年。詹克斯说，那年J.雅各布斯出版了她的《美国大城市的死与生》。不过，1983年，詹克斯在与别人合著的《今日建筑》（Architecture Today）的序言中，终于承认他的现代主义建筑死亡了的说法不符合实际。

詹克斯的《后现代主义建筑语言》受人注意的原因是他打出了“后现代主义建筑”的旗号。此前人们已经意识到出现了一些与现代主义建筑原则不同的建筑倾向，出现了“非现代主义”（non-modernism）、“反现代主义”（anti-modernism）等提法，但一直没有一个一致的响亮的概括性名称。詹氏此书出来后，“后现代主义建筑”的名称不胫而走，成为通行的用语。

后现代主义建筑有哪些特征？对于这个问题，并没有一致的公认的看法。詹氏在书中写道：“在建筑界，二十多年来一直有一种新趋向，现在它已进入飞速创立新的风格和方向的进程……这个新趋向源自现代建筑。这个发展一般称为后现代主义建筑。这个名称相当宽容，足以包含各种不同的方向，并意味着与现代主义的衍生关系。像它的先辈一样，这一运动肩负着与当今的问题相结合以改变现状的使命。但它与先前的先锋派不同，它丢弃了继续革新或不断革命的任务。”詹氏不赞成“将一切看起来与国际式方盒子不同的建筑”都归入后现代主义建筑的做法。詹氏说：“如果需要给出一个简短的定义，一个后现代主义建筑就是至少在两个层次上说话的建筑：一方面，它面向建筑师和其他关心特定建筑含义的少数人士；另一方面，它又面向广大公众或本地的居民，这些人注意的是舒适、房屋的传统和生活方式等事项。这就是说，它有点像混血儿（hybrid）……最有特色的后现代主义建筑显示出标志明显的二元性，它具有意识清醒的精神分裂症。”詹氏称后现代主义建筑不使用单个译码而采用“双重译码”。这种建筑，采用一种译码，得到这样的含义，采用另一种译码，又得到另一种含义。他说，后现代主义建筑“在多方向上扩充建筑语言——深入民间，面向传统，采用大街上的商业建筑俚语。由于双重译码，这种建筑艺术既面向杰出人士也面向大街上的群众说话”。

谁是最有代表性的后现代主义建筑师？詹氏说：“如果不得不指出一个完全令人信服的后现代主义建筑师，我会以安东尼·高迪为例……我把高迪视为后现代主义建筑的试金石。”西班牙建筑师高迪（1852—1926）活动的时候，现代主义建筑尚未成熟，为什么詹氏把高迪挑选出来，作为他死后半个多世纪才出现的后现代主义建筑的试金石呢？詹克斯解释说，这是由于高迪的作品运用了“令人信服的极丰富的建筑语言，传递着重要的意义”。

詹克斯列举了后现代主义建筑的六种类型或特征：

（1）历史主义（historism）。这是最早的后现代主义建筑，文丘里被归入这一类。詹氏说，这一类后现代主义建筑“好像是一个人在作古典建筑构图时遵循着国际式建筑美学法则（或者相反），这是后现代主义的典型想法”。

（2）直接的复古主义（straight revivalism）。詹克斯说，在英国，16世纪、17世纪和18世纪都造哥特建筑，再后是“哥特复兴建筑”（Gothic Revival），“它从来没有完全消亡，因为人民喜爱这种‘民族风格’（national style），并且总有一些易损坏的教堂需要修复。同样，老做法也从来没有真断档，只不过是历史学家不再理会它们罢了……部分原因是复古风格的建筑渐渐成了矫揉造作的劣品（kitsch），传统成了传统样式（traditionalesque），整个成了一种代用品，是想要复兴的那个时代的代用品，既不是传统的创造性发展，也不是学术性的复制”。詹克斯认为现代的仿制技术和考古学成果可以使我们做到19世纪复古建筑达不到的逼真程度。

（3）新地方风格（neo-vernacular）。现代主义城市规划方式受到责难以后，越来越多的做法是“混合更新”（mixed renewal）。1961年伦敦某地区的更新规划方案把老建筑物包容在内，其中有19世纪造的灰暗的老教堂，街角小店铺，老旧的住房，树木苍郁葱茏的各种室外空间，因此富有场所感。新地方风格建筑一般不是严格的复古，而是19世纪砖造建筑与现代风格的混合物，差不多全是坡屋顶，结实的细部，富有画意的体量，“砖、砖、砖，砖是合乎人性的”。詹克斯曾引用1976年英国皇家建筑师学会会议总结中的一段话：“住宅区应该是小尺度的，包容不同用途和不同时间建造的房屋，只要可能就尽量加以再利用。看重手工艺甚于高级艺术。房屋可以是由建筑师设计的，也可以是照样本书的图式稍加修改而来。只要可能，应由居民自己掌握，房屋可能是由车库改建而成的，也可以是造假的地方风格，全视当地的文化品位而定。居住区意味着生活的方式。”

（4）“特定性+规划专家=合文脉的”（adhocism+urbanist=contextual）。詹克斯认为，“现代派建筑和城市规划的失败在于它们对城市文脉缺乏理解，过分强调所设计的建筑本身，而忽视对象之间的脉络关系。过分强调由内而外进行设计，不考虑从外部空间到建筑内部的过渡”“现代主义运动使城市环境恶化。他们喜欢建造新市镇，让大城市衰败下去，然后再综合地重建”。20世纪60年代初，兴起了注重城市文脉的主张（contextuallism）。后现代建筑师强调建筑与环境配合，将新建筑编织进城市原来的经络文脉中去。詹氏认为建筑师R.厄尔斯金（Ralph Erskine，1914—2005）和L.克利尔在这方面是有代表性的。

（5）隐喻和玄想（metaphor and metaphysics）。詹克斯说，现代社会缺少宗教和玄想，但建筑艺术可以具有这方面的精神功能，例如朗香教堂、悉尼歌剧院和纽约TWA航站楼即是。后现代主义建筑讲求建筑的隐喻和明喻。詹克斯认为，高迪在1904—1906年设计建造的一座公寓楼——巴特罗公寓（Casa Batllo，Bacelona）的立面在隐喻和玄想方面发挥得淋漓尽致。这座公寓下部二层为店铺和主要住房，其外立面做成骨骼和熔岩的模样，中层立面阳台和墙面做成死人假面具和海面波浪模样，屋顶扭扭曲曲，如同龙的身躯。这座建筑隐喻着巴塞罗那地区人民的分离主义愿望：当地流传的神话说，西班牙龙吞食了加泰罗尼亚人，地区保护者圣·乔治杀死了西班牙龙。墙面上的骸骨是对死难者的纪念。

（6）后现代式空间（post-modern space）。詹克斯认为，现代主义建筑强调建筑空间，但那种空间是各向同一的，合乎理性的。后现代式建筑空间不排斥现代主义的手法，但加进习俗性和历史的特定性，有巴洛克式意味、非理性，甚而有荒诞性，有狂暴的尺度变换、怪异的符号、模糊不定与夸张的透视效果、碰撞的形体以及各种各样的噱头，有人已经称之为“超级手法主义”（supermannerist）的建筑。詹氏认为后现代式空间与中国传统园林的空间处理相似，但不具有中国传统园林蕴含的哲学与美学思想。詹氏说，查尔斯·摩尔设计的克莱斯格学院学生住宿区（Kresge College，University of California at Santa Cruz，1973）的后现代空间是有代表性的。

作为结论，詹氏怀疑可能已出现了一种激进的折衷主义（conclusion—radical eclecticism）。

詹克斯说，如果循着神秘、模糊和感性的方向发展下去，可能形成半宗教式的惯例。他认为后现代主义还会继续走向复杂性和折衷主义。他指出，现在所有的建筑创作倾向“都是朝向形式上和理论上的复杂性发展”。詹氏说，在1870—1910年期间，至少有15种建筑风格，那时也流行复杂性和折衷主义；今天“所有的设计者都属于一个由建筑刊物构成的世界村，地球上任何一个后院里产生的一个念头，马上到处都知晓了”“折衷主义是有选择余地的文化的天然产物”。

詹克斯认为，19世纪的折衷主义是虚弱的，而后现代主义能发展出一种激进的折衷主义。“激进的折衷主义运用所有交流手段的整个色谱，从隐喻到符号，从空间到形式。与传统的折衷主义类似，它选择恰当的风格样式，或衍生出来的体系，只要合用就行。激进的折衷主义把这一切混合于一座建筑之中。” 詹氏认为美国建筑师史密斯（Thomas Gordon Smith）的一些作品是折衷主义的代表。

詹克斯把文丘里看做后现代主义建筑的核心人物之一，说文氏是“第一个以敢作敢为的方式应用装饰性线脚和传统符号（如门廊、拱券等）的现代派建筑师”。他说文氏的北宾州家访护士协会总部（Headquaters Building，North Penn Visiting Nurse Association，1960）是一个“反纪念性的后现代主义建筑”。詹氏说，文丘里对现代主义建筑的攻击起初集中在口味上，后来集中到象征性问题方面。詹氏说，文丘里并非尊重历史性建筑作品，而是兴致十足地到历史上各种流派（如手法主义）那里“进行劫掠”，另一方面文丘里加入了波普艺术的行列。詹克斯认为，文丘里的著作“没有把象征主义理论向前推进一步，因此所举实例就有点四面八方瞎摸索……争论限于个人口味——没有符号学方面的理论”。

与文丘里不同，詹克斯在自己的书中有一部分专谈建筑艺术的传达方式（Part Two，The Modes of Architectural Communication）。他依照语言学的办法，认为建筑艺术的传达方式分为“隐喻”（metaphor）、“词汇”（words）、“句法”（syntax）和“语义学”（semantics）四种。

詹克斯说，“人们总是用另一座建筑或类似的客体来衡量一座建筑，简言之，这可称为隐喻”。詹氏举例说，朗香教堂使人想到合拢的双手、浮水的鸭子、一艘航空母舰、一种修女戴的帽子或攀肩而立的两位修士；而纽约TWA航站楼使人想到大鸟，象征的是飞机航行；悉尼歌剧院使人联想到开放的花朵、海中的贝壳、水上的白帆等。詹氏说这都是建筑艺术中的隐喻。“建筑艺术的解译比口头语言和书面语言有更大的弹性，并在更大程度上依赖于当地人的译码。”建筑的隐喻很不确定，悉尼歌剧院也可以让人想到“大鱼吞食小鱼”，或“一场无人获救的交通事故”。

“建筑语言与口述语言一样，必须运用大家都懂得的意义单元。我们可以把这些单元称为建筑艺术的‘词汇’。”詹氏说，门、窗、柱、隔墙等是建筑的词汇。他认为现代主义建筑为了追求创新，而力避使用建筑艺术的俗语和传统词汇。他们一般不愿采用“坡屋顶”这个建筑词汇，但在许多地方，“坡屋顶”正是“家”的标志。

詹氏说，门、窗、墙等的组合方法是建筑艺术的“句法”，建筑的样式风格是建筑艺术的“语义学”。“如果建筑师不顾心理上和社会意义上有关风格的种种看法，只是正面考虑美学的得失，结果是一座没有人懂得的建筑……于是建筑师和大众都失去了它。”

詹克斯是众多用语言学、符号学方法研讨建筑艺术问题的学者之一。

“符号”的定义多种多样，一个简单的定义是“一个符号代表（stands for or represents）它以外的某个事物”（美国哲学家莫理斯，1955）。建筑艺术无疑带有符号的性质，包含着符号现象，从语言学和符号学的角度加以研究是有意义的。但符号有语言符号与非语言符号之分，建筑艺术属于非语言符号一类，简单地将语言符号的一套理论套用到建筑艺术中来，难免有隔靴搔痒之嫌。

《后现代主义建筑语言》的出版，使詹克斯成为最著名的后现代主义建筑理论家。他思想敏锐，善于捕捉新信息，迅速概括，迅速成书。他的著述往往俏皮有余，严肃认真不足。他宣称现代主义建筑已经死去，遭到讥讽，后来终于改口。他以理论家的姿态出现，但其著述更似新闻记者的报道。

虽然如此，詹克斯的《后现代主义建筑语言》仍是一本有关后现代主义建筑的重要著作，它使我们窥见这一建筑流派的主要特点，詹氏的分析方式亦使我们了解了在“语言学转向”之后西方建筑理论的走向。

第36章

关于后现代主义建筑的评论

36.1 对后现代主义建筑的歧见

后现代主义建筑是逐渐出现的。各国建筑界围绕后现代主义建筑有过广泛的评论，对这一建筑趋向至今仍存在争议和歧见。我们已经大体了解了詹克斯的观点，再来看看其他人的见解。

美国建筑评论家赫克斯苔布尔（Ada Louise Huxtable，曾任《纽约时报》建筑评论员）于1980年冬在美国科学与艺术院作了《彷徨中的现代建筑》的讲演。她指出："在后现代的旗帜下聚集着一些不同派别（相互之间不是没有摩擦）的人，其中包括从将一切都剥离成抽象的象征论和符号学的形式主义者，到凌乱地接受所有历史和乡土环境的兼容主义者。这些不同的流派之所以能够联合起来，只是由于他们都认为现代主义是过时的东西……大家争先恐后地同现代主义脱离关系。这已突然成了一边倒之势……首先，我不同意说现代主义建筑已经死去或正在死去。我认为它还活着，并且活得很好，正在显示出巨大创造活力的迹象。其次，我想某些后现代主义并不完全同现代主义决裂，而是在美学或理论方面丰富了现代主义运动，显然是一种基于过去的、更为复杂的、更有阐释性的发展。"

关于后现代主义建筑的旨意，美国建筑师S.泰格曼（Stanley Tigerman，1930—2019）说，大多数人对待建筑的态度过于严肃，"他们相信有某种正确的道路，可是实际上不存在这样的道路"，他宣称"我们要搞好耍的、歪扭的、违反常情的东西"。(Architectural Record，Sep.，1976）F. 盖里（Frank Gehry）说得更彻底，他主张建筑师从"文化的包袱"下解脱出来，他说："不存在规律，无所谓对，也无所谓错。什么是丑，什么是美，我闹不清楚。"他提倡搞"无规律的建筑"（no rules architecture）。

K.福兰普顿在《现代建筑——批判的历史》中对后现代主义建筑作了如下的评论："如果用一条原则来概括后现代主义建筑的特征，那就是：它有意地破坏建筑风格，拆取搬用建筑样式中的零件片断。好像传统的及其他的建筑的价值都无法长久抵挡生产-消费的大潮，这个大潮使每一座公共机构的建筑物都带上某种消费气质，每一种传统品质都在暗中被勾销了。”

1986年英国《建筑评论》杂志刊登法勒利的文章《新精神》（E.M. Farrelly，The New Spirit），宣称“后现代主义死了”。文章说：“有人从一开始就认为它不过是经过修饰打扮的僵尸。另外一些人经过较长时间才识破造假者和半吊子古典主义者的民粹派式的骗人言论，才认识到……后现代主义建筑不过是无法控制的资本主义的一种玩物……它的成功来自一种毫不费力的美学途径，它迎合人性中最不可爱的那些品格：懒惰、愚昧、压抑和贪婪。”

意大利建筑理论家B.赛维在一次与后现代主义建筑赞同者P.波托盖西辩论时说：“后现代主义其实是一种大杂烩，我看其中有两个相反的趋向。一个是‘新学院派’（neo-academic），它试图抄袭古典主义，而那种古典主义是被摆弄的。这一派人并不去复兴真正的古典精神，不过摆弄些古典样式……与此相反，另一个趋向是逃避一切规律，搞自由化，实际上是提倡‘爱怎么搞就怎么搞’，其根子在于美国人想要摆脱欧洲文化的影响，可是其结果却是把互相矛盾的东西杂凑在一处的建筑。这种做法也许别有风味，然而难以令人信服，事实上也就难于普及。”赛维又说：“现代建筑没有死……我不认为从历史上拉来一些东西，拼凑成任意的、机械的‘蒙太奇’，像后现代主义者提倡的那样，就能消除当代文化中的毛病。依我看来，这一套把戏也是抽象的、图解式的，冒牌的艺术。没有什么人，包括你波托盖西在内，真正相信今天问题重重的城市会由于这种‘蒙太奇’，更确切地说是从历史上拉来的零碎的大拼凑而变得完整起来……试想，如果作家戈达（Gadda）把希腊语、埃及语、拉丁语以及阿里奥斯多、塔索、薄伽丘等人的语言都混杂在一块，将出现什么样的可怕的混乱呢？谁还能猜出这些杂凑在一处的信息交换有什么意义呢？”

总之，在后现代主义建筑问题上，各方面意见分歧很多，难于统一。依笔者看来，后现代主义建筑作为一种建筑界的趋向，它基本上并不涉及建筑的功能实用、技术经济等物质方面的实际问题，它所关心的只是建筑形式、风格、建筑艺术表现和建筑创作的方式方法等事项。这些方面是重要的，但不是建筑问题的全部。与此不同，现代主义建筑运动所解决的却是全面的问题，它带来的是历史上没有过的伟大的建筑进步。后现代主义建筑在名称上仿佛是接替现代主义建筑的、可以同现代主义建筑运动等量齐观的建筑运动，实际上它的意义和作用要小得多。

然而现代主义建筑也不可能是永不变化的。经过六七十年的时间，面对变化了的社会条件和需要，从原则到样式手法，现代建筑必然需要调整、修正、补充、更新。在20世纪后期，这样的调整、修正、补充、更新实际上早就出现了，并且是多方面和多种多样地进行着的。例如，较早的A.阿尔托，后来的雅马萨奇，都对现代主义建筑的原则和方法做出了明显的修正、补充和变更。后现代主义建筑只是更晚些时出现的许多修正者中的一支。

的确不应该把所有在形式风格上与现代主义建筑有区别的新建筑物都看成是后现代主义建筑。许多新建筑物，或多或少这样那样地参考或汲取了传统建筑的形式或样式，并不一定能划入后现代主义建筑的范围，重要的是看它的美学倾向：按照传统美学倾向创作的复古主义建筑其实应该视为前现代建筑的重现；只有那些体现和贯穿着后现代主义文化精神和美学倾向的建筑才应该被视为后现代主义建筑作品。当然，和一切建筑流派一样，正宗和典型的后现代主义建筑是很少的，准后现代和半后现代的建筑数量多一些。建筑流派的边界原本是松散的、不固定的和开放的，因而总是模糊的。

后现代主义建筑，从历史的眼光看，它们其实还是应该归入现代主义建筑的范畴之内，其变化主要是在形象方面和美学观念方面。因而后现代主义建筑大体可以视为20世纪现代主义建筑的一个变种。这一变种之所以引人注目，主要是因为它在形式上带上了新的时代特色，即20世纪后期西方社会的后现代主义文化的特色。

作为一种建筑艺术流派，后现代主义建筑也不会很快消逝，更不会突然“死去”。20世纪80年代以后，美国式的后现代主义建筑的势头已经逐渐低落下去，但其影响还会延续相当长的时日，或者以改变了的形态重新出现。

后现代主义建筑理论讨论的多，实际建造的并不多。下面我们介绍两位后现代主义建筑师和他们设计的几座比较公认的后现代主义建筑。

36.2 美国建筑师格雷夫斯与摩尔的作品

36.2.1 格雷夫斯与波特兰市政大楼

M.格雷夫斯（Michael Graves，1934—2015）出生于美国，1959年获哈佛大学硕士学位，1962年成立建筑事务所，长期在普林斯顿大学任教，是著名的教授建筑师。

20世纪70年代初期，格雷夫斯与埃森曼（Peter Eisenman，1932—）、格瓦斯梅（Charles Gwathmey，1938—2009）、R.迈耶（Richard Meier，1934—）及J.海杜克（John Hejduk，1929—2000）并称“纽约五杰”（New York Five）。当时这五人的建筑作品明显受勒.柯布西耶早期作品的影响，多用简单几何形体和白颜色，轻快明亮，因而又被称为“白色派”。20世纪70年代中期以后，五人的建筑风格渐渐分化，格雷夫斯不久成为后现代主义建筑的重要人物。詹克斯强调后现代主义建筑采用双重译码，格雷夫斯认为建筑艺术既要与有教养的人们联系，也要与大众阶层保持联系。他将从传统建筑取来的片断作为一种符号使用，使建筑形象带上历史的象征或隐喻。在建筑处理上考虑一般人的习惯和爱好，如现代主义建筑常用整块大玻璃做窗墙，而实际生活中人们习惯用手扶着窗棂向外张望，因此格氏少用大玻璃窗而常用带窗棂的传统的格窗，有时就用木窗。建筑物顶部轮廓是人们观看的重要部位。现代主义建筑的顶部过于简单，格氏将顶部加以处理，使一般人容易认同而喜闻乐见。格氏将建筑物形体与人的头、身、脚相比，使建筑物有明显的顶部、主体和基座的划分。他称这种做法是建筑的“拟人化”。格氏的色彩运用有鲜明的个性，爱用明丽娇柔的颜色如粉红、粉绿、粉蓝之类的“餐巾纸色”，因而他的建筑作品亮丽醒目，有别于现代主义建筑惯用白色。他说不同颜色用于不同的建筑部位带有不同的隐喻：蓝色天花板象征蓝天，蓝色地面隐喻水面，绿色地面隐喻草地，墙上的绿色象征攀墙植物。据解释，他的建筑物的基座常用棕色，既代表大地，又与传统房屋的基座相近。墙上的绿色除代表植物外，又与老建筑物常有的绿色木百叶窗相近等。这就是后现代主义建筑所谓的“多义性”和“双重译码”。格雷夫斯惯用彩色粉笔作画，这种“餐巾纸色”的建筑画也成为他的名篇。

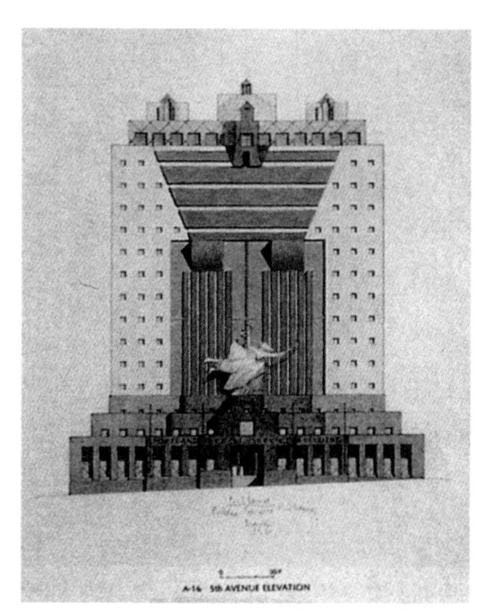

图36-1　格雷夫斯的建筑画

图36-2　格雷夫斯，波特兰市政府新楼，1979—1982年

1979年开始设计，1982年落成的美国俄勒冈州波特兰市市政府新楼（Portland Building，Portland，Oregon）是格雷夫斯也是美国后现代主义建筑最有代表性的作品，它的出现改变了公共建筑领域中近半个世纪流行现代主义建筑风貌的趋势。它是一个大方墩式建筑，高15层，下部明显地

做成基座形式，基座部分外表贴有灰绿色的陶瓷面砖，还用粗壮的柱列加以强调。基座以上的主体表面为奶黄色，在四个立面上都加有隐喻壁柱的深色竖直线条。正立面的“壁柱”上有突出的楔块，再在上面以深色面砖做成巨大的“拱心石”（keystone）的图形。立面上除了部分大玻璃面外，其余是在实墙上开出的方形小窗洞。侧立面的“壁柱”上还有飘带似的装饰。主入口饰有三层楼高的“波特兰女神”（Portlandia）雕像，它是从波特兰市市徽中选出的形象。这样的富有特色的入口处理早先是很多的，但后来很少看到。与密斯风格的建筑处理相比，波特兰市政府新楼色彩鲜亮，有不少装饰，形象丰富。它有些古典意味，但不完全复古，所以又有些活泼生气，还有些滑稽嬉闹之意。波特兰大楼的处理手法充分体现了文丘里鼓吹的方式，诸如不同尺度的毗邻，形象和色彩的混杂，片断拼贴以及以非传统的方式利用传统等。这些美国后现代主义建筑的精神和旨趣第一次在比较重要的官方建筑的设计中表现出来，在当时可谓别开生面，因此受到广泛注意，成为后现代主义建筑的第一批里程碑中的一个。

1988年前后建成的美国佛罗里达州迪士尼乐园中的天鹅饭店和海豚饭店（Swan Hotel and Dolphin Hotel，Lake Buena Vista，Florida）是格雷夫斯的后现代主义建筑的另一类代表作。从外部到内部，这两座饭店建筑的各部分形体忽大忽小，比例失常，装饰夸张，色彩俗丽。无论从古典建筑的角度还是从现代主义建筑的角度来看，它们都是不入流的，而从后现代主义建筑的角度看，尤其是放置在迪士尼游乐园的环境中，则被视为一种典型。

图36-3　格雷夫斯，佛罗里达天鹅饭店，1988年

36.2.2 摩尔与新奥尔良市意大利广场

查尔斯·摩尔（Charles Moore，1925—1993）是另一位美国后现代主义建筑的代表人物。他参加设计的美国新奥尔良市意大利广场（Piazza D' Italia，New Orleans，Louisana，1979）是他的一个代表作，也是后现代主义建筑群和广场设计的一个例子。

新奥尔良是美国南方城市，该地有众多意大利裔居民。1973年，市政当局决定在该市意裔居民集中的地区建造意大利广场（该市另有西班牙广场、法兰西广场等）。由于广场修建地段有一些老房屋难以拆除，所以广场不直接面向主要街道，而处于临街建筑物后面的空地上。

图36-4 摩尔等，新奥尔良市意大利广场（透视图），1978年

1974年广场筹建委员会从46个参选方案中评出6个候选方案。建筑师佩雷斯（August Perez）的方案获第一名，摩尔的方案名列第二。由于两个方案有相似之处，评委会决定由两人合作设计。

意大利广场中心部分开敞，一侧有祭台，祭台两侧有数条弧形的由柱子与檐部组成的单片“柱廊”，前后错落，高低不等。这些“柱廊”上的柱子分别采用不同的罗马柱式。祭台带有拱券，下部台阶呈不规则形，前面有一片浅水池，池中是石块组成的意大利地图模型，长约24米。新奥尔良市的意裔居民多源自西西里岛，整个广场就以地图模型中的西西里岛为中心。广场铺地材料组成一圈圈的同心圆，意为以西西里岛为中心。

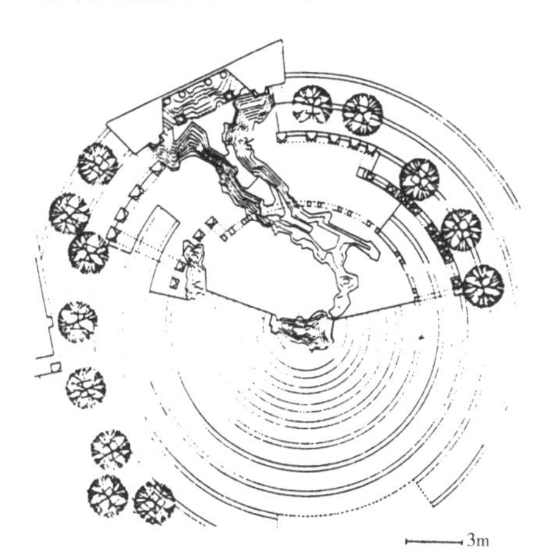

图36-5 意大利广场平面

广场有两条通路与大街连接，一个进口处有拱门，另一处为凉亭，都与古代罗马建筑相似。广场上的这些建筑形象明确无误地表明它是意大利建筑文化的延续。但在细部上又有许多变形。柱廊的柱子用多种不同材料制成，有不锈钢片的，有水泥的，有瓷片的，有的带有镜面，有的由氖光灯管组成，还有一处用下淌的水流表示柱子上的凹槽，有一处柱头上嵌有摩尔本人的头像，面带微笑，口中吐水。总之，整个意大利广场的处理既古又新，既真又假，既传统又前卫，既认真又玩世不恭，既严肃又嬉闹，既俗又雅，有强烈的象征性、叙事性、浪漫性。摩尔本人

图36-6 意大利广场中心部分

说："我们就是试着要它显得高高兴兴（We try to make it happy）。"建成后，意裔居民常在那儿举行庆典仪式和聚会，它同时也是一处休憩场所，受到群众的欢迎。但复杂的喷水口易堵塞，灯管要常换，油漆不能持久，维护起来有些困难。

意大利广场建成时建筑界褒贬不一。有文章说"建筑难得使人快乐、浪漫、高兴和有爱的感情，意大利广场是难得的例外作品之一"，另外又有人说它"极端令人厌恶""喷泉是一连串的玩闹，总起来说，它不过是后现代主义的一出滑稽戏。凭着它摩尔可以自认为是当今建筑界的滑稽大师或突出的丑角了"。

36.3　1987年柏林建筑展

1987年，原西柏林市政当局为纪念柏林建城750周年举办国际建筑展［International Building Exibition，Berlin，1987（德文简称IBA1987）］。柏林先前举办过几次建筑展，多是集中在一个地点展示建筑设计的新进展，如1931年和1957年柏林都举办过这样的建筑展，产生过广泛影响。1987年这一次建筑展规模大，并与城市实际建筑活动结合，因而分散在许多地点。这一次主要展出的建筑为住宅，共97项，合计3000多户，其中有新建、改建和扩建，分散嵌入城市已有机体之中。这一次柏林建筑展在建筑设计的指导思想、风格样式方面与1927年德国斯图加特住宅展（密斯为主持者）和1957年柏林建筑展都不相同。斯图加特建筑展是现代主义建筑师的一次集体亮相；1957年柏林建筑展举办于第二次世界大战结束不久的时候，显示的是战后柏林建设的成果，作品也多是现代主义的公寓建筑。这两次的住宅强调实用与经济，还有建筑技术的进展。到20世纪80年代，时过境迁，情况背景与以前不同。这时候原联邦德国虽然仍有需要新住宅的人口，但总体来说，全国的住房总户数已经超过家庭总数。国家的经济实力已显著增强。如以1930年德国国民收入总值为100%，到1955年，这个数字增为196%，到1980年则升为1867%。1927年和1957年的德国急需住房，经济困难，自然盖房子要精打细算，务求多建快建。到了20世纪80年代，今非昔比，如财力充足的人锦上添花式地建房，讲究的方面便与穷措大不一样了。1987年柏林建筑展强调的是保持城市原有风貌，提升环境质量，要求风格多样，富有情趣。当局提出不是规划建设新区，而是"修补我们的城市"，提出城市的未来要与历史基础相符，城市的未来不是一般的未来，而是"我们过去的未来"。

为举办1987年柏林建筑展，从1978年开始就举行了多次国际建筑设计竞赛，欧美及日本多位建筑师获选。20世纪70—80年代正是后现代主义建筑风行时期，IBA的许多建筑体现的是后现代主义建筑风格。

IBA的一个著名项目是劳赫街街坊。该街坊由R.克利尔（Robert Krier）做规划。在一个长方形庭院的周边布置了10幢住宅楼，其中8幢系新建的，分别由不同建筑师设计，形式各不相同，但高度相差不多。R.克利尔设计了其中的9号住宅（编号189—7H），特色鲜明。小楼立面上采用一些古典建筑的零件，门洞、窗口、阳台各不相同，构图错杂，故意追求不统一、不和谐、不完整的效果。

与9号住宅相邻的一幢住宅（编号189—7G）是维也纳建筑师H.霍莱因（Hans Hollein，1934—2014）设计的，立面上用了许多断裂、错接、撞合等后现代主义建筑手法。

IBA的台格尔（Tegel）港区住宅群中有查尔斯·摩尔设计的一组公寓楼（编号640—3C），布局呈折线形，尽头连一方形小院。层数主要为四至五层，坡屋顶高低起伏，墙上有壁柱、拱券、线脚，与传统建筑形式接近。

美国建筑师S.泰格曼在台格尔港区也设计有一座三层住宅小楼（编号641—3K），下有石砌基座与台阶，上有坡顶及老虎窗，还有一对高耸的砖砌烟筒。立面上的零件来自传统建筑，然而形体比例大大夸张和变形，造型可笑逗人。

1980年夏，在威尼斯双年艺术节上曾举办建筑展览。在一所旧厂房中，展出了文丘里、摩尔、泰格曼、霍莱因等人的建筑图样和模型。那次展览被视为后现代主义建筑的国际大亮相，然而那一次只是图片与模型，并无实物。1987年的IBA则全是著名后现代主义建筑师的实际建成的房屋，影响更大。如果说1927年斯图加特住宅展是现代主义建筑的国际展示会，1987年的IBA则是后现代主义建筑的国际盛会。前后相隔60年，碰巧又都在德国，两次展览都是当代建筑趋向的风标。不过IBA之后，后现代主义建筑的声势就日见低落了。

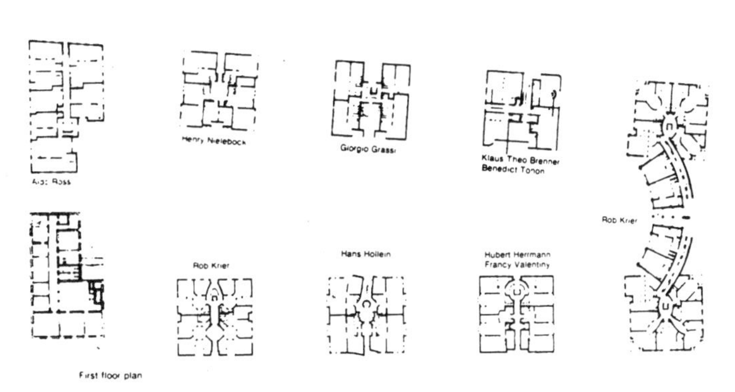

图36-7　劳赫街街坊住宅平面

图36-8　R.克利尔，189—7H号楼

图36-9　189—7H号楼侧面

图36-10　H.霍莱因，189—7G号楼

图36-11　189—7G号楼局部

图36-12　摩尔，640—3C住宅群（局部）

图36-13　640—3C住宅群院内

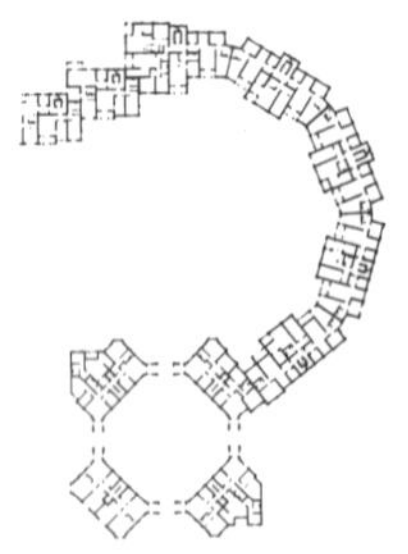

图36-14　640—3C住宅群平面

图36-15　S.泰格曼，641—3K号楼

图36-16　A.罗西，189—7A号楼

图36-17　赫尔曼和瓦林蒂尼，189—7F号楼

图36-18　矶崎新，S.F.33—94E号楼

图36-19　S.F.33—94E号楼入口（将该地在二次大战中被毁的老建筑的残余片断与新建筑组合起来，作为新楼的入口）

第37章 解构主义建筑

37.1 解构主义哲学

解构主义是当代西方哲学界兴起的一种哲学学说。要想大略了解这种哲学，须得从另一种哲学，即结构主义哲学说起。

结构主义是20世纪前中期有重大影响的一种哲学思想，它主要是一种认识事物和研究事物的方法论。结构主义哲学所说的结构比房屋建筑中的结构概念要广泛得多，它指的是“事物系统的诸要素所固有的相对稳定的组织方式或联结方式”。结构主义哲学说，“两个以上的要素按一定方式结合组织起来，构成一个统一的整体，其中诸要素之间确定的构成关系就是结构。”著名的结构主义代表人物列维·斯特劳斯（Claude L’evi-Strauss，1908—2009）等人强调结构有相对的稳定性、有序性和确定性，强调我们应把认识对象看作整体结构；重要的不是事物的现象，而是它的内在结构或深层结构。西方结构主义的发展同语言学的研究有密切的关系。结构主义语言学认为语言中的能指与所指（词与物）之间有明确的对应关系，是有效的符号系统。结构主义被用于人类学、社会学、历史学和文艺理论等方面的研究，取得了不小的成绩。

像一切事物发展的情形一样，在结构主义的发展过程中与上述观点相对立的观点也相应发展起来，人们指出结构是不断变化的，并没有一成不变的固定静止的结构。例如，以文学作品来说，不同的读者对一部作品有不同的理解和解释，作品结构在读者的阅读中就成了不断运动、不断变化的东西，作品的静止结构就消失了。这种观点被称为“后结构主义”。许多结构主义者后来转变为后结构主义者，结构主义趋于衰落。

对结构主义攻击最猛烈的是法国哲学家德里达（Jacques Derrida, 1930—2004），他原先是结构主义者。1987年出版的《中国大百科全书·哲学》卷称他为“法国哲学家、结构主义的代表”。可事实上，早20年他就反其道而行之了。

1966年10月，美国约翰·霍普金斯大学人文研究中心组织了一次学术会议，大西洋两岸众多学者参加，他们多数是结构主义者，会议的原主题是在美国迎接结构主义时代的到来。出人意料的是当时36岁的德里达的讲演把矛头指向结构主义的一代宗师列维·斯特劳斯，全面攻击结构主义的理论基础，他声称结构主义已经过时，要在美国树立结构主义已为时过晚。德里达的观点即解构理论（deconstruction），即解构主义哲学。有人把解构主义归入后结构阵营，但也有人认为德里达开创了一个“解构主义的时代”。德里达的解构主义攻击的不仅仅是20世纪前期的结构主义思想，他的攻击面大得多，实际上他把矛头指向柏拉图以来整个欧洲理性主义思想传统。

中国哲学界人士指出了德里达解构主义的这种实质。叶秀山认为德里达对西方人几千年来所崇拜的、确信无疑的“真理”“思想”“理性”“意义”等打上了问号。陆扬认为德里达对西方许多根本的传统观念“提出了截然相反的意见，力持许多人认为是想当然的基本命题，其实都不是本源所在，纯而又纯的呈现，实际上根本就不存在”。（陆扬：《论德里达对欧洲理性中心主义传统的解构》，《暨南学报（哲社版）》，1992 年第2期）包亚明认为德里达“把解构的矛头指向了传统形而上学的切领域，指向了一切固有的确定性。所有的既定界线、概念、范畴、等级制度，在德里达看来都是应该推翻的”。（包亚明：《德里达解构理论的启示力》，《学术月刊》，1992 年第9期）

德里达怎么有这么大的本事？解构哲学如何施行如此广泛的攻击呢？原来德里达采用了釜底抽薪的挖墙脚的战术。他以语言为突破口，一旦证明语言本身不可靠，那么用语言表达的那一套思想体系也就成问题了。

在1966年约翰·霍普金斯大学的会议上德里达讲演的题目是《人文科学话语中的结构、符号和游戏》。1967年他同时出版三本著作：《论文字学》《文字与差异》和《言语与现象》，都是讨论语言问题的。先前的哲学家大都认为语言系统的能指与所指有确定的关系，能够有效地用来解释世界表达思想，而德里达用他的一套理论证明语言系统的能指与所指是脱节的、割裂的，所以语言本身是不确定的，不可靠的，正像中国古代思想家所谓的“书不尽言，言不尽意”。（《易·系辞上》）包亚明指出：“在德里达看来，语言绝非传统思想形容的那样，语言不是反映内在经验或现实世界的手段，语言也不能呈现人的思想感情或者描写现实，语言只不过是从能指到所指的游戏，没有任何东西充分存在于符号之内……这就意味着任何交流都不是充分的，都不是完全成功的。通过交流而得以保存和发展的知识，也就变得形迹可疑了”。于是，“在德里达的抨击下，确定性，真理、意义、理性、明晰性、理解、现实等等观念已经变得空洞无物。通过对语言结构的颠覆，德里达最终完成了对西方文化传统的大拒绝”。(包亚明，同上文)

德里达是西方传统文化的颠覆者和异端分子，解构理论让人们用怀疑的眼光扫视一切，是破坏性、否定性的思潮。美国一位解构主义者形象地说，解构主义者就像拆卸父亲手表并使之无法修复的坏孩子。有人指出，解构主义只具有否定性的价值，不会上升为理论主流，但是它能促进思想的发展，而其中所包含的某些思想成分则可能被以后的理论主流所吸收。

37.2 关于解构主义建筑的一些说法

德里达解构哲学的激烈和异端性质使它具有很大的冲击力和启发性，正如日常生活中，谆谆说教无人注意，猛烈的翻案文章却有轰动效应和连锁反应一样，解构理论出台后，在西方文化界掀起一阵解构热。文学、社会学、伦理学、政治学等以至神学研究，都有人在德里达的启示下进行各种各样的拆、解、消、反、否等大翻个式的研究，到处都有“坏孩子拆卸父亲的手表”。

图37-1 屈米，巴黎拉维莱特公园，1984—1988年

终于，不可避免地这股风也吹进建筑界和建筑学子们的头脑中和创作中来了。

1988年3月在伦敦泰特美术馆举办了一次关于解构主义的学术研讨会，会期一天。上午与会者观看德里达送来的录像带，并讨论建筑问题，下午讨论绘画雕塑。过了3个月，即同年的6月，纽约大都会现代美术馆举办解构建筑展，展出七名建筑师（或集体）的10件作品。这七名建筑师（或集体）是盖里（Frank Gehry）、库尔哈斯（Rem Koolhaas）、哈迪德（Zaha Hadid）、李白斯金（Daniel

图37-2 拉维莱特公园规划

Libeskind）、蓝天组（Coop Himmelblau）、屈米（Bernard Tschumi）和埃森曼（Peter Eisenman）。因为有建筑形象，这个展览会更引人注目并容易引起讨论。在这两次活动之间，英国《建筑设计》（A.D.）杂志出了一个《建筑中的解构》专号（A.D., No.3/4，1988），由此解构建筑声浪大作。

纽约解构建筑七人展开幕的时候，美国《建筑》杂志的主编在该杂志6月号“编者之页”中写道：“20世纪建筑的第三趟意识形态列车就要开动。第一趟是现代主义建筑，它戴着社会运动的假面具；接着是后现代主义建筑，它的纪念物真的是用意识形态加以装点的，以至于如果不听设计者本人90分钟的讲解，你就不可能理解它，而且即使有讲解，也不一定有帮助；现在开出的是解构主义建筑，它从文献中诞生出来，在有的建筑学堂里已经时兴了10年……今后几个月，赶在解构建筑消逝之前，我们和别人还有些话要说。”这位编者虽然暗示解构建筑会很快过去，但仍把它与现代主义及后现代主义建筑相提并论，合称20世纪建筑的三大潮流。

1988年纽约解构建筑展筹办人之一威格利（Mavk Wigley）不肯给解构建筑下定义。他说只是展出了七位互相独立的、美学上各不相同的建筑师的作品，他们之间的相似性和差异性同样重要。他说现在大家注意解构建筑，表明人们正在忘记后现代建筑。建筑杂志的一位记者认为威格利只讲解构建筑不是什么：不是一种新风格和新运动，不是一种新潮流，不预示未来，不是花言巧语的新派别，不是从社会文化中产生的，也不是从解构哲学中产生的，不是一种时代新精神，展览会也不是在提倡一种建筑风格等。主办者威格利一迭声不是这不是那，但参观者发言（据记者报道）却认为它是在偷运某种风格，认为那些作品忽视功能，华而不实，冲击建筑表现，是低劣的雕塑。

自1988年的讨论会和展览会以来，公认的解构主义建筑的代表人物仍不太多，数得上来的大概有十几个人或二十几个人。有些被别人封为解构主义的建筑师，自己还加以否认。声名最显赫的解构建筑名师还数埃森曼与屈米二人。

关于解构建筑的专文与专著出了不少，我国建筑学者也有多篇文章介绍与阐释。我认为两篇文章有重要价值，一是张永和写的《采访彼德·埃森曼》，（《世界建筑》，1991年第2期）另一篇是詹克斯写的《解构：“不在”的愉悦》（Deconstruction：The Pleasures of Absence）。（A.D.，No.3/4，1988，pp.17—31）头一篇文章是少有的中国建筑师与埃森曼面对面的问答，然后用中文写出，是一篇好懂可信的材料。后一篇是著名建筑评论家写的批评性文章，原文也容易查找。一个

图37-3　埃森曼，住宅3号，1971年

是解构名家自己回答询问，一个是持怀疑态度的批评家的文章，两者都是第一手材料，值得注意，可做依据。

埃森曼俨然是一位高举解构建筑大旗的理论家和实践家。他在采访中说他讨厌解构建筑“变成一种风格”，成为一个“赋予一些貌似相同的建筑作品的名字”，他抨击有的人真的只是“画些看上去解构的东西”。

埃森曼强调建筑师要好好研究黑格尔以后的欧洲哲学家的哲学，他举出来的人有尼采、海德格尔，当然最重要的还是德里达的解构哲学，他说“这是搞建筑的唯一途径”。然而，可惜的是“蓝天组（Coop Himmelblau）的沃尔夫、普利克斯、伯纳德·屈米、兰姆·库尔哈斯从来没读过德里达……没准儿屈米是例外”。言下之意，只有他埃森曼，“没准儿”加上一个屈米，走的是“搞建筑的唯一途径”。埃森曼把正牌解构建筑师的圈子划得极小，采取了孤家寡人的政策。

解构哲学同解构建筑究竟有怎样的关系呢？埃森曼说，“建筑不是表达哲学思想；在解构的条件下，建筑就可能表达自身、自己的思想……建筑不再是一个次要的思想论述的媒介”。他说对待解构哲学，“不能是简简单单地，而是要寻找借来想建筑的那些思想含义”。

埃森曼提出解构的基本概念包括取消体系、反体系、不相信先验价值、能指与所指之间没有“一对一的对应关系”等。他运用解构哲学在建筑中表现“无”“不在”“不在的在”等；在建筑创作中采用“编造”“解图”“解位”“虚构基地”“编构出比现有基地更多的东西”“对地的解剖”，还有“解位是同时又在基地上又不在基地上”等。

詹克斯是后现代主义建筑的吹鼓手和诠释家，他似乎因此而不看好解构建筑，他抓住埃森曼强调的无、不在、不在的在等概念，给自己的文章题名为《解构：“不在”的愉悦》，语含讥讽，行文也有点阴阳怪气。这里把他的文章的精辟部分译出几段。

詹克斯写道：“过去20年中，有一种发展趋向被称为解构或后结构主义建筑。它将现代主义的优越感和抽象性推向极端，并把原来已有的各种处理手法加以夸大张扬。因此，我要继续把它称作一种‘后期的’东西。不过，它倒也含有足够的新的方面，它对现代主义文化的许多假定重新评估，由此，又可以给它冠以‘neo’这个前缀。然而含义究竟是‘new’还是‘late’，仍然存在争论。它的重点是连续性还是变异性，也是有争论的；但我们需接受建筑解构运动这个既成事实。反映20世纪60年代文学中的变化、哲学中的变化，这个运动被埃森曼发展为一种否定性的理论和实践（‘非古典’‘否构图’‘无中心’‘反连续性’）（‘not-classical’‘de-composition’‘de-centring’‘dis-continuity’）。埃森曼一向为建筑寻找语言学的和哲学的证明。20世纪70年代，他殚思极虑地利用结构主义和乔姆斯基的转换生成法语言学，然后又不知疲倦地从一种玄学转向另一种玄学。他像是不停不休的尤利西斯（欧洲古代神话中的一位神衹）那样寻求他的‘无灵魂’（non-soul）。他是一个徘徊不定的现代主义者，在奔向远处的无聊和精神错乱之前，从尼采、弗洛伊德和拉康那儿获得暂时的喘息……但是，建筑学被认为是具有社会基础的建造性的艺术（constructive art），一个专门设计‘空虚’和‘不在’（emptiness and non-being）的建筑师或多或少是有点古怪的。”

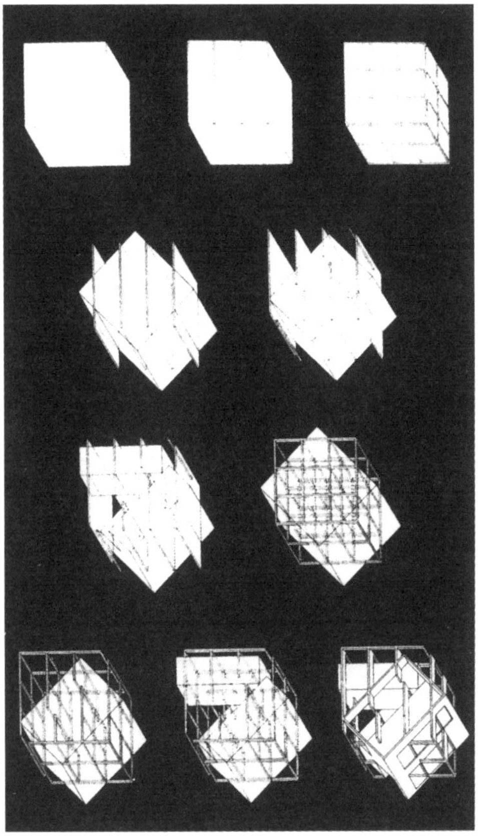

下面是另外一段，詹克斯谈论埃森曼其人，说埃森曼是一位积极的虚无主义者（the positive nihilist），“没有任何别的建筑师比埃森曼更固执地信仰怀疑论，再没有谁比他更强调间隙和矛盾（gap and contradiction）的重要。大约在1978年，他变成了一个解构主义者，他本人同时也接受精神分析医生的检查。这两件事无疑相互影响，加深了他的怀疑论。部分以他自己的言论为依据，简要回顾一下他的发展历程是有用的，这可以说明当代流行的哲学和理论都对他有非常的吸引力，也能说明为了自己的目的，他是如何有意地‘误读’那些哲学与理论，以便在自己的工作中添加他所谓的‘引导能量’（didactic energy）。埃森曼的建筑、文章和理论，都具有一种激动发狂的能量，它们强力地结合在一起，似乎这样一来，便可造成一次真正的突破，用文字、房屋和模型造出一种新的‘非建筑’（a new non-architecture）。令人不解的是，尽管他的剧目中后来增添了诸如L形的半掩埋型建筑等几个项目，他的美学却还停留在他第一个建筑的白色抽象网格那儿。”

我们列出了解构建筑旗手自己的言论，又列出了一位重要反对派人士的说法，虽则有限，还是可以窥见提倡者和批判者两方面是怎么想的，怎么说的。

图37-4　埃森曼，“转换生成法”的设计方法

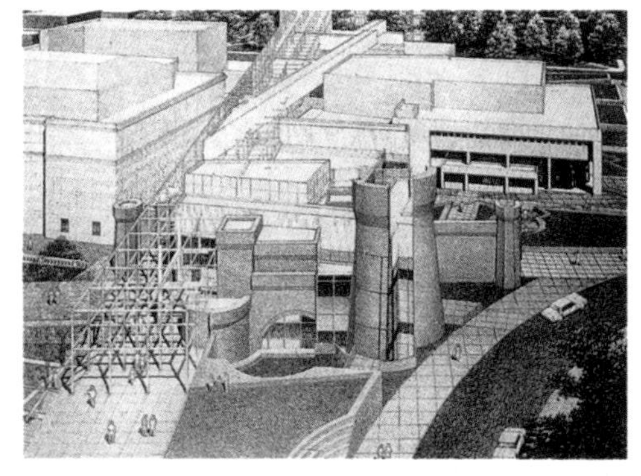

图37-5　埃森曼，美国俄亥俄州立大学韦克斯纳视觉艺术中心（鸟瞰图），1989年

37.3 建筑中什么可以被解构

哲学属人文科学，是人的精神产品，在这个领域里，对原有的理论及其体系进行怀疑、批判、拒斥，实行拆解、颠倒，打它个落花流水、溃不成军，后果会怎样呢？从积极方面看，这有助于活泼思想，减少僵化，属于百家争鸣的范围；就消极方面看，无非多出来一些空论、谬论，多一些笔墨官司，顶多把一部分人的思想弄糊涂，但天塌不下来，人民生活不致有实质性的大损害。

消解、颠倒的做法如果引入建筑以外的艺术部门中去，也没有什么了不起。试想电影倒着放映、小说看不懂、跳舞头着地、雕塑支离破碎，无非令人迷惘或捧腹大笑，都没有大关系，生活还是生活，无伤也。

可是到了物质生产部门和物质生活领域，情况就两样了。肉、蛋、奶的营养价值怎么批判？开汽车的人学解构哲学以后肯对引擎实行消解吗？一把椅子倒过来再坐上去如何？如果医生们听信德里达的话，否认药品的能指与所指的“一对一的对应关系”，胡乱抓药，如何得了！

那么建筑怎样呢？建筑师能否对房屋建筑实行解构呢？

这要分析。

一个停留在设计阶段，并不真盖的房子的图样，是怎样都可以的。纸上画画，墙上挂挂，做个模型看看，爱怎么解构怎么解构。

图37-6　韦克斯纳视觉艺术中心模型

一个真正建造起来的房屋就不同了，像人们常说的，它既有物质属性，又有精神艺术属性。

建筑的物质性方面是不能真的解构的。多种多样的材料就不能颠倒乱用。房屋的结构体系，要遵从物理的、力学的规律；就不能随意拆解。拉力和压力不能错位，不能解位，不能颠倒，因为人命攸关。

图37-7　韦克斯纳视觉艺术中心外观一角

房屋设备也不能拆，不能解，不能变形，不能错位，否则水管漏水、暖气不热、电梯不动怎么办？

最热心解构的建筑师对于房屋中的这些硬碰硬的东西，都不能真正去解构，只能绕着走。

建筑的功能能否解构？这要分着说。有些部分，其功能要求有硬指标，如精密实验室、医院手术室，就不能随意拆解、错位、变形；另一些部分，功能要求有很大的弹性、灵活性；还有一些部分，几乎没有什么硬性要求。一座建筑物通常既有严格要求的部分，又有许多功能要求富有弹性的部分。正因为这样，建筑设计就不同于机械设计，它给建筑设计者留下匠心独运施展本领的极大余地。

正因为这样，同一个建筑设计任务可以做出在满足功能要求方面不相上下的众多的不同的方案，正因为这样，建筑设计具有了艺术创造的性质。

一座建筑物中，功能要求严格的部分往往是一个常数，总面积增大常常意味着弹性部分加大，设计起来就更灵活，更易于发挥独创性。拿住宅设计来说，康居工程、小面积住宅的功能要求很严，做好不容易。做200平方米的住宅，功能就不再是一个难题，有更多的面积可以让你灵活处理。在一个面积达300平方米、500平方米的住宅中，有更多的余地让你将墙壁“解位”、房间变形、屋顶消解、地面开缝，在房子里做出许多“之间”“不存在的存在”“对地的解剖”“编构出比现有基地更多的东西”等。总之，钱愈多面积体积愈大，建筑师就愈有解构的余地和自由。

物理学、力学的规律不能违反，在这个前提下，多花钱，结构设计也能在一定程度 上配合建筑设计者的要求，做出解构的模样和姿态。这不是结构本身的解构，而是形式方面的事，是结构的伪解构。

总而言之，所谓解构建筑，并非把建筑物真正地解掉了。对于一个要正常使用的房屋，建筑设计者不能拆解结构，不能否定设备，不能把最基本最必需的实用功能要求消解掉。倾心解构的建筑师，无论他的解构言论多么深刻多么玄妙，都不敢也不能这样做。

简略地说，解构建筑师解的不是房屋结构之“构”，实乃建筑构图之“构”也。

37.4 解构建筑的形象特征

形式构图绝非建筑设计工作的唯一内容，但形式构图确是如人们所说的是建筑师的一项重要的“看家本领”。形式构图本身也不能单打一，只管艺术好看，但构图的艺术性或艺术性的构图却有着突出的重要性，有的时候，在有的项目上还起着关键的作用。我国在一段时期中经常反对重形式轻经济、重艺术轻技术的倾向，这固然事出有因，但不免妨碍到我们对建筑艺术作正面、专门的研究。口头上反对重艺术，实际上非常重艺术，是很普遍的现象。

建筑师们自己当然明白建筑形象的重要性。不过奇怪的是，当今一些倡导解构建筑的建筑家，却讳言解构建筑的形象或形式问题，仅讲些形而上的玄妙话。

建筑物有形体，建筑艺术是视觉的艺术。无论你有怎样的玄机，都必须而且只能通过建筑中的视觉可见的东西加以表达。判别一个建筑师是否在搞解构，他的解构作品是否高明，都要看它的建筑作品的形象而定，不能以他的话语和文字为凭，我们要观其形而听其言。

图37-8 贝希尼等，斯图加特大学太阳能研究所，1987年

解构建筑有些什么形式或形象上的特征呢？解构建筑家自己不肯明说，只好由我们代庖。我们先从人们的印象说起。

1988年纽约解构建筑展使观众产生了这样的印象：“那些模型都像是在搬运途中被损坏的东西”，那些“建筑画画的好像是从空中观看出事火车的残骸”。

图37-9 斯图加特大学太阳能研究所内景

1988年，本书作者路过德国斯图加特大学校园里的一所建筑物，被它的奇特形式所吸引。那所房屋的柱子和墙面划分斜斜歪歪，门窗洞口也好像口歪目斜，龇牙咧嘴，轮廓如刺猬，松松垮垮，一副不修边幅的模样，然而它又是簇新的房子，并非年久失修所致，因此十分引人注目。打听之下，得知是太阳能研究所。心想那副模样大概是由特殊的研究工作需要所致，不料后来在解构专著中赫然又见，才知道它也是解构名作，那种模样原来是一种风格的追求。

那座太阳能研究所（Hysolar Research Iustitute，University of Stuttgart，Germany， 1987，建筑师Behnisch & Partner）是有代表性的。如果我们把那些比较公认的解构建筑作品集合在一起考察，可以看到它们有一些共同的形象或形式的特征，归纳起来有以下诸端：

一是散乱。解构建筑在总体形象上一般都做得支离破碎，疏松零散，边缘上纷纷扬扬，犬牙交错，变化万端。在形状、色彩、比例、尺度、方向的处理上极度自由，超脱建筑学已有的一切程式和秩序，避开古典的建筑轴线和团块状组合。总之，让人找不出头绪。

二是残缺。力避完整，不求齐全，有的地方故作残损状、缺落状、破碎状、不了了之状，令人愕然，又耐人寻味。处理得好，令人有缺陷美之感。

三是突变。解构建筑中的种种元素和各个部分的连接常常很突然，没有预示，

图37-10　蓝天组，维也纳某处屋顶增建会议室，1983—1988年

图37-11　屋顶增建会议室内景

没有过渡，生硬、牵强，风马牛不相及，它们好像是偶然碰巧地撞到一块来了。为什么这样？为什么那样？说不清，道不明，变幻莫测。

四是动势。大量采用倾倒、扭转、弯曲、波浪形等富有动态的形体，造出失稳、失重，好像即将滑动、滚动、错移、翻倾、坠落以至似乎要坍塌的不安架势。有的也能令人产生轻盈、活泼、灵巧以至潇洒、飞升的印象，同古典建筑稳重、端庄、肃立的态势完全相反。

五是奇绝。建筑师在创作中总是努力标新立异，这是正常的。倾心解构的建筑则变本加厉，几乎到了“无法无天”的地步。不仅不重复别人做过的样式，还极力超越常理、常规、常法甚至常情。处理建筑形象如耍杂技，亮绝活，大有“形不惊人死不休”之气概，务求让人惊诧叫绝，叹为观止。在解构建筑师那里，反常才是正常。

当然，可以举出更多的特征来，但以上五点大概是最主要的。不同的建筑师，厚此薄彼，他的作品不一定五面俱到。埃森曼先生的俄亥俄州立大学艺术中心是比较全面集中的一个例子，散乱、残缺、突变、动势、奇绝几方面做得都很明显精到，不愧为解构建筑的典型。另外一些作品则各有所长。蓝天组在维也纳一座老建筑物上添加的会议室（Falkestrasse 6 Roof Conversion，Vienna，1983—1988），以动势和奇绝为特色，那堆新房子，似乎就要滑落下来。哈迪德做的香港山顶俱乐部方案以散乱、动势见称。

解构名家推出解构名作，产生轰动效应，不管谁人赞成和不赞成，必定引起别人效法、借鉴以至模仿，遂成一种风尚。具有特定形式特征的建筑如果多了起来，而那些形式特征在一定时期内又保持相对稳定，那就成为一种风行的建筑样式，即建筑艺术中的一种风格（architectural style）。

某个建筑是不是解构建筑，某个人算不算解构派，这两个问题常常引出歧见。某位建筑师的作品已经被放进解构建筑展，本人却不承认是解构派，看得出在这类问题上，分歧实在很大。

这是由于解构这个词进入建筑领域时间很短。人们使用它的时候，认识很不一致。就是说在人们的心目中，该词的内涵规定深浅不一，它的外延也宽窄不同。

埃森曼以读没读过德里达的哲学著作作为划分解构派建筑师的依据，这样有资格入围的建筑师就少而又少，只有他本人和屈米两位算是正宗。

解构主义在哲学领域是一个思想理论学派，在作为视觉艺术门类之一的建筑领域内只能是一种风格流派。埃森曼说“我觉得解构的问题是它变成一种风格了”，这表明他接受解构建筑成为风格这个事实，只是表示不高兴而已。

解构风格在不同的解构作品中有程度之差别。有的“解”味十足，有的只是沾点边而已。军队有“准尉”，地理上有“准平原”，《现代汉语词典》解释“准”字的一种含义是:“程度上虽不完全够，但可以作为某类事物看待的”。因此，也有“准解构建筑”。

古往今来，无论哪一种建筑风格，老牌、正宗、嫡传者并不多，只要时间稍久，地点不同，就会出现不三不四，又三又四的不太纯正的“准××风格”的建筑。解构建筑自然也是这样，有的建筑，张三说是解构，李四说不太像，它大概就属于准字辈。

说到人，能稳戴解构建筑师桂冠者也不会多，多数也是准字辈。也有的人一会儿是，一会儿不是；同一个人，同一时期推出的几座作品，可能有的是解构，有的不是。就是说，专职解构者少，兼任者多；道行深者少，半吊子多；专心致志者少，三心二意者多。总之，建筑师是活人，岂能把他们看定看死？

这里，对解构建筑和解构建筑师的看法比埃森曼宽泛，边界模糊，可谓广义解构。

37.5 超越现有的建筑构图原理

解构建筑的种种形象特征表明在后现代主义时兴了一阵以后，西方建筑界又出现了新的离经叛道式人物。

在20世纪，离经叛道早已不是什么新鲜事。从传统的角度看，现代主义建筑就是激烈地离经叛道、超越旧规的建筑。20世纪中后期，出来了一种后现代主义浪潮，向传统建筑作了少许的回归（全盘回归是不可能的），杀减了当初那种与传统决绝的锐气。现在的解构建筑，好似否定之否定，又从某一角度再创离经叛道的新局面。它不是简单地回到现代主义的轨道上去，而是带有新的特色。在许多方面它既离开老的传统，也超越了正统现代主义的许多规则。

它是怎样超越现代主义的呢？我们想拿一本书做一个具体例证，来看看当今的解构建筑走得有多远。这本书是托伯特·哈姆林编著的《20世纪建筑的功能与形式》的第2卷《构图原理》（Forms and Functions of Twentieth Century，Vol.Ⅱ，The Principles of Composition，Edited by Talbot Hamlin，Columbia University Press，New York，1952）。我们所以提出这本书来，是因为它已有中译本，即1982年出版的《建筑形式美的原则》（邹德侬译，沈玉麟校），一般可以找到。更重要的是因为这本书出版于1952年，并不很老，内容讲的是20世纪前期的建筑。作者已经经过现代主义建筑思潮的陶冶，对密斯·凡德·罗、勒·柯布西耶、赖特等人有许多赞赏性的分析评论，他的观点并非老古板那一套。此外，作者是研究人员，不是建筑师，故不大会因与某派某家有特殊联系而影响其看法的公允性。该书的出版者是严肃的学术单位，该书并非坊间随便刊行的书籍。还有，哈姆林这部书原有四大卷，是通盘研究建筑学的巨著，不能说它是片面强调艺术的著作。

但是，我们把解构建筑的形式特征、处理手法同哈姆林书中的一些观点和原则相比较，就可以看出当今的解构建筑师所处的位置。以下是从该书中译本中选出的若干段落。页码是中译本上的。

图37-12　R.Dalrymple，美国圣地亚哥自宅，1986年

假若一件艺术作品，整体上杂乱无章，局部里支离破碎，互相冲突，那就根本算不上什么艺术作品。（第16页）

在已经建成的建筑物中，最常犯的通病就是缺乏统一。这有两个主要的原因：一是次要部位对于主要部位缺少适当的从属关系；再是建筑物的个别部分缺乏形状上的协调。（第31页）

建筑师们总想完成比较复杂的构图，但差不多老是事倍功半……很明显，要是涉及超过五段的构图，人们的想象力是穷于应付的。（第40页）

建筑师的职责是始终让他的创作保持尽量的简洁与宁静……人为地把外观搞得错综

复杂，结果适得其反，所产生的效果恰恰是平淡的混乱。（第49页）

在建筑中，虚假的尺度不但是乖张的广告性标记，而且对良好的风度总是一种亵渎。这样的做法……俗不可耐……令人作呕。（第79页）

巴洛克设计师有时喜欢卖弄噱头……有意使人们惊讶和刺激……可是对我们来说，这些卖弄噱头的做法，压根儿就格格不入，而且其总效果压抑、不舒服。（第92页）

不规则布局的作者追求出其不意的戏剧式的效果……然而他却常常忘掉的是，使人意外的惊讶会使人受到冲击、干扰和不愉快，并不会使人振奋而欣喜。……在某些出其不意的处理中，所谓的愉快压根就令人泄气，一旦观者怀疑某一建筑要素的地位及其合理性，就不可能形成惊喜的快感。（第142页）

一个完全没有任何准备的出其不意的场面，对观者来说也许是一种料想不到的冲击。况且，如果这个高潮的视觉特性与建筑物其余的部位风马牛不相及，结果就不仅是一种冲击了，那简直是一种讨厌，只能产生支离和紊乱的感觉。（第163页）

从一种角度来看，哈姆林书中的这些文字无疑是正确的经验总结，是谆谆的忠告。但是，从今天解构建筑的角度来看，这不行，那不行，都成了禁忌和戒条。今天世界上还有许多人，赞同哈姆林的说法，并且取得了良好的成果，有的还是非常成功的作品。美国建筑师F.琼斯（Fay Jones，1921—2004）于1981年完成的一座小教堂——阿肯色州山区的索恩克朗小教堂（Thorncrown Chapel，Eureka Springs，Arkansas，1981）就是一个例子。这个小小的木造教堂频频受奖，F.琼斯本人后来还获得美国建筑师学会的最高荣誉金奖。这个小教堂的建筑处理完全符合哈姆林书中的构图原理及所有忠告。

F.琼斯在20世纪50年代初跟从美国建筑大师赖特，他已是老一辈的人物。后来的年轻一辈的建筑师就不那么安分了。其实，文丘里在1966年出版的《建筑的复杂性和矛盾性》中就已经提出了与哈姆林相左的许多建筑构图观点。今天的解构主义者的建筑作品，如前所述，实在是同哈姆林的上引观点对着干。我们拿日本建筑师矶崎新的近作，美国佛罗里达州奥兰多的迪士尼集团办公楼（Team Disney Building，Orlando，Florida，1991）的构图来看，它似乎与上引哈姆林的每一条都对不上号，而且是反其道而行之。

20世纪前期现代主义冲破千百年来积聚的建筑艺术准则，提出了新的准则。20世纪中期，后现代主义建筑对早先的现代主义建筑提出修正案，现在解构主义建筑再一次揭竿而起，对一切原先的东西都不买账。埃森曼对张永和说：“我认为今天再用古典建筑语言就是在用一种脱离现实的死语言”，又说，“解构的基本概念在于不相信先验的真理，不相信形而上的起源。认为不存在有条件的、先验的好坏标准。”

图37-13　琼斯，阿肯色州索恩克朗教堂，1981年

不相信先验的真理，不存在先验的好坏标准。当今的解构建筑代表人物否定原有的标准，既翻老账，又翻新账，新账老账一起翻。

会翻出什么结果来呢？现在还说不准，但是有一条，宏观地看，建筑艺术构图中的反就是变法。一位美国老辈建筑家来我国讲学，讲到基因，基因是管遗传的，作用是维持旧性状，而变法则是推陈出新。建筑艺术和别的艺术门类一样，需要推陈出新。老是“法先王”，坚持“祖宗之制不可变”，既没有意思，也没有可能。

现在的建筑学堂里，除了研究生写论文，阅读哈姆林的书的人已经不多了，更早出版的构图原理书几乎无人问津。学生们认为，读哈姆林的书对他们今天的建筑设计启发不大，而且读了以后，还可能束缚他们的畅想。学生们现在急于想知道如何运用交叉、折叠、扭转、错位、撞接等手法，想学会如何搞出复杂性、不定性、矛盾性、变幻层生、活泼恣肆的建筑艺术效果。原先出版的构图原理，不讲这些，反而将它们划入禁区，定为禁忌，后生们怎能信服呢？

图37-14　矶崎新，迪士尼集团办公楼，1991年

图37-15　迪士尼集团办公楼入口部分

37.6 解构派与构成派

讨论解构建筑，不能不谈到它与俄国构成派的关系问题。

回答任何问题，有肯定回答，有否定回答，也有既肯定又否定的回答。张永和问埃森曼："构成主义和解构有什么关系？"埃森曼先是很干脆地说："我觉得一点关系也没有"，但接下来又说："毫无疑问，扎哈·哈迪德、兰姆·库尔哈斯很受构成主义的影响"。埃森曼在回答中把自己摘开以后，承认别的解构派人士受到构成派影响。

一般人都认为两者有关系，问题是什么样的关系。一位记者看了纽约七人展后，说构成派是解构派的"爷爷"（Decon' s granddad）。比喻生动，但不很明白。

构成派与解构派的联系不在解构哲学。俄国构成派活跃的时候，德里达是个10岁左右的儿童，待他长大又提出解构哲学的时候，构成派已无影无踪，两方面没碰头。

两派之间有别的什么共同的思想基础吗？埃森曼说："构成主义是表现生产方式的造型构思，即反映工人生产产品的事实。"埃森曼自己和构成派"一点关系也没有"，当然与这种思想无关。那么能说哈迪德与库尔哈斯有这种"反映工人"的思想，并且以之作为自己的创作目的吗？不像，在苏联都已经消失的今天，很难想象他们是为了"反映工人生产产品的事实"而从事解构建筑创作的。

前后相差60年，处在两种不同的社会制度下的解构派与构成派之间的联系主要是在形式或形象方面的类似性。

20世纪20年代，俄国构成派的画家、雕塑家挣脱正统主流派的造型规范，搞出不规则、不严整、无拘无束、极富动感的视觉艺术形象。在艺术家的启发下，一些建筑师，也搞出了类似的建筑形象——画在纸上和做成模型——具有疏松离散、轻灵矫健、自由奔放、举重若轻的特征。俄国构成派建筑师也有自己的榜样，那就是稍稍走在前面一点的意大利未来派艺术和建筑方案。当时苏联著名诗人马雅可夫斯基的诗作曾受未来派诗人的很多影响。意大利未来派建筑师圣伊里亚创作的建筑画对构成派建筑画产生影响是很自然的。

社会制度、政治思想有鲜明的阶级性，建筑形象和风格则有很大的独立性，能够超越社会制度、政治思想的差异和对立，超越时间和空间，传播开来。意大利法西斯政权、俄国社会主义革命、现今的西方资本主义，都没有阻碍建筑师在艺术形式和形象上的互相借鉴，这一点在未来派建筑、构成派建筑和解构派建筑的明显相似中得到证明。

建筑形象和风格也能超越哲学思想的差异和对立，埃森曼本人前不久是奉行结构主义哲学的。后来解构主义哲学出现，他改换了旗帜，但是他前后的建筑创作没有也不可能清楚地反映解构主义与结构主义两种对立的哲学观点的差异。城头变幻大王旗，城内的建筑创作只换汤不换药。这一点詹克斯已经冷嘲热讽过了。

图37-16　蓝天组等，荷兰格罗宁根博物馆，1995年

哲学是道，建筑是器，道与器有关系，但那关系曲折、微妙、隐晦。语云“道不同不相为谋”，可是，道不同的人，在建筑形式问题上有时倒是可以相谋的，否则罗马皇帝、文艺复兴时代的教皇、19世纪的美国总统、苏联的斯大林，甚至法西斯头子希特勒怎么会都喜欢采用古典柱式呢？

西方解构建筑与80年前的俄国构成派在形式上有相通之处，是可以理解的。再者，重要的是当今的解构派并不是20世纪20年代构成派的翻版、再版、盗版。现今的解构建筑有自己的时代特点和新发展。

37.7　古典力学—混沌—解构建筑

解构建筑显山露水，有其时代的、社会的条件及思想的、观念的基础。

有一点是先决条件，就是要有较多的闲钱。写草体或写楷书，没有钱的差别。“颠张醉素”（张旭与怀素），说饮酒大醉后能写出草书神品，只不过多费一点酒资，算不了什么。解构建筑则不然，它比盖老实样子的房子贵多了。香港汇丰银行那种高技派风格都贵得厉害，何况解构乎？

再一条是宽松的政治环境。当年俄国青年在艺术学堂里试验构成美术，列宁同志抽空去看了，温和地泼他们一盆冷水。后来斯大林管理苏联，构成派就难以存活，遂消散了。墨索里尼先提携未来派，后来反目，未来派也消失了。纳粹德国更不用提了，希特勒一上台，包豪斯诸先生只好溜之大吉。现在的欧美，只要业主接受你的方案，又肯供钱，那你就去盖吧。然而解构建筑数量仍不甚多，因为业主并非个个大有余钱。

这些都是浅显的事实。在浅层原因之后，似乎还有一种深层的原因在焉。

事实上被称为解构建筑的作品还有另外一些名称和叫法。大家知道，曾有non-architecture（非建筑）、de-architecture（否建筑）、anti-architecture（反建筑）等美名，还有诸如 fragmentalism（破碎派）、subverted building（搅乱的房子）、detachment（离散）、violated perfection（扰乱的完美）等雅号，最后一个名字还是一本讨论“解构”建筑的专著之书名（Aaron Betsky，Violated Perfection，Rizzoli，New York，1990）。这些名称或形容词，其实更能道出解构建筑的主要特征。

图37-17　蓝天组，某工厂，1988—1989年

图37-18　蓝天组，汉堡高层建筑方案，1985年

散乱、搅乱、扰乱、破碎、离散等，可用一个字即“乱”来总括。乱字上了建筑，乱字成了建筑艺术，乱字成了建筑审美范畴，这是20世纪以前难以想象的事情。这是怎么回事？怎么成了这个样子？

这是乱字深入人心的结果。你看世界这样乱，本来以为一直向前的东西竟然反其道而行了；社会这样乱，没有一天不发生事故；人生未来也充满不定性，谁能说得明白呢？不但人世间如此，而且自然界竟也很不规范，很不确定。

三百多年前，牛顿发表《自然哲学的数学原理》，他发现万有引力和力学三大定律，把天体运动和地球上的物体运动统一起来。很长时期中，人们以为牛顿弄明白了自然界的规律。

20世纪初，爱因斯坦提出相对论，德布罗意、薛定谔、海森堡、玻尔等人创立量子力学，牛顿力学就被突破了。接着一段时间，人们认为牛顿力学、相对论力学和量子力学分管不同层次的运动，三种力学合起来可以圆满地说明问题。宇宙似乎还是清楚明确、井然有序的。但是科学的新进展却改变了人们的认识。原来力学给出的确定的可逆的世界图景是极为罕见的例外，世界是由多种要素、种种联系和复杂的相互作用构成的网络，有着不确定性和不可逆性。

1963年美国科学家洛伦兹提出，人对天气从原则上讲不可能做出精确的预报。三个以上的参数相互作用，就可能出现传统力学无法解决的、错综复杂、杂乱无章的混沌状态。事实上，液体在管子中的流动、河流的污染、袅袅的烟气、飞泻的瀑布、翻滚的波涛，都是瞬息万变、极不规则、极不稳定的景象。一位科学家说他观察到的是“犬牙交错、缠结纷乱、劈裂破碎、扭曲断裂的图像”。混沌学出现了。有人说“混沌无处不在”“条条道路通混沌”。许多科学家转向混沌学的研究，20世纪70—80年代发表了不下5 000篇研究论文、近百部专著和文集。越来越多的人认为混沌学是“相对论和量子力学问世以来，对人类整个知识体系的又一次巨大冲击”。（詹姆斯·格莱克：《混沌：开创新科学》，上海译文出版社1990年版，校者前言）

混沌学（chaos）表明：“我们的世界是一个有序与无序伴生、确定性和随机性统一、简单与复杂一致的世界。因此，以往那种单纯追求有序、精确、简单的观点是不全面的。牛顿给我们描述的世界是一个简单的机械的量的世界，而我们真正面临的却是一个复杂纷纭的质的世界。”（沈小峰、王德胜：《从牛顿力学到混沌理论》）

中国古人对宇宙的混沌早有感知，这对中国人的世界观、宇宙观和艺术观都有影响。而在西方是最新的科学知识改变了他们的观念。

在科学家把混沌作为科学研究对象之前，艺术家已经先期感受到宇宙之混沌并将它们表现在自己的艺术创作中。

在20世纪的建筑家中，除了俄国构成派人士外，应该说西班牙的高迪是在建筑作品中显现混沌之感的先行者。勒·柯布西耶于20世纪50年代中期创作的朗香教堂是20世纪中期体现混沌的一个最重要的建筑作品。

再往后，越来越多的人转变了审美观念，他们认同并欣赏混沌——乱的形象。建筑师渐渐感到简单、明确、纯净的建筑形象失去了原先有过的吸引力，公众中许多人爱上了不规则、不完整、不明确、带有某种程度的纷乱无序的建筑形体。艺术消费引导艺术生产，许多建筑师朝这个方向探索、试验。在这个微妙的不易觉察的社会思想意识的演变中，解构风格慢慢地、怯生生地露出来，然后慢慢地传开。

一定的审美范畴是人类认识世界的一定阶段的产物。对世界的认识不断深化，审美范畴也因之扩展。充裕的经济财力是解构建筑的物质基础，宽松的政治环境是这种建筑得以出现的关键，20世纪后期社会公众中出现的宇宙观、世界观、人生观和审美观的新变化是解构这一类建筑风格抛头露面并在一定范围内传布的深层的思想意识方面的基础。

说到这里，有一个问题要提出来，即建筑形象是否从此都会走向杂、乱、破、险这一个方向呢？我想不会的，不会都走到一条道上，历来都是多元化、多样化，现今哪里会九九归一呢？另一个问题是，搞解构是否就是越杂、越乱、越破、越险就越好呢？也不是的，这个问题实际上是解构建筑在艺术上有无好坏标准的问题。埃森曼对张永和说：“解构的基本观念……认为不存在有条件的、先验的好坏标准”。詹克斯的文章里记述埃森曼还说过这样的话：“注意一下形式范畴的破坏，（我的）作品表明压根儿就没有好的或美的那样的东西。”但是这种论点切不可轻信。比如草体书法也存在着好坏高下之别，并不是越草越乱就越高妙，乱中还得有功力、有章法，草书作品有神品，也有野狐禅。

这里不能详细讨论解构建筑的好坏标准，只是想说，并非如埃森曼所讲的不存在好坏美丑，相反，即使是解构作品中，艺术上仍有美的、不太美的、丑的、非常丑的等差别，并非随便一个人拿过来都能做好的。

将上面各节之要旨归纳如下：

（1）当解构建筑云雾消去之后，人们将看到解构建筑还就是一种建筑艺术形象的风格，可称为解构风格。其形象特征包括散乱、残缺、突变、动势及奇绝。

（2）建筑审美范畴不断扩展，原先不大显著及不登大雅之堂的散乱、残缺之类的审美范畴现在出现在一些比较重要的建筑物之中，成为当今各种引人注目的建筑审美风尚之一端，遂成显学。

（3）“解构建筑”是该种建筑作品的流行称号，因为与轰动一时的德里达哲学联名而响亮，其实它们还有其他的名称，更明白易懂而少误导之嫌，不过约定俗成，且这样叫它罢了。

（4）从来没有，也不会有一种建筑风格是由于一位哲学家的一科哲学思想而诞生的。没有德里达，也会有该种建筑风格。它的胚胎和萌芽早就有过，并非现在突然从一位哲学家、两位建筑师的头脑里蹦出来的。

（5）然而解构建筑与德里达解构哲学宏观上也有相通之处，即两者都是强烈地反对和超越西方传统的主流文化，一个是在思想领域中反原先的思想理论，另一个是在建筑艺术领域内反原来已有的建筑风格。解构哲学与解构建筑一个是道，一个是器，存在着质的差异，不可能在微观上一一对应。

（6）有富裕的财力物力，才能搞解构风格，这是前提，也是搞一切非朴素风格的建筑的前提。

（7）正宗纯正的解构建筑总是少数，受了沾染，有所浸润，有那么点意思的准解构建筑是多数。

（8）解构建筑与后现代主义建筑一样，主要是建筑模样上的功夫。同20世纪前期现代主义建筑运动反映全面的根本的变革相比，意义大不相同。

（9）解构建筑也有独特的审美价值，从形式上看，可以找到与中国草体书法艺术相通之处，两者同为视觉艺术，在这一点上有异质同构或异曲同工的情形。

（10）然而解构建筑要做得好、做得成功也要有功力，有章法，有素养，决非随便一个人随便一搞都成佳作。

（11）人类对世界的认识深化一步，表现在混沌之学正在兴起。混沌学现在从艺术感受这一侧面打入建筑，今后还可能从其他方面影响建筑创作和设计。

（12）解构建筑作为一种风格，不可能在建筑园地独占鳌头，也不会绝然消逝，至少它会融入别的样式中去。

第38章
美国建筑师弗兰克·盖里

38.1　盖里的建筑作品

盖里（Frank Genry，1929—）1954年大学毕业，后在哈佛大学设计研究院深造。1961年起开设自己的设计事务所，曾在多所大学建筑系任教。

盖里的建筑作品，在20世纪60年代和70年代前期，与当时盛行的现代主义建筑并无明显的差别。那时他的名声也不显赫。20世纪70年代后期开始，盖里的建筑作品渐渐引人注目，特别是1978年在加利福尼亚州圣莫尼卡的盖里的自宅完工之后，他引起了人们的注意。盖里自己说，那座改建扩建的自用住宅是他事业上的一个转折点。

盖里自宅原本是一幢普通的两层荷兰式小住宅，木结构，坡屋顶，位置在两条居住区街道的转角处。盖里大体保留原有房屋，但在东、西、北三面扩建单层披屋。东面扩建部分是一小狭条，成为进入老房子的门厅；西面扩建部分也是一狭条，是老房子的又一门厅，面对内院；北面临街的一边扩充最多，中间一段为厨房，厨房东面为餐厅，西面为日常进食的空间。三面扩建的面积共约74平方米。从所用的材料来看，有瓦楞铁板、铁丝网、木条、粗制木夹板、钢丝网玻璃等，全都裸露在外，不加掩饰。这些添建的部分形体极度不规则，可以说是横七竖八、旁出斜逸；不同材质、不同形状硬撞硬接。最引人注目也是盖里最得意的一笔是厨房天窗的奇特造型。天窗用木条和玻璃做成，好像一个木条钉成的立方体偶然落到凹入的房顶上，不高不低，正好卡在厨房上空。其余的屋顶上安置着若干铁丝网片，支支棱棱，使添建部分的轮廓线益加复杂错乱。所有这些处理同保留下来的老房子的上部，无论在材料上、形体上，还是在风格上、观念上都形成强烈的对比。

在室内处理上大体也是如此。添建部分没有天花板，木骨袒露。厨房所在地跨在原来的汽车道上，车道的沥青路面就保留下来做了厨房和餐厅的地面。老房子内也经过一些处理，原有的天花吊顶被拆去，有些墙面，如卧室的一个墙面也打掉抹灰层，露着木板条。

国38-1　盖里，加州圣莫尼卡自宅（入口），1978年

图38-2　盖里自宅内院入口

图38-3　盖里自宅厨房及餐厅

图38-4　盖里，加州威尼斯市诺顿住宅，1982年

盖里改建后的自用住宅确实与众不同。盖里说他自己的房子，预算、工期都由自己掌握，可以充分地按自己的要求和观念来做，因此可以自由地“研究和发展”（reseach and development）。

盖里自述自己在20世纪70年代后期的追求：“我对施工中将完未完的建筑物有兴趣。我喜欢未完成的模样……我爱那种速写式的情调，那种暂定的、凌乱的样子，进行中的情景，不爱那种自以为什么都最终解决了的样子。”他又说：“我一直在寻找个人的语汇。我寻找的范围非常广，从儿童的想入非非到对不协调和看来不合逻辑的体系着迷，我对秩序和功能有怀疑”“如果你按照赋

图38-5　盖里，罗约拉法学院，1981—1984年

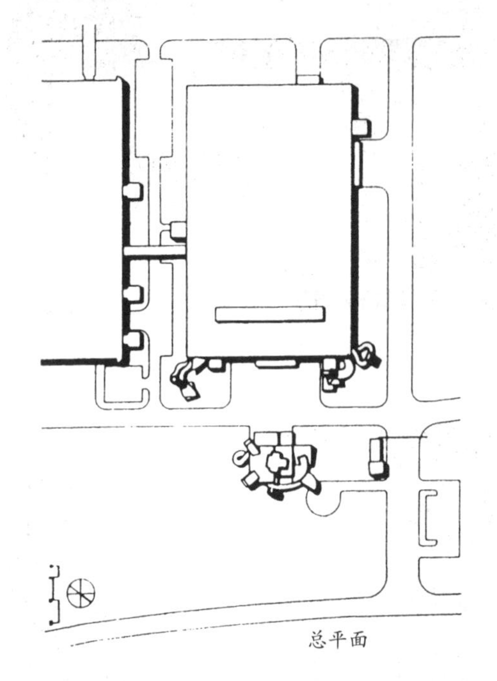

图38-6　盖里，洛杉矶加州航天博物馆，1984年

图38-7　盖里，德国魏尔市维特拉家具博物馆，1987年

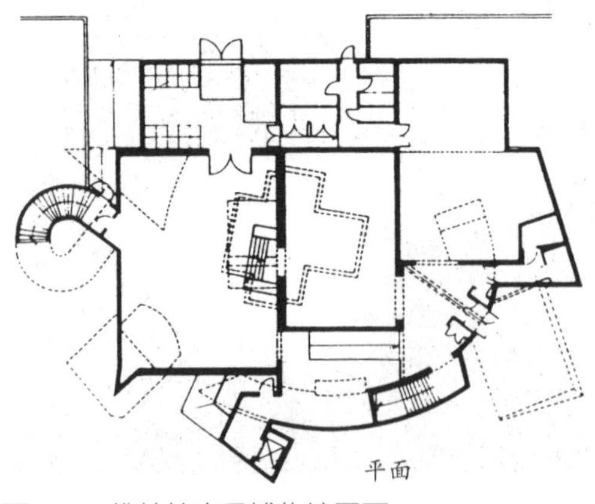

图38-8　维特拉家具博物馆平面

格曲的秩序感、结构的完善性和正统的美的定义来理解我的作品，你就会陷于完全的混乱”。

盖里的这座自宅落成之时，的确使不少人感到迷惑和混乱。那个街区有人认为好像盖里把垃圾放置在街头了。盖里在一次谈话中说，尽管他自己认为自己的住宅和同时建造的另一些他设计的住宅很美，但是真吓退了与他合作的房地产公司，“罗斯公司的家伙看了我的小住宅就吓胞了，他们说‘如果你喜欢这样的东西，你就别干我们的活’。在某种意义上，他们是对的。我当时得重新干起来，真从头干起。五年之中，我重建业务。经济上很困难然而我自己很满足。”

盖里的困难是暂时的。虽然有人不欣赏他的自宅那样的建筑，但是，渐渐地，越来越多的人认同并喜爱上他的新风格。到20世纪80年代，他和他的作品不但在美国而且在世界上有了名气。先前他只做一些小的建筑设计，此后他得到了许多公共建筑的设计任务，重要的有加布里罗海洋博物馆（Cabrillo Marine Museum，San Pedro，Calif.，1979）、罗约拉法学院（Loyola Law School，Los Angeles，Calif，1981—1984）、法国尼姆现代艺术中心（Centre d’Art Contemporain，Nîmes，France，1984）、瑞贝卡餐馆（Rebeccas Restaurant，Venice，Calif.）、加州大学艾尔文分校信息与电脑科学中心（Information & Computer Sciences，University of California at Irvine，1984）、洛杉矶加州航天博物馆（California Aerospace Museum，Los Angeles，Calif.，1982—1984）、明尼阿波利斯韦札塔温顿住宅客房（Winton Guest House，Wayzata，Minneapolis，1987）、德国莱茵河畔魏尔市维特拉家具博物馆（Vitra International Furniture Manufacturing Facility & Design Museum，Weil am Rhine，1987）、巴黎美国文化中心（American Center，Paris，1989）、加州

图38-9　盖里，瑞士巴塞尔维特拉家具公司总部，1992—1994年

威尼斯契阿特-戴广告公司（Chiat-Day Advertising Agency，Venice，Calif.）、明尼苏达大学魏斯曼美术馆（Weisman Art Museum，University of Minnesota，Minneapolis，1994）等。这些建筑作品在形式上的共同点是进一步发展了盖里在1978年自用住宅上显示的风格。

明尼苏达大学魏斯曼美术馆是具有代表性的一个。这座四层的美术馆坐落在密西西比河的峭岸上。下面两层用做停车及储藏空间，顶层为管理室，第三层为展览空间。有人认为那里的展览室设计效果很好。美术馆的形体仿佛是由许多造型奇特的体块偶然地堆积拼凑而成的，体块的表面覆盖着不锈钢板片，轮廓凸出凹入、高低不一、斜正相倚，有的部位悬伸出风帆形或鱼形的遮阳板。整个建筑从外部看来好像是一个复杂奇特、富有动感的现代抽象雕塑。

盖里的建筑作品新奇有刺激性，有一种使人振奋的视觉效果。明尼苏达大学校长邀请盖里做建筑设计时特地说明不要乏味的方盒子房屋。加州艾尔文分校信息与电脑科学中心建成后，有的学生说它的造型像是硬件商店，另一些人认为它是“校园中最丑陋的建筑”。但是校长说：“我不一定要人喜欢它，但是它能吸引人来参观，这是重要的。”副校长宣称，“这座建筑对我们学校有积极作用，我们现在需要与众不同的建筑”，因为要“醒目提神”（a tonic to the eye and a lift to the spirit）。

盖里较晚近的一座大型建筑设计是1997年10月开幕的西班牙巴斯克自治区

图38-10　盖里，西班牙毕尔巴鄂哥根翰姆博物馆（模型），1991—1997年

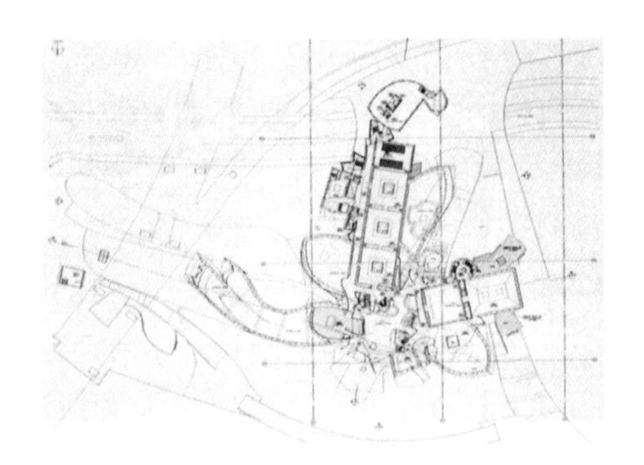

图38-11　哥根翰姆博物馆平面

图38-12　哥根翰姆博物馆入口

图38-13　哥根翰姆博物馆入口夜景

图38-14　哥根翰姆博物馆内景

首府毕尔巴鄂市的哥根翰姆博物馆（Guggenheim Museum in Bilbao）。这座建筑物建筑面积达2.4万平方米，位于勒维翁河滨，下部有石质墙面的较方正的管理用房等，而主要的建筑体量异常弯扭复杂，那些难以名状的流动弯曲的体量，内部是钢架，外表覆盖钛板，钛板的总面积达2.787万平方米。结构设计由SOM事务所承担。结构方式同造船相近。这座建筑几乎不用人工绘图，全部依靠电脑。如果没有电脑，这样造型复杂的建筑物是难以完成的。由于造型极度不规则，工程人员说内部钢构件没有两件的长度是完全相同的。建筑物的造价达到1.357亿美元。由于工程复杂，建筑师时常被召到工地上去，盖里说，建筑师可能再度成为建造大匠（master builder）。1996年7月盖里到工地察看，他说建造中的建筑物与原来的构想吻合，他惊叹道："我看到那30米高的空中曲线准确地与草图相同，我惊住了……用电脑画的建筑图是有生命的设计作品，纯净利落，表达出我的建筑构思的力度。"（ARCHITECTURE，Sep.，1996，pp.177—179）当地有人认为这座建筑外形像"一艘怪船"，有人说它像"一朵金属花"。

盖里又曾为韩国汉城拟建的三星现代艺术博物馆（Samsung Museum of Modern Art，Seoul）拟制建筑方案。博物馆高六层，内部展室都是立方体，但外形用钛板组成扭曲错落的形体。盖里说，这一次他是从韩国水墨画显示的韩国风景中获得灵感的，建筑外形隐喻那儿的行云、山峰和层叠的瀑布。造型类似西班牙那座博物馆，且有过之而无不及。两座博物馆的形式都近乎中国书法中的狂草作品，其自由奔放之态差可用"奔雷坠石之奇，鸿飞兽骇之资，鸾舞蛇惊之态，绝岸颓峰之势"［（唐）孙过庭：《书谱》］这样的言辞来形容。

38.2 盖里的设计思想与方法

盖里为什么会搞出他那些建筑作品呢？

下面摘引盖里在20世纪80年代和以后的一些谈话，从中可以窥见他的设计思想和方法：

> 我对业主的要求也有兴趣，但它不是我为他创建房屋的驱动力。我把每一座房子都当作雕塑品，当作一个空的容器，当作有光线和空气的空间来对待，对周围环境和感觉与精神的适宜性做出反应。做好以后，业主把他的行李家什和需求带进这个容器和雕塑品中来，他与这个容器相互调适，以满足他的需要。如果业主做不到这点，我便算失败。
>
> 这个容器的内部处理，对我说来又是一件独立雕塑任务，与塑造容器本身同样有趣。内部空间的处理要使空间能适合经常改变的要求。在我的工作中，对目标的直觉是基本的。形象实际而不抽象，利用廉价的材料，加以变形和叠置，产生超现实的构图。这全是在追求坚固、适用和愉悦。

这番话见于Contemporary Architects（Macmillan Press，1980）“盖里”条目下。该书的评论者认为盖里的设计成果与他把建筑看作纯艺术和雕塑品的观念分不开。

美国《进步建筑》杂志1986年10月号的一篇文章刊载了盖里的一些谈话。他表示他不赞成詹克斯的后现代主义建筑论点，不同意詹克斯把折衷主义看作是未来的潮流的观点。关于他自己，盖里说：“我属于20世纪，我做的事是反后现代主义……事物在变化，变化带来差别。不论好或坏，世界是某种发展过程，我们同世界不可分，也处在同样的发展过程中。有人不喜欢发展，而我喜欢。”盖里说“我走在前面”。他讲到自己的创作源泉时说：“我从大街上获得灵感。我不是罗马学者，而是街头战士（a streetfighter）”“有人说我的作品是紊乱的嬉戏，毫不严肃……我在这个地区（按：指加利福尼亚州）也许搞了些游戏，但时间将表明究竟是否如此”。他主张对现有的东西采取批判的怀疑的态度：“应质疑你所知道的东西（What you know，you question），我就是这样做的，质疑自己，质疑现时代，这些看法多多少少体现在我的作品中。”但是他说不能把自己的观点强加于人：“我不引诱我的顾客，如果我不愿照他的要求办，我就照直讲……但我是乐观的，在一定时候，我做的东西总会得到理解。这需要时间。”

在另一次访谈中，盖里进一步阐述他的一些创作观念。（见No，I’m an Architect — Frank Gehry and Peter Arnell：A Conversation，Frank Genry — Buildings and Project，Rizzoli，1985）盖里说自己是一个建筑师，不是美术家，但他说他对美

术极感兴趣，与画家们密切往来，常从绘画中得到启示。他提到绘画中的笔触能直接表现画家的创作过程，于是他追求在建筑中也有类似的体现，“这引导我探索着把房屋结构和构造袒露出来，采用粗糙的木工技术，让房屋看来好像是碰巧成了那个样子，好像有谁让施工突然停顿下来”。访谈者问道：“你是不是认为这种状态比完工之后更能表现我们的文化？”盖里回答：“许多人不这样看，但在我看来，我们正处于这样一种文化之中，这种文化由快餐、广告、用过就扔、赶飞机、叫出租车等组成—— 一片狂乱。所以我认为可能我的关于建筑的想法比创造完满整齐的建筑更能表现我们的文化。另一方面，因为到处混乱，人们可能真的需要更能放松的东西——少一点压力，多一些潇洒。我们需要平衡。”又说：“我们大家都按自己的方式解释我们视野中的东西，我以自己的倾向看事物……我不寻求软绵绵的漂亮的东西，我不搞那一套，因为它们似乎是不真实的。对于人民和政治，我抱有社会主义的或自由主义的态度。我想着穷困的孩子，忘不了我接受的改良主义者的那一套。因此，一间色彩华丽漂亮美妙的客厅对于我好似一盘巧克力水果冰淇淋，它太美了，它不代表现实。我看现实是粗鄙的，人互相啮噬。我对事情的反应源自这种看法。”

图38-15　“组合艺术”一例（瑞士雕塑家J.Tinguely的作品，1984年）

关于建筑师与业主的关系，盖里说，建筑师向来要处理解决的事，他都做到了：按时、按预算、按环境条件完成任务。但另一方面，他对各种条件和要求提出质疑："我比别的建筑师更多地与业主争论。我质疑他们的需求，怀疑他们的意图，我同他们之间关系紧张，但结局是协力得到更积极的成果。"盖里全身心地投入建筑创作："我醒着的每个小时都干工作，我爱孩子和妻子，但我干起工作来会忘掉生日、忘掉纪念日，个人的事我都记不住。"关于工作方法，他说他能画很漂亮的透视图和渲染图，但后来不画了。因为感到那种漂亮圆滑的渲染图并不真实。早在20世纪60年代初期，他就试用别的方式。后来用单线画图，做纸上研究，随即做模型研究，然后又在纸上画画，如此反复进行，都是过程中的一些步骤而已。到最后，因为业主实在需要，"我们才强迫自己做个比较精致的模型，画出比较好的表现图来"。盖里说他的工作方法和步骤与雕塑家类似，主要是在立体的东西上推敲。

盖里解释他后来的许多建筑作品何以出现鱼形的饰物。起初是偶然的，一次原本要做个老鹰体形却画出了鱼形。以后就常常把鱼形作为一种个人的标志物。他又解释童年时常常在浴盆中玩鱼，自己又喜爱游泳，"我是个水手，我是水人"，所以鱼饰物有象征意义，他说鱼象征完美圆满。

盖里的建筑艺术风格与前面提到的解构主义建筑是一致的，甚至可以说盖里20世纪80年代以来的建筑作品具有典型的解构建筑风格特征，即散乱、残缺、突变、动势和奇绝诸端。

P.埃森曼大声扬言自己的解构建筑风格源于德里达的解构主义哲学，盖里则不然，他不谈论解构哲学，并且否认自己是解构主义建筑师。那么，盖里的解构建筑风格是不是也因受了建筑以外的什么东西的影响或启示而产生的呢?

是的，那就是当代的绘画。盖里强调自己是一名建筑师，但是他十分关注现代绘画，与画家的来往极为密切，受画家的影响很大。他曾表示："在一定意义上我也许是一个艺术家，我也许跨过了两者间的沟谷。"盖里提到过20世纪法国画家杜桑（Marcel Duchamp，1887—1968），说那一流派对自己很有影响。杜桑是20世纪著名画家，他不拘泥于某一种风格，不模仿重复。1911年杜桑画了著名的《下楼梯的裸女（第1号）》，突破当时的立体主义和抽象主义画风。1913年杜桑提出所谓"现成取材法"（readymades），将日常用品转为艺术作品。如1913年的作品《自行车轮》就用了旧自行车轮子。1914年的作品《药房》，则是在商业印刷品风景画上面加了两个小药品的图形。1917年，杜桑将一个尿器送到艺术展览会，题名为《泉》。1919年他在《蒙娜丽莎》的照片上添加胡须，轰动一时。二次大战中，杜桑迁居美国。20世纪60年代，美国新一代艺术家重新发现杜桑。杜桑认为，人在生活中认识和与之打交道的只有运动和变化，而非绝对的和定形的东西，所以艺术也应该是易变的和无定形的。杜桑后期长久住在美国，对20世纪后期美国波普艺术的产生有重大影响。美国波普艺术家用日用品或废品制作装配艺术和废品雕塑盛行一时。罗伯特·劳森伯格是一位著名的代表，他说："绘画既与生活又与艺术有关，两者都不能硬造出来。我试着在两者之间搞创作"。他常常将纸板、胶合板、绳子、木棍甚至枕头、轮胎等组合成所谓"结合绘画"（combine painting）。劳森伯格在美国年轻艺术家中有很大的影响。盖里显然从杜桑、劳森伯格等人的艺术创作中获得了启示，并将杜桑、劳森伯格等人的观念和追求移植到建筑创作中来。加州圣莫尼卡的盖里自宅的建筑创作同劳森伯格的"组合艺术"可以称得上是一唱一和或一脉相通。

艺术反映社会和时代。不管人们喜欢或不喜欢杜桑与劳森伯格的绘画，不管人们喜欢或不喜欢埃森曼与盖里的建筑艺术，它们都从一个侧面曲折地反映着20世纪西方社会的状况。前面提到盖里自己说："我们正处于这样一种文化之中……一片狂乱。所以我认为可能我的关于建筑的想法比创造完满整齐的建筑更能表现我们的文化。"作为一位建筑师，这是很自觉的一种态度。

盖里自从建造自宅以后，声名日振，成为当代西方世界第一流活跃的建筑大家。这表明他现今的风格获得越来越多的人的认同，并由认同而产生美感。他的一系列建筑形象，从往日正统的审美观出发，会使人觉得怪诞不经；但是对于当代社会如果抱有同盖里相似的看法的人，则可能从他创作的怪异的建筑形象中判读出一种深层、复杂和有震撼力的艺术感染力。

中国明代画家傅青主曾提出"宁拙勿巧，宁丑匆媚，宁支离勿轻滑，宁直率勿安排"的艺术主张。中国现代文学家梁实秋记述他的一位国文老师告诫他，作文"该转的地方，硬转；该接的地方，硬接。文章便显着朴拙有力……文章的起笔……要突兀矫健，要开门见山，要一针见血，才能引人入胜，不必兜圈子，不必说套语"。这些话似乎也适用于盖里的建筑艺术手法。总之，盖里的建筑作品从一个侧面反映了它所处的社会和时代精神，又具有特定的审美价值，或者说他发展了一种特定的建筑审美范畴。

结束语——缤纷世界

20世纪开始，建筑界就呈现出多元化和多样化的局面。到20世纪后期，元益多，样益繁，建筑流派五花八门，建筑形态千姿百态。有人甚至认为现在到了混乱的地步。在这混杂的场景中，有几种趋向较为重要：

其一，沿着现代主义建筑的道路继续发展的趋向；

其二，后现代主义建筑的趋向；

其三，高技术风格的趋向；

其四，解构建筑的趋向；

其五，借鉴历史建筑的趋向；

其六，重视建筑地域性的趋向。

在这六种趋向中，后现代主义建筑、高技术建筑和解构建筑三项在前面已有叙述，下面就另外三种作一些介绍。

关于现代主义建筑的发展。20世纪60年代末和70年代，“现代主义建筑死亡”说一度盛行。除了詹克斯散布现代主义建筑死亡论之外，连美国的社会刊物《时代》周刊也发表文章说“20世纪70 年代是现代建筑死亡的年代”，又说“其墓地就在美国。在这块好客的土地上，现代艺术和现代建筑先驱们的梦想被静静地埋葬了”。

图J-1　迈耶，亚特兰大海氏美术馆，1983年

但是，实际上，现代主义建筑的原则、方法以至造型风格始终没有断档。在世界广大地区大量建造的以实用为主的建筑类型（如一般的公寓住宅，一般的学校、医院、车站、航空港等建筑）中，现代主义始终占据主流。即使在非常注重艺术性和表意性的建筑领域中，也不断有卓越的现代主义风格的建筑作品出现。除了贝聿铭外，美国建筑师迈耶的创作也是一个例子。

R.迈耶1957年毕业于康奈尔大学建筑系。20世纪60年代他与埃森曼、格雷夫斯、格瓦斯梅和J.海杜克等在创作路数和作品风格上相近，被人并称为“纽约五杰”。后来，这五个人在创作上渐渐分道

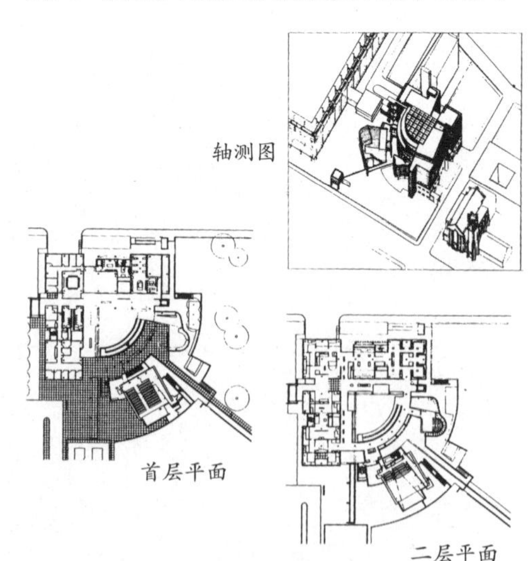

图J-2　海氏美术馆轴测图和平面

图J-3　迈耶，法兰克福工艺美术博物馆，1985年

图J-4　法兰克福工艺美术博物馆内景

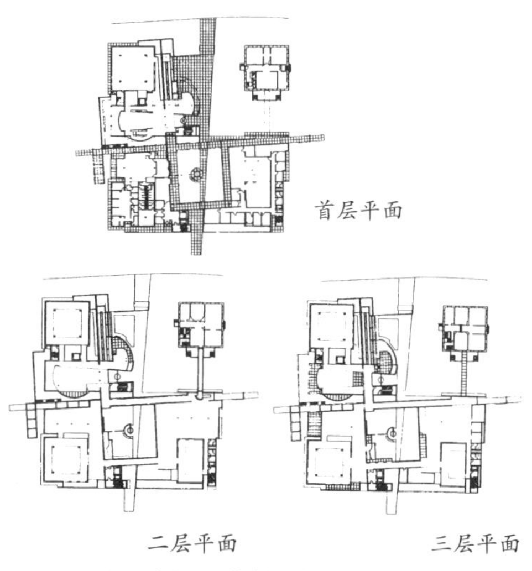

图J-5　法兰克福工艺美术博物馆平面

扬镳，或后现代，或结构主义，或解构主义，但迈耶基本上在原来轨道上行进。他的作品一直采用抽象构图，多用敞空的框架，其间实墙、实体与玻璃墙、空格互相衬托，有厚实与细巧、围合与开敞的对比，有平面上的空间穿插，又有垂直方向的空间流通，低矮的空间与数层高的空间连通，楼梯外又常用徐缓的坡道。在大的方正形体中常插入流畅的曲线曲面，细部处理也十分精致。他的白色建筑在阳光之下明暗浓淡层次很多，丰富而雅致，如同摄影艺术家的黑白照片作品。

迈耶的代表作有美国密歇根湖畔的道格拉斯住宅（Douglas House, Harbor Springs, Michigan, 1973）、印第安纳州新哈莫尼旅游中心（The Atheneum, New Harmony, Indiana, 1978）、亚特兰大海氏美术馆（High Museum，Atlanta，1983）等。1979年德国法兰克福市工艺美术博物馆扩建时举行设计邀请赛，参加者有文丘里、H.霍莱因等名家。迈耶送去的方案中选，1985年建成。这座博物馆形体丰富，内部空间穿插复杂，人站在一个地点总是可以同时看到许多相连的另外的空间，富有层次感和动感。迈耶曾获1984年普利兹克建筑奖。

在20世纪70—80年代后现代主义建筑甚嚣尘上的时期，现代主义建筑的声誉有一阵子确实低落了，但到了20世纪90年代重又高涨起来。1955年纽约现代艺术馆（Museum of Modern Art）曾举办一个名为“轻型建筑”（Light Construction）的展览，美国《建筑》杂志认为这个展览对现代主义建筑做出了再阐释（Modernism is being reinterpreted），并指出奥地利、法国、德国、西班牙和瑞士等欧洲国家的许多建筑师以新的劲头和敏锐性丰富了现代主义建筑传统（Modernist tradition），又在试验轻、光、透、薄的建筑。（ARCHITECTURE，Oct.，1997）

20世纪80年代，法国为庆祝大革命200周年，在巴黎陆续兴建九座“国庆工程”：卢浮宫扩建、德方斯“巨门”（Grande Arche de la Defense，1983—1989）、巴黎阿拉伯世界研究所（Institut du Monde Arabe，1981—1987）、财政部大楼（Nouveau Ministere des Finances）、奥尔赛美术馆（Le Musee d’Orsay）、拉维莱特公园（Le Parc de la Vilette）、科学工业城（La Cite des Sciences et de I’industrie）、音乐城（Cite de la Musique）和巴士底歌剧院（Opera de la Bastille）。这些建筑物中，有几座可以列为解构或半解构建筑，其他都属于现代主义风格。

1995年落成的巴黎国家图书馆新馆（National Library of France，Paris，1989—

图J-6　巴黎德方斯巨门，1989年

图J-7　巴黎国家图书馆新馆，1989—1995年

图J-8　KPF建筑事务所，华盛顿世界银行总部新厦，1997年

1995）位于巴黎塞纳河左岸，建筑面积约28万平方米。图书馆有一个长方形的基座，基座的四角各耸立着一个L形的平屋顶大楼，四座大楼通体玻璃幕墙，窗框整齐划一，可谓轻、光、透、薄。这座新图书馆简直可以视为新密斯风格的建筑。为防日光直射，玻璃幕墙后面有木制板片，上部楼层为书库，木板固定，下部楼层的板片是活动的。1989年为该图书馆举行设计竞赛，当时35岁的巴黎建筑师柏霍特（Dominique Perrault）的方案中选。

1988年美国建筑评论家P.戈德伯格曾指出许多年轻的建筑师"挑战后现代主义（也许我们可以称之为里根时代的后

图J-9　KPF建筑事务所，美国波特兰市联邦法院，1997年

图J-10　KPF建筑事务所，纽约州Armonk的IBM公司新总部，1997年

现代主义）的自我欣赏的情趣……他们认为，依凭古典传统，旧形式的新使用，建筑适应固有的城市文脉等，都是没有价值的工作。他们渴望彻底打破它，从而建造一个新世界。”年轻建筑师的趋向不只是他们自己的意愿，在那后面是社会文化心理的需要。世纪末的现代主义建筑风格比起早期有了显著的变化和发展，有人称之为“新现代派”。

大家知道，在20世纪20年代，现代主义建筑运动的倡导者们在同保守势力进行激烈论战以争取生存权之时，对历史留下的传统建筑采取过坚决决裂的态度。勒·柯布西耶在《走向新建筑》中写道：“对建筑艺术来说，老的典范已被推翻……历史上的样式对我们来说已不复存在。”密斯说：“在我们的建筑中试用以往时代的形式是没有出路的。”格罗皮乌斯说：“我们不能再无尽无休地复古了。建筑不前进就会死亡。”他还说，新建筑不是老树上的新枝，而是从土中新长出来的另外的一棵树。

图J-11　美国现今大量建造的住宅一例

今天，要批判这样全盘否定传统的激进态度是容易的，问题是要把事情放到当时的社会历史条件下来考察。在19世纪与20世纪之交，特别是在第一次世界大战刚刚结束时，西欧社会剧烈震荡，在整个文化领域中都弥漫着激烈的反传统的气氛。正是在那个狂飙时期，有教养的有很高文化素质的绅士阶层的专业知识分子如格罗皮乌斯等人才会发表那样蔑视文化传统的言论。而且正如一切社会变革一样，建筑变革也要经过破旧立新的阶段。建筑变革不是请客吃饭、绘画绣花，不塞不流，不止不行，矫枉过正是难免的，也是容易理解的。

图J-12　卢廷斯，印度新德里总督府，1930年

过正之处，后来就得到纠正。因为传统建筑毕竟凝聚了人类数千年间在建筑艺术领域中获得的成就，那些成就对广大人群仍有吸引力。它们对于今天的建筑并不完全有用，但是有一些艺术经验对今天的

某些建筑活动仍具有借鉴价值。就古典建筑而言，其表达庄严、肃穆、神圣、永久的造型和构图手法，在历史上得到特别的锤炼。今天，在建造纪念性的建筑时借鉴古典建筑在这些方面的艺术经验是方便的和行之有效的。这就是为什么20世纪在美国、德国、苏联、印度及其他地方不断出现仿效传统建筑的缘故。其中比较著名的有20世纪30年代苏联苏维埃宫的设计方案、二战后莫斯科的高层建筑、德国的政府建筑，以及1927年的日内瓦国际联盟大厦、1930年建成的由英国建筑师卢廷斯（E. Lutyens）设计的印度新德里总督府（Viceroy's House，New Delhi）等。

20世纪50年代以后，经过反复讨论，经过许多建筑师的尝试，人们渐渐改变了早先对传统建筑的完全拒斥的态度，在建筑创作中借鉴古典或其他历史建筑的事例逐渐多起来，美国建筑师斯东（Ed.Stone）设计的美国驻印度大使馆主馆（United States Embassy，New Delhi，India，1954）、华盛顿肯尼迪表演艺术中心（John F.Kennedy Center for the Performing Arts，Washington.D.C.，1971）和美国建筑师雅马萨奇设计的普林斯顿大学威尔逊公共事务和国际事务学院大厦（Woodrow Wilson School of Public and International Affairs，Princeton University，New Jersey，1965），都是明显的借鉴古典建筑构图的较早的例子。

在现代建筑中借鉴古典建筑，在程度上和做法上有很多的区别。后现代主义建筑师自称尊重历史，其实是嬉皮士式地随心所欲地对待传统。时至20世纪后

图J-13　斯东，华盛顿肯尼迪表演艺术中心（夜景），1971年

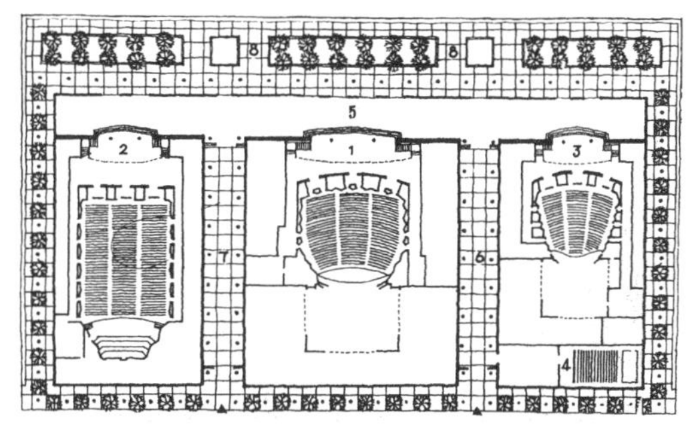

图J-14　肯尼迪表演艺术中心观众厅层平面

图J-15　加州马里布盖地博物馆，1970—1975年

图J-16　Q.特里，伦敦河边住宅区，1987年

期，在形式上一板一眼地模仿古典建筑的情形也还有出现，不过数量很少。可以举出的例子有1970—1975年建造的美国加利福尼亚州马里布地方的盖地博物馆（Getty Museum，Malibu，CA，建筑师Norman Neuerbury等），它相当精确地模仿古罗马时期的庞贝城的贵族府邸。英国建筑师Q.特里（Quinlan Terry）设计了不少传统样式的住宅建筑，大多数的情况是在现代建筑中融入某些古典建筑的构图手法，掺用若干古典建筑的要素和元件，其效果是现代与古典结合。或偏古，或偏新，其间层次极多。西班牙建筑师波菲尔（Ricardo Bofill，1939—）设计的公寓楼，有基座和檐部，有壁柱，墙面厚实，线脚不少，是偏古的例子。日本著名建筑师丹下健三设计的东京都新市政厅大厦的主楼和美国建筑师格尔哥拉（Giurgola）等设计的澳大利亚新议会大厦（Parliament House，Canbera，1988），在大构图上有古典建筑的对称稳重、层层递进的空间序列，细部上却不采用往昔的建筑元件，可以说是偏新的例子。意大利建筑师罗西讲类型学，实际上是将古典建筑极度简化，简到只剩下大致的轮廓，如三角形、圆柱体、长方体、楔块等，然后套用之，作品只具有抽象的古典意味。不过罗西的热那亚卡洛·菲利斯新剧院（Carlo Felice New Theater，Genoa，1983—1991）则从大构图到细部都仿古，建筑师考虑的是与邻近的房屋配合。

图J-17　波菲尔，巴黎郊区住宅，1978—1983年

今人借鉴古代，目的都是为了当代的需要，都是古为今用，其中常常是出于政治的需要，有时候政治需要还直接引导建筑师的创作。当年的德国和苏联曾经是这样的，而在当今的英美等国，政治因素仍然也起作用，不过是经过种种“折光”而间接引导。美国建筑历史学者柯蒂斯认为，20世纪70—80年代西方一些国家重提古典建筑的价值同当时那些国家的政治气候有关。他指出，20世纪80年代前期美国城市建筑上大量出现拱券、柱式、尖顶，历史饰物成为时髦，与里根政权的暴发户心理有关，而这种时髦款式背后是政治上的保守主义。（corresponded to the get-rich-quick mentalities of Reaganomics，a classy styling with suitably conservative undertones.）柯蒂斯认为，20世纪80年代英国出现“古典复兴”（classic revival）的思想，同当时英国政界的新保守主义浪潮有关（corresponded to a wave of neo-

图J-18　丹下健三，东京都新市政厅，1985—1991年

conservative values）。英国新保守主义者认为，当年现代主义建筑“侵入”英国，扰乱了英国平静的乡村生活。新保守主义反对“福利国家”政策，在他们看来现代主义与“福利国家”联系在一起，他们想象传统价值能够恢复英国的光荣，要抬出能与现代主义相抗衡的货色。传统建筑也是他们提倡的东西，因此，搞了二十多年仿古建筑的建筑师Q.特里时来运转，他甚至引起英国皇室的重视，备受青睐。柯蒂斯说，特里的建筑反过来又“加强了英国人的岛国国民偏狭症，加深了他们对现代建筑的多方怀疑”。(He helped to reinforce a general British insularity and suspicion about most aspects of modern architecture.)（William Curtis，Modern Architecture Since 1900，3rd edition，pp.620—621）

图J-19　罗西，热那亚卡洛·菲利斯新剧院（模型），1983—1991年

图J-20　卡洛·菲利斯新剧院局部

由此，我们可以理解为什么英国王储查尔斯王子在20世纪80年代亲自出面对现代建筑猛烈攻击。查尔斯当时通过报纸、电视、录像带激烈攻击英国现代建筑，说二战以后英国的新建筑丑陋不堪，他指斥英国国家剧院（National Theater, London, 1967—1976, 建筑师Denys Lasdun）像一座核电站，而斯特林设计的伦敦老城区的某住宅楼（Mansion House，City of London，1986）像一架20世纪30年代的老式收音机。这位王储甚至说，战后英国建筑师对英国城市的损害比希特勒的轰炸还厉害。查尔斯只赞美伦敦圣保罗大教堂等老建筑，保守心态极为鲜明。柯蒂斯指出：“20世纪80年代的建筑更直接地使用古典建筑语言，这与一些文化和政治的日程有关，其中一些调门是反动的（some of them reactionary in tone）。”

借鉴古典建筑是“古为今用”，而这个“今用”的内涵往往相当复杂。

使现代建筑带上地域性特征的倾向现在越来越受到建筑师的关注。事实上，当现代主义建筑潮流越出西欧向北欧、拉丁美洲等国扩散不久，就出现了带地域特征

图J-21　美国亚利桑那州新建住宅，1980年

图J-22　摩洛哥新建住宅，20世纪80年代

的现代建筑。芬兰、瑞典、巴西、墨西哥的现代建筑带有各自地区的地理、气候和文化习俗的印痕。即令在东方国家如日本、中国出现的“摩登建筑”，也往往同西方的有所差别。其实，就美国的现代建筑来说，在不同的地区也有差异。美国加利福尼亚州、亚利桑那州和新墨西哥州的许多现代住宅也有其地方特色，同东北部的新英格兰地区的现代住宅有明显的不同。批评现代建筑千篇一律的人只观察到现代建筑的共同性的一面，没有看到现代建筑的差别性的一面。现代建筑和欧洲古典建筑一样都是国际式，同时也都有地域性。

如果说早先的现代主义建筑代表人物对现代建筑的共同性加以强调，对差别性注意不够的话，那么他们后来在实际工作中也有了转变。例如勒·柯布西耶于20世纪30年代在阿尔及利亚和巴西的工作中就注意了地域性，20世纪50年代在印度的建筑作品更是带有鲜明的地域特征。

20世纪后期，经过对早期现代建筑思想的反思和检讨，更由于世界政治经济格局的改变，发达国家和发展中国家的建筑界都越来越注重有地域特点的多样化的现代建筑的创造。这一点在后来取得政治独立、经济有了发展的地方尤为强烈，这些地区的建筑师自觉地为创造适应本国本地区条件，既有现代性又有地区识别性的新建筑而努力。

印度建筑师C.柯里亚（Charles Correa，1930—2015）就是这类建筑师的一个代表。他在美国接受建筑教育后回到自己的国家。1963年曾设计建造甘地纪念博物馆（Mahatma Gandhi Memorial Museum，Ahmedabad，India）。柯里亚说：“在印度建造房屋就得适合那里的气候。我们绝不应浪费财力和能源在热带建造玻璃大楼。这也是挑战，要使建筑本身就起到空气调节的作用，满足居住者的需求。要做到这一点，不仅要考虑日射角和百叶窗，而且牵涉平面、剖面、造型和建筑的本质问

图J-23　HOK建筑事务所，利雅得国际机场，1983年

题……在印度，一个建筑师面对的是一系列特定的社会和经济条件、气候条件、建筑材料等问题。这里存在着机遇，无须人为地变形，无须夸张，迟早会发展出新的形式、新的类型、新的技术，一句话，出现新的景观。”

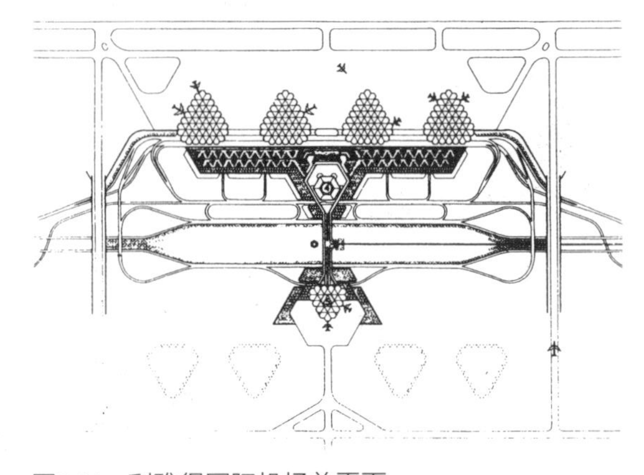

图J-24　利雅得国际机场总平面

1986年建成的新德里大同教礼拜堂（Bahai House of Worship，New Delhi）便是这样的新景观之一。大同教又称巴布教，强调人类精神一体，提倡和平，普及教育，主张男女平等，它是源自伊朗的一个教派。在有40多名国际知名建筑师参加的设计竞赛中，伊朗出生的建筑师萨帕（F.Sahba，1948—）的设计方案中选。礼拜堂由三层共27片莲花瓣形的壳片组成，堂内直径70米，有1200个座位。它有9个入口，周围有9片水

图J-25　萨帕，新德里大同教礼拜堂，1986年

池。建筑物像是浮在水上的一朵莲花。建筑物的功能、结构与精神含义达到了完美的统一。建筑师萨帕本人是一位大同教信徒。

在中东地区，近年来也出现了许多带有阿拉伯特色的新建筑。沙特阿拉伯首都利雅得的阿尔肯迪广场建筑群（Al-Kindi Plaza，Riyadh，1986）是一个有浓郁伊斯兰风格的现代建筑群。

适应发展中国家社会文化心理的要求，西方国家的建筑师在那些地方设计的建筑，常常也考虑到带上当地的地域特色。丹麦建筑师拉尔森（Henning Larsen）设计的沙特阿拉伯外交部大厦（Ministry of Foreign Affairs in Riyadh，Saudi Arabia，1974—1984）是一个例子。当局要求大厦成为外宾到达该国的“大门”，除了办公外还要包括典礼用的大空间，并显示沙特阿拉伯在伊斯兰世界的中心地位。建筑师拉尔森把办公室部分分为三组，每组包含三个小庭院。大厦正中是一个高大的平面为等腰三角形的大厅，大厅的天花板高高在上，天花板与高墙之间有空隙，光线从隙缝中泻下，天花板如同悬浮在半空中。三面侧墙上有成对的小窗孔，对比之下，大厅空间显得十分高大，很有气势。大厦采用框架结构，但外墙封闭，开着小而窄的窗孔。大厦主要入口两旁有圆弧形的实墙面，拱卫着外交部大门。整个大厦外观厚实，办公室主要窗子面向内部庭院。大厦的功能、结构、设备都很现代化，但其格局和造型带有伊斯兰特色。外墙面是棕色石板，容易使人联想起那一地区过去的土筑城堡。

图J-26　沙特阿拉伯利雅得市阿尔肯迪广场一角，1986年

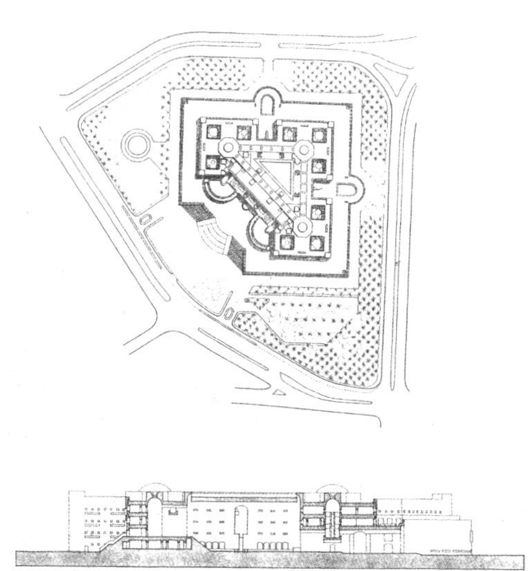

图J-27　沙特阿拉伯外交部大厦平、剖面图

无论什么地区，只要有了一定程度的现代经济和技术，生活发生了变化，盖房子要完全回到过去是不大可能的。只能在新的条件下，有选择地借鉴和吸收过去建筑中有益的经验和成分，这就是所谓“批判的地域主义”（critical regionalism）。

当今世界总的趋势一方面是全球化，另一方面是多元化。建筑也是这样，既有共同性，又有差异性。如果说20世纪前期，西欧工业先进地区曾是建筑改革发展的源头，那么到20世纪后期，许多原来

图J-28　拉尔森，沙特阿拉伯外交部大厦，1974—1984年

图J-29　外交部大厦大厅

图J-30　外交部大厦主入口

的边缘地带也发展繁荣起来，世界不再只有一二个中心，而是有更多的活跃的有影响的地区。建筑文化真正走向百家争鸣、百花齐放的局面。建筑思想和建筑艺术的流派繁多、变化迅速已成定局。前面举的六种趋向只是更多的趋向之中比较显著的几种而已，远非全部。再有，区分几种趋向或流派是理论上的简化的办法，实际情况复杂得很。建筑师实际创作起来并非走独木桥那样的单一笔直，他并不either…or，而往往是both…and，因此，绝大多数建筑物是不三不四、既三又四，也就是说实际的建筑“纯种”很少，“混血者”很多。英国建筑师斯特林（James Stirling，1926—1992）设计的德国斯图加特州立美术馆新馆（New State Gallery，Stuttgart，1983）是一个混杂许多种不同建筑风格样式于一身的一个突出例子。在这个新展馆中，现代主义的、古典主义的、高技术派的，以至古罗马的和古埃及的建筑样式都用上了。斯特林自己说：“我认为我们的作品不是简单的东西。在一个建筑设计中，对每一个动作（act）都给一个反动作（counter act）。”有纪念性，又有反纪念性；有表现性，又有抽象性；有新东西，同时有老东西。选用老的建筑语汇的时候，也采用“与现代建筑运动有关系，源自立体主义、构成主义、风格派和所有新建筑流派的语言”。有限的品种经过随意地排列组合，引出无限多样、无限丰富的结果。

20世纪初，现代主义建筑运动如同发源于山区的一条小河，河道明确，水量不丰，后来流入平原，河水散开，分成许多支流，还接纳了别的水源，有的径直向前，有的迂回曲折，形成一个庞大的水系，就是现代建筑之水系。如果拿树木做比喻，原来的现代主义建筑是一株幼树，枝条单一，形单影只，后来长成大树，枝繁叶茂，枝条多向伸展，千姿百态，它就是现代建筑之大树。当今世界建筑界的各种各样的流派和趋向，尽管存在着种种差异，但从大历史的眼光来看，其实都是大水系中的不同支流，一棵大树上长出的不同枝杈。差异带来多样，多样造成丰富。

20世纪已然结束。在这个世纪中，建筑业经历了史无前例的大发展，人们看到了技术大飞跃，功能大提高，观念大转变，设计大进步，艺术大创新。当前，展现在我们面前的世界建筑场景的特点正如本书前言所提到的那样：波澜壮阔，突飞猛进；曲折演变，奇峰迭现；千姿百态，多元共生；百家争鸣，综合流行。

20世纪的建筑将以其伟大的创造性和前所未有的巨大进步载入

世界建筑史册。

参考文献

[1] 同济大学，清华大学，南京工学院，等.外国近现代建筑史［M］.北京：中国建筑工业出版社，1982.

[2] 陈志华.外国建筑史（十九世纪末叶以前）［M］.北京：中国建筑工业出版社，1979.

[3] 刘先觉.国外著名建筑师丛书：密斯・凡・德・罗［M］.北京：中国建筑工业出版社，1992.

[4] 张钦哲，朱纯华.国外著名建筑师丛书：菲利浦・约翰逊［M］.北京：中国建筑工业出版社，1990.

[5] 王天锡.国外著名建筑师丛书：贝聿铭［M］.北京：中国建筑工业出版社，1990.

[6] 李大夏.国外著名建筑师丛书：路易・康［M］.北京：中国建筑工业出版社，1993.

[7] 吴焕加.国外著名建筑师丛书：雅马萨奇［M］.北京：中国建筑工业出版社，1993.

[8] 项秉仁.国外著名建筑师丛书：赖特［M］.北京：中国建筑工业出版社，1992.

[9] 窦以德，等.国外著名建筑师丛书：詹姆士・斯特林［M］.北京：中国建筑工业出版社，1993.

[10] 艾定增，李舒.国外著名建筑师丛书：西萨・佩里［M］.北京：中国建筑工业出版社，1991.

[11] 本奈沃洛.西方现代建筑史［M］.邹德侬，巴竹师，高军，译.天津：天津科学技术出版社，1996.

[12] 阿纳森.西方现代艺术史［M］.邹德侬，巴竹师，刘珽，译.天津：天津人民美术出版社，1986.

[13] 程世丹.现代世界百名建筑师作品［M］.天津：天津大学出版社，1993.

[14] 吴焕加.20世纪西方建筑名作［M］.郑州：河南科学技术出版社，1996.

[15] 吴焕加.论现代西方建筑［M］.北京：中国建筑工业出版社，1997.

[16] 庄锡昌.二十世纪的美国文化［M］.杭州：浙江人民出版社，1993.

[17] 佩尔斯.激进的理想与美国之梦：大萧条岁月中的文化和社会思想［M］.上海：上海外语教育出版社，1992.

[18] 米尚志.动荡中的繁荣：魏玛时期德国文化［M］.杭州：浙江人民出版社，1988.

[19] 沙克拉.设计：现代主义之后［M］.卢杰，朱国勤，译.上海：上海 人民美术出版社，1995.

[20] 赖干坚.西方现代派小说概论［M］.厦门：厦门大学出版社，1995.

[21] 王宁.多元共生的时代：二十世纪西方文学比较研究［M］.北京：北京大学出版社，1993.

[22] 赛维.现代建筑语言［M］.席云平，王虹，译.北京：中国建筑工业出版社，1986.

[23] 王岳川，尚水.后现代主义文化与美学［M］.北京：北京大学出版社，1992.

[24] 丹·贝尔.后工业社会的来临[M].高铦，等译.北京：商务印书馆，1986.
[25] 汪坦，陈志华.现代西方艺术美学文选·建筑美学卷[M].沈阳：春风文艺出版社，辽宁教育出版社，1989.
[26] 郑杭生.当代西方哲学思潮概要[M].北京：中国人民大学出版社，1987.
[27] 宋则行，樊亢.世界经济史：中卷[M].北京：经济科学出版社，1994.
[28] Fletcher B. A History of Architecture on the Comparative Method [M]. London：Batsford，1956.
[29] Hamlin T F. Forms and Functions of 20th Century Architecture [M]. New York：Columbia University Press，1952.
[30] Hitchcock H R. Architecture：Nineteenth and Twentieth Centuries [M]. Rev ed.Baltimore：[s.n.]，1971.
[31] Jencks C. Modern Movements in Architecture [M]. New York：Penguin Books，1973.
[32] Behrendt W C. Modern Building：Its Nature，Problems and Forms [M]. New York：Harcourt，Brace and Company，1937.
[33] Giedion S. Space，Time and Architecture [M].3rd ed. Cambridge：Havard University Press，1959.
[34] Pevsner N. Pioneers of Modern Design [M].Harmondsworth：Penguin Books，1975.
[35] Banham R. Theory and Design in the First Machine Age [M]. London；The Architectural Press，1960.
[36] Curtis W. Modern Architecture Since 1900.3rd ed [M]. London：Phaidon Press，1996.
[37] Joedicke J. A History of Modern Architecture [M]. London：The Architectural Press，1958.
[38] Mumford L. Roots of Comtemporary American Architecture [M]. New York：Reinhold Publishing Corporation，1952.
[39] Zevi B. Towards an Organic Architecture [M]. London：Faber & Faber Limited，1950.
[40] Gropius W. The New Architecture and the Bauhaus [M]. London：Faber & Faber Limited，1935.
[41] Scully V. American Architecture and Urbanism [M]. New York：Praeger Publishers，1969.
[42] Frampton K. Modern Architecture. A Critical History [M]. New York：Thames and Hudson Inc，1985.
[43] Weston R. Modernism [M]. London：Phaidon Press，1996.
[44] Blake P. The Master Builders: Le Corbusier，Mies ven der Rohe，Frank Lloyd Wright [M].New York：W W Norton，1976.
[45] Richards J M. An Introduction to Modern Architects [M]. Baltimore：Penguin Books，1940.
[46] Hitchcock H R，Johnson P. The International Style [M]. New York：W W Norton，1966.
[47] Gledion S. Mechanization Takes Command [M]. New York：[s.n.]，1948.

[48] Banham R. The New Brutalism [M] . New York： [s.n.] ， 1966.

[49] Diamonstein B. American Architecture Now Ⅱ [M] . New York：Rizzoli，1985.

[50] Blake P. Form Follows Fiasco：Why Modern Architecture Hasnt Worked [M] . [s.l.] ：The Atlantic Monthly Press，1977.

[51] Noever P，et.al. Architecture in Transition: Between Deconstruction and New Modernism [M] . Munich：Prestel-Verlag. 1991.

[52] Noever P. et.al. The End of Architecture? Documents and Manifestos：Vienna Architecture Conference [M] . Munich：Prestel-Verlag，1993.

[53] Condit C. The Rise of the Skyscraper [M] .Chicago：The University of Chicago Press，1952.

[54] Venturi R. Complexity and Contradiction in Architecture [M] . London：The Architectural Press，1981.

[55] Boesiger W. Le Corbusier：Oeuvre Complète，1952—1957 [M] . Zurich： [s.n.] ， 1958.

[56] Drexler A. Ludwig Mies van der Rohe.New York：George Braziller，1960.

[57] Papadaki S. Oscar Niemeyer：Works in Progress [M] . New York：Reinhold Publishing Corporation，1956 .

[58] Wright F L. The Work of Frank Lloyd Wright [M] . New York： [s.n.] ， 1965.

[59] Weston R. Alvar Aalto [M] . London：Phaidon Press，1995.

[60] Drew P. Third Generation：The Changing Meaning of Architecture [M] . London：Pall Mall Press，1972.

[61] Danz E. Architecture of Skidmore，Owings & Merrill，1950—1962 [M] . London：The Architecture Press，1963.

[62] Jencks C. The Language of Post - Modern Architecture [M] . New York：Rizzoli，1977.

[63] Wigley M.The Architecture of Deconstruction：Derrida's Haunt [M] .Cambridge：The MIT Press，1993.

[64] Venturi R，Scott-Brown and Izenour，Lcarning From Las Vegas [M] . Cambridge： [s.n.] ， 1972.

[65] Arnell and Bickford，et.al. Frank Gehry：Buildings and Projects [M] . New York：Rizzoli，1985.

[66] Hamlin T. Greek Revival Architecture in America [M] . New York：Oxford University Press，1944.

[67] Emanuel M. Contemporary Architects [M] .London：Macmillan Press，1980.

[68] Papadaki S，et al [M] . Deconstruction [M] . New York：Rizzoli，1989.